工长一本通系列丛书

木工工长一本通

本书编委会　编

中国建材工业出版社

图书在版编目(CIP)数据

木工工长一本通/《木工工长一本通》编委会编.
—北京:中国建材工业出版社,2009.5(2013.7重印)
(工长一本通系列丛书)
ISBN 978-7-80227-570-6

Ⅰ.木… Ⅱ.木… Ⅲ.木工—建筑工程—工程施工
—基本知识 Ⅳ.TU759.1

中国版本图书馆 CIP 数据核字(2009)第 065017 号

木工工长一本通
本书编委会 编

出版发行:中国建材工业出版社
地　　址:北京市西城区车公庄大街 6 号
邮　　编:100044
经　　销:全国各地新华书店
印　　刷:北京紫瑞利印刷有限公司
开　　本:850mm×1168mm　1/32
印　　张:13
字　　数:510 千字
版　　次:2009 年 5 月第 1 版
印　　次:2013 年 7 月第 2 次
定　　价:36.00 元

本社网址:www.jccbs.com.cn
本书如出现印装质量问题,由我社发行部负责调换。电话:(010)88386906
对本书内容有任何疑问及建议,请与本书责编联系。邮箱:dayi51@sina.com

内 容 提 要

　　本书主要阐述了木工工长应知应会的各种操作规程、质量要求、技术标准以及工程管理等知识。全书共分 10 章，主要内容包括：木工基础知识，木工材料，木工工具，木工配料、拼接及榫的制作，木结构，木门窗及细木制品制作与安装，模板工程，建筑装饰装修工程，古木结构建筑，木结构防护等。

　　本书可供木工工长工作时使用，也可作为进行农村剩余劳动力转移培训的教材。

前　　言

　　工长是工程施工企业完成各项施工任务的最基层的技术和组织管理人员。其主要职责是结合施工现场多变的条件,将参与施工的劳力、机具、材料、构配件和采用的施工方法等,科学地、有序地协调组织起来,在时间和空间上取得最佳组合,取得最好的经济效果,保质保量保工期地完成任务。

　　要想成为一名合格的工长,必须要熟悉、了解工作场所、地点的环境及客观条件变化规律,要掌握组织指挥生产的主动权,对生产中的各种问题能迅速作出准确判断,对本班组的生产、安全、技术等活动进行计划、组织、指挥、监督和协调。而且工长必须要精于操作,要全面熟悉、了解本班组各工种、各工序的"应知"理论,即各种操作规程、质量要求、技术标准,并且熟练掌握各工种岗位的操作技术。工长的职责还要求其能以身作则起到模范带头作用,要组织班组成员学习先进的工艺技术,并通过开展现场操作示范、岗位练兵等活动来提高班组成员的技术素质。只有这样,才能以自己的标准操作,引导职工掌握正确先进的操作技术,从而不断提高本班组的整体技术水平。

　　工长既是一个现场劳动者,也是一个基层管理者。这就要求其做好各项技术和管理工作,贯彻执行各项方针政策和规章制度。在整个施工安装工程中,从合同的签订、施工计划的编制、施工预算、材料机具计划、施工准备、技术措施和安全措施的制定,新技术、新机具、新材料、新工艺的使用推广,合理组织施工作业,到人力安排,搞好经济核算,都要保证工程质量和各项经济技术措施的完成。

　　《工长一本通系列丛书》结合工程建设实际,以满足工长需要为目的而编写。丛书详细阐述了工程建设各工种、各工序的材料质量要求、施工操作程序、施工技术标准、质量验收要求以及工程施工管理等内容,基本上能满足工长实际工作的需要。本套丛书共分为以下分册：

1. 砌筑工长一本通　　　　　2. 架子工长一本通

3. 模板工长一本通　　　　　4. 混凝土工长一本通

5. 电工工长一本通　　　　　6. 防水工长一本通

7. 钢筋工长一本通　　　　　8. 油漆工长一本通

9. 装饰装修工长一本通　　　10. 木工工长一本通

11. 抹灰工长一本通　　　　　12. 建筑电气工长一本通

13. 水暖工长一本通　　　　　14. 通风空调工长一本通

15. 管道工长一本通　　　　　16. 焊工工长一本通

本套丛书的内容既能满足工长提高自身操作技能和工程项目管理能力的需要，编写时更注重对工长组织培训本班组施工人员能力时的培养需要。丛书的编写人员均是多年来从事工程建设施工技术与现场管理的工程师或专家学者，丛书中不仅汇集了他们多年的实际工作经验，还收集整理了工长工作时所必需的参考资料，是一套广大工长不可多得的实用工具书。

本套丛书编写时参考或引用了部分单位、专家学者的资料，在此表示衷心的感谢。限于编者水平有限，丛书中错误及不当之处在所难免，敬请广大读者批评指正。

丛书编委会

目　　录

第一章　木工基础知识

第二节　建筑工程制图与识图

一、建筑工程制图基础

在建筑工程中,图纸是重要的技术文件,是设计人员表达设计意图和思想的载体,是工程施工的依据,是所有参建单位和个人都必须遵守的准绳。图纸可分为总图、建筑图、结构图、施工图以及各专业图纸(如给水排水图、暖通空调图、电气图等)。了解和掌握一定的制图知识是对每一个施工人员的基本要求,是保证施工质量、提高施工水平的前提。本节仅介绍一些基本的建筑制图知识。

1. 幅面、标题栏与会签栏

(1)图纸幅面及图框尺寸,应符合表 1-1 及图 1-1～图 1-4 的规定。图纸的短边一般不应加长,长边可加长,但应符合表 1-2 的规定。

表 1-1　　　　　　　　　　　幅面及图框尺寸　　　　　　　　　(单位:mm)

幅面代号 尺寸代号	A0	A1	A2	A3	A4
$b\times l$	841×1189	594×841	420×594	297×420	210×297
c			10		5
a			25		

注:表中 b 为幅面短边尺寸,l 为幅面长边尺寸,c 为图框线与幅面线间宽度,a 为图框线与装订边间宽度。

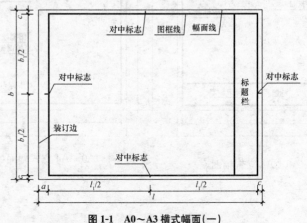

图 1-1　A0～A3 横式幅面(一)

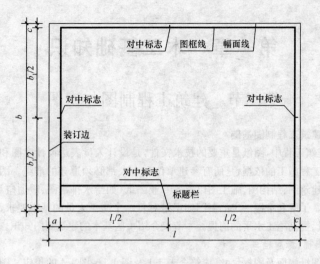

图 1-2   A0～A3 横式幅面(二)

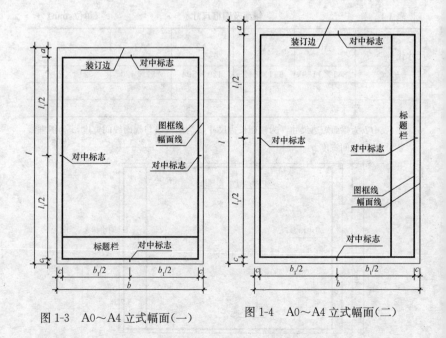

图 1-3   A0～A4 立式幅面(一)   图 1-4   A0～A4 立式幅面(二)

表 1-2 图纸长边加长尺寸 （单位：mm）

幅面代号	长边尺寸	长边加长后的尺寸
A0	1189	1486(A0+1/4l)　1635(A0+3/8l)　1783(A0+1/2l) 1932(A0+5/8l)　2080(A0+3/4l)　2230(A0+7/8l) 2378(A0+l)
A1	841	1051(A1+1/4l)　1261(A1+1/2l)　1471(A1+3/4l) 1682(A1+l)　1892(A1+5/4l)　2102(A1+3/2l)
A2	594	743(A2+1/4l)　891(A2+1/2l)　1041(A2+3/4l) 1189(A2+l)　1338(A2+5/4l)　1486(A2+3/2l) 1635(A2+7/4l)　1783(A2+2l)　1932(A2+9/4l) 2080(A2+5/2l)
A3	420	630(A3+1/2l)　841(A3+l)　1051(A3+3/2l) 1261(A3+2l)　1471(A3+5/2l)　1682(A3+3l) 1892(A3+7/2l)

注：有特殊需要的图纸，可采用 $b×l$ 为 841mm×891mm 与 1189mm×1261mm 的幅面。

(2)标题栏应符合图 1-5、图 1-6 的规定，根据工程的需要选择确定其尺寸、格式及分区。

(3)签字栏应包括实名列和签名列，并应符合下列规定：

1)涉外工程的标题栏内，各项主要内容的中文下方应附有译文，设计单位的上方或左方，应加"中华人民共和国"字样；

2)在计算机制图文件中当使用电子签名与认证时，应符合国家有关电子签名法的规定。

2. 符号

(1)索引符号。图样中的某一局部或构件，如需另见详图，应以索引符号索引[(图 1-7(a)]。索引符号是由直径为8～10mm 的圆和水平直径组成，圆及水平直径应以细实线绘制。索引出的详图，如与被索引的详图同在一张图纸内，应在索引符号的上半圆中用阿拉伯数字注明该详图的编号，并在下半圆中间画一段水平细实线[图 1-7(b)]。索引出的详图，如与被索引的详图不在同一张图纸内，应在索引符号的上半圆中用阿拉伯数字注明该详图的编号，在索引符号的下半圆用阿拉伯数字注明该详图所在图纸的编号[图 1-7(c)]。数字较多时，可加文字标注。索引出的详图，如采用标准图，

图 1-5　标题栏(一)

设计单位名称区	注册师签章区	项目经理签章区	修改记录区	工程名称区	图号区	签字区	会签栏

30~50

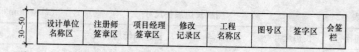

图 1-6　标题栏(二)

应在索引符号水平直径的延长线上加注该标准图集的编号[图 1-7(d)]。需要标注比例时,文字在索引符号右侧或延长线下方,与符号下对齐。

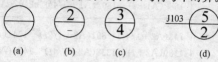

图 1-7　索引符号

索引符号当用于索引剖视详图,应在被剖切的部位绘制剖切位置线,并以引出线引出索引符号,引出线所在的一侧应为剖视方向,如图 1-8 所示。

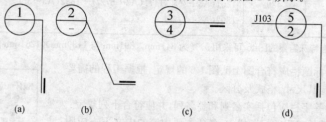

图 1-8　用于索引剖面详图的索引符号

(2)详图符号。详图的位置和编号应以详图符号表示。详图符号的圆应以直径为 14mm 粗实线绘制。详图与被索引的图样同在一张图纸内时,应在详图符号内用阿拉伯数字注明详图的编号(图 1-9);详图与被索引的图样不在同一张图纸内时,应用细实线在详图符号内画一水平直径,在上半圆中注明详图编号,在下半圆中注明被索引的图纸的编号(图 1-10)。

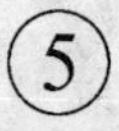

图 1-9　与被索引图样同在一张图纸内的详图符号

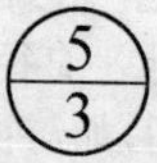

图 1-10　与被索引图样不在同一张图纸内的详图符号

(3)剖切符号。剖视的剖切符号应由剖切位置线及剖视方向线组成,均应以粗实线绘制。剖切位置线的长度宜为 6～10mm;剖视方向线应垂直于剖切位置线,长度应短于剖切位置线,宜为 4～6mm(图 1-11),也可采用国际统一和常用的剖视方法,如图 1-12。绘制时,剖视剖切符号不应与其他图线相接触。剖视剖切符号的编号宜采用粗阿拉伯数字,按剖切顺序由左至右、由下向上连续编排,并应注写在剖视方向线的端部。

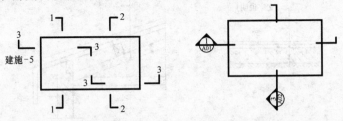

图 1-11　剖视的剖切符号(一)　　　　图 1-12　剖视的剖切符号(二)

断面的剖切符号应只用剖切位置线表示,并应以粗实线绘制,长度宜为 6～10mm;断面剖切符号的编号宜采用阿拉伯数字,按顺序连续编排,并应注写在剖切位置线的一侧;编号所在的一侧应为该断面的剖视方向(图 1-13)。

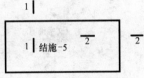

图 1-13　断面的剖切符号

剖面图或断面图,当与被剖切图样不在同一张图内,应在剖切位置线的另一侧注明其所在图纸的编号,也可以在图上集中说明。

(4)引出线。引出线应以细实线绘制,宜采用水平方向的直线,与水平方向成 30°、45°、60°、90°的直线,或经上述角度再折为水平线。文字说明宜注写在水平线的上方[图 1-14(a)],也可注写在水平线的端部[图 1-14(b)]。索引详图的引出线,应与水平直径线相连接[图 1-14(c)]。

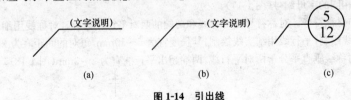

(a)　　　　　　　　(b)　　　　　　　　(c)

图 1-14　引出线

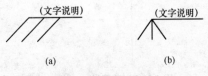

(a)　　　　　　(b)

图 1-15　共用引出线

同时引出的几个相同部分的引出线,宜互相平行[图 1-15(a)],也可画成集中于一点的放射线[图 1-15(b)]。

多层构造或多层管道共用引出线,应通过被引出的各层,并用圆点示意对应各层次。文字说明宜注写在水平线的上方,或注写在水平线的端部,说明的顺序应由上至下,并应与被说明的层次对应一致;如层次为横向排序,则由上至下的说明顺序应与由左至右的层次对应一致(图1-16)。

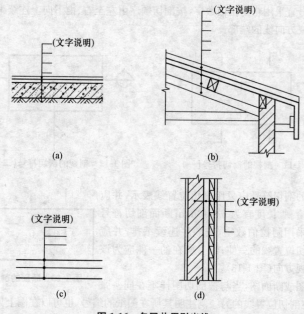

图1-16   多层共用引出线

(5)连接符号。连接符号应以折断线表示需连接的部位。两部位相距过远时,折断线两端靠图样一侧应标注大写拉丁字母表示连接编号。两个被连接的图样应用相同的字母编号(图1-17)。

(6)对称符号。对称符号由对称线和两端的两对平行线组成。对称线用细单点长画线绘制;平行线用细实线绘制,其长度宜为6~10mm,每对的间距宜为2~3mm;对称线垂直平分于两对平行线,两端超出平行线宜为2~3mm(图1-18)。

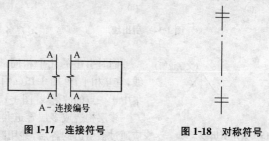

图1-17   连接符号   图1-18   对称符号

3. 图线、比例

(1)工程建设制图图线的选用应符合表1-3的规定。

表1-3 图线

名称		线　型	线宽	用　途
实线	粗	———————	b	主要可见轮廓线
	中粗	———————	$0.7b$	可见轮廓线
	中	———————	$0.5b$	可见轮廓线、尺寸线、变更云线
	细	———————	$0.25b$	图例填充线、家具线
虚线	粗	— — — — —	b	见各有关专业制图标准
	中粗	— — — — —	$0.7b$	不可见轮廓线
	中	— — — — —	$0.5b$	不可见轮廓线、图例线
	细	— — — — —	$0.25b$	图例填充线、家具线
单点长画线	粗	—·—·—·—	b	见各有关专业制图标准
	中	—·—·—·—	$0.5b$	见各有关专业制图标准
	细	—·—·—·—	$0.25b$	中心线、对称线、轴线等
双点长画线	粗	—··—··—	b	见各有关专业制图标准
	中	—··—··—	$0.5b$	见各有关专业制图标准
	细	—··—··—	$0.25b$	假想轮廓线、成型前原始轮廓线
折断线	细	—～—	$0.25b$	断开界线
波浪线	细	～～～	$0.25b$	断开界线

(2)图样的比例,应为图形与实物相对应的线性尺寸之比。比例的符号应为"：",比例应以阿拉伯数字表示。比例宜注写在图名的右侧,字的基准线应取平;比例的字高宜比图名的字高小一号或二号(图1-19)。

平面图 1:100　⑥1:20

图1-19　比例的注写

绘图所用的比例应根据图样的用途与被绘对象的复杂程度,从表1-4中选用,并应优先采用表中常用比例。

表1-4 绘图所用的比例

常用比例	1：1,1：2,1：5,1：10,1：20,1：30,1：50,1：100,1：150,1：200,1：500,1：1000,1：2000
可用比例	1：3,1：4,1：6,1：15,1：25,1：40,1：60,1：80,1：250,1：300,1：400,1：600,1：5000,1：10000,1：20000,1：50000,1：100000,1：200000

4. 定位轴线

定位轴线应用细单点长画线绘制。定位轴线的编号应注写在轴线端部的圆内。圆应用细实线绘制,直径为8~10mm;圆心应在定位轴线的延长线上或延长线的折线上。

除较复杂需采用分区编号或圆形、折线形外,平面图上定位轴线的编号,宜标注在图样的下方或左侧。横向编号应用阿拉伯数字,从左至右顺序编写;竖向编号应用大写拉丁字母,从下至上顺序编写(图1-20),拉丁字母应全部采用大写字母,不应用同一个字母的大小写来区分轴线号,拉丁字母的I、O、Z不得用做轴线编号,如字母数量不够使用,可增用双字母或单字母加数字注脚。

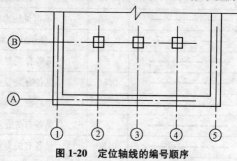

图1-20　定位轴线的编号顺序

组合较复杂的平面图中定位轴线也可采用分区编号(图1-21)。编号的注写形式应为"分区号—该分区编号"。"分区号—该分区编号"采用阿拉伯数字或大写拉丁字母表示。

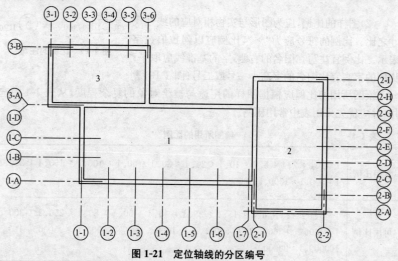

图1-21　定位轴线的分区编号

附加定位轴线的编号,应以分数形式表示。两根轴线的附加轴线,应以分母表示前一轴线的编号,分子表示附加轴线的编号。编号宜用阿拉伯数字顺序编写。1号轴线或A号轴线之前的附加轴线的分母应以01或0A表示。

一个详图适用于几根轴线时,应同时注明各有关轴线的编号(图1-22)。

用于2根轴线时　　　　用于3根或3根　　　　用于3根以上连续
　　　　　　　　　　　以上轴线时　　　　　编号的轴线时

图1-22 详图的轴线编号

通用详图中的定位轴线,应只画圆,不注写轴线编号。

圆形与弧形平面图中的定位轴线,其径向轴线应以角度进行定位,其编号宜用阿拉伯数字表示,从左下角或−90°(若径向轴线很密,角度间隔很小)开始,按逆时针顺序编写;其环向轴线宜用大写阿拉伯字母表示,从外向内顺序编写(图1-23、图1-24)。

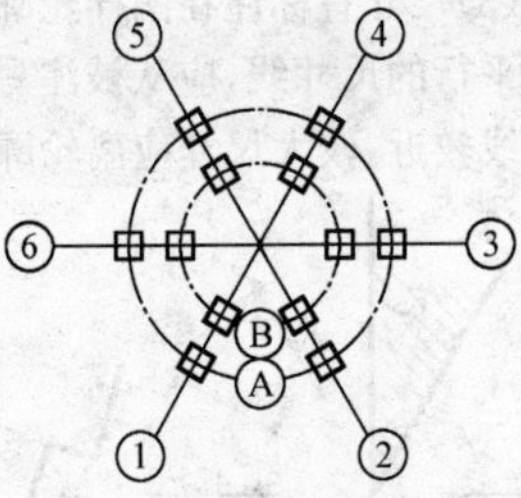

图1-23 圆形平面定位轴线的编号

折线形平面图中定位轴线的编号可按图1-25的形式编写。

5. 尺寸标注

(1)图样上的尺寸,应包括尺寸界线、尺寸线、尺寸起止符号和尺寸数字(图1-26)。

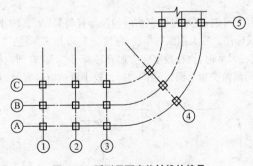

图1-24 弧形平面定位轴线的编号

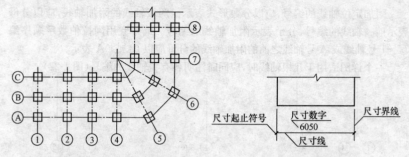

图 1-25　折线形平面定位轴线的编号　　　　图 1-26　尺寸的组成

　　(2)图样上的尺寸,应以尺寸数字为准,不得从图上直接量取。图样上的尺寸单位,除标高及总平面以米为单位外,其他必须以毫米为单位。

　　(3)尺寸宜标注在图样轮廓以外,不宜与图线、文字及符号等相交(图 1-27)。互相平行的尺寸线,应从被注写的图样轮廓线由近向远整齐排列,较小尺寸应离轮廓线较近,较大尺寸应离轮廓线较远(图 1-28)。

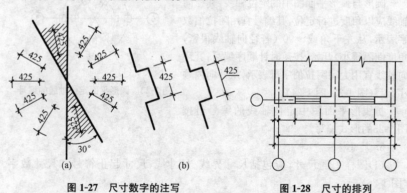

图 1-27　尺寸数字的注写　　　　　　　　　图 1-28　尺寸的排列

　　(4)标注半径尺寸时,在半径数字前应加注半径符号"R"。较小圆弧的半径,可按图 1-29 形式标注。较大圆弧的半径,可按图 1-30 形式标注。

　　标注圆的直径尺寸时,直径数字前应加直径符号"ϕ"。在圆内标注的尺寸线应通过圆心,两端画箭头指至圆弧(图 1-31)。较小圆的直径尺寸,可标注在圆外(图 1-32)。

图 1-29　小圆弧半径的标注方法

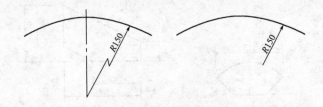

图 1-30 大圆弧半径的标注方法

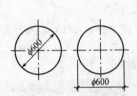

图 1-31 圆直径的标注方法

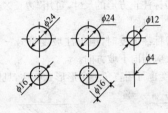

图 1-32 小圆直径的标注方法

标注球的半径尺寸时,应在尺寸前加注符号"SR"。标注球的直径尺寸时,应在尺寸数字前加注符号"Sφ"。注写方法与圆弧半径和圆直径的尺寸标注方法相同。

(5)角度的尺寸线应以圆弧表示。该圆弧的圆心应是该角的顶点,角的两条边为尺寸界线。起止符号应以箭头表示,如没有足够位置画箭头,可用圆点代替,角度数字应沿尺寸线方向注写(图1-33)。

标注圆弧的弧长时,尺寸线应以与该圆弧同心的圆弧线表示,尺寸界线应指向圆心,起止符号用箭头表示,弧长数字上方应加注圆弧符号"⌒"(图1-34)。

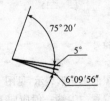

图 1-33 角度标注方法

图 1-34 弧长标注方法

标注圆弧的弦长时,尺寸线应以平行于该弦的直线表示,尺寸界线应垂直于该弦,起止符号用中粗斜短线表示(图1-35)。

(6)在薄板板面标注板厚尺寸时,应在厚度数字前加厚度符号"t"(图1-36)。

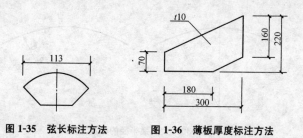

图 1-35　弦长标注方法　　　图 1-36　薄板厚度标注方法

（7）标注正方形的尺寸，可用"边长×边长"的形式，也可在边长数字前加正方形符号"□"（图1-37）。

（8）标注坡度时，应加注坡度符号"←"，见图1-38（a）、（b），该符号为单面箭头，箭头应指向下坡方向。

坡度也可用直角三角形形式标注，见图1-38（c）。

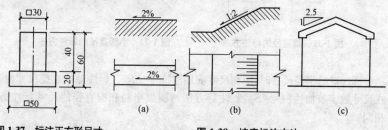

图 1-37　标注正方形尺寸　　　图 1-38　坡度标注方法

6. 标高

（1）标高符号等腰三角形，见图1-39（a）、（b）所示形式绘制。标高符号的具体画法，见图1-39（c）。

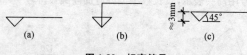

图 1-39　标高符号

（2）总平面图室外地坪标高符号，宜用涂黑的三角形表示，见图1-40。

（3）标高符号的尖端应指至被注高度的位置。尖端一般应向下，也可向上。标高数字应注写在标高符号的左侧或右侧，见图1-41。

（4）标高数字应以 m 为单位，注写到小数点以后第三位。在总平面图中，可注写到小数点以后第二位。

（5）零点标高应注写成±0.000，正数标高不注"＋"，负数标高应注"－"，例如3.000、－0.600。

（6）在图样的同一位置需表示几个不同标高时，标高数字可按图1-42的形式注写。

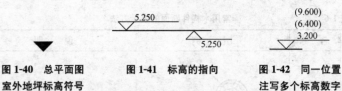

图1-40　总平面图　　　　图1-41　标高的指向　　　图1-42　同一位置
室外地坪标高符号　　　　　　　　　　　　　　　　注写多个标高数字

7. 木构件连接的表示方法

木构件连接的表示方法应符合表1-5中的规定。

表1-5　　　　　　　　　　　　木构件连接的表示方法

序号	名　称	图　例	序号	名　称	图　例
1	钉连接正面画法（看得见钉帽的）	$n\phi d\times L$	5	螺栓连接	$n\phi d\times L$
2	钉连接背面画法（看不见钉帽的）	$n\phi d\times L$	6	杆件连接	
3	木螺钉连接正面画法（看得见钉帽的）	$n\phi d\times L$	7	齿连接	
4	木螺钉连接背面画法（看不见钉帽的）	$n\phi d\times L$			

8. 常用木构件断面的表示方法

常用木构件断面的表示方法应符合表 1-6 中的规定。

表 1-6　　　　　　　　　　常用木构件断面的表示方法

序号	名　称	图　例	说　明
1	圆　木	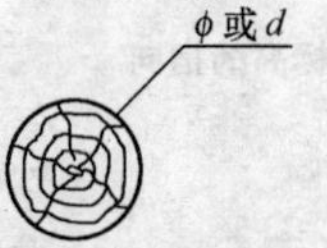 ϕ 或 d	
2	半圆木	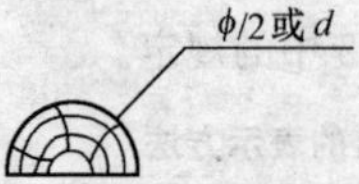 $\phi/2$ 或 d	(1)木材的断面图均应画出横纹线或顺纹线; (2)立面图一般不画木纹线,但木材的立面图均须画出木纹线
3	方　木	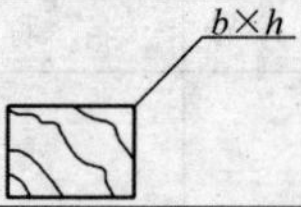 $b \times h$	
4	木　板	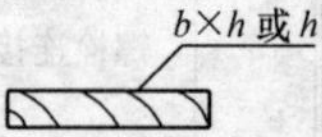 $b \times h$ 或 h	

二、投影图

1. 投影基本概念

(1)投影法分类

$$\text{投影法分为两类}\begin{cases}\text{中心投影法}\\\text{平行投影法}\begin{cases}\text{正投影法}\\\text{斜投影法}\end{cases}\end{cases}$$

投射光线从一点发射对物体作投影图的方法称为中心投影法,见图 1-43(a)所示;用互相平行的投射光线对物体作投影图的方法称为平行投影法。投射光线相互平行且垂直于投影面时称正投影法,见图 1-43(b);投影光线相互平行但与投影面斜交时,称斜投影法,见图1-43(c)。

正投影图能反映物体的真实形状和大小,在工程制图中得到广泛应用。因此,本节主要讨论正投影图。

(2)投影图。光线投影于物体产生影子的现象称为投影,例如光线照射物体在地面或其他背景上产生影子,这个影子就是物体的投影。在制图学上把此投影称为投影图(亦称视图)。

用一组假想的光线把物体的形状投射到投影面上,并在其上形成物体的图像,这种用投影图表示物体的方法称投影法,它表示光源、物体和投影面三者间的关系。投影法是绘制工程图的基础。

（3）正投影的基本特性。

1）显实性。直线、平面平行于投影面时，其投影反映实长、实形，形状和大小均不变，这种特性称为投影的显实性，见图1-44（a）。

2）类似性。直线、平面倾斜于投影面时，其投影仍为直线（长度缩短）、平面（形状缩小），这种特性称投影的类似性，见图1-44（b）。

3）积聚性。直线、平面垂直于投影面时，其投影积聚为一点、直线时，这种特性称投影的积聚性，见图1-44（c）。

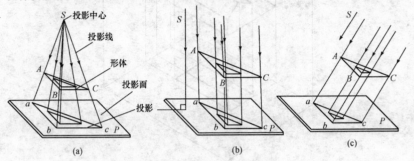

图1-43　投影的种类

（a）中心投影；（b）正投影；（c）斜投影

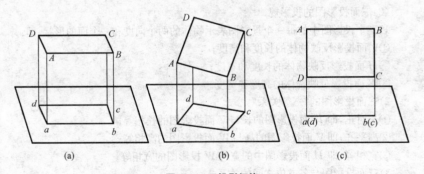

图1-44　正投影规律

（a）平面平行投影面；（b）平面倾斜投影面；（c）平面垂直投影面

2. 三面正投影图

（1）三面投影体系反映一个空间物体的全部形状需要六个投影面，但一般物体用三个相互垂直的投影面上的三个投影图，就能比较充分地反映它的形状和大小，这三个相互垂直的投影面称为三面投影体系，见图1-45。三个投影面分别称为水平投影面（简称水平面，见下图 H 面）、正立投影面（简称立面，见下图 V 面）和侧立投影面（简称侧面，见下图 W 面）。各投影面间的交线称为投影轴。

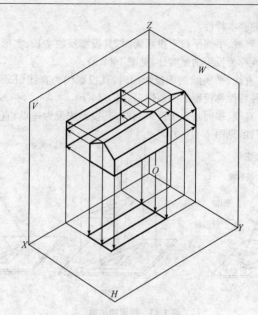

图 1-45　三面投影体系

(2)三面投影图的投影规律

1)三个投影图中的每一个投影图表示物体的两个向度和一个面的形状,即:

①V 面投影反映物体的长度和高度;

②H 面投影反映物体的长度和宽度;

③W 面投影反映物体的高度和宽度。

2)三面投影图的"三等关系":

①长对正,即 H 面投影图的长与 V 面投影图的长相等;

②高平齐,即 V 面投影图的高与 W 面投影图的高相等;

③宽相等,即 H 面投影图中的宽与 W 投影图的宽相等。

3)三面投影图与各方位之间的关系。

物体都具有左、右、前、后、上、下六个方向,在三面图中,它们的对应关系为:

①V 面图反映物体的上、下和左、右的关系;

②H 面图反映物体的左、右和前、后的关系;

③W 面图反映物体的前、后和上、下的关系。

(3)三面投影图的形成与展开将物体置于三面投影体系之中,用三组分别垂直于 V 面、H 面和 W 面的平行投射线(如图 1-45 中箭头所示)向三个投影面作投影,即得物体的三面正投影图。

上述所得到的三个投影图是相互垂直的,为了能在图纸平面上同时反映出这三个投影,需要将三个投影面及面上的投影图进行展开,展开的方法是:V 面不动,H 面绕 OX 轴向下转 $90°$;W 面绕 OZ 轴向右转 $90°$。这样三个投影面及投影图就展平在与 V 面重合的平面上,见图 1-46 所示。在实际制图中,投影面与投影轴省略不画,但三个投影图的位置必须正确。

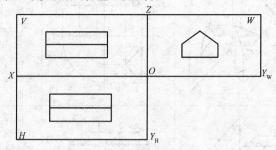

图 1-46　投影面展开图

3. 平面的三面正投影特性

(1)投影面垂直面。此类平面垂直于一个投影面,同时倾斜于另外两个投影面,见表1-7,其投影图的特征为:

1)垂直面在它所垂直的投影面上的投影积聚为一条与投影轴倾斜的直线。

2)垂直面在另两个面上的投影不反映实形。

(2)投影面平行面。投影面平面平行于一个投影面,同时垂直于另外两个投影面,见表 1-8,其投影特点是:

1)平面在它所平行的投影面上的投影反映实形。

2)平面在另两个投影面上的投影积聚为直线,且分别平行于相应的投影轴。

(3)一般位置平面。对三个投影面都倾斜的平面称一般位置平面,其投影的特点是:三个投影均为封闭图形,小于实形没有积聚性,但具有类似性。

表 1-7　　　　　　　　　　　　　投影面垂直面

名称	直观图	投影图	投影特点
铅垂面			(1)在 H 面上的投影积聚为一条与投影轴倾斜的直线; (2)β、γ 反映平面与 V、W 面的倾角; (3)在 V、W 面上的投影小于平面的实形

续表

名称	直观图	投影图	投影特点
正垂面	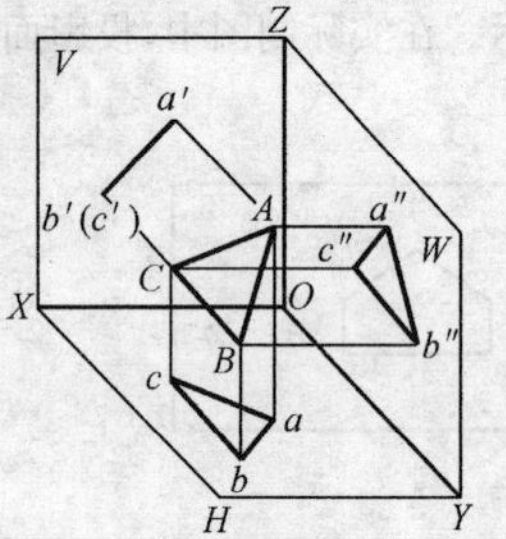	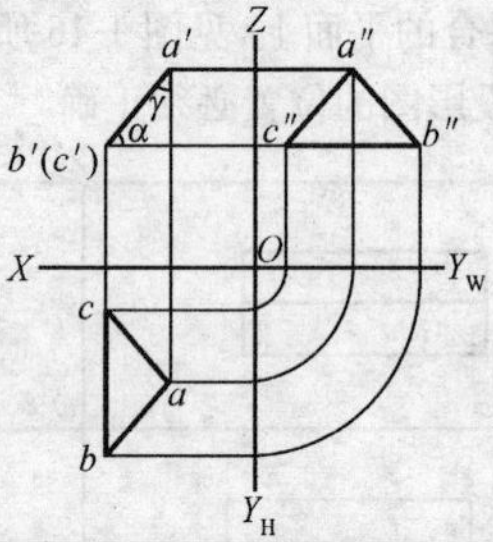	(1)在 V 面上的投影积聚为一条与投影轴倾斜的直线； (2)α、γ 反映平面与 H、W 面的倾角； (3)在 H、W 面上的投影小于平面的实形
侧垂面	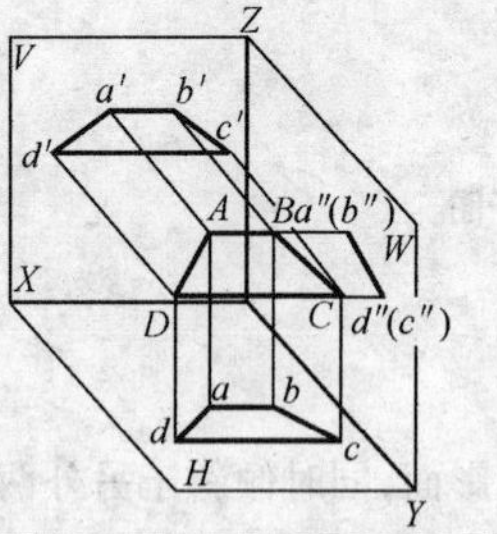	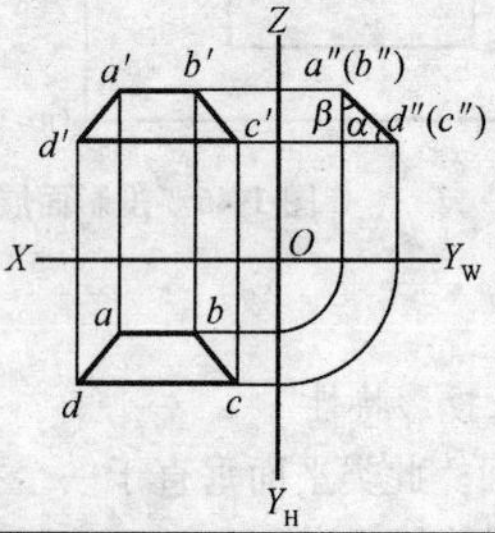	(1)在 W 面上的投影积聚为一条与投影轴倾的直线； (2)α、β 反映平面与 H、V 面的倾角； (3)在 V、H 面上的投影小于平面的实形

表 1-8   投影面平行面

名称	直观图	投影图	投影特点
水平面	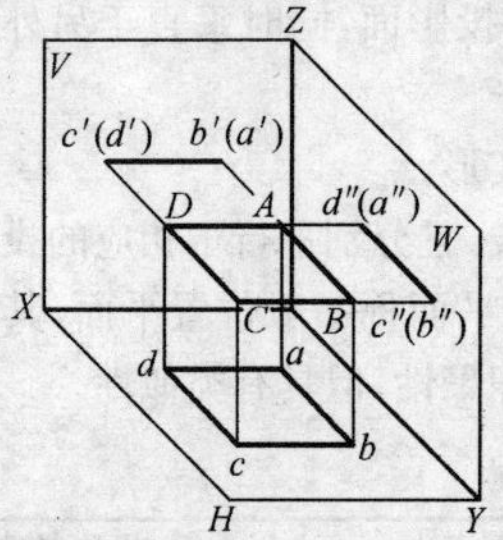	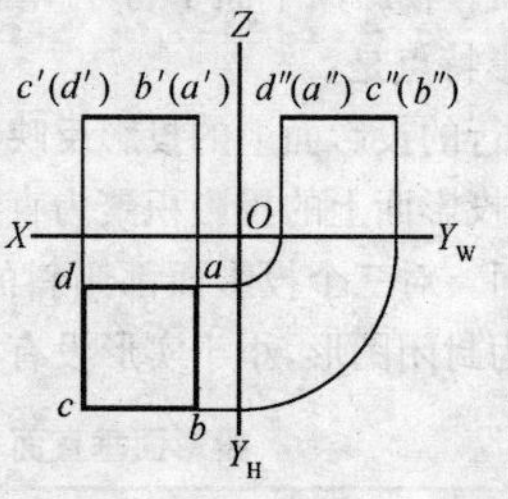	(1)在 H 面上的投影反映实形； (2)在 V 面、W 面上的投影积聚为一直线，且分别平行于 OX 轴和 OY_W 轴
正平面	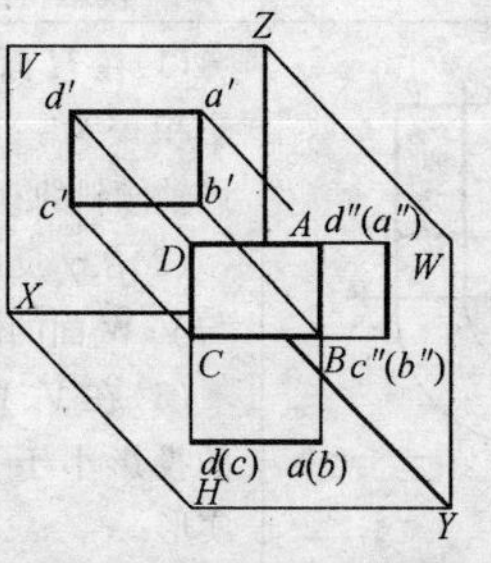	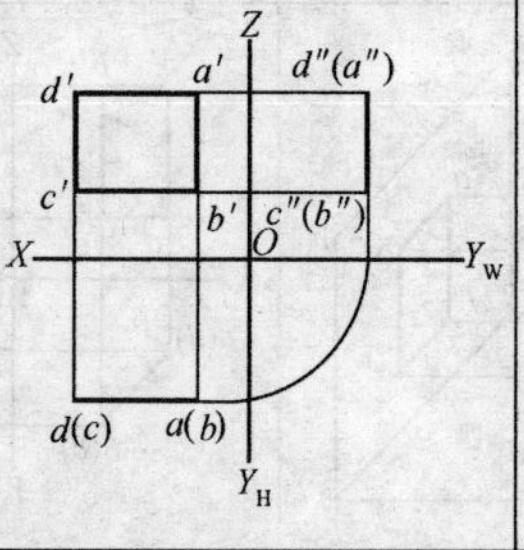	(1)在 V 面上的投影反映实形； (2)在 H 面、W 面上的投影积聚为一直线，且分别平行于 OX 轴和 OZ 轴

续表

名称	直观图	投影图	投影特点
侧平面	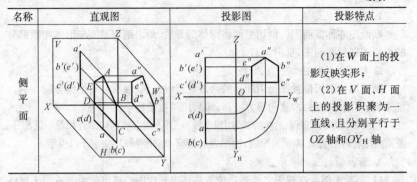		(1)在 W 面上的投影反映实形; (2)在 V 面、H 面上的投影积聚为一直线,且分别平行于 OZ 轴和 OY_H 轴

4. 投影图阅读

(1)阅读方法。投影图的阅读有线面分析法与形体分析法。

1)线面分析法是以线和面的投影规律为基础,根据投影图中的某些楞线和线框,分析它们的形状和相互位置,从而想象出它们所围成形体的整体形状。

为应用线面分析法,必须掌握投影图上线和线框的含义,才能结合起来综合分析,想象出物体的整体形状。投影图中的图线(直线或曲线)可能代表的含义有:

①形体的一条楞线,即形体上两相邻表面交线的投影。

②与投影面垂直的表面(平面或曲面)的投影,即为积聚投影。

③曲面的轮廓素线的投影。

投影图中的线框,可能有如下含义:

①形体上某一平行于投影面的平面的投影。

②形体上某平面类似性的投影(即平面处于一般位置)。

③形体上某曲面的投影。

④形体上孔洞的投影。

2)形体分析法也称堆积法,是把复杂的组合体分解为多个简单的几何体(即基本形体),然后根据各部分的相对位置,就可综合想象出组合形体的形状、样式。

(2)投影图阅读步骤。阅读图纸的顺序一般是:先外形,后内部;先整体,后局部;最后由局部回到整体,综合想象出物体的形状。读图的方法,一般以形状分析法为主,线面分析法为辅。

阅读投影图的基本步骤为:

1)从最能反映形体特征的投影图入手,一般以正立面(或平面)投影图为主,粗略分析形体的大致形状和组成。

2)结合其他投影图阅读,正立面图与平面图对照,三个视图联合起来,运用形体分析和线面分析法,形成立体感,综合想象,得出组合体的全貌。

3)结合详图(剖面图、断面图),综合各投影图,想象整个形体的形状与构造。

三、断面图

1. 断面图的形成

断面图亦称截面图。剖切平面将形体剖开后,画出剖切平面与形体相截部分的投影图即得断面图,见图1-47。

2. 断面图的标注方法与阅读

断面图的剖切位置线仍用断开的两段短粗线表示;剖视方向用编号所在的位置来表示,编号在哪方,就向哪方投影;编号用阿拉伯数字。

断面图只画被切断面的轮廓线,用粗实线画出,不画未被剖部分和看不见部分。断面内按材料图例画,断面狭窄时,涂黑表示;或不画图例线,用文字予以说明。

3. 断面图的三种表示方法

(1)将断面图画在视图之外适当位置称移出断面图。移出断面图适用于形体的截面形状变化较多的情况,见图1-47。

(2)将断面图画在视图之内称折倒断面图或重合断面图。它适用于形体截面形状变化较少的情况。断面图的轮廓线用粗实线,剖切面画材料符号;不标注符号及编号。图1-48是现浇楼层结构平面图中表示梁板及标高所用的断面图。

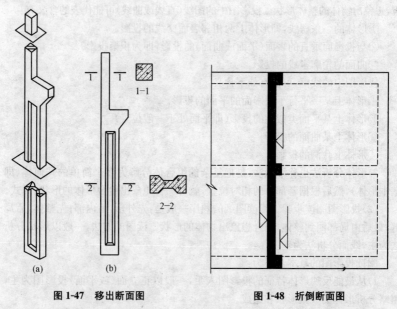

图1-47　移出断面图　　　　　　　图1-48　折倒断面图

(3)将断面图画在视图的断开处,称中断断面图。此种图适用于形体为较长的杆件且截面单一的情况,见图1-49。

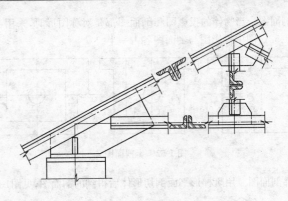

图 1-49　中断断面图

四、剖面图

1. 剖面图的形成

用假想的剖切平面将形体剖开,移去剖切平面与观察者之间的那部分形体,画出余下部分的正投影图,即得该物体的剖面图,见图 1-50。

2. 剖面图的种类

按剖切位置可分为两种:

(1)水平剖面图。当剖切平面平行于水平投影面时,所得的剖面图称为水平剖面图,建筑施工图中的水平剖面图称平面图。

(2)垂直剖面图。若剖切平面垂直于水平投影面所得到的剖面图称垂直剖面图,图1-50中的 1-1 剖面称纵向剖面图,2-2 剖面称横向剖面图,二者均为垂直剖面图。

按剖切面的形式又可分为:

(1)全剖面图。用一个剖切平面将形体全部剖开后所画的剖面图。图1-51所示的两个剖面为全剖面图。

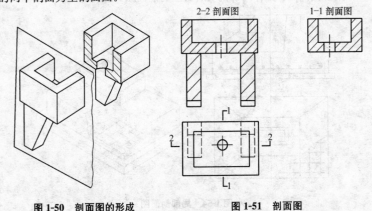

图 1-50　剖面图的形成　　　　　　　　**图 1-51　剖面图**

(2)半剖面图。当物体的投影图和剖面图都是对称图形时,采用半剖的表示方法,见图1-52。图中投影图与剖面图各占一半。

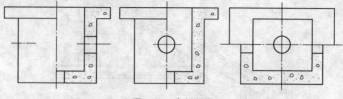

图 1-52 半剖面图

(3)阶梯剖面图。用阶梯形平面剖切形体后得到的剖面图,见图1-53。

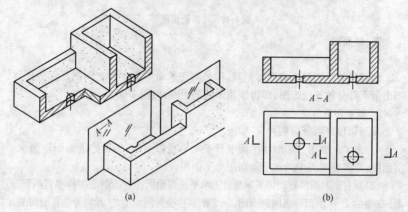

(a)　　　　　　　　　　　　　　(b)

图 1-53 阶梯剖面图

(4)局部剖面图。形体局部剖切后所画的剖面图,见图1-54。

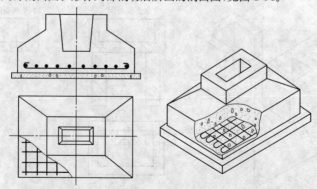

图 1-54 局部剖面图

3. 剖面图的标注方法

(1)剖切位置。一般把剖切平面设置成平行于某一投影面的位置或设置在图形的对称轴线位置及需要剖切的洞口中心。

(2)剖切符号。剖切符号也叫剖切线，由剖切位置线和剖视方向所组成。用断开的两段粗短线表示剖切位置，在它的两端画与其垂直的短粗线表示剖视方向，短线在哪一侧即表示向该方向投影。

(3)编号。用阿拉伯数字编号，并注写在剖视方向线的端部，编号应按顺序由左至右，由下而上连续编排，见图1-51。

4. 剖面图的阅读

剖面图应画出剖切后留下部分的投影图，阅读时要注意以下几点：

(1)图线。被剖切的轮廓线用粗实线，未剖切的可见轮廓线为中或细实线。

(2)不可见线。在剖面图中，看不见的轮廓线一般不画，特殊情况可用虚线表示。

(3)被剖切面的符号表示。剖面图中的切口部分(剖切面上)，一般画上表示材料种类的图例符号；当不需示出材料种类时，用45°平行细线表示；当切口截面比较狭小时，可涂黑表示。

五、建筑工程施工图识读

1. 建筑施工图的分类和编排顺序

(1)分类。

1)建筑施工图，简称建施。它的基本图纸包括：建筑总平面图、平面图、立面图和剖面图等；它的建筑详图包括墙身剖面图、楼梯详图、浴厕详图、门窗详图及门窗表，以及各种装修、构造做法、说明等。在建筑施工图的标题栏内均注写建施××号，可供查阅。

2)结构施工图，简称结施。它的基本图纸包括：基础平面图、楼层结构平面图、屋顶结构平面图、楼梯结构图等；它的结构详图有：基础详图、梁、板、柱等构件详图及节点详图等。在结构施工图的标题内均注写结施××号，可供查阅。

3)设备施工图，简称设施。设施包括三部分专业图纸：

①给水排水施工图；

②采暖通风施工图；

③电气施工图。

它们的图纸由平面布置图、管线走向系统图(如轴测图)和设备详阅等组成。在这些图纸的标题栏内分别注写水施××号，暖施××号，电施××号，以便查阅。

(2)施工图的编排顺序一套房屋施工图的编排顺序：一般是代表全局性的图纸在前，表示局部的图纸在后；先施工的图纸在前，后施工的图纸在后；重要的图纸在前，次要的图纸在后；基本图纸在前，详图在后。整套图纸的编排顺序是：

1)图纸目录。

2)总说明。说明工程概况和总的要求，对于中小型工程，总说明可编在建筑施工图内。

　　3)建筑施工图。

　　4)结构施工图。

　　5)设备施工图。一般按水施、暖施、电施的顺序排列。

　　(3)阅读要点

　　1)识读图纸的顺序是：先说明，后整体，再局部；先平面，后剖面，再构件。结构施工图应与其他工种图纸参照阅读。

　　2)弄清结构平面图的含义：结构平面图一般表示水平切开后由上向下所看到的某层楼面或屋面的结构布置情况。它表达墙、柱(一般以实线表示)、梁(以虚线表示)、板和楼梯(以细实线表示)与建筑平面轴线的关系。不同结构布置的楼层一般分别绘制，完全相同的楼层可只绘一张，但应说明所代表的各楼层编号。对构件的代号和数量应搞明白。

　　3)弄清剖面图的含义：结构剖面图一般表示将房屋垂直切开后由右向左所看到的结构布置情况，主要内容包括各构件的相互连接关系、标高尺寸以及各构件和轴线的关系，不同的结构布置情况有不同的剖面。对索引号应查明出处并对照标准图识读。

　　4)构件图表示平面剖面图上各个构件的做法，对构件的几何外形、内部材料的数量、质量、形状和放置位置作出清楚的交代。为了表达清楚往往采用编号(如钢筋)、文字说明和另绘大样图等方法。

　　5)阅读图纸的主要目的是弄清设计意图，因此应反复细致研究，在弄懂的基础上对图纸的不妥或错误之处可提出意见，所提意见征得设计人员同意及主管人员批准后才能修改图纸。

　　2.建筑施工图阅读

　　(1)建筑总平面图的阅读

　　1)总平面图的用途。总平面图是一个建设项目的总体布局，表示新建房屋所在基地范围内的平面布置、具体位置以及周围情况。总平面图通常画在具有等高线的地形图上。

　　总平面图的主要用途是：

　　①工程施工的依据(如施工定位，施工放线和土方工程)。

　　②是室外管线布置的依据。

　　③工程预算的重要依据(如土石方工程量，室外管线工程量的计算)。

　　2)总平面图的基本内容。

　　①表明新建区域的地形、地貌、平面布置，包括红线位置，各建(构)筑物、道路、河流、绿化等的位置及其相互间的位置关系。

　　②确定新建房屋的平面位置。一般根据原有建筑物或道路定位，标注定位尺寸，也可用坐标法定位。

③表明新建筑物的室内地坪、室外地坪、道路的绝对标高;房屋的朝向,一般用指北针,有时用风向频率玫瑰图表示;用小黑点表示建筑物的层数。

3)总平面图阅读要点。

①熟悉总平面图的图例(表1-9),查阅图标及文字说明,了解工程性质、位置、规模及图纸比例。

表 1-9　　　　　　　　　　　　　总平面图例

序号	名称	图　　例	备　　注
1	新建建筑物	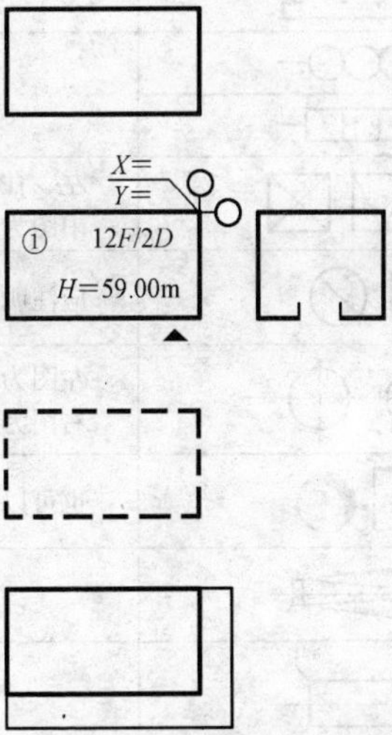 $X=$ $Y=$ ① 12F/2D $H=59.00m$	新建建筑物以粗实线表示与室外地坪相接处±0.00外墙定位轮廓线 建筑物一般以±0.00高度处的外墙定位轴线交叉点坐标定位。轴线用细实线表示,并标明轴线号 根据不同设计阶段标注建筑编号,地上、地下层数,建筑高度,建筑出入口位置(两种表示方法均可,但同一图纸采用一种表示方法) 地下建筑物以粗虚线表示其轮廓 建筑上部(±0.00以上)外挑建筑用细实线表示 建筑物上部连廊用细虚线表示并标注位置
2	原有建筑物	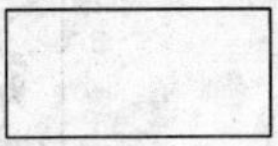	用细实线表示
3	计划扩建的预留地或建筑物		用中粗虚线表示
4	拆除的建筑物		用细实线表示
5	建筑物下面的通道	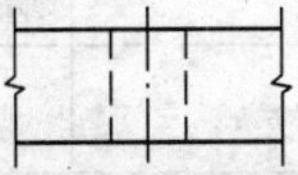	—
6	散状材料露天堆场	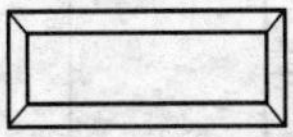	需要时可注明材料名称

序号	名称	图　例	备　注
7	其他材料露天堆场或露天作业场	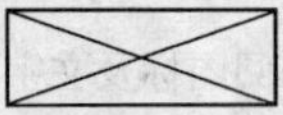	需要时可注明材料名称
8	铺砌场地	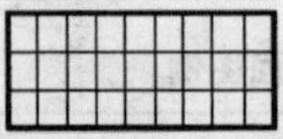	—
9	敞棚或敞廊	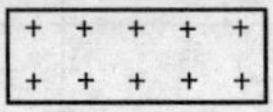	—
10	高架式料仓	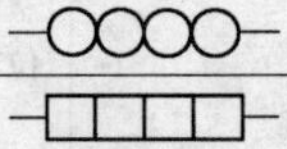	—
11	漏斗式贮仓		左、右图为底卸式中图为侧卸式
12	冷却塔(池)	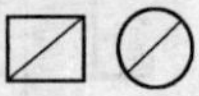	应注明冷却塔或冷却池
13	水塔、贮罐	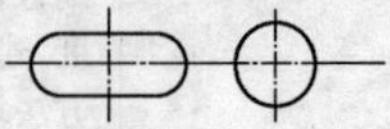	左图为卧式贮罐右图为水塔或立式贮罐
14	水池、坑槽		也可以不涂黑
15	明溜矿槽(井)	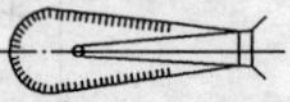	—
16	斜井或平硐	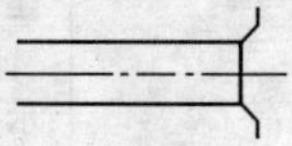	—
17	烟囱		实线为烟囱下部直径,虚线为基础,必要时可注写烟囱高度和上、下口直径
18	围墙及大门	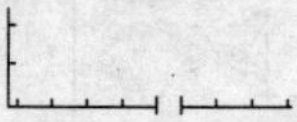	—
19	挡土墙	 5.00 1.50	挡土墙根据不同设计阶段的需要标注墙顶标高墙底标高
20	挡土墙上设围墙		—
21	台阶及无障碍坡道	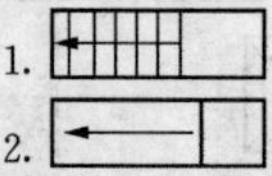 1. 2.	1. 表示台阶(级数仅为示意)2. 表示无障碍坡道

续表

序号	名称	图　例	备　注
22	露天桥式起重机	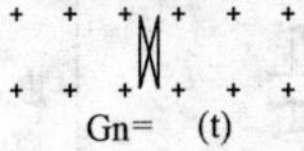 Gn=　(t)	起重机起重量 Gn,以吨计算 "+"为柱子位置
23	露天电动葫芦	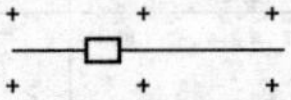 Gn=　(t)	起重机起重量 Gn,以吨计算 "+"为支架位置
24	门式起重机	 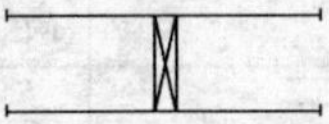 Gn=　(t) G_n=　(t)	起重机起重量 Gn,以吨计算 上图表示有外伸臂 下图表示无外伸臂
25	架空索道	 I　　　　I	"I"为支架位置
26	斜坡卷扬机道	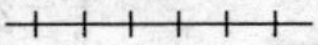	—
27	斜坡栈桥（皮带廊等）	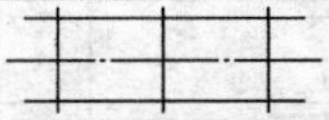	细实线表示支架中心线位置
28	坐标	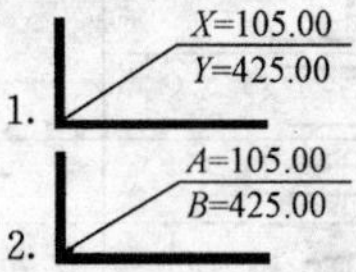 1. X=105.00 　Y=425.00 2. A=105.00 　B=425.00	1. 表示地形测量坐标系 2. 表示自设坐标系 坐标数字平行于建筑标注
29	方格网交叉点标高	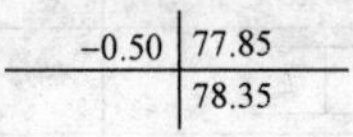 −0.50 ┃ 77.85 　　　┃ 78.35	"78.35"为原地面标高 "77.85"为设计标高 "−0.50"为施工高度 "−"表示挖方("+"表示填方)
30	填方区、挖方区、未整平区及零线	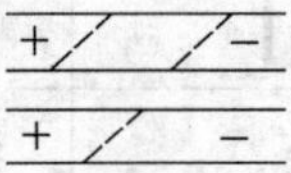 +　／　− +　／　−	"+"表示填方区 "−"表示挖方区 中间为未整平区 点划线为零点线
31	填挖边坡		—
32	分水脊线与谷线	 	上图表示脊线 下图表示谷线
33	洪水淹没线	 – – – – – – –	洪水最高水位以文字标注
34	地表排水方向		—

序号	名称	图　例	备　注
35	截水沟	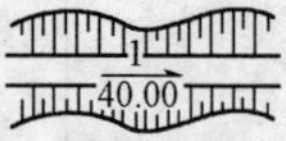 40.00	"1"表示 1‰的沟底纵向坡度,"40.00"表示变坡点间距离,箭头表示水流方向
36	排水明沟	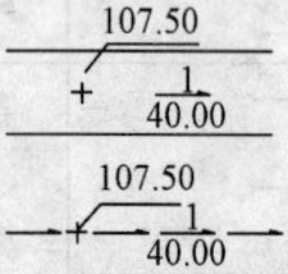 107.50 + 40.00　　107.50 40.00	上图用于比例较大的图面下图用于比例较小的图面"1"表示 1‰的沟底纵向坡度,"40.00"表示变坡点间距离,箭头表示水流方向"107.50"表示沟底变坡点标高(变坡点以"+"表示)
37	有盖板的排水沟	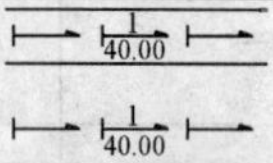 40.00　　40.00	—
38	雨水口	 1.　2.　3.	1. 雨水口2. 原有雨水口3. 双落式雨水口
39	消火栓井		—
40	急流槽		箭头表示水流方向
41	跌水		
42	拦水(闸)坝	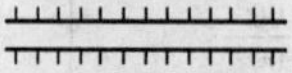	—
43	透水路堤		边坡较长时,可在一端或两端局部表示
44	过水路面		—
45	室内地坪标高	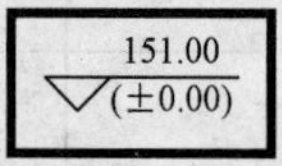 151.00 (±0.00)	数字平行于建筑物书写
46	室外地坪标高	 143.00	室外标高也可采用等高线
47	盲道		—
48	地下车库入口	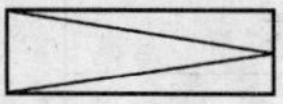	机动车停车场
49	地面露天停车场	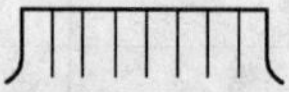	—
50	露天机械停车场	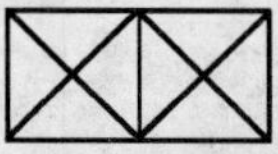	露天机械停车场

②查看建设基地的地形、地貌、用地范围及周围环境等，了解新建房屋和道路、绿化布置情况。

③了解新建房屋的具体位置和定位依据。

④了解新建房屋的室内、外高差，道路标高，坡度以及地表水排流情况。

(2)建筑平面图阅读

1)平面图的用途。平面图主要表达房屋内部水平方向的布置情况，其主要用途是：

①平面图是施工放线，砌墙、柱，安装门窗框、设备的依据。

②平面图是编制和审查工程预算的主要依据。

2)平面图的形成。建筑平面图，简称平面图，实际上是一幢房屋的水平剖面图。它是假想用一水平剖面将房屋沿门窗洞口剖开，移去上部分，剖面以下部分的水平投影图就是平面图。

对于楼层房屋，一般应每一层都画一个平面图，当有几层平面布置完全相同时，可只画一个平面图作为代表，称标准平面图，但底层和顶层要分别画出。

3)平面图的基本内容。

①表明建筑物的平面形状，内部各房间包括走廊、楼梯、出入口的布置及朝向。

②表明建筑物及其各部分的平面尺寸。平面图中用轴线和尺寸线标注各部分的长宽尺寸和位置。平面图一般标注三道外部尺寸。最外面一道表示建筑物总长度和总宽度尺寸的称外包尺寸；中间一道是轴线之间的尺寸，表示开间和进深，称轴线尺寸；最里面一道表示门窗洞口、窗间墙、墙厚等局部尺寸，称细部尺寸。平面图内还标注内墙、门、窗洞口尺寸，内墙厚以及内部设备等内部尺寸。此外，平面图还标注柱、墙垛、台阶、花池、散水等局部尺寸。

③表明地面及各层楼面标高。

④表明各种门、窗位置，代号和编号，以及门的开启方向。门的代号用 M 表示，窗的代号用 C 表示，编号数用阿拉伯数字表示。

⑤表示剖面图剖切符号、详图索引符号的位置及编号。

4)图线画法规定。在平面图中，被水平剖面剖切到的墙、柱断面的轮廓线用粗实线表示；被剖切到的次要部分的轮廓线（如墙面抹灰、隔墙等）和未剖切到的可见部分的轮廓线（如墙身、阳台等）用中实线表示；未剖切到的吊柜、高窗等和不可见部分的轮廓线（如管沟）用中虚线表示；比例较小的构造柱在底图上涂黑表示。

5)平面图阅读要点。

①熟悉建筑配件图例（表 1-10)、图名、图号、比例及文字说明。

②定位轴线。所谓定位轴线是表示建筑物主要结构或构件位置的点画线。凡是承重墙、柱、梁、屋架等主要承重构件都应画上轴线，并编上轴线号，以确定其位置；对于次要的墙、柱等承重构件，则编附加轴线号确定其位置。

表 1-10　　　　　　　　　　　　构造及配件图例

序号	名称	图　例	备　注
1	墙体	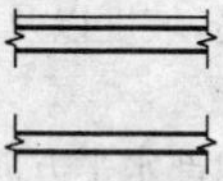	1. 上图为外墙,下图为内墙 2. 外墙粗线表示有保温层或有幕墙 3. 应加注文字或涂色或图案填充表示各种材料的墙体 4. 在各层平面图中防火墙宜着重以特殊图案填充表示
2	隔断		1. 加注文字或涂色或图案填充表示各种材料的轻质隔断 2. 适用于到顶与不到顶隔断
3	玻璃幕墙	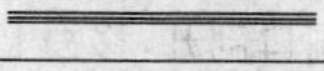	幕墙龙骨是否表示由项目设计决定
4	栏杆		—
5	楼梯	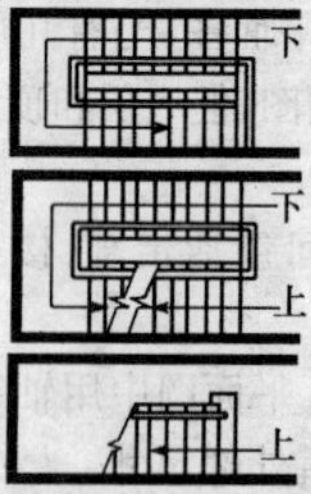	1. 上图为顶层楼梯平面,中图为中间层楼梯平面,下图为底层楼梯平面 2. 需设置靠墙扶手或中间扶手时,应在图中表示
6	坡道	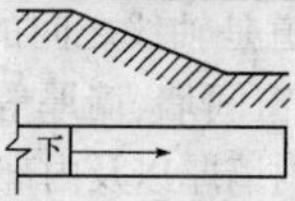	长坡道
		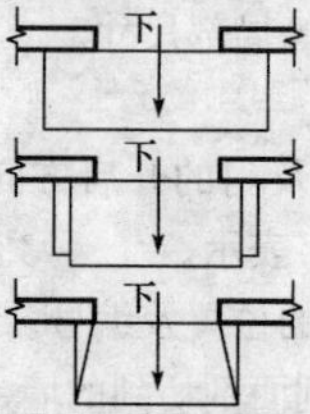	上图为两侧垂直的门口坡道,中图为有挡墙的门口坡道,下图为两侧找坡的门口坡道
7	台阶	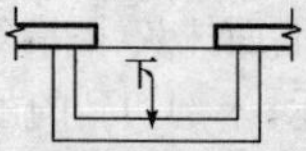	—
8	平面高差	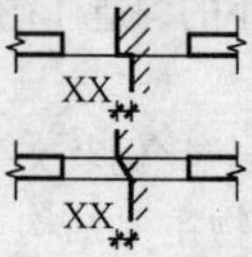	用于高差小的地面或楼面交接处,并应与门的开启方向协调
9	检查口		左图为可见检查口,右图为不可见检查口

序号	名称	图　例	备　注
10	孔洞		阴影部分亦可填充灰度或涂色代替
11	坑槽		—
12	墙预留洞、槽	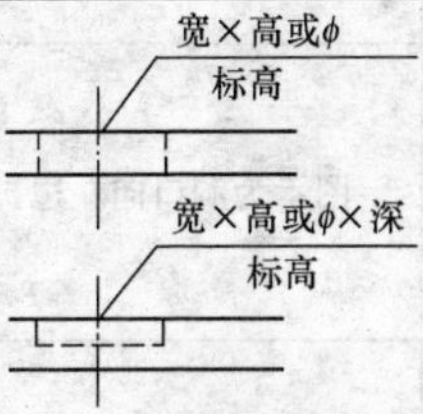	1. 上图为预留洞,下图为预留槽 2. 平面以洞(槽)中心定位 3. 标高以洞(槽)底或中心定位 4. 宜以涂色区别墙体和预留洞(槽)
13	地沟	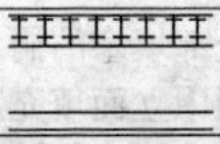	上图为有盖板地沟,下图为无盖板明沟
14	烟道	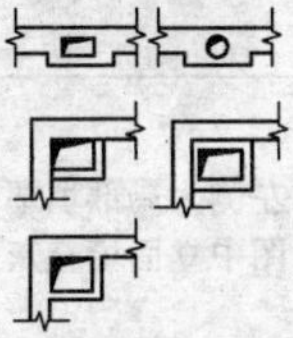	1. 阴影部分亦可填充灰度或涂色代替 2. 烟道、风道与墙体为相同材料,其相接处墙身线应连通 3. 烟道、风道根据需要增加不同材料的内衬
15	风道	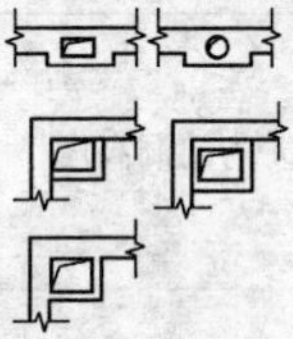	
16	新建的墙和窗	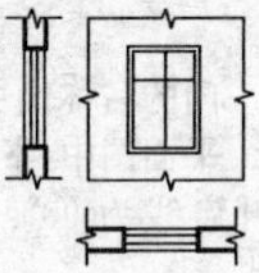	—
17	改建时保留的墙和窗	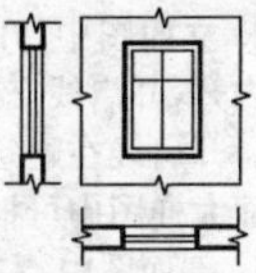	只更换窗,应加粗窗的轮廓线
18	拆除的墙	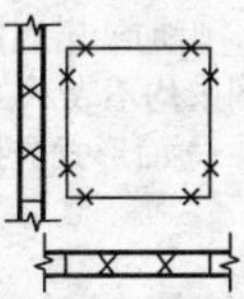	—

序号	名称	图　例	备　注
19	改建时在原有墙或楼板新开的洞	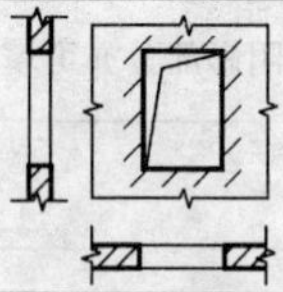	—
20	在原有墙或楼板洞旁扩大的洞	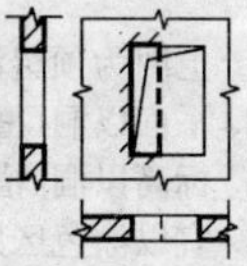	图示为洞口向左边扩大
21	在原有墙或楼板上全部填塞的洞	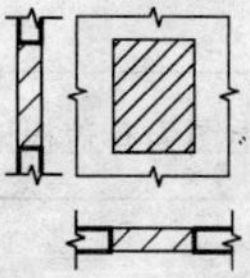	全部填塞的洞 图中立面填充灰度或涂色
22	在原有墙或楼板上局部填塞的洞	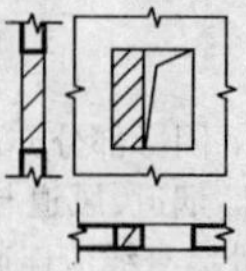	左侧为局部填塞的洞 图中立面填充灰度或涂色
23	空门洞	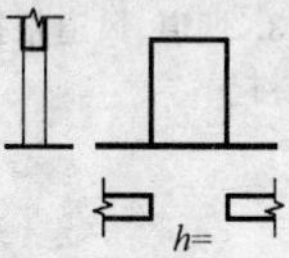 $h=$	h 为门洞高度
24	单面开启单扇门（包括平开或单面弹簧） 双面开启单扇门（包括双面平开或双面弹簧） 双层单扇平开门	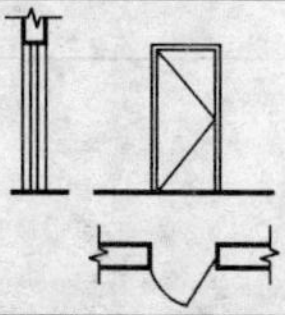	1. 门的名称代号用 M 表示 2. 平面图中，下为外，上为内 门开启线为 90°、60°或 45°，开启弧线宜绘出 　3. 立面图中，开启线实线为外开，虚线为内开，开启线交角的一侧为安装合页一侧。开启线在建筑立面图中可不表示，在立面大样图中可根据需要绘出 　4. 剖面图中，左为外，右为内 　5. 附加纱扇应以文字说明，在平、立、剖面图中均不表示 　6. 立面形式应按实际情况绘制

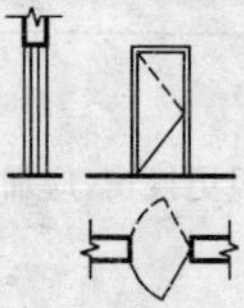

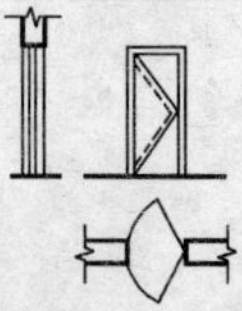

续表

序号	名称	图 例	备 注
25	单面开启双扇门（包括平开或单面弹簧）	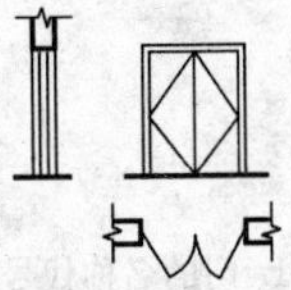	1. 门的名称代号用 M 表示 2. 平面图中，下为外，上为内 门开启线为 90°、60° 或 45°，开启弧线宜绘出 3. 立面图中，开启线实线为外开，虚线为内开。开启线交角的一侧为安装合页一侧。开启线在建筑立面图中可不表示，在立面大样图中可根据需要绘出 4. 剖面图中，左为外，右为内 5. 附加纱扇应以文字说明，在平、立、剖面图中均不表示 6. 立面形式应按实际情况绘制
	双面开启双扇门（包括双面平开或双面弹簧）	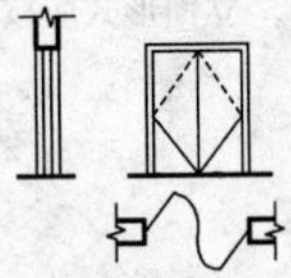	
	双层双扇平开门	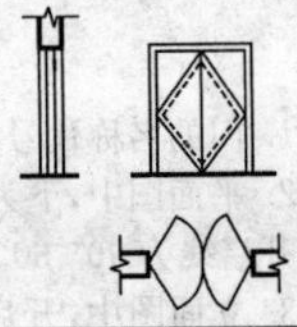	
26	折叠门	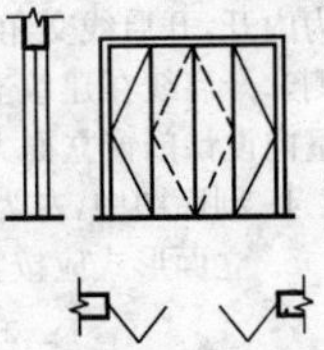	1. 门的名称代号用 M 表示 2. 平面图中，下为外，上为内 3. 立面图中，开启线实线为外开，虚线为内开，开启线交角的一侧为安装合页一侧 4. 剖面图中，左为外，右为内 5. 立面形式应按实际情况绘制
	推拉折叠门	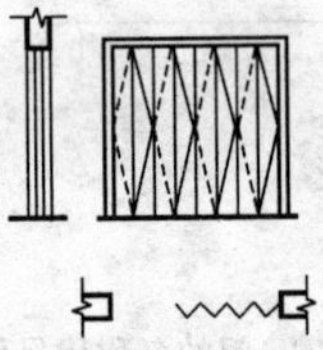	
27	墙洞外单扇推拉门	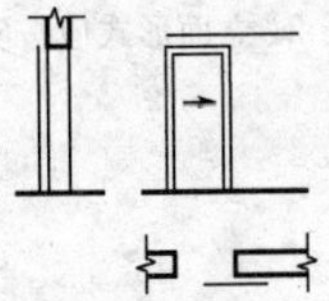	1. 门的名称代号用 M 表示 2. 平面图中，下为外，上为内 3. 剖面图中，左为外，右为内 4. 立面形式应按实际情况绘制
	墙洞外双扇推拉门	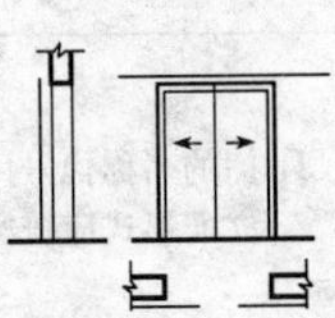	

续表

序号	名称	图　例	备　注
27	墙中单扇推拉门	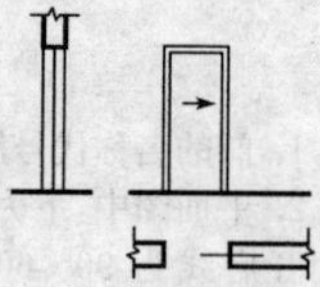	1. 门的名称代号用 M 表示 2. 立面形式应按实际情况绘制
	墙中双扇推拉门	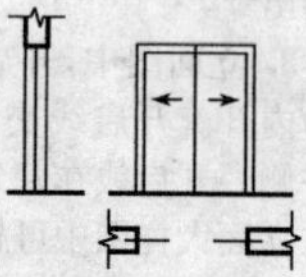	
28	推杠门	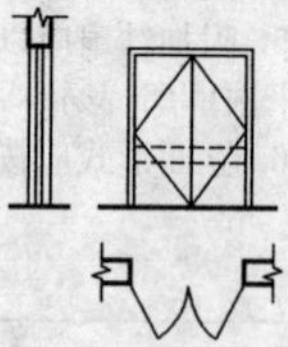	1. 门的名称代号用 M 表示 2. 平面图中，下为外，上为内门开启线为 90°、60°或 45° 3. 立面图中，开启线实线为外开，虚线为内开，开启线交角的一侧为安装合页一侧。开启线在建筑立面图中可不表示，在室内设计门窗立面大样图中需绘出 4. 剖面图中，左为外，右为内 5. 立面形式应按实际情况绘制
29	门连窗	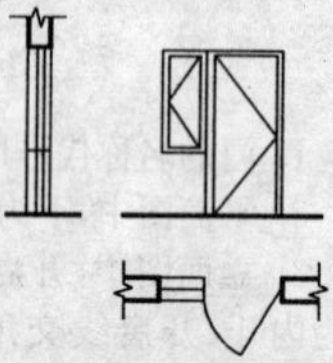	
30	旋转门	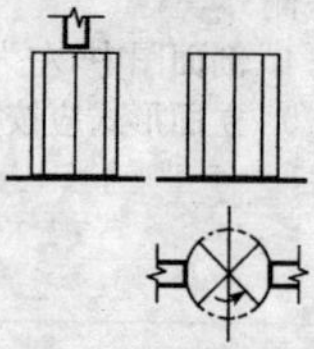	1. 门的名称代号用 M 表示 2. 立面形式应按实际情况绘制
	两翼智能旋转门	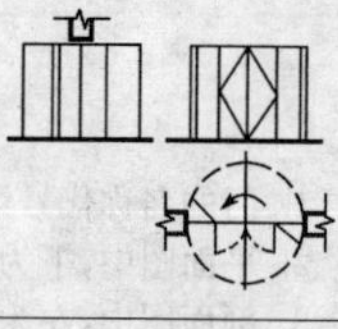	
31	自动门	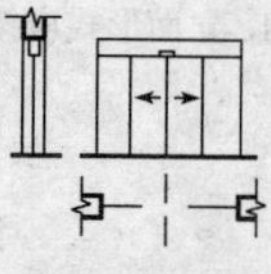	1. 门的名称代号用 M 表示 2. 立面形式应按实际情况绘制

序号	名称	图　　例	备　　注
32	折叠上翻门	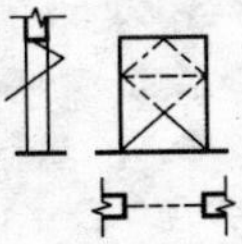	1. 门的名称代号用 M 表示 2. 平面图中，下为外，上为内 3. 剖面图中，左为外，右为内 4. 立面形式应按实际情况绘制
33	提升门	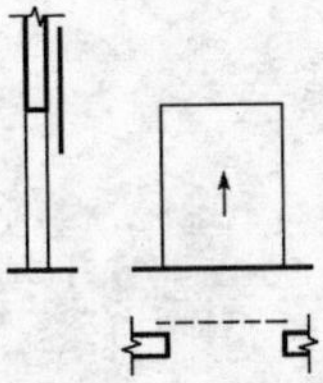	1. 门的名称代号用 M 表示 2. 立面形式应按实际情况绘制
34	分节提升门	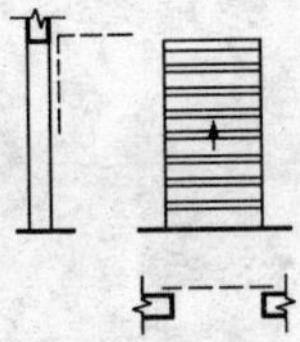	
35	人防单扇防护密闭门	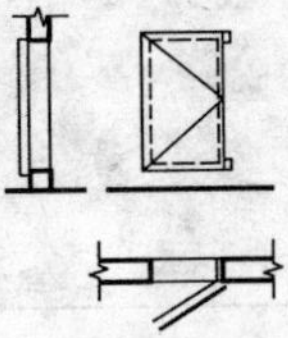	1. 门的名称代号按人防要求表示 2. 立面形式应按实际情况绘制
	人防单扇密闭门	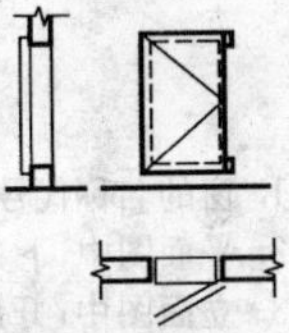	
36	人防双扇防护密闭门	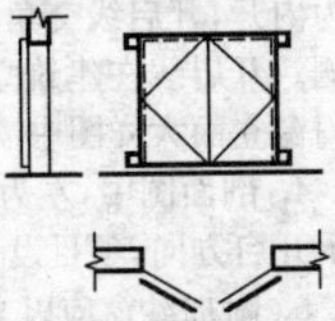	1. 门的名称代号按人防要求表示 2. 立面形式应按实际情况绘制
	人防双扇密闭门	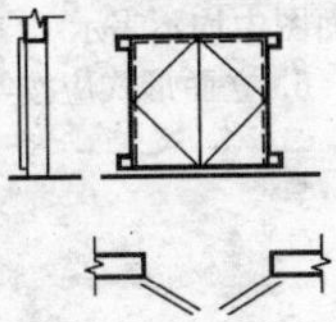	

序号	名称	图　例	备　注
37	横向卷帘门	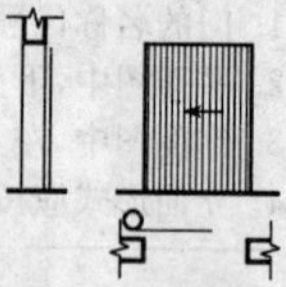	
	竖向卷帘门	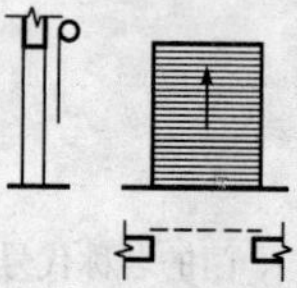	
	单侧双层卷帘门	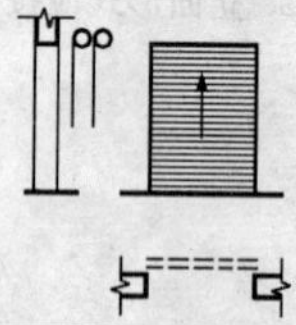	
	双侧单层卷帘门	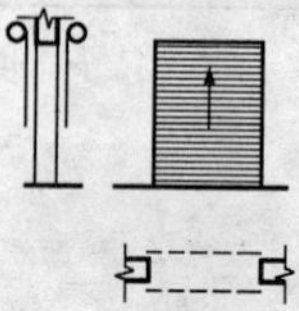	
38	固定窗	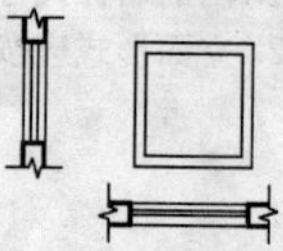	1. 窗的名称代号用 C 表示 2. 平面图中，下为外，上为内 3. 立面图中，开启线实线为外开，虚线为内开，开启线交角的一侧为安装合页一侧。开启线在建筑立面图中可不表示，在门窗立面大样图中需绘出 4. 剖面图中，左为外，右为内，虚线仅表示开启方向，项目设计不表示 5. 附加纱窗应以文字说明，在平、立、剖面图中均不表示 6. 立面形式应按实际情况绘制
39	上悬窗	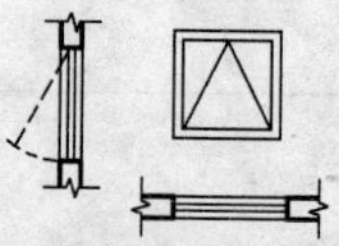	
	中悬窗	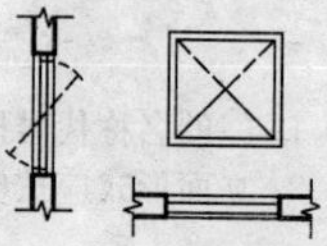	
40	下悬窗	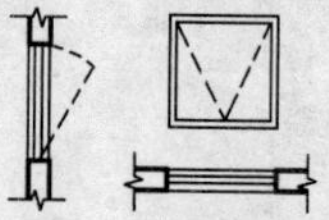	

序号	名称	图例	备注
41	立转窗	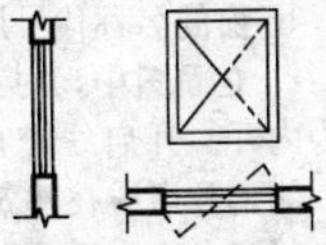	
42	内开平开内倾窗	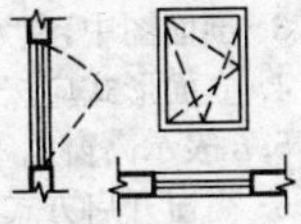	1. 窗的名称代号用 C 表示 2. 平面图中,下为外,上为内 3. 立面图中,开启线实线为外开,虚线为内开。开启线交角的一侧为安装合页一侧。开启线在建筑立面图中可不表示,在门窗立面大样图中需绘出 4. 剖面图中,左为外,右为内,虚线仅表示开启方向,项目设计不表示 5. 附加纱窗应以文字说明,在平、立、剖面图中均不表示 6. 立面形式应按实际情况绘制
	单层外开平开窗	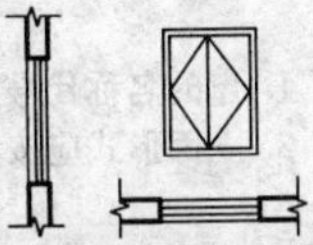	
43	单层内开平开窗	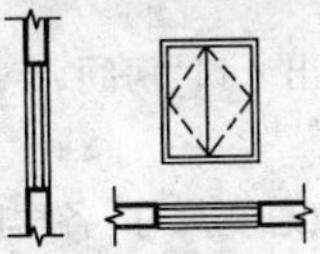	
	双层内外开平开窗	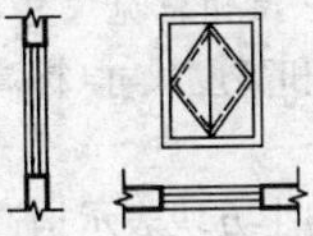	
44	单层推拉窗	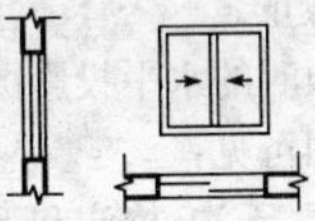	1. 窗的名称代号用 C 表示 2. 立面形式应按实际情况绘制
	双层推拉窗	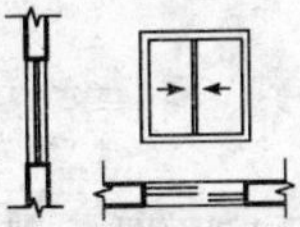	
45	上推窗	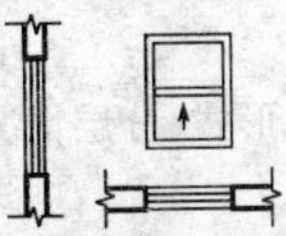	1. 窗的名称代号用 C 表示 2. 立面形式应按实际情况绘制
46	百叶窗	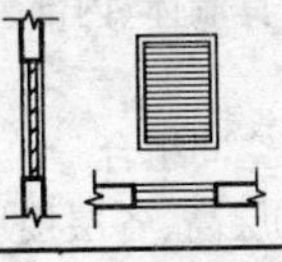	1. 窗的名称代号用 C 表示 2. 立面形式应按实际情况绘制

续表

序号	名称	图　例	备　注
47	高窗	$h=$	1. 窗的名称代号用 C 表示 2. 立面图中,开启线实线为外开,虚线为内开。开启线交角的一侧为安装合页一侧。开启线在建筑立面图中可不表示,在门窗立面大样图中需绘出 3. 剖面图中,左为外,右为内 4. 立面形式应按实际情况绘制 5. h 表示高窗底距本层地面高度 6. 高窗开启方式参考其他窗型
48	平推窗		1. 窗的名称代号用 C 表示 2. 立面形式应按实际情况绘制

③房屋平面布置,包括平面形状、朝向、出入口、房间、走廊、门厅、楼梯间等的布置组合情况。

④阅读各类尺寸。图中标注房屋总长及总宽尺寸,各房间开间、进深、细部尺寸和室内外地面标高。阅读时应依次查阅总长和总宽尺寸,轴线间尺寸,门窗洞口和窗间墙尺寸;外部及内部局(细)部尺寸和高度尺寸(标高)。

⑤门窗的类型、数量、位置及开启方向。

⑥墙体、(构造)柱的材料、尺寸。涂黑的小方块表示构造柱的位置。

⑦阅读剖切符号和索引符号的位置和数量。

6)屋顶平面图。屋顶平面图是俯视屋顶时的水平投影图,主要表示屋面的形状及排水情况和突出屋面的构造位置。由图可见:

①屋面排水情况,如排水坡度、排水分区,天沟、檐沟和下水口的位置等。

②突出屋面的构造有出入口及水箱等。

③屋顶隔热板做法详图索引标志。

(3)建筑剖面图阅读

1)剖面图的形成和用途。建筑剖面图简称剖面图,一般是指建筑物的垂直剖面图,且多为横向剖切形式。剖面图的用途:

①主要表示建筑物内部垂直方向的结构形式、分层情况,内部构造及各部位的高度等,用于指导施工。

②编制工程预算时,与平、立面图配合计算墙体、内部装修等的工程量。

2)剖面图的基本内容。

①建筑物从地面到屋面的内部构造及其空间组合。

②竖向尺寸与标高,表示建筑物的总高、层高、各层楼地面的标高、室内外地

坪标高及门窗洞口高度等。

③各主要承重构件的位置及其相互关系,如各层梁、板的位置与墙体的关系等。

④楼面、地面、墙面、屋顶、顶棚等的内装修材料与做法。

⑤详图索引符号。

3)图线画法规定。剖面图中的室内外地坪用特粗实线表示;剖切到的部位如墙、楼板、楼梯等用粗实线画出;没有剖切到的可见部分用中实线表示;其他如引出线用细实线表示。习惯上,基础部分用折断线省略,另画结构图表达。

4)剖面图阅读要点。

①熟悉建筑材料图例,如表 1-11 所示。

表 1-11　　　　　　　　常用建筑材料图例

序号	名称	图　例	备　注
1	自然土壤		包括各种自然土壤
2	夯实土壤		—
3	砂、灰土		—
4	砂砾石、碎砖三合土		—
5	石材		—
6	毛石		—
7	普通砖		包括实心砖、多孔砖、砌块等砌体。断面较窄不易绘出图例线时,可涂红,并在图纸备注中加注说明,画出该材料图例
8	耐火砖		包括耐酸砖等砌体
9	空心砖		指非承重砖砌体
10	饰面砖		包括铺地砖、马赛克、陶瓷锦砖、人造大理石等
11	焦渣、矿渣		包括与水泥、石灰等混合而成的材料
12	混凝土		1. 本图例指能承重的混凝土及钢筋混凝土 2. 包括各种强度等级、骨料、添加剂的混凝土 3. 在剖面图上画出钢筋时,不画图例线 4. 断面图形小,不易画出图例线时,可涂黑
13	钢筋混凝土		
14	多孔材料		包括水泥珍珠岩、沥青珍珠岩、泡沫混凝土、非承重加气混凝土、软木、蛭石制品等

序号	名称	图例	备注
15	纤维材料	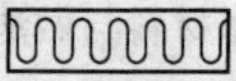	包括矿棉、岩棉、玻璃棉、麻丝、木丝板、纤维板等
16	泡沫塑料材料	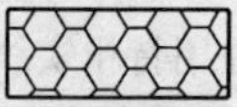	包括聚苯乙烯、聚乙烯、聚氨酯等多孔聚合物类材料
17	木材		1. 上图为横断面,左上图为垫木、木砖或木龙骨 2 下图为纵断面
18	胶合板		应注明为×层胶合板
19	石膏板	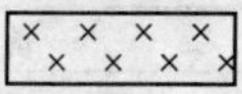	包括圆孔、方孔石膏板、防水石膏板、硅钙板、防火板等
20	金属	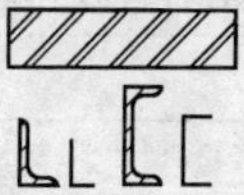	1. 包括各种金属 2. 图形小时,可涂黑
21	网状材料		1. 包括金属、塑料网状材料 2 应注明具体材料名称
22	液体	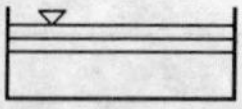	应注明具体液体名称
23	玻璃		包括平板玻璃、磨砂玻璃、夹丝玻璃、钢化玻璃、中空玻璃、夹层玻璃、镀膜玻璃等
24	橡胶		—
25	塑料		包括各种软、硬塑料及有机玻璃等
26	防水材料	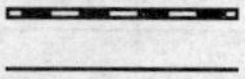	构造层次多或比例大时,采用上图例
27	粉刷		本图例采用较稀的点

注:序号 1、2、5、7、8、13、14、16、17、18 图例中的斜线、短斜线、交叉斜线等均为45°。

②了解剖切位置、投影方向和比例。注意图名及轴线编号应与底层平面图相对应。

③分层、楼梯分段与分级情况。

④标高及竖向尺寸。图中的主要标高有:室内外地坪、入口处、各楼层、楼梯休息平台、窗台、檐口、雨篷底等;主要尺寸有:房屋进深、窗高度,上下窗间墙高度,阳台高度等。

⑤主要构件间的关系,图中各楼板、屋面板及平台板均搁置在砖墙上,并设有圈梁和过梁。

⑥屋顶、楼面、地面的构造层次和做法。

(4)建筑立面图阅读

1)立面图的形成及名称。建筑立面图，简称立面图，就是对房屋的前后左右各个方向所作的正投影图。立面图的命名方法有：

①按房屋朝向，如南立面图，北立面图，东立面图，西立面图。

②按轴线的编号。

③按房屋的外貌特征命名，如正立面图，背立面图等。对于简单的对称式房屋，立面图可只绘一半，但应画出对称轴线和对称符号。

2)立面图的用途。立面图是表示建筑物的体型、外貌和室外装修要求的图样。主要用于外墙的装修施工和编制工程预算。

3)立面图的基本内容。

①表示房屋的外貌。

②表示门窗的位置、外形与开启方向(用图例表示)。

③表示主要出入口、台阶、勒脚、雨篷、阳台、檐沟及雨水管等的布置位置、立面形状。

④外墙装修材料与做法。

⑤标高及竖向尺寸，表示建筑物的总高及各部位的高度。

⑥另画详图的部位用详图索引符号表示。

4)图线规定。立面图的外形轮廓线用粗实线表示；室外地坪线用特粗实线绘制，勒脚、门窗洞口、檐口、阳台、雨篷、台阶、花池等的轮廓线用中实线画出；其他次要部分如门窗扇，墙面分格线等用细实线表示。

5)立面图阅读要点。

①了解立面图的朝向及外貌特征。如房屋层数、阳台、门窗的位置和形式，雨水管、水箱的位置以及屋顶隔热层的形式等。

②外墙面装饰做法。

③各部位标高尺寸。找出图中标示室外地坪、勒脚、窗台、门窗顶及檐口等处的标高。

(5)建筑详图阅读建筑详图是把房屋的某些细部构造及构配件用较大的比例(如1∶20,1∶10,1∶5等)将其形状、大小、材料和做法详细表达出来的图样，简称详图或大样图、节点图。常用的详图一般有：墙身详图、楼梯详图、门窗详图、厨房、卫生间、浴室、壁橱及装修详图(吊顶、墙裙、贴面)等。

1)明确详图与被索引图样的对应关系。

2)查看详图所表达的细部或构配件的名称及其图样组成。图示厨厕详图包括平面图、立面图和剖面图以及做法大样。

3.单层厂房施工图阅读

(1)厂房建筑施工图的阅读

1)厂房平面图。

①厂房的平面形状,内部布置。图中表示出该厂房柱的定位轴线。

②表明各部位尺寸和室内地坪标高。由图可见,平面图中一般仍标注三道尺寸:外部总尺寸、轴线间尺寸、门窗洞口及窗间墙宽度尺寸。

③由图可确定门窗位置及布置形式。

④表明剖面图的剖切位置。

⑤其他细部构造。如钢吊车梯,拖布池,以及散水、厂门出入口坡道等。

2)厂房立面图。厂房立面图包括正(南)、背(北)立面图和侧立面图。

①表明厂房屋顶形式,外墙装修做法。

②标注各部位标高和竖向尺寸,包括厂房总高、门窗高度,室外地坪、勒脚高度、分格缝(或腰线)、雨篷等。

③其他。门窗位置的高度,落水管的布置和位置,屋面上人梯等。

3)厂房剖面图。厂房剖面图主要表示厂房竖向尺寸,主要部位的标高,墙体、门窗的竖向位置;此外还有雨篷、台阶(或坡道)、檐口、地面和屋面做法等。主要内容有:

①表示各部位标高。图中标出室内地坪,室内外高差,防潮层位置、做法,吊车钢轨顶面、屋面梁底(下弦)标高等。

②外墙标明勒脚、墙体、门窗洞口、女儿墙等的竖向尺寸和做法(另绘有详图)。

③有关细部构造。图中表示出门口坡道的具体做法。

4)屋顶平面图。屋顶平面图主要表明屋顶上凸出屋面建筑构造的位置,如天窗、通风孔、雨水管等的平面位置;其次表示屋面排水分区、坡度及坡向等。

(2)厂房结构施工图阅读结构施工图包括基础、柱、梁、屋架、天窗架、吊车梁等的平面布置,构造尺寸,结构大样,配筋及连接方式等。

1)基础平面图及详图。基础平面图中,基础代号为 J,两边基础代号为 J1,四角为 J2,两端山墙抗风柱基础为 J3。

基础图一般包括基础、基础梁平面布置图,基础详图和文字说明三部分。

基础平面图的内容有纵、横轴线和轴距,基础平面布置,基础梁布置,由基础详图可看出基础材质、形状,图中标注基础编号、详细尺寸、配筋、标高、所用材料强度等级,基础垫层,还表示了基础与柱的连接处理以及轴线等。

2)柱网平面图。在结构平面图中,柱子代号用 Z 表示,编号为 Z_1、Z_2、Z_1A、Z_1B 等,带有 A、B 字母者为附有焊接柱间支撑的预埋件,两者是相邻柱,埋件互相对应。位于两端山墙的抗风柱亦依次编号。

3)柱模板、配筋图。柱子结构图包括柱的结构、配筋、连接部位大样等。结构图也称模板图,显示外形、尺寸;配筋图显示钢筋编号、型号、形状、直径、尺寸和数量以及在柱中的位置;预埋件是柱子的重要内容,柱与屋架、吊车梁、支撑的连接都需用预埋件,水电管线和某些工艺管道也要求柱子设预埋件。因此,柱子结构图应画出预埋件的位置、数量,并予以编号。预埋件的形状、尺寸则应另作大样图，图中也应标出预留钢筋的位置、数量等。

不同的柱子应分别绘制结构图。为了减少设计图纸的数量，常把外形尺寸和配筋相同，只有少量预埋件不同的柱子绘在一个图上，注明埋件仅用于某柱即可。

4. 结构施工图阅读

结构施工图是表示建筑物的承重构件（如基础、承重墙、梁、板、柱等）的布置、形状大小、内部构造和材料做法等的图纸。

结构施工图的主要用途是：

(1)施工放线，构件定位，支模板，绑扎钢筋，浇筑混凝土，安装梁、板、柱等构件以及编制施工组织设计的依据。

(2)编制工程预算和工料分析的依据。

常用构件代号如表 1-12 所示。

表 1-12　　　　　　　　　　　　常用构件代号

序号	名　称	代号	序号	名　称	代号	序号	名　称	代号
1	板	B	19	圈梁	QL	37	承台	CT
2	屋面板	WB	20	过梁	GL	38	设备基础	SJ
3	空心板	KB	21	连系梁	LL	39	桩	ZH
4	槽形板	CB	22	基础梁	JL	40	挡土墙	DQ
5	折板	ZB	23	楼梯梁	TL	41	地沟	DG
6	密肋板	MB	24	框架梁	KL	42	柱间支撑	ZC
7	楼梯板	TB	25	框支梁	KZL	43	垂直支撑	CC
8	盖板或沟盖板	GB	26	屋面框架梁	WKL	44	水平支撑	SC
9	挡雨板或檐口板	YB	27	檩条	LT	45	梯	T
10	吊车安全走道板	DB	28	屋架	WJ	46	雨篷	YP
11	墙板	QB	29	托架	TJ	47	阳台	YT
12	天沟板	TGB	30	天窗架	CJ	48	梁垫	LD
13	梁	L	31	框架	KJ	49	预埋件	M—
14	屋面梁	WL	32	刚架	GJ	50	天窗端壁	TD
15	吊车梁	DL	33	支架	ZJ	51	钢筋网	W
16	单轨吊车梁	DDL	34	柱	Z	52	钢筋骨架	G
17	轨道连接	DGL	35	框架柱	KZ	53	基础	J
18	车挡	CD	36	构造柱	GZ	54	暗柱	AZ

注：1. 预制钢筋混凝土构件、现浇钢筋混凝土构件、钢构件和木构件，一般可直接采用以上构件代号。当需要区别上述构件的材料种类时，可在构件代号前加注材料代号，并附说明。

　　2. 预应力钢筋混凝土构件的代号，应在构件代号前加注"Y—"，如 Y—DL 表示预应力钢筋混凝土吊车梁。

(1)基础结构图。基础结构图或称基础图,是表示建筑物室内地面(±0.000)以下基础部分的平面布置和构造的图样,基础图包括基础平面图、基础剖面(详图)图及有关文字说明。阅读基础图首先要看结构设计总说明(一般小工程不单编此图)或文字说明,再看基础平面图和基础详图。

1)结构设计总说明。该图以文字为主,内容为全局性的。主要内容有:主要设计依据,如地质勘探报告等;自然条件,如风荷载,地震荷载等;材料强度等级及要求,标准图的使用,统一的构造做法等方面。没有结构设计总说明的,一般都有文字说明,主要包括±0.000相当的绝对标高(或相对标高)、地耐力、材料强度等级、开槽及验槽要求等有关内容。

2)基础平面图。基础平面图的形成是假想用一个水平面沿房屋的地面与基础之间把整幢房子剖开后,将剖切平面以上的房屋和四周的泥土移去向下投影而得。基础平面图中一般只画出墙身线(图中画粗实线)和基础底面线(图中画细实线),而其他细部,如大放脚等一般省略不画。基础平面图是表示基础的平面砌筑情况的,即表示基础墙、垫层、留洞、构件布置的平面关系。基础墙留洞是安装上下水道要求的,应配合给排水施工图阅读。管沟是暖气管道要求的,要配合暖气施工图阅读。

基底标高有时是变化的,同一房屋基础标高有时不一样,表示方法常在标高变化处用一纵剖面画在相对应的平面图附近。若高差过大,一般用水平长1m错台0.5m相衔接。

剖面符号及有关代号、基础做法不同时,均以不同的剖面图表示,并标以不同的剖面符号,如1—1、2—2等。

构造柱常与基础梁(地梁)或承台梁现浇在一起,常表示为 JL—1 或 DL—1、GZ 等。

3)基础剖面详图。基础详图作用主要是表明基础各组成部分的具体结构和构造作法,一般用垂直剖面表示。

识读基础剖面详图常看以下方面内容:

基础和墙体所用材料;基础和墙的尺寸,如垫层、大放脚、基础墙的尺寸;基底标高和基础一共砌筑的高度;防潮层的位置和做法;基础梁的位置和管沟的剖面做法等。

条形基础一般用一个剖面表示即可;对于较复杂的独立柱基础,有时还加一个平面局部剖面图,在其左下角采用局部剖面,表示基础的网状配筋情况。

4)基础结构图的阅读要点。

①轴线网。轴线的排列,编号应与建施中的平面图一致。

②基础的平面布置及尺寸。基础的平面形状应与底层平面图一致,图中以涂黑表示基础墙,细实线为基础边线;基础墙及基础底面与轴线的位置关系亦示于图中。

③基础预留洞口、管沟、构造柱及基础圈梁的位置和表示方法。图中以涂黑小方块表示构造柱的位置。

④由断面符号的位置及编号阅读详图。详图的图名、编号与基础平面图的编号应一致，对照阅读。详细阅读内容包括：基础各部位的构造形式、材料、配筋、尺寸及标高等。

(2)楼层(屋顶)结构平面布置图的识读。楼层结构平面布置图也叫梁板平面结构布置图，内容包括定位轴线网、墙、楼板、框架、梁、柱及过梁、挑梁、圈梁的位置，墙身厚度等尺寸，要与建筑施工图一致(交圈)。

1)墙。楼板下墙的轮廓线，一般画成细或中粗的虚线或实线。

2)梁。梁用点画线表示其位置，旁边注以代号和编号。L 表示一般梁(XL 表示现浇梁)；TL 表示挑梁；QL 表示圈梁；GL 表示过梁；LL 表示连系梁；KJ 表示框架。梁、柱的轮廓线，一般画成细虚线或细实线。

圈梁一般加画单线条布置示意图。

3)柱。截面涂黑表示钢筋混凝土柱，截面画斜线表示砖柱。

4)楼板。

①现浇楼板。在现浇板范围内划一对角线，线旁注明代号 XB 或 B、编号、厚度。如 XB_1 或 B_1、XB−1 等。

现浇板的配筋有时另用剖面详图表示，有时直接在平面图上画出受力钢筋形状，每类钢筋只画一根，注明其编号、直径、间距。如①$\phi6@200$，②$\phi8/\phi6@200$等，前者表示 1 号钢筋，HPB235 级钢筋，直径 6mm，间距为 200mm，后者表示直径为 8mm 及 6mm 钢筋交替放置，间距为 200mm。分布配筋一般不画，另以文字说明。有时采用折倒断面(图中涂黑部分)表示梁板布置支承情况，并注出板面标高和板厚。

②预制楼板。常在对角线旁注明预制板的块数和型号，如 4YKB339A2 则表示 4 块预应力空心板，标志尺寸为 3.3m 长，900mm 宽，A 表示 120mm 厚(若为 B 时则表示 180mm 厚)，荷载等级为 2 级。

为表明房间内不同预制板的排列次序，可直接按比例分块画出。

当板布置相同的房间，可只标出一间板布置并编上甲、乙或 B_1、B_2(现浇板有时编 XB_1、XB_2)，其余只写编号表示类同。

5)楼梯的平面位置。楼梯的平面位置常用对角线表示，其上标注"详见结施××"字样。

6)剖面图的剖切位置。一般在平面图上标有剖切位置符号，剖面图常附在本张图纸上，有时也附在其他图纸上。

7)构件表和钢筋表。一般编有预制构件表，统计梁板的型号、尺寸、数目等。钢筋表常标明其形状尺寸、直径、间距或根数、单根长、总长、总重等。

8)文字说明。用图线难以表达或对图纸有进一步的说明，如说明施工要求、混凝土强度等级、分布筋情况、受力钢筋净保护层厚度及其他等。

（3）钢筋混凝土构件详图。钢筋混凝土构件有现浇、预制两种。预制构件因有图集，可不必画出构件的安装位置及其与周围构件的关系。现浇构件要在现场支模板、绑钢筋、浇混凝土，需画出梁的位置、支座情况。

1）现浇钢筋混凝土梁、柱结构详图。梁、柱的结构详图一般包括梁的立面图和截面图。

①截面图。可以了解到沿梁、柱长、高方向钢筋的所在位置、箍筋的肢数。

②立面图（纵剖面）。立面图表示梁、柱的轮廓与配筋情况，因是现浇，一般画出支承情况、轴线编号。梁、柱的立面图纵横比例可以不一样，以尺寸数字为准。图上还有剖切线符号，表示剖切位置。

③钢筋表。钢筋表包括构件编号、形状尺寸直径、单根长、根数、总长、总重等。

2）预制构件详图。为加快设计速度，对通用、常用构件常选用标准图集。标准图集有国标、省标及各院自设的标准。一般施工图上只注明标准图集的代号及详图的编号，不绘出详图。查找标准时，先要弄清是哪个设计单位编的图集，看总说明，了解编号方法，再按目录页次查阅。

（4）楼梯详图。楼梯详图主要表示楼梯的类型，平、剖面尺寸，结构形式及踏步、栏杆等装修做法。

1）楼梯建筑详图。楼梯建筑详图一般包括楼梯平面图、剖面图、踏步及栏杆大样等。

①楼梯平面详图。每一层楼的建筑平面图都有一个楼梯平面。如三层以上的房屋，当中间各层的楼梯段数、踏步数及尺寸都相同时，则只画底层、中间标准层和顶层三个平面图即可。

a. 底层平面图。是假设从第一梯段水平剖开而得。图上梯段的每一格表示一级踏步，折断线一般习惯画成 45°线。注有"上"字的长箭头，表示从底层向上的方向，梯段边双线是栏杆；

b. 中间层（标准层）平面图。剖切位置在该层往上走的第一梯段中间。完整的梯段是往下走的一段。折断线的左和右各代表上和下两个楼层的相应梯段；

c. 顶层平面图。剖切位置在顶层楼面安全栏杆之上，所以两个楼段上都没有折断线。注有"下"的箭头表示从此往下到下一层。顶层楼面上的栏杆叫安全栏杆。

②楼梯剖面图。楼梯纵剖面位置是通过各层第一梯段，被剖切到的踏步、平台板、楼板、安全栏杆、墙、梁等截面需按材料图例画出，未剖到的可见的栏杆，第二梯段侧面则用细实线表示其轮廓。从剖面图上可以看到房屋层数、梯段数、级数、各层楼面、平台板板面标高，各梯段的长高尺寸及栏杆高度。

2）楼梯结构详图。常见楼梯一般分为梁式和板式两种结构形式，亦分现浇和预制两种。当楼梯为预制（选用楼梯图集）时，需标明选用的预制钢筋混凝土构件的型号和构件搭接处的节点构造。

六、图纸会审

图纸会审是工业与民用建筑工程施工准备的重要组成部分,能否熟悉、吃透图纸,分析实施的可能性和现实性,了解施工的难点,是关系施工能否顺利进行的关键。图纸会审内容为:

(1)建筑物结构及各类构配件的位置,即要注意各部分之间的尺寸。如墙柱和轴线的关系,以及圈梁、门窗、梁板等的标高,要认真核对。

(2)建筑的构造要求,包括现浇梁、柱、梁板之间的节点做法,墙体与结构的连接,各类悬挑结构的锚固要求,地下室防水构造等。

(3)注意建筑物的地下部分是否穿越原有各类管道,如电缆、煤气管、自来水管等应注意保护以免损坏。

(4)了解土建和设备的关系。

(5)建筑结构和装饰之间的关系。

(6)应注意对结构材料及装饰材料的要求。

(7)结构施工图和建筑施工图之间是否有矛盾,所涉及的建筑构件各类型号是否齐全,施工的技术要求是否符合现行规范等。

(8)注意所需预埋件的类型,预埋件位置和预留洞口是否有矛盾,以及预埋件是否有遗漏或交代不清等。

(9)对涉及的新材料、新工艺要了解其发展现状、使用效果、实施的技术要求、施工时的技术关键、质量要求等。研究与本单位施工技术水平的差距,以保质保量地完成任务。

(10)应研究施工时是否会产生困难。

第二节　建筑力学基础知识

一、力的基本性质

1. 力的三要素

力的大小、力的方向和力的作用点的位置称三要素。

2. 力的作用效果

促使或限制物体运动状态的改变,称力的运动效果;促使物体发生变形或破坏,称力的变形效果。

3. 作用与反作用原理

力是物体之间的作用,其作用力与反作用力总是大小相等,方向相反,沿同一作用线相互作用。

4. 力的合成与分解

作用在物体上的两个力用一个力来代替称力的合成。力的合成可用平行四边形法则,见图 1-55,F_1 与 F_2 合成 F。利用平行四边形法则也可将一个力分解为两个力,如将 F 分解为 F_1、F_2。但是力的合成只有一个结果,而力的分解会有多种结果。见图 1-56。

工程中常用的方法是将一个力 F 沿坐标轴 x、y 分解成两个相应垂直的力 F_x 和 F_y,如图 1-57 所示。其大小由三角公式确定:

$$F_x = F \cdot \cos\alpha \tag{1-1}$$

$$F_y = F \cdot \sin\alpha \tag{1-2}$$

式中 α 为力 F 与 X 轴之间的夹角。

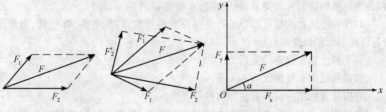

图 1-55　力的平行　　　图 1-56　力的分解　　　图 1-57　分解成水平力和竖向力
四边形法则

5. 约束与约束反力

工程结构是由很多杆件组成的一个整体,其中每一个杆件的运动都要受到相连杆件的限制或约束。约束杆件对被约束杆件的反作用力,称约束反力。

实际工程中的约束形式是多种多样的,下面介绍几种基本类型并进行约束反力的分析。

(1)光滑接触面约束。物体搁置在摩擦力可以略去不计的支承面上(物体与接触面之间的摩擦力远小于物体所受的其他各力),物体可以沿接触面自由地滑动或沿接触面在接触点的法线(与接触点、面的垂直的假想线)方向脱离接触,但不能沿法线方向压入接触面,所以这种约束的反力作用线通过接触点垂直接触面,并指向被约束的物体,见图 1-58。

(2)柔性约束。由绳索、皮带、链条等柔索所构成的约束称柔性约束。柔性约束只能承受拉力并且方向一定沿着柔索的中心线,见图 1-59。

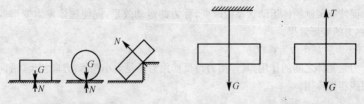

图 1-58　光滑接触面约束　　　　　图 1-59　柔性约束

（3）固定端支座。固定端支座的约束特点是物体既不能作转动也不能作任何移动，因此这种支座将产生竖直及水平方向约束反力和阻止转动的反力矩。

（4）铰支座约束。

1）固定铰支座。固定铰支座的约束特点是允许物体绕铰轴转动，而不允许有其他任何方向（如水平方向或垂直方向）的移动，因此，这种支座将产生水平约束反力及垂直约束反力，见图1-60(a)，其简化示意，见图1-60(b)、(c)。工程上将此类约束都视作固定铰支座约束。

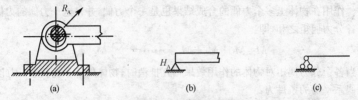

图1-60　固定铰支座约束

(a)固定铰支座；(b)固定铰支座的简化示意图；(c)固定铰支座的简化示意图

2）可动铰支座。可动铰支座的约束特点是允许物体绕铰轴转动，又允许物体沿着支承面水平方向移动，但不能沿法线方向移动，理想化的可动铰支座，见图1-61(a)，其简化示意图见图1-61(b)、(c)。图1-61(c)所示两头为铰的短杆，称"链杆"，一根链杆代表一个约束作用。工程中理想的可动铰支座不多见，但是只要与它有相同约束特点的支座都可以视作可动铰支座约束，例如梁支承在墙上、屋架支承在柱上等，都可视为可动铰支座进行约束分析；

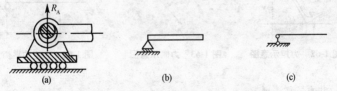

图1-61　可动铰支座约束及其简化示意图

(a)可动铰支座；(b)可动铰支座的简化示意图；(c)可动铰支座的简化示意图

二、力矩和力偶知识

1. 力矩和力偶知识

（1）力矩的概念。力使物体绕某点转动的效果要用力矩来度量。力矩＝力×力臂，即$M=P \cdot a$。转动中心称力矩中心，力臂是力矩中心O点至力P的作用线的垂直距离a，见图1-62。力矩的单位是N·m。

（2）力矩的平衡。物体绕某点没有转动的条件是，对该点的顺时针力矩之和等于反时针力矩之和，即$\sum M=0$，称力矩平衡方程。

(3)力偶的特性。两个大小相等方向相反,作用线平行的特殊力系称为力偶,如图 1-63 所示。力偶矩等于力偶的一个力乘力偶臂,即 $M=\pm P\times d$。力偶矩的单位是 N·m 或 kN·m。为计算方便,工程上统一规定:逆时针转向的力偶为正,顺时针转向的力偶为负。

(4)力偶系。作用在物体上的若干个力偶称为力偶系;在同一平面内的力偶系,称为平面力偶系。

作用在同一平面上的多个力偶对物体的作用效果与单个力偶一样是使物体转动。作用在物体上多个力偶的合成结果也是一个力偶,并且这个力偶的力偶矩等于各分力偶矩之和,即:

$$M=M_1+M_2+M_3+\cdots\cdots=\sum M_i \qquad (1\text{-}3)$$

当各个分力偶矩对物体的作用效果相互抵消时,物体处于平衡状态,因此,平面力偶系平衡的条件为:

$$M=\sum M_i=0 \qquad (1\text{-}4)$$

(5)力矩平衡方程的应用。利用力矩平衡方程求杆件的未知力,见图 1-64。

$$\begin{array}{l} \sum M_A=0,求 R_B; \\ \sum M_B=0,求 R_A。 \end{array} \qquad (1\text{-}5)$$

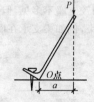 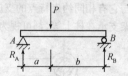

图 1-62　力矩示意图　　**图 1-63　力偶示意图**　　**图 1-64　力矩的平衡**

2. 力的平移法则

作用在物体某一点的力可以平移到另一点,但必须同时附加一个力偶,如图 1-65 力的平移。

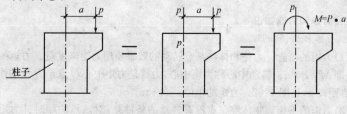

图 1-65　力的平移

三、平面汇交力系的平衡

1. 平衡与平衡条件

（1）物体的平衡状态。物体相对于地球处于静止状态和等速直线运动状态，力学上把这两种状态都称为平衡状态。

（2）平衡条件。物体在许多力的共同作用下处于平衡状态时，这些力（称为力系）之间必须满足一定的条件，这个条件称为力系的平衡条件。两个力大小相等，方向相反，作用线相重合，这就是二力的平衡条件。

（3）平面汇交力系的平衡条件。一个物体上的作用力系，作用线都在同一平面内，且汇交于一点，这种力系称为平面汇交力系。平面汇交力系的平衡条件是，

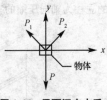

图 1-66　平面汇交力系
的平衡条件

$\sum X=0$ 和 $\sum Y=0$，见图 1-66。

2. 平衡的应用

（1）利用平衡条件求未知力。一个物体，重量为 W，通过两条绳索 AC 和 BC 吊着。计算 AC、BC 拉力的步骤为：首先取隔离体，作出隔离体受力图，然后再列平衡方程，$\sum X=0$，$\sum Y=0$，求未知力 T_1、T_2，见图 1-67。

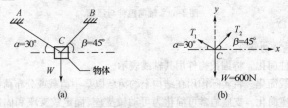

图 1-67　利用平衡条件求未知力

(a)、(b)隔离体图

（2）利用平衡条件判断物体在力的作用下是否平衡。如图 1-67 所示，如已知某一物体所受分力的大小和方向时，可将数值代入以下方程：

$$\begin{cases} R_x = \sum X = 0 \\ R_y = \sum Y = 0 \end{cases} \qquad (1-6)$$

四、构件受力分析

1. 平面弯曲

当杆件受到通过杆轴线平面内的力偶作用，或受到垂直于杆轴线的横向力作用时，杆件的轴线将由直线变成曲线（图 1-68），这种变形叫做弯曲变形。

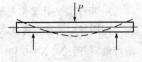

图 1-68　梁的弯曲变形

2. 轴向拉压构件

工程中有很多杆件受轴向力作用而产生拉伸或压缩变形，在外力作用下产生杆轴线方向的伸长或缩短。当作用力背离杆端时，作用力是拉力，杆件产生伸长变形，叫做轴向拉伸；当作用力指向杆端时，作用力是压力，杆件产生压缩变形，叫做轴向压缩。例如图 1-69(a)中的三脚架，杆 AB 受拉，杆 BC 受压；图 1-69(b)中的立柱为轴向压缩的实例。

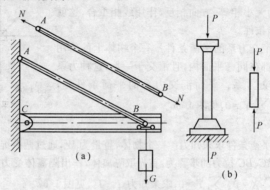

(a)

(b)

图 1-69 轴向拉伸与压缩

3. 结构受力简化

(1)构件简化。将细长构件用其轴线表示。

(2)荷载简化。将实际作用在结构上的荷载以集中荷载或分布荷载表示。

(3)支座简化。支座通常可简化为可动铰支座、固定铰支座和固定端支座三种形式。

(4)节点简化。几个构件相互联结的地点叫节点。在力的作用下，两杆之间的夹角能产生微小转动的可以简化为铰节点；节点处不能发生相对移动或转动的可简化为刚节点。

五、静定桁架的计算

桁架的计算简图，见图 1-70，先进行如下假设：

(1)桁架的节点是铰接。

(2)每个杆件的轴线是直线，并通过铰的中心。

(3)荷载及支座反力都作用在节点上。

1. 用节点法计算桁架轴力

先用静定平衡方程式求支座反力 X_A、Y_A、Y_B，再截取节点 A 为隔离体作为平衡对象，利用 $\sum X=0$ 和 $\sum Y=0$，求杆 1 和杆 2 的未知力。

二力杆：力作用于杆件的两端并沿杆件的轴线运动，称轴力。轴力分拉力和

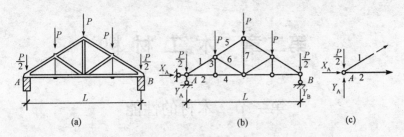

图 1-70　桁架的计算简图

(a)桁架受力图;(b)计算简图;(c)隔离体图

压力两种。只有轴力的杆称二力杆。

2.用截面法计算桁架轴力

截面法是求桁架杆件内力的另一种方法,见图 1-71。

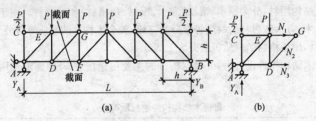

图 1-71　用截面法计算桁架轴力

(a)桁架受力图;(b)隔离体图

首先求支座反力 Y_A,Y_B,X_A;然后在桁架中作一截面,截断三个杆件,出现三个未知力,N_1,N_2,N_3;可利用 $\sum X=0$, $\sum Y=0$ 和 $\sum M_G=0$ 求出 N_1, N_2,N_3。

第二章 木工材料

第一节 木材的性能

一、木材的分类及特征

1. 木材的分类

土木建筑工程用木材,通常以三种材型供货,即:

原木:伐倒后经修枝并截成一定长度的木材。

板材:宽度为厚度的三倍或三倍以上的型材。

方材:宽度不及厚度三倍的型材。

承重结构用材,分为原木、锯材(方木、板材、规格材)和胶合材。用于普通木结构的原木、方木和板材的材质等级分为三级;胶合木构件的材质等级分为三级;轻型木结构用规格材的材质等级分为七级。

普通木结构构件设计时,应根据构件的主要用途按表2-1的要求选用相应的材质等级。

表 2-1 普通木结构构件的材质等级

项次	主 要 用 途	材质等级
1	受拉或拉弯构件	Ⅰa
2	受弯或压弯构件	Ⅱa
3	受压构件及次要受弯构件(如吊顶小龙骨等)	Ⅲa

2. 木材的特点

木材作为土木建筑工程材料占有重要而独特地位,即使在各种新型结构材料与装饰材料不断涌现的情况下,其地位也不可能被取代,木材具有以下优点:

(1)强度大,具有轻质高强的特点。

(2)纹理美观、色调温和、风格典雅,极富装饰性。

(3)弹性韧性好,能承受冲击和振动作用。

(4)导热性低,具有较好的隔热、保温性能。

(5)在适当的保养条件下,有较好的耐久性。

(6)绝缘性好、无毒性。

(7)易于加工,可制成各种形状的产品。

(8)木材的弹性、绝热性和暖色调的结合,给人以温暖和亲切感。

木材的组成和构造是由树木自然生长的各种因素综合决定,因此人们在使用时必然会受到木材自然属性的限制,主要有以下几个方面:

(1)构造不均匀,呈各向异性。

(2)湿胀干缩大,处理不当易翘曲和开裂。

(3)天然缺陷较多,降低了材质和利用率。

(4)耐火性差,易着火燃烧。

(5)使用不当,易腐朽、虫蛀。

3. 常用木材的性能

(1)落叶松:干燥较慢、易开裂,早晚材硬度及干缩差异均大,在干燥过程中容易轮裂,耐腐性强。

(2)铁杉:干燥较易,干缩小至中,耐腐性中等。

(3)云杉:干燥易,干后不易变形,干缩较大,不耐腐。

(4)马尾松、云南松、赤松、樟子松、油松等:干燥时可能翘裂,不耐腐,最易受白蚁危害,边材蓝变色最常见。

(5)红松、华山松、广东松、海南五针松、新疆红松等:干燥易,不易开裂或变形,干缩小,耐腐性中等,边材蓝变色最常见。

(6)栎木及桦槲木:干燥困难,易开裂,干缩甚大,强度高甚重甚硬,耐腐性强。

(7)青冈:干燥难,较易开裂,可能劈裂,干缩甚大,耐腐性强。

(8)水曲柳:干燥难,易翘裂,耐腐性较强。

(9)桦木:干燥较易,不翘裂,但不耐腐。

二、木材的物理特性

1. 含水率

木材内部所含的水根据其存在形式可分为三种,即自由水(存在于细胞腔与细胞间隙中)、吸附水(存在于细胞壁内)和化合水(木材化学组成中的结合水)。水分进入木材后,首先吸附在细胞壁内的细纤维间,成为吸附水,吸附水饱和后,其余的水成为自由水。木材干燥时,首先失去自由水,然后才失去吸附水。当木材细胞腔和细胞间隙中的自由水完全脱去为零,而细胞壁吸附水饱和时,木材的含水率称为"木材的纤维饱和点"。纤维饱和点随树种而异,一般在25%～35%之间,平均为30%左右。纤维饱和点是木材物理力学性质发生改变的转折点,是木材含水率是否影响其强度和干缩湿胀的临界值。

木材具有较强的"吸湿性"。当木材的含水率与周围空气相对湿度达到平衡时,此含水率称为平衡含水率。平衡含水率随周围大气的温度和相对湿度而变化。周围空气的相对湿度为100%时,木材的平衡含水率便等于其纤维饱和点。

2. 湿胀干缩

木材具有显著的湿胀干缩性,这是由于细胞壁内吸附水含量的变化引起的。当木材由潮湿状态干燥到纤维饱和点时,其尺寸不变,而继续干燥到其细胞壁中的吸附水开始蒸发时,则木材开始发生体积收缩(干缩)。在逆过程中,即干燥木材吸湿时,随着吸附水的增加,木材将发生体积膨胀(湿胀),直到含水率到达纤维饱和点为止,此后,尽管木材含水量会继续增加,即自由水增加,但体积不再发生膨胀。

木材的湿胀干缩对其使用存在严重影响,干缩使木结构构件连接处产生缝隙而接合松弛,湿胀则造成凸起。防止胀缩最常用的方法是对木料预先进行干燥,达到估计的平衡含水率时再加工使用。

三、木材的力学性能

木材的力学性能是指木材抵抗外力的能力。木构件在外力作用下,在构件内部单位截面积上所产生的内力,称为应力。木材抵抗外力破坏时的应力,称为木材的极限强度。根据外力在木构件上作用的方向、位置不同,木构件的工作状态分为受拉、受压、受弯、受剪等(图2-1)。

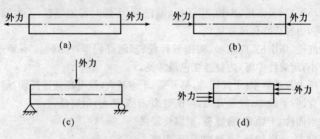

图 2-1　木构件受力状态

(a)受拉;(b)受压;(c)受弯;(d)受剪

1. 木材的抗拉强度

(1)顺纹抗拉强度。即外力与木材纤维方向相平行的抗拉强度。由木材标准小试件测得的顺纹抗拉强度,是所有强度中最大的。但是,节子、斜纹、裂缝等木材缺陷对抗拉强度的影响很大。因此,在实际应用中,木材的顺纹抗拉强度反而比顺纹抗压强度低。木屋架中的下弦杆、竖杆均为顺纹受拉构件。工程中,对于受拉构件应采用选材标准中的Ⅰ等材;

(2)横纹抗拉强度。即外力与木材纤维方向相垂直的抗拉强度。木材的横纹抗拉强度远小于顺纹抗拉强度。对于一般木材,其横纹抗拉强度约为顺纹抗拉强度的1/4~1/10。所以,在承重结构中不允许木材横纹承受拉力。

2. 木材的抗压强度

(1)顺纹抗压强度。即外力与木材纤维方向相平行的抗压强度。由木材标准小试件测得的顺纹抗压强度,约为顺纹抗拉强度的40%~50%。由于木材的缺陷对顺纹抗压的影响很少,因此,木构件的受压工作要比受拉工作可靠得多。屋架中的斜腹杆、木柱、木桩等均为顺纹受压构件；

（2）横纹抗压强度。即外力与木材纤维方向相垂直的抗压强度。木材的横纹抗压强度比顺纹抗压强度低。垫木、枕木等均为横纹受压构件。

3. 木材的抗弯强度

木材的抗弯强度介于横纹抗压强度和顺纹抗压强度之间。木材受弯时，在木材的横截面上有受拉区和受压区。

梁在工作状态时，截面上部产生顺纹压应力，截面下部产生顺纹拉应力，且越靠近截面边缘，所受的压应力或拉应力也越大。由于木材的缺陷对受拉影响大，对受压影响小，因此，对大梁、格栅、檩条等受弯构件，不允许在其受拉区内存在节子或斜纹等缺陷。

4. 木材的抗剪强度

外力作用于木材，使其一部分脱离邻近部分而滑动时，在滑动面上单位面积所能承受的外力，称为木材的抗剪强度。木材的抗剪强度有顺纹抗剪强度、横纹抗剪强度和剪断强度三种。其受力状态如图 2-2 所示。

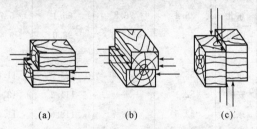

      （a）   （b）   （c）

图 2-2　木材受剪形式
（a）顺纹剪切；（b）横纹剪切；（c）剪断

（1）顺纹抗剪强度。即剪力方向和剪切面均与木材纤维方向平行时的抗剪强度。木材顺纹受剪时，绝大部分是破坏在受剪面中纤维的联结部分，因此，木材顺纹抗剪强度是较小的；

（2）横纹抗剪强度。即剪力方向与木材纤维方向相垂直，而剪切面与木材纤维方向平行时的抗剪强度。木材的横纹抗剪强度只有顺纹抗剪强度的一半左右；

（3）剪断强度。即剪力方向和剪切面都与木材纤维方向相垂直时的抗剪强度。木材的剪断强度约为顺纹抗剪强度的三倍。

木材的裂缝如果与受剪面重合，将会大大降低木材的抗剪承载能力，常为构件结合破坏的主要原因。这种情况在工程中必须避免。

为了增强木材的抗剪承载能力，可以增大剪切面的长度或在剪切面上施加足够的压紧力。

常用木材的主要力学性能见表 2-2。

表 2-2　　　　　　　　　　　常用木材的主要力学性能

木材树种名称	产地	顺纹抗压强度（MPa）	顺纹抗拉强度（MPa）	抗弯强度（弦向）（MPa）	顺纹抗剪强度（MPa）	
					径面	弦面
针叶树：						
杉木	湖南	38.8	77.2	63.8	4.2	4.9
	四川	39.1	93.5	68.4	6.0	5.9
红松	东北	32.8	98.1	65.3	6.3	6.9
马尾松	湖南	46.5	104.9	91.0	7.5	6.7
	江西	32.9	—	76.3	7.5	7.4
兴安落叶松	东北	55.7	129.9	109.4	8.5	6.8
鱼鳞云杉	东北	42.4	100.9	75.1	6.2	6.5
冷杉	四川	38.8	97.5	70.0	5.0	5.5
臭冷杉	东北	36.4	78.8	65.1	5.7	6.3
柏木	四川	45.1	117.8	98.0	9.4	12.2
阔叶树：						
柞栎	东北	55.6	155.4	124.0	11.8	12.9
麻栎	安徽	52.1	—	114.2	13.4	15.5
水曲柳	东北	52.5	138.7	118.6	11.3	10.5
椆榆	浙江	49.1	149.4	103.8	16.4	18.4
辽杨	东北	30.5	—	54.3	4.9	6.5

5. 影响木材力学性能的主要因素

木材强度除因树种、产地、生长条件与时间、部位的不同而变化外，还与含水率、负荷时间、温度及缺陷有很大的关系。

（1）含水率的影响。当木材含水率低于纤维饱和点时，含水率愈高，则木材强度愈低；当木材含水率高于纤维饱和点时，含水率的增减，只是自由水变更，而细胞壁不受影响，因此，木材强度不变。试验表明，含水率的变化，对受弯、受压影响较大，受剪次之，而对受拉影响较小。

（2）负荷时间的影响。木材对长期荷载与短期荷载的抵抗能力是不同的。木材在长期荷载作用下，不致引起破坏的最大应力称为持久强度。木材的持久强度比木材标准小试件测得的瞬时强度小得多，一般为瞬时强度的50%～60%。

在实际结构中，荷载总是全部或部分长期作用在结构上。因此，在计算木结构的承载能力时，应以木材的长期强度为依据。

（3）温度的影响。温度升高时，木材的强度将会降低。当温度由 25℃升高到 50℃时，针叶树的抗拉强度降低 10%～15%，抗压强度降低 20%～24%；当温度超过 140℃时，木材颜色逐渐变黑，其强度显著降低。

（4）木材缺陷的影响。缺陷对木材各种受力性能的影响是不同的。木节对受拉影响较大，对受压影响较小，对受弯则视木节位于受拉区还是受压区而不同，对受剪影响很小。斜裂纹将严重降低木材的顺纹抗拉强度，抗弯次之，对顺纹抗压影响较小。裂缝、腐朽、虫害会严重影响木材的力学性能，甚至使木材完全失去使用价值。

四、木材的干燥

木材在采伐后，使用前通常都应经干燥处理，木材含水率要求值见表 2-3。板方材预留干缩量见表 2-4。木材干燥可以防止腐蚀、虫蛀、翘曲及开裂，保持尺寸及形状的稳定性，提高其强度和耐久性。干燥方法有自然干燥和人工干燥两种。

表 2-3　　　　　　　　　　　木材含水率要求

序号	构件名称	含水率（不大于%）
1	原木或方木结构	25
2	板材结构及受拉构件的连接板	18
3	木制连接件，结构构件的样板	15
4	胶合木结构	15
5	门窗及其他细木制品的木材	12

注：1. 含水率为构件全截面的平均值。

2. 胶合木结构同一构件各木板间的含水率差别不应大于 5%。

3. 门窗及其他细木制品指窑干木材，当受条件限制，除东北落叶松、云南松、马尾松、桦木等易变形的树种外，亦可采用气干木材，其制作时的含水率不应大于当地的平衡含水率。

4. 结构构件的样板，其含水率应大于 15%，且应用木纹平直不易变形的木材。

表 2-4　　　　　　　　　　　板方材预留干缩量

序号	板方材厚度（mm）	预留干缩量（mm）	序号	板方材厚度（mm）	预留干缩量（mm）
1	15～25	1	5	130～140	5
2	40～60	2	6	150～160	6
3	70～90	3	7	170～180	7
4	100～120	4	8	190～200	8

注：1. 落叶松、木麻黄等树种的木材，应按表中规定加大干缩量 30%。

2. 本表适用于供应原木并在工地进行锯割和自然干燥时按设计尺寸预留的干缩量。

1. 人工干燥法

(1)烟熏(地坑)干燥法。

1)干燥方法。将木材堆放在干燥窑或地坑的墩上,在窑(坑)底均匀铺纯干锯屑,点燃锯屑缓慢均匀燃烧,利用烟产生的热量(不得有火焰急火),通往材堆底烘烤,使木材干燥(图2-3),干燥所需时间可通过试验决定,一般4～7d,自然冷却后取出使用。

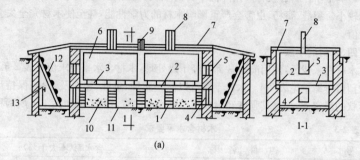

(a)

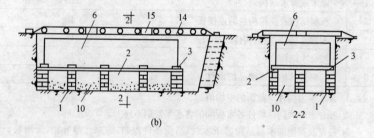

(b)

图2-3　干燥窑(坑)构造

(a)烟熏干燥室;(b)简易上坑干燥室

1—砖墩;2—纵梁;3—横梁;4—进水口;5—检查口;6—材堆;7—盖板;8—排气筒;
9—测温孔;10—锯屑;11—点火坑;12—梯子;13—水管;14—临时护盖;15—排气孔

2)适用范围。适于现场小规模及一般条件差的木材加工厂使用,干燥70mm厚以下的针叶树材,30mm厚以下的阔叶树材。

3)优缺点:

①设备简单,操作容易,燃料来源方便,投资少,成本低;

②燃烧较难控制,干燥时间稍长,质量较差;

③管理要求严格,并要注意防火。

(2)蒸汽干燥法。

1)干燥方法。木材堆放在密闭的干燥室内,通入蒸汽或通过散热器使温度逐渐升到 60～70℃,并保持一定时间(12～72h)使水分蒸发,然后取出进行风干或烘干。

2)适用范围。适于生产集中、能力较大、产品定型且有锅炉装置的木材加工厂使用。

3)优缺点:

①设备较复杂,能耗大;

②易于调节窑温,干燥质量好;

③干燥时间短,安全可靠。

(3)水煮法。

1)干燥方法。将木材放在槽中加水蒸煮 1～5h,然后取出码垛风干或烘干,以加快干燥速度,减少干燥变形。

2)适用范围。用于难干的硬阔叶树材干燥前的处理及小范围使用。

3)优缺点:

①设备复杂、成本高;

②干燥质量好;

③可加快难以干燥的硬木干燥时间;

④只在小范围内使用。

(4)热风干燥法。

1)干燥方法。用鼓风机将空气通过被烧热的管道,吹进窑内,从窑底下部风道均匀散发出来,经过木垛又从上部吸风道回到鼓风机,往复循环,把木材的水分蒸发出来,达到使木材干燥。

2)适用范围。适于一般的木材加工企业。

3)优缺点:

①设备较简单;不需锅炉及管道等设备;

②干燥时间较短,干燥质量好;

③建窑投资少。

(5)水浸干燥法。

1)干燥方法。将木材浸入水中 15～30d,充分溶去树脂,然后取出锯割成材,进行风干或烘干处理。

2)适用范围。适于含水率较高,不需短期内使用的木材。

3)优缺点:

本法能减少木材变形,比风干法缩短一半时间,但强度稍有降低。

(6)烟道加热干燥法。

1)干燥方法。在干燥窑内的地面上砌筑烟道,外面生炉子,通过室内地面及墙面的烟道发散热量,使室内温度升高,将木材烘干。

2)适用范围。适于中小型企业,多用于小型木材加工厂。

3)优缺点:

①设备简单;投资较少;

②干燥成本较低;

③木材干燥不均匀,干燥周期长,质量不易控制。

(7)土煤气加热干燥法。

1)干燥方法。燃烧煤或木屑产生煤气,直接通入烘干窑内,通过燃烧室在陶土管中燃烧干燥木材,木材在窑内按水平堆积法放置,使木材接触热量面积大,易于干燥。

2)适用范围。适于小型木材加工厂使用,宜于烘干松木。

3)优缺点:

①本法一次投资少,设备简单,成本低;

②干燥速度较快,燃料耗用少,干燥成本低。

(8)煤气加热干燥法。

1)干燥方法。利用煤气发生炉产生煤气,通过燃烧室在陶土管中燃烧,并由灼热的陶土管表面辐射热能,通过流动的气体质点的对流传热,将木材干燥。

2)适用范围。适于生产能力较大的木材加工厂。

3)优缺点:

①设备简单,易于施行;

②热量损失少,成本低;

③窑温易控制,干燥质量较好。

(9)石蜡干燥法。

1)干燥方法。将木材置于盛石蜡油的槽内加热,直到木材纤维所获得的温度与槽内石蜡油的温度相同为止,当木材温度达到 120~130℃时,木材中的水分析出,而使木材干燥。

2)适用范围。适用于大、中型木材加工厂。

3)优缺点:

①大大缩短了干燥时间,一般仅需 3~8h;

②干燥质量好,且不产生裂缝;

③降低吸湿性,提高抗腐性;

④需耗用大量石蜡油。

(10)红外线干燥法。

1)干燥方法。利用可以放射红外线的辐射热源(反射镜灯泡、金属网、陶瓷等)对木材进行热辐射,使木材吸收辐射热能,进行干燥。

2)适用范围。适于干燥较薄的木材。

3)优缺点:

①设备简单,基准易调节、干燥;

②干燥周期短,成本低,一次投资少;

③如用灯泡干燥时,耗电最大,加热欠均匀。

2. 自然干燥法

(1)方法分类。

1)板方材水平堆积法。一般采用分层纵横交叉堆积,即将板方材分层地互相垂直堆成整垛,也可在各层板方材之间设垫条,所用垫条厚度一致,上下垫条应在同一垂线上。垛顶要遮盖,最好有12%的坡度,以利排水。顶盖周边应伸出堆垛500~750mm,如图2-4所示。

2)原木水平堆积法。一般采用实堆法,即将原木顺序放在堆基上。此法垛内空气不太流通,须定期翻垛。也可采用分层纵横交叉堆积原木,每层原木间要留30~50mm的间隙,下部大些,往上逐层减小,堆垛长和宽等于原木长度,堆高一般不超过3m,往上逐渐收小,以求堆垛稳定,顶部宜作遮盖,以防日晒雨淋,如图2-5所示。

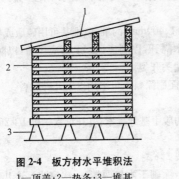
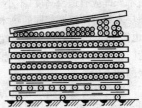

图2-4 板方材水平堆积法　　　　图2-5 原木水平堆积法
1—顶盖;2—垫条;3—堆基

3)X形垂直堆积法。适用于尺寸较小的针叶树材、软阔叶树材和不易裂的硬阔叶树材,且数量较少,又急需干燥者,如图2-6所示。

4)三角形水平堆积法。适用于尺寸较小的针叶树材、软阔叶树材和不易裂的硬阔叶树材,且数量较少,又急需干燥者,如图2-7所示。

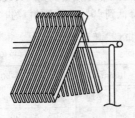

图2-6 X形垂直堆积法　　　　图2-7 三角形水平堆积法

5)交替水平堆积法。适用于尺寸较小的针叶树材、软阔叶树材和不易裂的硬阔叶树材,且数量较少,又急需干燥者,如图2-8所示。

6)交替水平堆积法。适用于尺寸较小的针叶树材、软阔叶树材和不易裂的硬阔叶树材,且数量较少,又急需干燥者,如图2-9所示。

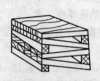

图2-8　交替水平堆积法

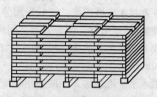

图2-9　交搭水平堆积法

(2)技术要求。

1)堆积场地必须清除杂草,然后用砂子或炉渣垫平,要求场地平整,并有一定的坡度,以利排除积水。

2)材堆底部应有适当高度(不小于400mm)的堆基,堆基可用砖墩或垫木。

3)每层木料都用厚度相同的垫木隔开,以利通风。上部应遮盖,以防日晒雨淋,迎风也需用席子挡风,以免木材端头开裂。

4)为防止木材开裂,可在木材端面刷涂料。可采用以下几种涂料:

①聚醋酸乙烯乳液;

②45%浓度的脲醛树脂加等量的羧甲基纤维素钠(纤维素钠以1∶20调成糊状)和化胺2%;

③45%浓度的脲醛树脂加氯化铵2%。

使用时,任选其中一种防裂涂料,涂刷于木材两端,一次完成。这几种涂料,干后呈透明薄膜,具有胶着力强、防裂效果好、涂料不流失、端部标记清晰可见等优点。

5)木材应按树种、规格和干湿情况,区别分类堆垛。

(3)干燥时间要求采用自然干燥法干燥木材时,要根据干燥季节、材种及板厚,并考虑不同地区的温度及湿度条件,确定木材干燥后所需的大约天数。

表2-5为木材经天然干燥含水率由60%降低到15%时所需的概约时间。

表2-5　木材天然干燥含水率由60%降到15%
所需的概约时间　　　　　　　　　(单位:d)

树种	干燥季节	板厚 20～40mm			板厚 50～60mm		
		最长	最短	平均	最长	最短	平均
红松	晚冬(3月)～初春(4月)	68	41	52	102	90	96
	初夏(6月)	29	9	19	45	38	42
	初秋(8月)	50	36	43	106	64	85
	晚秋(9月)～冬初(11月)	86	22	54	176	168	172

树种	干燥季节	板厚 20～40mm			板厚 50～60mm		
		最长	最短	平均	最长	最短	平均
落叶松	晚冬～初春	69	39	54	148	138	138
	初　夏	63	37	50	60	43	52
	初　秋	80	52	66	170	75	122
	晚秋～冬初	125	57	91	203	167	185
白松	初　夏	17	9	13	103	30	67
	初　秋	31	21	26	59	49	54
水曲柳	晚冬～初春	69	48	59	192	84	138
	初　夏	62	15	39	121	111	116
	初　秋	72	39	56	157	130	144
	晚秋～冬初	143	77	110	175	87	131
紫椴	初　夏	13	10	12			
	初　秋	35	34	35	81	74	78
	晚秋～冬初	32	17	28			
裂叶榆	晚冬～初春	48	32	40	110	96	103
	初　夏	16	15	16	121	34	78
	初　秋	36	30	33	105	83	94
	晚秋～冬初	48	31	40			
桦木	晚冬～初春	60	45	53	175	85	130
	初　夏	25	20	23	155	65	110
	初　秋	85	46	66	179	120	150
	晚秋～冬初	97	95	96	195	161	178
山杨	晚冬～初春	78	37	58	155	108	132
	初　秋	43	36	40	196	189	193
	晚秋～初冬	45	30	38	174	111	143
核桃楸	晚冬～初春	67	36	52	110	90	100
	初　夏	20	17	19	63	62	63
	初　秋	49	40	45	120	109	115
	晚秋～冬初	73	30	52	163	110	137

续表

树种	干燥季节	板厚 20～40mm			板厚 50～60mm		
		最长	最短	平均	最长	最短	平均
色木	初　夏	30	26	28	150	100	125
	初　秋	65	49	57	229	227	228
	晚秋～冬初	59	57	58	170	130	150

注:本表系森林工业研究所在北京地区进行天然干燥的数据。在温度及湿度等气候条件类似的地区可参考使用。

五、木材的缺陷

木材由于本身构造上自然形成的某些缺陷,或由于保管不善受到损伤等,致使材质受到影响,降低了木材的使用价值,甚至完全不能使用。

木材的主要缺陷有节子、变色、腐朽、虫害、裂纹、夹皮、斜纹、钝棱等。为了合理加工使用木材,必须认识木材的各种缺陷及其对材质的影响,以便量材使用,合理下锯,提高木材利用率。

1. 节子

树木生长期间,生长在树上的活枝条或死枝条的基部,称为节子。节子的存在破坏了木材的完整性和均匀性,在许多情况下,降低了木材的力学强度,增大了切削阻力,使木材的使用受到一定影响。

节子按其断面形状分为圆形节、条形节和掌状节;按其和周围木材的结合程度又分为活节、死节和漏节。

(1)圆形节。节子断面呈圆形或椭圆形。圆形节多表现在原木的表面和成材的弦切面上。

(2)条状节。成单行排列的长条状。多呈现在成材的径切面上,多由散生节经纵割而成。

(3)掌状节。成两相对称排列的长条状。呈现在成材的径切面上,多由轮生节经纵割而成。

(4)活节。节子与周围木材全部紧密相连,节子的质地坚硬,构造正常,对木材的使用影响较小。

(5)死节。节子与周围木材部分脱离或完全脱离,节子质地有的坚硬(死硬节);有的松软(松软节);有的节子已开始腐朽,但还没有透入树干内部(腐朽节)。死节稍微用力敲击或锯割时撞击很容易从木材中脱出。

(6)漏节。其本身结构已大部分破坏,而且与木材内部腐朽相连。

死节和漏节对木材的使用影响很大,必须予以剔除或修补。

2. 虫害(虫眼)

有害昆虫寄生于木材中形成的孔道称为虫眼。根据蛀蚀程度,虫害可分为表皮虫沟、小虫眼和大虫眼三种。

（1）表皮虫沟指昆虫蛀蚀木材的深度不足 10mm 的虫沟或虫害，多数由小蠹虫蛀蚀而成。

（2）小虫眼指虫孔的最大直径不足 3mm 的虫眼，多数由小蛤虫（吉丁虫）等蛀蚀而成。

（3）大虫眼指虫孔的最小直径为 3mm 以上的虫眼，多由大蛤虫（大黑天牛、云杉天牛等的幼虫）蛀蚀而成。

表皮虫沟和小虫眼对木材的影响不大，因此不作为木材的评等标准。大虫眼由于孔洞大，蛀蚀较深，对木材的使用影响较大，木材评等级时需要考虑。

3. 变色和腐朽

木材受木腐菌的侵蚀，其正常材色发生变化，叫做变色。它是木材腐朽的初级阶段。变色有多种多样，最常见的有青皮和红斑。青皮是一种浅青灰色的变色，这种缺陷是圆材伐倒后干燥迟缓或保管不善，受木材青变菌侵蚀而成。红斑是呈红棕色斑点，一般在立木内部形成。木材保管不善亦有红斑发生。

青皮对木材的力学性能和使用没什么影响。红斑除了对木材的冲击强度有所降低外，对木材的其他力学性能基本上没有什么影响。有的红斑木材耐久性比健全木材稍差。

木材受木腐菌的侵蚀，颜色发生变化，而且结构松软易碎，最后变成筛孔状或粉末状的软块，这就是木材的腐朽。木材腐朽不但改变了木材的颜色、容重和含水率，而且使木材的硬度和强度显著降低。因此腐朽是评定木材等级的重要依据之一。木材腐朽轻者降低木材的等级，重者完全失去使用价值。

4. 弯曲

木材弯曲分为原木生长的自然弯曲和由于干燥不均或堆积不良引起的弯曲两种。

原木的自然弯曲只影响锯材的出材率，采用合理下锯法仍能得到合格的板方材。

因堆积不良和干燥不均匀引起的成材弯曲分为顺弯、横弯和翘弯三种。

（1）顺弯，即上下弯曲，为弓形弯曲（材面和材边同时弯曲）。

（2）横弯，即左右弯曲，为在平面内的横向弯曲（仅板边弯曲，板面不弯曲）。

（3）翘弯为在材宽方向成卷瓦状的反翘（仅材面弯曲，板边不弯曲）。

成材弯曲增加了锯木加工工作量，降低了木材的利用率。

5. 钝楞和斜纹

成材边楞的欠缺称为钝楞。钝楞在有些产品部件上是允许的，但不能超过一定的限度。有些部件上不允许有钝楞，必须加以剔除或修补。

斜纹是木材纤维排列不正常而出现的木纹倾斜。斜纹在原木中呈螺旋状扭转,在成材的径切面上纹理呈倾斜方向。在锯割原木时,因下锯方向不对,即使通直正常的原木也可锯割出斜纹理板材,这就是人为斜纹理。

斜纹理对木材的力学性能影响较大,纵向收缩加大,干燥时易翘曲变形。

6. 裂纹和夹皮

树木生长期间或伐倒后,由于受到外力或温湿度变化的影响,致使木材纤维之间发生脱离的现象,称为裂纹。按开裂部位和方向的不同,裂纹分径裂、轮裂和干裂三种。

径裂是木材横断面内沿半径方向的开裂。

轮裂是木材横断面内沿年轮开裂的裂纹。轮裂有成整圈的(环裂)和不成整圈的(弧裂)两种。

干裂是由于木材干燥不均而引起的纹裂。干裂按其在成材中的不同部位又分为端裂、面裂和内裂。

裂纹破坏了木材的完整性,降低了木材的强度。裂纹对锯材原木的影响,取决于锯材的用途,即对材质的要求。一般对成材影响较大,对出材率影响较小,对旋切或刨切单板影响较大。裂纹增加了工艺的复杂性,影响产品质量,降低了木材的利用率。

夹皮是树木受伤后继续生长,将受伤部位包入树干而形成的。夹皮有内夹皮和外夹皮两种。受伤部位还未完全愈合的叫外夹皮,受伤部位完全被木质部包围的叫内夹皮。

夹皮破坏了木材的完整性,并使木材带有弯曲年轮。夹皮随种类、形状、数量、尺寸及分布位置不同,对木材使用有不同的影响。

第二节　木结构用料要求

一、树种要求

木屋架和桁架所用木材的树种要求应符合设计图纸规定。在制作原木屋架时,一般采用杉木树种;在制作方木屋架时,一般采用松木树种,如东北松、美松等。

二、木材含水率要求

承重木结构用的木材应尽量提前备料,先经过自然干燥或人工干燥。在制作构件时,木材含水率应符合下列要求:

(1)对于原木或方木结构不应大于25%。

(2)对于板材结构及受拉构件的连接板不应大于18%。

(3)对于木制连接件不应大于15%。

(4)对于胶合木结构不应大于15%,且同一构件各木板间的含水率差别不应大于 5%。

当受条件限制需直接使用超过上述基本要求中规定含水率的木材制作原木或方木结构,应符合下列规定:

(1)桁架下弦宜选用型钢或圆钢。当采用木下弦时,宜采用原木或"破心下料"如图 2-10 的方木。

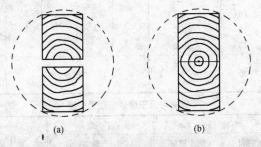

(a)　　　　　　　　　　　　(b)

图 2-10　"破心下料"的方木

(2)桁架受拉腹杆应采用圆钢,以便调整。

(3)在计算和构造上应符合《木结构设计规范》(GB 50005—2003)有关湿材的规定。

(4)板材结构及受拉构件的连接板等,不应使用湿材制作。

(5)在房屋或构筑物建成后,应加强结构的检查和维护。

木材含水率高低直接影响木材构件强度,同时过湿的木材在干燥过程中会产生木材裂缝和翘曲变形,因此对木材全截面含水率平均值应予以控制。见表 2-6～表 2-8。

表 2-6　　　　　　　　　　　　锯材的含水率及应力质量指标

序号	干燥质量等级	锯材平均最终含水率(%)	木堆内不同部位木材的最终含水率与平均含水率的允许偏差(%)	锯材厚度上的含水率偏差 Δwₕ(%)				应力偏差 Y(%)	平衡热湿处理
				锯材厚度(mm)					
				20 以下	21～40	41～60	61～90		
1	一级	6	+2.5 −1.5	1.5	2.0	3.0	4.0	不超过 2	必须有
		7	±2.5						
		8	±3.0						
2	二级	6	±2.5	2.0	3.0	4.0	5.0	不超过 3	必须有
		7	±3.0						
		8	±3.5						
		10	±4.0						

续表

序号	干燥质量等级	锯材平均最终含水率(%)	木堆内不同部位木材的最终含水率与平均含水率的允许偏差(%)	锯材厚度上的含水率偏差 Δw_h(%) 锯材厚度(mm)				应力偏差 Y(%)	平衡热湿处理
				20以下	21~40	41~60	61~90		
3	三级	8	±3.5	2.5	3.5	5.0	6.0	不超过5	按技术要求
		10	±4.0						
		12	±5.0						
		15	±5.0						
4	四级	20	+2.5 −4.0	不检查				不检查	不要求

表2-7　　　　锯材可见干燥缺陷质量指标

序号	干燥质量等级	弯曲(%) 针叶树材			阔叶树材			干裂 内裂	纵裂(%) 针叶树材	阔叶树材	皱缩	炭化	木材表面严重变色
		顺弯	横弯	翘弯	顺弯	横弯	翘弯						
1	一级	0.2	0.3	1.0	0.3	0.4	2.0	不允许有	2	5	不允许有	不允许有	按技术要求
2	二级	0.3	0.4	2.0	0.4	0.5	4.0	不允许有	5	10	不允许有	不允许有	按技术要求
3	三级	0.4	0.5	5.0	0.5	1.0	6.0	不允许有	10	20	不允许有	不允许有	按技术要求
4	四级	0.2	0.3	1.0	0.3	0.4	2.0	不允许有	2	5	不允许有	不允许有	不允许有

表2-8　　　　我国53个城市木材平衡含水率平均值

序号	地名	晚冬~初春 平均温度(℃)	平均相对湿度(%)	木材平衡含水率(%)	初夏 平均温度(℃)	平均相对湿度(%)	木材平衡含水率(%)	初秋 平均温度(℃)	平均相对湿度(%)	木材平衡含水率(%)	晚秋~冬初 平均温度(℃)	平均相对湿度(%)	木材平衡含水率(%)	全年平均 平均温度(℃)	平均相对湿度(%)	木材平衡含水率(%)
1	克山	−3.1	61	12	18.8	71	13.3	20	78	15.1	1.7	72	14.4	0.7	71	14.3
2	齐齐哈尔	−0.9	54	10.9	20	68	12.5	21.9	72	13.1	3.8	68	13.4	2.9	63	12.9
3	佳木斯	−0.6	62	12.1	20.5	72	13.2	21.7	72	15	3.1	70	13.7		69	13.7
4	哈尔滨	0.2	58	11.6	19.6	76	13.2	22.3	76	14.5	4.9	68.7	13.6	3.1	69	13.6
5	牡丹江	0.1	60.5	12	18.1	74	13.2	22.1	76	15.1	4.8	72.3	14.4	3.4	70	14.4
6	长春	1.2	54.5	11	19.8	74	13.2	22.1	76	15.7	4.6	70.7	13.9		68	13.2
7	四平	1.9	55	11	20.2	74	13.5	22.3	79	15.3	6.7	70.7	13.9	5.5	68	13.2
8	沈阳	4	58.5	11.5	21.4	73	13.8	23.9	80	15.6	8.8	73	14.1	7.6	69	13.4

续表

序号	地名	晚冬～初春			初夏			初秋			晚秋～冬初			全年平均		
		平均温度(℃)	平均相对湿度(%)	木材平衡含水率(%)	平均温度(℃)	平均相对湿度(%)	木材平衡含水率(%)	平均温度(℃)	平均相对湿度(%)	木材平衡含水率(%)	平均温度(℃)	平均相对湿度(%)	木材平衡含水率(%)	平均温度(℃)	平均相对湿度(%)	木材平衡含水率(%)
9	大连	5.7	58.5	11.5	20	75	14.3	24.1	83	16.9	13.1	68.7	13.2	10.2	68	13.0
10	乌兰浩特	0	45	9.5	20.3	60	11.0	22.0	66	12.1	4.4	59.7	11.7	4.1	57	11.2
11	包头	3.7	43	9.1	20.6	51	9.4	20.7	69	12.8	7.8	57.7	11.2	6.4	55	10.7
12	乌鲁木齐	1.9	76	15.1	20.9	48	8.8	22.4	43	8.0	7.1	60	11.9	5.2	62	12.1
13	银川	6.6	50	9.9	22.1	54	9.6	21.7	72	13.5	8.7	67	12.9	8.6	61	11.8
14	兰州	8.6	49.5	9.8	21.2	51	9.3	21.4	63	11.4	9.3	64.7	12.4	9.4	59	11.3
15	西宁	5.2	48.5	9.8	16	60	11.1	16.8	69	13.0	6.4	64	12.5	5.9	59	11.5
16	西安	10.5	69	13.6	26.1	56	9.8	25	78	15.0	13.4	78	15.7	13.2	74	14.3
17	北京	8.7	48.5	9.6	24.1	62	11.1	24.5	80	15.6	12.1	64.7	12.3	11.6	60	11.4
18	天津	8.5	55	10.7	24	66	11.9	25.4	79	15.2	13.2	68.7	13.1	11.9	64	12.1
19	太原	6.9	50.5	10.0	21.5	59	10.6	21.8	77	14.5	9.2	67.7	13.1	9.1	61	11.7
20	济南	10.9	52	10.1	26.1	56	9.8	25.8	79	12.2	15.1	63	11.8	13.9	62	11.7
21	青岛	7.0	69	13.5	20.1	83	17.1	25.1	86	18.3	15.4	70.3	13.4	12.1	74	14.4
22	徐州	10.4	65.5	12.6	26	65	11.6	26.2	83	16.7	15.2	70.7	13.9	13.9	74	13.9
23	南京	11.3	73	14.3	24.5	78	15	27.9	80	15.4	17.2	76	14.8	15.3	76	14.9
24	上海	10.6	79	16	23.5	85	17.9	27.9	80	15.2	18.2	77.7	15.2	15.6	80	16
25	芜湖	12.5	79	16.1	25.2	81	16	28.3	81	15.7	17.7	78	15.3	16.1	74	15.8
26	杭州	11.8	81	16.5	24.8	82	16.4	28.3	81	15.7	17.8	82	16.4	16.2	81	16.5
27	温州	13	85.5	18.7	24.7	89	19.9	27.9	84	17	20.1	79	15.6	17.9	83	17.3
28	崇安	14.2	81.5	16.8	24.8	81	15.9	27.1	76	14.3	19.6	73	13.9	17.8	77	15
29	南平	16.3	81	16.5	26.2	83	16.7	28.1	78	14.9	20.6	74	15.4	19.3	80	16.1
30	福州	15.1	82	17	26.1	84	17.1	28.4	78	14.8	21.7	74	14.9	19.5	79	15.6
31	永安	17	82	17	26.3	79	15.1	27.3	78	14.9	19.8	79.7	14.7	19	81	16.3
32	厦门	16.6	81	16.5	26.5	85	18	28.4	79	15	23.5	72.7	13.4	21	78	15.2
33	郑州	11	66	12.7	26.5	58	10.2	25.5	77	14.6	14.9	68.7	13	14.5	66	12.4

续表

序号	地名	晚冬~初春			初夏			初秋			晚秋~冬初			全年平均		
		平均温度(℃)	平均相对湿度(%)	木材平衡含水率(%)	平均温度(℃)	平均相对湿度(%)	木材平衡含水率(%)	平均温度(℃)	平均相对湿度(%)	木材平衡含水率(%)	平均温度(℃)	平均相对湿度(%)	木材平衡含水率(%)	平均温度(℃)	平均相对湿度(%)	木材平衡含水率(%)
34	洛阳	11.1	64	12.5	26.5	57	10	25.5	81	15.9	15.5	65.3	12.2	14.2	67	12.7
35	宜昌	13.4	77.5	15.4	25.6	78	15	27.1	63	11.1	18.2	71	13.5	16.9	77	15.1
36	武汉	12.7	79.5	16	26.1	79	15.2	28.4	79	15	17.7	75.3	14.6	16.4	78	15.4
37	长沙	13.1	85	18.7	26.5	80	15.5	28.9	76	14.3	18.7	77.7	15.2	17.1	81	16.5
38	衡阳	13.4	87.5	19.3	26.7	79	15.1	29.5	74	13.6	19.2	82.3	16.9	17.8	82	16.9
39	九江	12.7	79.5	16.1	25.6	82	16.3	28.9	79	15	18.4	77	15	16.8	79	15.8
40	南昌	12.4	83.5	17.1	26	82	16.3	29.2	76	14.1	18.9	76	14.7	17.5	80	16.0
41	桂林	15.1	80.5	16.4	26.7	79	15.1	28	78	14.8	21	68	12.5	19	75	14.4
42	南宁	19.2	82.5	17	27.7	82	16.2	27.9	83	16.5	23.2	74.3	14	21.8	81	15.4
43	广州	19.5	83.5	17.5	27.4	85	17.5	28.4	82	16.1	23.7	72	13.4	22	78	15.1
44	海口	24.4	85	17.8	28.5	82	16.1	27.9	85	17.5	24.8	83.3	17.3	24	84	17.3
45	昌都	6.5	46	10.5	14.9	65	12.2	14.6	70	13.3	7.9	60	11.7	7.6	53	10.3
46	成都	14.7	75.5	14.7	24.3	79	15.2	25.5	83	16.8	17.1	84	17.8	16.7	80	16.0
47	雅安	14.4	76.5	15	23.9	75	14.1	24.9	81	16	16.7	83.7	17.1	16.3	79	15.7
48	重庆	16	76	14.8	26	77	14.7	27.9	78	14.8	18.9	81	17.3	18.5	80	15.9
49	康定	5.9	65	12.7	13.1	80	15.7	14.9	79	15.7	7.4	77	15.8	7	71	13.9
50	宜宾	16.8	77.5	15.2	25.6	79	15.2	27	81	15.9	18.9	84	18	18.6	81	16.3
51	昆明	15.8	68	13	19.6	78	15.2	19.8	81	16.2	15.2	79	15.9	15.3	71	13.5
52	贵阳	13.4	76	15	22.6	78	15	23.9	79	15.3	16.3	78.7	15.6	15.5	78	15.4
53	拉萨	6.6	35	7.7	15.6	55	10.2	14.3	67	12.7	8.2	46	9.4	7.8	42	8.6

三、木材质量要求

结构工程中所使用的木材质量控制的原则是保证木材的结构力学性能,应根据木构件的受力情况,按表 2-9~表 2-11 规定的等级检查方木、板材及原木构件的木材缺陷限值。

表 2-9　　　　　　　　　　　承重木结构方木材质标准

项次	缺 陷 名 称	木 材 等 级		
		Ⅰₐ	Ⅱₐ	Ⅲₐ
		受拉构件或拉弯构件	受弯构件或压弯构件	受压构件
1	腐朽	不允许	不允许	不允许
2	木节： 在构件任一面任何 150mm 长度上所有木节尺寸的总和,不得大于所在面宽的	1/3 (连接部位为 1/4)	2/5	1/2
3	斜纹:斜率不大于(%)	5	8	12
4	裂缝： (1)在连接的受剪面上; (2)在连接部位的受剪面附近,其裂缝深度(有对面裂缝时用两者之和)不得大于材宽的	不允许 1/4	不允许 1/3	不允许 不限
5	髓心	应避开受剪面	不限	不限

注:1. Ⅰₐ 等材不允许有死节,Ⅱₐ、Ⅲₐ 等材允许有死节(不包括发展中的腐朽节),对于 Ⅱₐ 等材直径不应大于 20mm,且每延米中不得多于 1 个,对于 Ⅲₐ 等材直径不应大于 50mm,每延米中不得多于 2 个。

2. Ⅰₐ 等材不允许有虫眼,Ⅱₐ、Ⅲₐ 等材允许有表层的虫眼。

3. 木节尺寸按垂直于构件长度方向测量。木节表现为条状时,在条状的一面不量(参见图 2-11);直径小于 10mm 的木节不计。

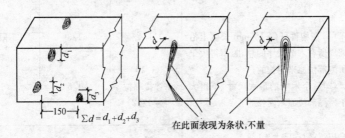

图 2-11　木节量法

表 2-10　　　　　　　承重木结构板材材质标准

项次	缺 陷 名 称	木 材 等 级		
		Ⅰa	Ⅱa	Ⅲa
		受拉构件或拉弯构件	受弯构件或压弯构件	受压构件
1	腐朽	不允许	不允许	不允许
2	木节： 在构件任一面任何 150mm 长度上所有木节尺寸的总和，不得大于所在面宽的	1/4 （连接部位为 1/5）	1/3	2/5
3	斜纹：斜率不大于（%）	5	8	12
4	裂缝： 连接部位的受剪面及其附近	不允许	不允许	不允许
5	髓心	不允许	不限	不限

注：同表 2-9。

表 2-11　　　　　　　承重木结构原木材质标准

项次	缺 陷 名 称	木 材 等 级		
		Ⅰa	Ⅱa	Ⅲa
		受拉构件或拉弯构件	受弯构件或压弯构件	受压构件
1	腐朽	不允许	不允许	不允许
2	木节： （1）在构件任何 150mm 长度上沿圆周所有木节尺寸的总和，不得大于所测部位原来周长的； （2）每个木节的最大尺寸，不得大于所测部位原木周长的	1/4 1/10 （连接部位为 1/12）	1/3 1/6	不限 1/6
3	扭纹：斜率不大于（%）	8	12	15

续表

项次	缺　陷　名　称	木　材　等　级		
		Ⅰa	Ⅱa	Ⅲa
		受拉构件或拉弯构件	受弯构件或压弯构件	受压构件
4	裂缝： (1)在连接的受剪面上； (2)在连接部位的受剪面附近，其裂缝深度(有对面裂缝时用两者之和)不得大于原木直径的	不允许 1/4	不允许 1/3	不允许 不限
5	髓心	应避开受剪面	不限	不限

注：1. Ⅰa、Ⅱa 等材不允许有死节，Ⅲa 等材允许有死节(不包括发展中的腐朽节)，直径不应大于原木直径的 1/5，且每 2m 长度内不得多于 1 个。

　　2. 同表 2-9 注 2。

　　3. 木节尺寸按垂直于构件长度方向测量。直径小于 10mm 的木节不量。

四、防腐、防虫、防火处理

(1)在建筑物使用年限内，木材应保持其防腐、防虫、防火的性能，并对人畜无害。

(2)木材经处理后不得降低强度和腐蚀金属配件。

(3)对于工业建筑木结构需做耐酸防腐处理时，木结构基面要求较高：木材表面应平整光滑，无油脂、树脂和浮灰；木材含水率不大于 15%；木基层有疖疤、树脂时，应用脂胶清漆做封闭处理。

(4)采用马尾松、木麻黄、桦木、杨木、湿地松、辐射松等易腐朽和虫蛀的树种时，整个构件应用防腐防虫药剂处理。

(5)对于易腐和虫蛀的树种，或虫害严重地区的木结构，或珍贵的细木制品，应选用防腐防虫效果较好的药剂。

(6)木材防火剂的确定应根据规范与设计要求，按建筑耐火等级确定防火剂浸渍的等级。

(7)木材构件中所有钢材的级别应符合设计要求，所有钢构件均应除锈，并进行防锈处理。

第三节　人造木质板材

一、纤维板

　　纤维板是将废木材用机械法分离成木纤维或预先经化学处理，再用机械法分离成木浆，再将木浆经过成型、预压、热压而成的板材，纤维板没有木色与花纹，其他特点和性能与胶合板大致相同。在构造上比天然木材均匀,而且无节疤、腐朽等缺陷。

纤维板可分为硬质、半硬质和软质三种。硬质纤维板表面密度大,强度高,半硬质纤维板次之。硬质纤维板可用做地板、隔墙板、夹板门、面板、门心板、天花板、定型模板和家具等。软质纤维板表面密度小,结构疏松,是保温、隔热、吸声和绝缘的良好材料。

二、细木工板

细木工板是一种拼板,分为空心和实心两种,它的中部采用各种拼板片或构成空心骨架,两面再胶合一层或数层旋削的薄木而成的板材。它不易开裂、变形,而强度也比同样厚的木板高,因而多用于细木装修、制作家具等。

另外,人工板材还有木丝板、钙塑板、塑料装饰板等。

三、胶合板

胶合板是用水曲柳、柳安、椴木、桦木等木材,利用原木经过旋切成薄板,用三层以上成奇数的单板顺纹、横纹 90°垂直交错相叠,采用胶粘剂粘合,在热压机上加压而成。

胶合板由于各层板的纹理胶合时互相垂直,克服了木材翘曲胀缩等缺点,而且厚度小、板面宽大,减少了刨平、拼缝等工序,具有天然的木色和纹理,在使用性能上往往比天然木材优良,不仅节约了木材的消耗,而且增加了制品的美观。目前胶合板的用途非常广泛。

胶合板的分类、强度、含水率、标定规格等,见表 2-12~表 2-14。

表 2-12 　　　　　　　　　胶合板的分类、特性及适用范围

种类	分类	名　称	胶　　种	特　　性	适用范围
阔叶树材胶合板	Ⅰ类	NQF (耐气候、耐沸水胶合板)	酚醛树脂胶或其他性能相当的胶	耐久、耐煮沸或蒸汽处理,耐干热,抗菌	室内、外工程
	Ⅱ类	NS (耐水胶合板)	脲醛树脂胶或其他性能相当的胶	耐冷水浸泡及短时间热水浸泡,抗菌,但不耐煮沸	室内、外工程
	Ⅲ类	NC (耐潮胶合板)	血胶、低树脂含量的脲醛树脂胶或其他性能相当的胶	耐短期冷水浸泡	室内工程 (一般常态下使用)
	Ⅳ类	BNC (不耐潮胶合板)	豆胶或其他性能相当的胶	有一定的胶合强度,但不耐潮	室内工程 (一般常态下使用)

续表

种类	分类	名　称	胶　种	特　性	适用范围
针叶树材胶合板	Ⅰ类	NQF（耐气候、耐沸水胶合板）	酚醛树脂胶或其他性能相当的胶	耐久、耐煮沸或蒸汽处理，耐干热、抗菌	室内、外工程
	Ⅱ类	NS（耐水胶合板）	脲醛树脂胶或其他性能相当的胶	耐冷水浸泡及短时间热水浸泡，抗菌，但不耐煮沸	室内、外工程
	Ⅲ类	NC（耐潮胶合板）	血胶、低树脂含量的脲醛树脂胶或其他性能相当的胶	耐短期冷水浸泡	室内工程（一般常态下使用）
	Ⅳ类	BNC（不耐潮胶合板）	豆胶或其他性能相当的胶	有一定的胶合强度，但不耐潮	室内工程（一般常态下使用）

表 2-13　　　　　　　　　　　胶合板的胶合强度及含水率

种　类	树　种	分　类	胶合强度（MPa）	平均绝对含水率（%）
阔叶树材胶合板	桦　木	Ⅰ、Ⅱ类 Ⅲ、Ⅳ类	≥1.4 ≥1.0	Ⅰ、Ⅱ类：≤13 Ⅲ、Ⅳ类：≤15
	水曲柳、荷木	Ⅰ、Ⅱ类 Ⅲ、Ⅳ类	≥1.2 ≥1.0	
	椴木、杨木	Ⅰ、Ⅱ类 Ⅲ、Ⅳ类	≥1.0 ≥1.0	
针叶树材胶合板	松　木	Ⅰ、Ⅱ类 Ⅲ、Ⅳ类	≥1.2 ≥1.0	≤15 ≤17

表 2-14　　　　　　　　　胶合板的标定规格　　　　　（单位：mm）

种　类	厚　度	宽　度	长　度					
			915	1220	1525	1830	2135	2440
阔叶树材 胶合板	2.5、2.7、3、3.5、4、5、 6、……自 4mm 起，按每 毫米递增	915 1220 1525	915 — —	— 1220 —	— — 1525	1830 1830 1830	2135 2135 —	— 2440 —
针叶树材 胶合板	3、3.5、4、5、6、……自 4mm 起，按每毫米递增							

注：1. 阔叶树材胶合板 3mm 厚为常用规格，针叶树材胶合板 3.5mm 厚为常用规格，其他厚度的胶合板，可通过协议生产。

　　2. 胶合板表板的木材纹理方向，与胶合板的长向平行的，称为顺纹胶合板。

　　3. 如经供需双方协议，胶合板的幅面尺寸，可不受本规定的限制。

第四节　木结构用胶粘剂

一、木工常用胶粘剂

1. 半耐水性胶粘剂

(1)脲醛树脂胶粘剂。

1)特点。能溶于水，不需要有机溶剂，常温或加热条件下均能自行固化，故使用方便，固化后无色，不污染木材。粘结强度比动物胶高，粘结层耐热、耐潮湿、耐微生物，但其耐热性、耐沸水性、耐老化性均低于酚醛胶粘剂；

2)用途。主要用于大批量的木材粘结生产，制造胶合板、夹芯板和木层压材，也可用于一般木作工程的结构。

(2)聚醋酸乙烯胶粘剂(白乳胶)。

1)特点。耐潮湿，较耐冷水，不耐热水，黏接件不能在露天条件下使用，温度在 60～80℃条件下软化，粘结强度降低，在长期受连续荷载下，粘结层会产生较大的塑性变形；

2)用途。用于木板拼合，木装修粘结，以及碎木层压材、人造板材生产等，应用极为广泛。

(3)三聚氰胺脲醛树脂胶粘剂。

1)特点。是一种改善了的脲醛树脂胶粘剂，大大提高了耐水性能和耐热性能；

2)用途。可用于使用期较短的露天木结构和一些非永久性结构。

(4)酪素胶粘剂。

1)特点。无毒,抗震性好,可在低温条件下操作固化,粘结强度较好,但耐水性、抗腐性差,固化时间较长;

2)用途。是一种非结构性胶剂,可用于粘结木材。但目前牛奶供应不足,货源有困难。

2. 耐水性胶粘剂

(1)酚醛树脂胶粘剂。

1)特点。粘结强度、耐水性、耐候性优异,耐老化、耐热性好,价格适中,但对木材有明显污染,是我国用于经常受潮结构的主要胶料;

2)用途。适用于建筑木结构的粘结、木工装配粘合,以及胶合板等木制品的生产。

(2)间苯二酚甲醛胶粘剂。

1)特点。粘结强度高,粘结性能优良,可在常温或中温下固化,故操作方便,粘结层整而不脆,可在$-40\sim100℃$的温度条件下使用,但价格较高,且对木材污染严重;

2)用途。多用于承受较重荷载的木结构,以及在露天等苛酷条件下使用的木结构,如建筑用的层合梁、弓形屋架等。

二、结构用胶

(1)承重结构使用的胶,应保证其胶合强度不低于木材顺纹抗剪和横纹抗拉的强度。胶连接的耐水性和耐久性,应与结构的用途和使用相适应。

(2)对于在使用中有可能受潮的结构以及重要的建筑物,应采用耐水胶(如苯酚甲醛树脂胶等);对于在室内正常温、湿度环境中使用的一般胶合木结构,可采用中等耐水性胶(如脲醛合树脂或尿素甲醛树脂等)。

承重结构用胶,除应具有出厂合格证明外,还应在使用前按有关的规定检验其胶粘能力。

第五节 木结构用钢材、钉和螺栓

一、钢材

(1)承重木结构中用的钢材,宜采用符合国家现行标准《碳素结构钢》规定的Q235钢。对于承受振动荷载或计算温度低于$-30℃$的结构,宜采用Q235钢。

(2)螺栓材料应采用符合国家现行标准《碳素结构钢》规定的Q235钢。

(3)钢构件焊接用的焊条,应符合国家现行标准《碳钢焊条》及《低合金钢焊条》规定的要求。焊条的型号应与主体金属强度相适应。

(4)用于承重木结构中的钢材,应具有抗拉强度、伸长率、屈服点和硫、磷含量的合格保证。对焊接的构件还应具有碳含量的合格保证。

钢木桁架的圆钢下弦,直径d不小于20mm的拉杆或计算温度低于$-30℃$条件下的钢构件,还应具有冷弯试验的合格保证。

二、钉和螺栓

1. 圆钉

（1）圆钢钉用于钉固木竹器材。各种钉固对象适用的圆钉长度大致为：家具、竹器、乐器及文教用具等用的为 10～20mm；墙壁内的板条、木制农具用的，一般为 20～50mm；一般包括木箱用的为 30～50mm；地板、牲畜棚等用的为 50～60mm；屋面椽木及混凝土木模用的为 70mm；模型泥芯用的为 60～100mm；防台防汛和桥梁工程、修建土木结构房屋用的为 100～150mm。

圆钢钉规格和重量，见表 2-15。

表 2-15　　　　　　　　　　　圆钢钉的规格、重量

序号	钉长 (mm)	钉杆直径(mm)			千只约重(kg)		
		重型	标准型	轻型	重型	标准型	轻型
1	10	1.10	1.00	0.90	0.079	0.062	0.045
2	13	1.20	1.10	1.00	0.120	0.097	0.080
3	16	1.40	1.20	1.10	0.207	0.142	0.119
4	20	1.60	1.40	1.20	0.324	0.242	0.177
5	25	1.80	1.60	1.40	0.511	0.359	0.302
6	30	2.00	1.80	1.60	0.758	0.600	0.473
7	35	2.20	2.00	1.80	1.060	0.860	0.700
8	40	2.50	2.20	2.00	1.56	1.19	0.990
9	45	2.80	2.50	2.20	2.22	1.73	1.34
10	50	3.10	2.80	2.50	3.02	2.42	1.92
11	60	3.40	3.10	2.80	4.35	3.56	2.90
12	70	3.70	3.40	3.10	5.936	5.00	4.15
13	80	4.10	3.70	3.40	8.298	6.75	5.71
14	90	4.50	4.10	3.70	11.30	9.35	7.63
15	100	5.00	4.50	4.10	15.50	12.50	10.40
16	110	5.50	5.00	4.50	20.87	17.00	13.70
17	130	6.00	5.50	5.00	29.07	24.30	20.00
18	150	6.50	6.00	5.50	39.42	33.30	28.00
19	175	—	6.50	6.00	—	45.70	38.90
20	200	—	—	6.50	—	—	52.10

注：本表摘自《一般用途圆钢钉》（YB/T 5002—1993）。

（2）水泥钢钉。水泥钢钉主要是将制品钉在水泥墙壁或制件上，水泥钢钉的规格，见表 2-16。

表 2-16　　　　　　　　　　水泥钢钉的规格

钉长(mm)	10	13	15	20	25	30	35	40	45
直径(mm)	1.2	1.6	1.6	1.8	2.2	2.5	2.8	3.2	3.6
钉长(mm)	50	60	70	80	90	100	110	130	150
直径(mm)	4.0	4.5	5.0	5.5	6.0	6.5	7.0	8.0	9.0

注:钢钉需经热处理,硬度为74-78HRA。

(3)拼合用圆钢钉,又名拼钉、两头尖钉、枣核钉等,见图2-12。拼合用圆钢钉适用于木箱、家具、农具、门扇等需要拼合木板时作销钉用。

拼合用圆钢钉的规格、重量,见表2-17。

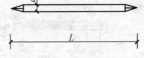

图 2-12　拼合用圆钢钉

表 2-17　　　　　　　　拼合用圆钢钉的规格、重量

序号	钉长 L(mm)	25	30	35	40	45	50	60
1	钉杆直径 d(mm)	1.6	1.8	2.0	2.2	2.5	2.8	2.8
2	千只约重(kg)	0.36	0.55	0.79	1.08	1.52	2.00	2.40

(4)扁头圆钢钉,又名扁头钉、地板钉、木模钉等。扁头圆钢钉主要用于木模制作、钉地板及家具等需将钉帽埋入木材的场合。

扁头圆钢钉的规格和质量,见表2-18。

表 2-18　　　　　　　　扁头圆钢钉的规格、重量

序　号	钉长(mm)	35	40	50	60	80	90	100
1	钉杆直径(mm)	2.0	2.2	2.5	2.8	3.2	3.40	3.8
2	千只约重(kg)	0.95	1.18	1.75	2.90	4.70	6.40	8.50

2. 木螺钉

各种木螺钉外形见图2-13。

图2-13(a)、(b)为沉头木螺钉,主要用于把各种材料的制品固定在木质制品上,螺钉被拧紧后,钉头表面可与制品表面相平,适用于要求钉头不露出制品表面之处;图2-13(c)、(d)为圆头木螺钉(又称半圆头木螺钉),钉头底部平面面积较大,钉头不易陷入制品里面,适用于允许钉头露出制品表面之处;图2-13(e)、(f)为半沉头木螺钉,半沉头木螺钉与沉头木螺钉相似,但它被拧紧后,钉头略微露出制品表面,这种螺钉可以增强钉头的强度,并可以起装饰作用,多用于须有装饰效果之处。

木螺钉的规格,见表2-19。

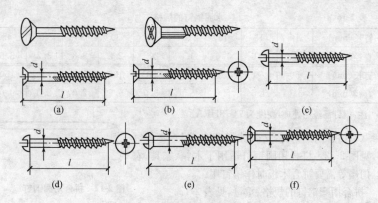

图 2-13   木螺钉

(a)开槽沉头木螺钉;(b)十字槽沉头木螺钉;(c)开槽圆头木螺钉

(d)十字槽圆头木螺钉;(e)开槽半沉头木螺钉;(f)十字槽半沉头木螺钉

表 2-19   公制木螺钉规格表   (单位:mm)

序号	直径 d	开槽木螺钉钉长 L			十字槽木螺钉	
		沉 头	圆 头	半沉头	十字槽号	钉长 L
1	1.6	6~12	6~12	6~12	—	—
2	2	6~16	6~14	6~16	1	6~16
3	2.5	6~25	6~22	6~25	1	6~25
4	3	8~30	8~25	8~30	2	8~30
5	3.5	8~40	8~38	8~40	2	8~40
6	4	12~70	12~65	12~70	2	12~70
7	(4.5)	16~85	14~80	16~85	2	16~85
8	5	18~100	16~90	18~100	2	18~100
9	(5.5)	25~100	22~90	30~100	3	25~100
10	6	25~120	22~120	30~120	3	25~120
11	(7)	40~120	38~120	40~120	3	40~120
12	8	40~120	38~120	40~120	4	40~120
13	10	75~120	65~120	70~120	4	70~120

注:1. 钉长系列(mm):6,8,10,12,14,16,18,20,(22),25,30,(32),35,(38),40,45,
50,(55),60,(65),70,(75),80,(85),90,100,120。

2. 括号内的直径和长度,尽可能不采用。

3. 其他钉类

(1)扒钉。扒钉的外形，见图2-14，其规格、重量见表2-20。

表 2-20   扒钉的规格、重量

序号	扒钉直径 d(mm)	弯钩长度 a(mm)	扒钉长度 L(mm)						
			200	250	300	350	400	450	500
			扒钉重量(kg)						
1	8	60	0.070	0.082	0.093				
2	10	60	0.128	0.148	0.168	0.188			
3	12	80	0.310	0.355	0.400	0.445			
4	14	100	0.467	0.527	0.587	0.647	0.707		
5	16	100	0.606	0.686	0.766	0.846	0.926	1.006	1.086
6	18	120	—	0.943	1.043	1.143	1.243	1.343	1.443

(2)骑马钉，又名止钉、U字钉等。骑马钉的外形如图2-15所示，主要用于固定金属板网、金属丝网及刺丝或室挂线等，也可用于固定绑木箱的钢丝。

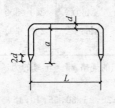　　　　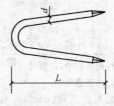

图 2-14　扒钉　　　　　　　　　图 2-15　骑马钉

骑马钉的规格、重量，见表2-21。

表 2-21   骑马钉的规格、重量

序号	钉长 L(mm)	13	16	20	25	30
1	钉杆直径 d(mm)	1.8	1.8	2.0	2.2	2.5
2	大端宽度 B(mm)	8.5	10.0	12.0	13.0	14.5
3	小端宽度 b(mm)	7.0	8.0	8.5	9.0	10.5
4	千只约重(kg)	0.48	0.61	0.89	1.36	2.43
5	用　途	主要用于固定金属板网、金属丝网或室内挂镜线等				

4. 螺栓

(1)普通六角头螺栓(C 级)。普通六角头螺栓(C 级)外形,见图 2-16,螺栓规格,见表 2-22。

图 2-22　　　　　　　　普通六角头螺栓规格　　　　　　　　(单位:mm)

序号	螺纹规格 d	螺杆长度 L		序号	螺纹规格 d	螺杆长度 L	
		GB 5780 部分螺纹	GB 5781 全螺纹			GB 5780 部分螺纹	GB 5781 全螺纹
1	M5	25～50	10～40	13	M30	90～300	60～100
2	M6	30～60	12～50	14	(M33)	130～320	65～360
3	M8	35～80	16～65	15	M36	110～300	70～100
4	M10	40～100	20～80	16	(M39)	150～400	80～400
5	M12	45～120	25～100	17	M42*	160～420	80～420
6	(M14)	60～140	30～140	18	(M45)	180～440	90～440
7	M16	55～160	35～100	19	M48*	180～480	100～480
8	(M18)	80～180	35～180	20	(M52)	200～500	100～500
9	M20	65～200	40～100	21	M56*	220～500	110～500
10	(M22)	90～220	45～220	22	(M60)	240～500	120～500
11	M24	80～240	50～100	23	M64*	260～500	120～500
12	(M27)	100～260	55～280				

注:1. 螺纹规格栏中,带括号的为尽可能不采用的规格,带 * 记号的为通用规格,其余的均为商品规格。

2. 螺杆长度系列(mm):6,8,10,12,16,20,25,30,35,40,45,50,(55),60,(65),70,80,90,100,110,120,130,140,150,160,180,200,220,240,260,280,300,320,340,360,380,400,420,440,460,480,500,带括号的长度尽可能不采用。

3. 螺纹公差:GB 5780 为 8g,GB 5781 为 6g。

4. 力学性能等级:$d \leqslant 39$ 的为 4.6、4.8 级;$d \geqslant 39$ 的按协议。

(2)方头螺栓(C 级)。方头螺栓(C 级)外形见图 2-17,方头螺栓规格,见表 2-23。

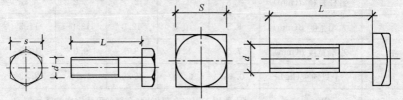

图 2-16　普通六角头螺栓　　　　　　图 2-17　方头螺栓

表 2-23　　　　　　　方头螺栓规格

序号	螺纹规格 d	方头边宽 S	螺杆长度 L	序号	螺纹规格 d	方头边宽 S	螺杆长度 L
		(mm)				(mm)	
1	M10	16	40~100	8	M24	36	80~240
2	M12	18	45~120	9	(M27)	41	90~260
3	(M14)	21	50~140	10	M30	46	90~300
4	M16	24	55~160	11	M36	55	110~300
5	(M18)	27	60~180	12	M42	65	130~300
6	M20	30	65~200	13	M48	75	140~300
7	(M22)	34	70~220				

注:1. 带括号的螺纹规格和螺杆长度尽可能不采用。

2. 螺杆长度系列(mm):20,25,30,35,40,45,50,55,60,(65),70,75,80,90,100,110,120,130,140,150,160,180,200,220,240,260,280,300。

3. 螺纹公差:8g。

4. 力学性能等级:$d \leqslant 39$ 为 4.8 级;$d > 39$ 者按协议。

第六节　木材的选用

一、普通木结构木材的选用

用于普通木结构的木材应从表 2-24 和表 2-25 所列的树种中选用。主要的承重构件应采用针叶材;重要的木制连接件应采用细密、直纹、无节和无其他缺陷的耐腐的硬质阔叶材。

表 2-24　　　　　　　针叶树种木材适用的强度等级

强度等级	组别	适　用　树　种
TC17	A	柏木　长叶松　湿地松　粗皮落叶松
	B	东北落叶松　欧洲赤松　欧洲落叶松
TC15	A	铁杉　油杉　太平洋海岸黄柏　花旗松—落叶松　西部铁杉　南方松
	B	鱼鳞云杉　西南云杉　南亚松

续表

强度等级	组别	适 用 树 种
TC13	A	油松 新疆落叶松 云南松 马尾松 扭叶松 北美落叶松 海岸松
	B	红皮云杉 丽江云杉 樟子松 红松 西加云杉 俄罗斯红松 欧洲云杉 北美山地云杉 北美短叶松
TC11	A	西北云杉 新疆云杉 北美黄松 云杉—松—冷杉 铁—冷杉 东部铁杉 杉木
	B	冷杉 速生杉木 速生马尾松 新西兰辐射松

表 2-25   阔叶树种木材的强度等级

强度等级	适 用 树 种
TB20	青冈 桦槛木 门格里斯木 卡普木 沉水稍克隆 绿心木 紫心木 李叶豆 塔特布木
TB17	栎木 达荷玛木 萨佩莱木 苦油树 毛罗藤黄
TB15	锥栗(栲木) 桦木 黄梅兰蒂 梅萨瓦木 水曲柳 红劳罗木
TB13	深红梅兰蒂 浅红梅兰蒂 白梅兰蒂 巴西红厚壳木
TB11	大叶椴 小叶椴

二、轻型木结构木材的选用

在轻型木结构中,使用木基结构板、工字形木格栅和结构复合材时,应遵守下列规定:

(1)用作屋面板、楼面板和墙面板的木基结构板材(包括结构胶合板和定向木片板)应满足《木结构工程施工质量验收规范》(GB 50206—2002)以及相关产品标准的规定。进口木基结构板材上应有经过认可的认证标识、板材厚度以及板材的使用条件等说明。

(2)用作楼盖和屋盖的工字形木格栅的强度和制造要求应满足相关产品标准规定。如国内尚无产品标准,也可采用经过认可的国际标准或其他相关标准;进口工字形木格栅上应有经过认可的认证标识以及其他相关的说明。

(3)用作梁或柱的结构复合材(包括旋切板胶合木和旋切片胶合木)的强度应满足相关产品标准的规定。如国内尚无产品标准,也可采用经过认可的国际标准或其他相关标准,进口结构复合材上应有经过认可的认证标识以及其他相关的说明。

三、进口木材的选用

（1）选择天然缺陷和干燥缺陷少、耐腐性较好的树种木材。

（2）每根木材上应有经过认可的认证标识，认证等级应附有说明，并应符合我国商检规定，进口的热带木材，还应附有无活虫虫孔的证书。

（3）进口木材应有中文标识，并按国别、等级、规格分批堆放，不得混淆，贮存期间应防止木材霉变、腐朽和虫蛀。

（4）对首次采用的树种，应严格遵守先试验后使用的原则，严禁未经试验就盲目使用。

第三章 木工工具

第一节 量具和画线工具

一、量具

量具是用来度量、检验工件尺寸的工具,它们有时也可用来画线。量具种类有直尺、折尺、钢卷尺、角尺、三角尺、活络角尺、水平尺、线锤等。

1. 直尺

直尺有木质和钢质两种。木质直尺是用不易变形的硬杂木制成,尺身一侧刨成斜楞并夹有钢片,尺身上印有刻度。它的长度一般为 300～1000mm。木尺主要用来度量工件的长短和宽厚,检验工件的平直度,也可用来画线。

钢质直尺是用不锈钢制成,它的两边和尺面平直光滑,一面刻有刻度,它的长度一般为 150～1000mm,主要用来度量精度要求较高的工件尺寸和画线。

2. 钢卷尺

钢卷尺由薄钢片制成,装置于钢制或塑料制成的圆盒中。大钢卷尺的规格有长度为 5m、10m、15m、20m、30m、50m 等,小钢卷尺有长度为 1m、2m、3.5m 等。

3. 角尺

角尺有木制和钢制两种。一般尺柄长 15～20cm,尺翼长 20～40cm,柄、翼互成垂直角,用于画垂直线、平行线及检查平整正直,见图 3-1(a)。

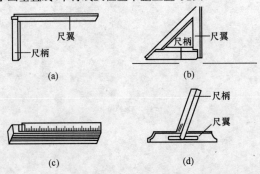

图 3-1 常用量具

(a)角尺;(b)三角尺;(c)折尺;(d)活络三角尺

4. 三角尺

三角尺的宽度均为 15～20cm，尺翼与尺柄的交角为 90°，其余两角为 45°，用不易变形的木料制成。使用时使尺柄贴紧物面边楞，可画出 45°及垂线，见图 3-1(b)。

5. 折尺

折尺有四折尺和八折尺两种，见图 3-1(c)。

四折尺是用钢质铰链、铜质包头把四块薄木板条连接而成。公制四折尺展开长度为 500mm，英制四折尺展开长度为 2 英尺(约 610mm)。

八折尺是用铁皮圈及铆钉把八节薄板板条连接而成，它的长度为 1000mm。

折尺上一般刻有公制和市尺(或英尺)刻度，主要用于工件度量和画线。木折尺使用时要拉直，并贴平物面。

6. 水平尺

水平尺的中部及端部各装有水准管，当水准管内气泡居中时，即成水平。水平尺用于检验物面的水平或垂直。

7. 线锤

线锤是用金属制成的正圆锥体，在其上端中央设有带孔螺栓盖，可系一根细绳，用于校验物面是否垂直。使用时手持绳的上端，锤尖向下自由下垂，视线随绳线，倘绳线与物面上下距离一致，即表示物面为垂直。

8. 活络角尺

活络角尺的尺柄和尺翼是用螺栓连接的，尺翼叠放在尺柄上，尺翼同尺柄之间的角度可以随意调节。为了调节和固定角度的方便，螺栓上的螺母为蝴蝶螺母，见图 3-1(d)。

活络角尺的尺翼和尺柄用硬杂木制作，也可用铝板或钢板制作。活络角尺主要用来划斜线，如斜榫肩，斜百页眼线等。使用时，先松开蝴蝶螺母，用量角器或样板将尺柄同尺翼之间的角度调好，拧紧蝴蝶螺母。将尺柄紧贴工件长边，就可沿尺翼划出固定角度的斜线来。

二、画线工具

1. 画线工具的种类

(1)丁字尺。丁字尺可用硬杂木作尺柄，硬杂木或绝缘板作尺翼。尺柄与尺翼成 90°角并以木螺丝或钉子固定，叠交面用胶胶粘。丁字尺的尺柄厚 10mm，宽 50mm，长 200～300mm。尺翼厚 4～8mm，宽 50～80mm，长 400～1000mm。

丁字尺主要用于大批量工件的榫眼画线。画线时,将工件一个个紧挨着排放在画线台上,最上边放一已画好线的样板。将丁字尺的尺柄紧贴在样板的长边,尺翼一边对着样板上的线条压在工件上,左手按紧尺翼,左手握住竹笔或木工铅笔,在工件上画线。画好一条线后,移动丁字尺按上述步骤将其他线画好。画好线的工件取走,放入新工件继续画线。

(2)墨斗。墨斗是一种弹线工具,它可以用来放大样、弹锯口线、弹中心线等。由圆筒、摇把、线轮和定针等组成。圆筒内装有饱含墨汁的丝棉或棉花,筒身上留有对穿线孔,线轮上绕有线绳,线绳的一端拴住定针。

弹线时,一人拉住线的前端,一人手持墨斗,左手拇指将竹笔压在墨池里的墨线上,墨线两端压在工件上并绷紧,右手食指和拇指垂直地提起墨线,突然放开,即在工件上留出一道墨迹。

(3)勒线器。勒线器由勒子档、勒子杆、活楔和小刀片等部分组成。勒子档多用硬木制成,中凿孔以穿勒子杆,杆的一端安装小刀片,杆侧用活楔与勒子档楔紧,见图3-2。

2. 画线操作方法

(1)保持各种量具、画线工具的精确度。

(2)画线前,要先刨出两个相互垂直的基准面,如需双面画线,反面也需刨平,力求薄厚一致,然后再开始画线。

(3)所画出的线条应细而清晰,线粗加工不准确,模糊不清容易弄错,常用的画线符号见图3-3。

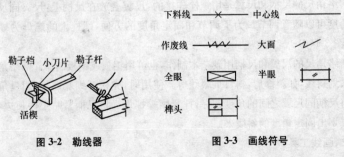

图 3-2　勒线器　　　　　图 3-3　画线符号

(4)画线时,一般先画中心线,力求画对、画准,正反面都需画线,务必要重合或连接。

(5)多个工件画线,应尽可能同时画出,这不仅节省画线时间,而且会保证准确一致,否则会出差错。

第二节　木工手工工具

一、刨和斧

(一)刨

刨是木工重要的工具之一,它是一种刨光平面、曲面或加工槽、口、线的手工工具。木材经过刨削后,表面会变得平整、光滑,具有一定的精度。

1. 刨的种类

刨的种类很多,根据不同的加工要求,可分为平刨、凸刨、凹刨、平槽刨、槽刨、边刨、铲刨、蝴蝶刨等,见图 3-4。

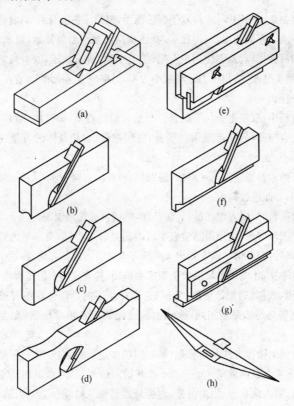

图 3-4　刨的种类

(a)平刨;(b)凸刨;(c)凹刨;(d)平槽刨;

(e)槽刨;(f)边刨;(g)铲刨;(h)蝴蝶刨

2. 刨的操作

(1)平刨。

1)刨刃调整。安装刨刃时,先调整刨刃与盖铁两者之刃口距离,用螺丝拧紧,然后将它插入刨身中,刃口接近刨底,加上木楔,稍往下压,左手捏住刨身左侧楞角处,大拇指在木楔、盖铁和刨刃处,用锤轻敲刨刃,使刨刃刃口露出刨口槽。刃口露出多少要根据刨削量而定,一般为 0.1~0.5mm,最多不超过 1mm,粗刨多一些,细刨少一些。检查刃口的露出量,可用左手拿刨,刨底向上,用单眼沿刨底望去,就可看出。如果刃口露出量太多,需要退出一些,则可轻敲刨身后端,刨刃即可退出。如果刨刃刨口一角突出,只须敲刨铁后端同一角的侧面,刃口一角即可缩进。

2)推刨要点。平刨操作时,双手握住刨手,拇指压在刨身后部,食指压在刨身中部靠前一点。左脚在前,右脚在后,身体稍向前倾。刨削开始,以掌推刨,两食指对刨的前身施加压力,不使刨头上翘;推至中途,食指减压,以拇指对刨身后端施加压力;推至终端,食指压力逐渐减小为零,拇指压力逐渐增大,直至全部压住,避免刨头下扑。

推刨过程中,双腿也要与手配合。开始时前腿直,后腿微曲,随着刨的前行,前腿逐渐由直变曲,后腿逐渐由曲变直,以便把臂、肩和身体的力量逐渐加到刨身上。

刨较长的木料当刨完第一刨后,退回刨身,即向前跨一步,从第一刨的终点处接刨第二刨,如此连续向前。

在刨弯曲料时,应先刨凹面,后刨凸面,然后再通长地刨削。

第一个面刨好后,应用眼睛检查木料表面是否平直,如有不平之处要进行修刨,认为无误后,即在第一面上划出大面符号。接着再刨相邻侧面,这个面不但要检查其是否平直,还要用角尺沿着正面来回拖动,检查这两个面是否相互成直角。

(2)槽刨、线刨、边刨。槽刨、线刨、边刨在使用前要调整好刨刃刃口的露出量。推槽刨姿势与推平刨相同;推线刨及边刨则应右手拿住刨,左手扶住木料(图 3-5)。

这三种刨的操作方法基本相似,都是向前推送,刨削时不要一开始就从后端刨到前端,而应先从离前端 15~20cm 处开始向前刨削,再后退同样距离向前刨削。按此方法,人向后退,刨向前推,直到最后将刨从后端一直刨到前端,使所刨的凹槽或线条深浅一致。

3. 刨刃的研磨

刨刃用久后,其刃口部分会迟钝,刨过硬质材料或有节子的木料后,刃口往往容易有缺口,因此需要进行研磨。

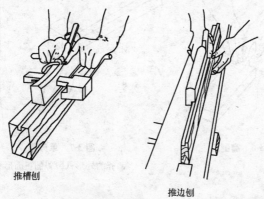

推槽刨

推边刨

图 3-5　推槽刨、边刨姿势

　　磨刨刃所用磨石,有粗磨石及细磨石。磨缺口或磨平刃口斜面用粗磨石,磨锋利则用细磨石。

　　刨刀的刃磨角度为刨刃前面与后面的夹角。不同用途的平刨其刃磨角度有所差异:粗刨刨刃的刃磨角度为 20°左右,细刨刨刃的刃磨角度为 25°左右,光刨刨刃的刀磨角度为 30°左右,见图 3-6。

　　刃口斜面磨好后,翻转刨刃平放于磨石面上研磨几下,磨去刃口的卷边,最后将刃口的两角在磨石上轻磨几下,即可使用。

　　新买刨刀或刨刀有了缺口应在砂轮机上开刃,没有砂轮机可找一砂轮片,在其上砂磨开刃。在砂轮上开刃应注意轻磨勤沾水,吃刀量要小,避免刃口烧红变色。开刃后在油石上磨去毛刺,修直刃口。

　　4. 刨的维护

　　刨在使用时,刨底要经常擦油(机油、豆油均可)。敲刨身时要敲其后端,不要乱敲。木楔不能打得太紧,以免损坏刨梁。刨用完后,退松刨刃,挂在工作台板间或使其底面向上平放,不要乱丢。如果长期不用,应将刨刃及盖铁退出。要经常检查刨底是否平直、光滑,如有不平整应及时修理,否则会影响刨削质量。

　　(二)斧

　　斧是一种砍削和敲击工具。斧有单刃斧和双刃斧两种。双刃斧的刃口在中间,刃角比较大,适合劈削木材;单刃斧刃在一边,见图 3-7,角度较小(约 35°),适用砍削。木工常用的是单刃斧。

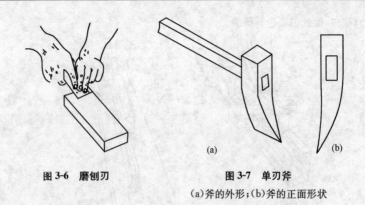

图 3-6　磨刨刃　　　　　　　　图 3-7　单刃斧
　　　　　　　　　　　　　　　　（a）斧的外形；（b）斧的正面形状

单刃斧的重量在 0.5～1.5kg 之间，斧柄用硬杂木制作，长约 400mm。装柄时要注意方向，右手持斧的斧柄按图 3-7(a)的方向安装，左手持斧的应反向安装。

1. 斧的使用

（1）平砍。平砍是将工件水平放置，砍削面朝上，双手握住斧柄，右手在前，左手在后，看准墨线，留出刨削余量，顺着木纹进行砍削。平砍一般适用于较大工件，如屋架杆件和檩条的砍削。

（2）立砍。立砍适用于砍削较短工件。操作时，左手扶直工件，右手握斧，以墨线为准，留出刨削余量，挥动小臂，顺木纹从上向下砍削。如工件较长，可每隔50～100mm 斜砍一些缺口，然后再顺木纹砍削。待斧刃砍到缺口时，木纤维很容易地在缺口处折断，砍屑自然脱落。

（3）砍到中途如遇戗槎，应颠倒工件从另一头砍削。

（4）遇到节疤，也要从两头把它砍断。遇到特大节，要用锯子把节子锯断。

（5）在地上砍削时，要在工件下垫一木块，以免斧刃触地损伤。

（6）随时检查斧柄是否牢固，注意现场闲杂人等，避免发生人身事故。

2. 斧的刃磨

用双手食指和中指压住刃口部分（也可一手握住斧把，另一手压住斧刃口），紧贴在磨石上来回推动。研磨时，斧刃面必须磨平，磨直，不得有鼓肚。当刃口磨得发青、平整，口成一直线时，表示刃口已磨得锋利。双刃斧要磨两面，单刃斧只磨有斜度的一面。

二、锯

锯的种类很多，锯可将木材横截、纵解和曲线锯割。常用的几种手工锯的形状，见图 3-8。

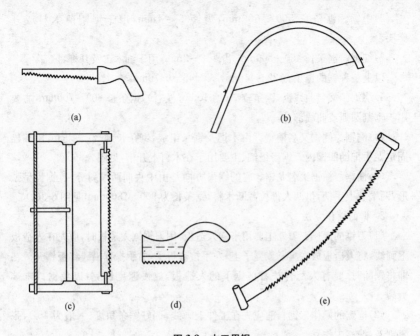

图 3-8　木工用锯

(a)刀锯;(b)钢丝锯;(c)框锯;(d)侧锯;(e)横锯

1. 锯的种类

(1)刀锯。刀锯由锯刃和锯把两部分组成。根据其形式不同,有单刃刀锯、双刃刀锯、夹背刀锯,见图 3-8(a)。

单刃刀锯一边有齿刃,分纵割锯和横割锯两种。双刃刀锯两边有齿刃,一边为纵割锯,另一边为横割锯。夹背刀锯锯齿较细,锯背上用钢条夹直,也有纵割锯和横割锯之分。

(2)钢丝锯。钢丝锯又名弓锯。它是用竹片弯成弓形,两端绷装钢丝而成。钢丝上剁出锯齿形的飞楞,利用飞楞的锐刃来锯割,适用锯割复杂的曲线或开孔,见图 3-8(b)。

(3)框锯。框锯又名架锯。它是用工字形木架和锯条、麻绳等组成,见图 3-8(c)。

框锯按其用途不同,又分纵割锯(顺锯)和横割锯(截锯)。框锯按其锯条长度及齿距不同,分为粗锯、中锯、细锯、绕锯等。

1)粗锯。锯条长 650~750mm,齿距 4~5mm,主要用于锯割较厚的木料。

2)中锯。锯条长 500～600mm，齿距 3～4mm，用于锯割薄木料或开榫头。

3)细锯。锯条长 450～500mm，齿距 2～3mm，用于细木工及开榫、拉肩。

以上三种锯的锯条宽 22～44mm，厚 0.45～0.70mm。

4)绕锯。又名曲线锯，锯条较窄(约 10mm 左右)，锯条长 600～700mm，主要用于锯割圆弧或曲线部分。

(4)侧锯。侧锯又名槽锯。由木把及锯条组成，锯条长约 20～40cm，用螺栓固定在手把的凹槽内。锯齿很细，主要用于在木料上开槽，见图 3-8(d)。

(5)横锯。横锯又名龙锯。它的锯齿方向是由中央向两端斜分，且锯齿呈弧形，两端装上手柄，供两人推拉截断木料，锯条长为 900～1800mm，见图 3-8(e)。

2. 锯的操作方法

(1)刀锯的操作。刀锯主要用来锯人造板，用刀锯锯人造板时，应先在人造板上画线，将人造板放在桌子或凳子上，左手按着板子，右手操锯沿线将板锯开。在即将锯断时，要有人配合扶着被锯下的人造板，放慢速度锯完，以免锯口末端劈裂。

(2)框锯的操作。锯料前应先在工件上画线，调好锯条角度(一般为 45°)，张紧锯条，摆好工作凳。

1)握锯方法。框锯操作时，以右手握住锯手，无名指和小指夹住锯钮，注意锯齿尖朝下。

2)站位。以操作人员而言，纵向锯解和曲线锯割时，站在工件左边，横截时站在工件右边。

3)工件固定。原木锯解需要将原木捆绑在其他物体上。这里讲的工件固定是小形工件锯解时的固定方法。纵向锯解或曲线锯割是以右脚踩住工件，不让其活动而横向锯截时，则以左脚踩稳工件。

4)入锯要领。开始锯割，为防锯条跳动跑线，应以左手食指或拇指扣准墨线外缘作为锯条靠山，右手轻轻推拉锯身，待锯条深入工件不易跳出时，再将左手抽回，配合右手进行锯割。

5)右摆动。下锯时，右手紧握锯把，左手按在墨线起始处，大拇指紧靠墨线，先使锯齿紧挨大拇指，轻轻推拉几下(注意锯条跳动时锯伤手指)，待出现锯路后，左手立即移开，随即帮助右手继续推拉。推拉时，锯条与木料面的夹角约 80°左右。送锯时要重，紧跟墨线，不要左右扭歪，开始用力小一些，以后逐渐加大，节奏要均匀。提锯时要轻，并可稍微抬高锯把，使锯齿离开上端锯口。木料快锯开时，要将锯开的部分用手拿稳，锯割速度放慢，一直把木料全部锯开，不要使其折断或用手去掰开，这样容易损坏锯条，并且也会沿木纹撕裂，影响质量。

（3）钢丝锯的操作。钢丝锯主要用来在人造板和薄木板上挖孔或锯曲线。锯外沿曲线可用右手操锯，用脚踩紧工件，直接沿线锯割，边锯边用左手转动工件。锯内孔或曲线时，先在工件上钻一小孔，将钢丝从锯弓上取下，穿过工件小孔后，装好钢丝锯割。用钢丝锯锯割圆孔或曲线时，用力不要过猛，以免拉断钢丝。精力集中沿线锯割，以免造成工件报废。

（4）横锯的操作。使用横锯锯割，应从木料的角楞处开始下锯，近角楞的人进行拉锯，并要瞄准墨线，推锯人高抬锯把。开始几下只需短距离的往返轻拉，待有适当锯缝时，再进行正常速度的推拉。

推锯时，要轻抬锯把，随着拉锯人送锯，不应下压，否则容易跑锯。

拉锯时，要向下方斜拉，锯把要平，两手用力要均衡，否则锯条会向用力大的一侧跑锯。如果发现锯口向右偏，则左手用力应稍大些，使之偏左，待锯口拉正后，仍要保持两手用力均衡。纠正偏口时，应缓和纠偏，不然偏口会将锯条卡住，锯割也费力。

纵向锯割圆木时，应使其小头朝上，每锯割 20～50cm 一段，在锯口中加打木楔，用以撑大锯口，减少摩擦，防止夹锯，提高锯割速度。锯割到全长的 2/3 后，再倒过来从大头处开始锯割。

（5）侧锯的操作。木质锯把一头作成曲线型供操作者握持，另一端下沿开有槽口，将钢质锯板无齿边插入槽口用铆钉铆固。

锯板有直线型和曲线型两种。直线型用于加工拼板，如案板、锅盖的穿带槽；曲线型用于加工筒形工件，如桶、盆的底板槽。侧锯锯板的齿由中间向两端倾斜，推拉都可进行锯削。

三、凿和钻

（一）凿

1. 凿的种类

凿是用于打眼、挖孔、剔槽的手工工具。

凿由硬质木柄和优质工具钢凿体两部分组成。凿的种类很多，常用的有宽凿、窄凿、斜凿和圆凿几种，见图 3-9。

宽凿也称薄凿，用于铲削楞角、修表面等。它的宽度在 20mm 以上，刃口角度 15°～20°。宽凿凿身较薄不宜凿削和撬削。窄凿用于凿削榫眼，是木工最常用的一种凿。窄凿的宽度有 3mm、5mm、6.5mm、8mm、9.5mm、12.5mm、16mm 等多种规格。刃口角度为 30°左右。斜凿的刃口是倾斜的，它的凿刃可以伸入孔内，修整平凿不易完成的内孔表面。圆凿的刃口为圆弧形,它主要用来凿削锁孔。

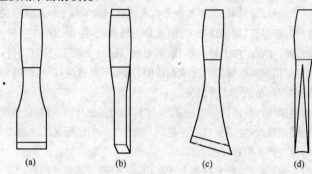

图 3-9　凿

(a)宽凿;(b)窄凿;(c)斜凿;(d)圆凿

2. 凿眼操作方法

凿眼时,左手握紧凿柄,右手握斧,以斧的侧面敲击凿柄。下凿顺序见图3-10。

下凿顺序应从榫眼的近处逐渐向远端延伸。第一凿在离眼端 2～3mm 处垂直凿削,凿的前面向左,一次凿削深度宜为 5～10mm。每敲击一下,左手都要前后摇动一下凿身,以免被夹住。拔凿时,应以凿的两侧刃角抵住眼的两侧,前后摆动拔出,不能左右摇摆,以免损伤眼壁。第二凿,凿身倾斜 75°,左右摇摆以凿刃两角抵住工件前移,以便定位准确。第三凿恢复到第一凿的位置排出一块凿屑。四至八凿,下凿姿势同第二凿逐渐扩长榫眼。九至十一凿,将榫眼两端凿齐。凿完一层后仍按上述程序继续凿削,直至达到眼深为止。最后用凿的前面贴着眼的侧壁清理修整,凿眼工序即告完成。

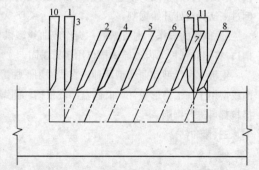

图 3-10　下凿顺序

榫眼有贯通和不贯通两种。凿削贯通榫眼时须两面画线,凿一半眼深时,翻转工件从另一面将眼凿透,最后宽凿将眼壁修整平齐。

3. 凿的修理

凿使用一段时间后须将刃口磨利。平凿的粗磨在砂轮上进行。细磨，在细磨石上磨砺。圆凿的刃口呈圆弧形，须用圆棒形油石磨修。

研磨凿刃时，要用右手紧握凿柄，左手横放在右手前面，拿住凿的中部，使凿刃斜面紧贴在磨石面上，用力压住均匀地前后推动，要注意凿刃斜面的角度，如图3-11 所示。刃口磨锋利后，将凿翻转过来，把平面放在磨石上磨去卷边，将刃口磨成直线，切忌磨成凸形，如图 3-12 所示。

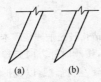

图 3-11　凿刃角度　　　　　图 3-12　凿刃正面
(a)正确；(b)不正确　　　　(a)正确；(b)不正确

（二）钻

钻是打孔的工具。门窗、家具及木结构上安装螺丝、合页、锁等都要在产品或工件上钻孔。常用的钻孔工具有手钻、螺纹钻、弓摇钻、螺旋钻、手摇钻等。见图3-13。

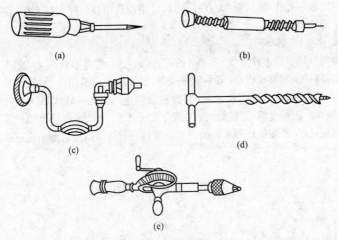

图 3-13　木工常用的钻
(a)手钻；(b)螺纹钻；(c)弓摇钻；(d)螺旋钻；(e)手摇钻

1. 螺纹钻

螺纹钻多用于钻小孔,钻孔时左手握住握把,右手握住套把,钻头对准孔中心,然后将套把上提、下压,使钻梗旋转,钻头即钻入木料内。钻时要使钻梗保持垂直不偏。

2. 手钻

手钻多用于装钉门窗五金前的钻孔定位,钻孔时右手紧握钻柄,钻尖对准孔中心,用力扭转,钻头即钻入木料。在硬木上钻孔,要用四角尖锥的手钻。钻时要使手钻与木料面垂直。

3. 弓摇钻

弓摇钻多用于钻木料上 6~20mm 的孔眼,钻孔时左手握住顶木,右手将钻头对准孔中心,然后左手用力压住,右手摇动摇把,按顺时针方向旋转,钻头即钻入木料内,钻进时要使钻头与木料面保持垂直,不要左右摇摆,以免扩大钻孔,防止折断钻头。如果料较硬,可将顶木贴靠前胸肩胛骨之间,以上身施压,增加钻进速度。钻到孔透时,将倒顺器反向拧紧,摇把按逆时针方向旋转,钻头即行退出。

4. 手摇钻

手摇钻切削力较大,可作钻孔和扩孔之用,常用的是伞齿轮形手摇钻。工作时钻杆上部套筒不动,下半部在伞齿轮的驱动下带动钻头转动。

这种手摇钻的动力,是用右手转动和大伞齿轮相连的摇把,大伞齿轮拨动小伞齿轮转动,小伞齿轮同钻卡连为一体,因而钻头转动进行钻削。

操作时,左手拇指朝上握住钻杆上的套筒把手,钻尖扎入工件,右手顺时针转动即可完成钻孔作业。当钻大直径孔时,可用左肩压住钻杆上部套筒,左手握住钻杆中部把手施力钻孔。

5. 螺旋钻

螺旋钻用于钻木件上 8~50mm 的圆孔,钻前,先在木料正反面划出孔的中心,然后将钻头对准孔中心,两手紧握执手,稍加压力向前扭拧,钻到孔深一半以上时,将钻退出,再从反面开始钻,直到钻通为止。当孔径较大、较深,拧转费劲时,可钻入一定深度后,退转钻头,在孔内推拉几下,清除木屑后再钻。垂直或水平方向钻孔时,要使钻杆与木料面保持垂直;斜向钻孔时,应自始至终正确掌握斜面角度。

第三节 木 工 机 械

一、锯割机械

锯割机械是用来纵向或横向锯割原木或方木的加工机械,一般常用的有带锯机、手推电锯或圆锯机(圆盘锯)等。这里主要介绍圆锯机的使用与维修。

圆锯机是以高速回转的圆盘锯片来锯割木材的。根据锯割方向,圆锯可分为纵解木工圆锯机和横截木工圆锯机两大类。圆锯机主要用于纵向锯割木材,也可配合带锯机锯割板方材,是建筑工地或小型构件厂应用较广的一种木工机械。

1. 圆锯机的分类

(1)横截圆锯机。横截圆锯机用以将长料截短,适用于工地制作门窗和截配模板,工厂主要用于截配门窗和家具的毛构件。横截圆锯机又有推车截锯机和吊截锯机两种形式。

(2)纵解圆锯机。纵解圆锯机主要用于纵向锯割板材、板皮和方材,适用于建筑工地和木材加工厂配料用。通常,由机身(工作台)、锯轴、锯片和防护装置等部分组成。

2. 圆锯机的操作

(1)纵解圆锯机。

1)操作前应检查锯片有无断齿或裂纹现象,然后安装锯片,并装好防护罩和安全装置。

2)安装锯片应与主轴同心,其内孔与轴的间隙不应大于 0.15～0.2mm,否则会产生离心惯性力,使锯片在旋转中摆动。

3)法兰盘的夹紧面必须平整,要严格垂直于主轴的旋转中心,同时保持锯片安装牢固。

4)先检查被锯割的木材表面或裂缝中是否有钉子或石子等坚硬物,以免损伤锯齿,甚至发生伤人事故。

5)手动进料纵解木工圆锯机要由两人配合操作,上手推料入锯,下手接拉割完。上手抱着木料一端,将前端靠着锯片入锯,推料时目视锯片照直前进,等料锯出后台面时,下手方可接拉后退,两人要步调一致紧密配合。

6)上手推料至锯片 300mm 就要撒手,站在锯片侧面,防止木片或锯片破裂射出伤人。下手接拉锯完回送木料时一定要将木料摆离锯片,以防止锯片将木料打回伤人。

7)锯割速度要灵活掌握,进料过快会增大电机负荷,使电机温升过高甚至烧毁电机。

8)木料夹住锯片时,要停止进料,待锯片恢复到最高转速后再继续锯割。夹锯严重时应关机处理,在分离刀后打入木楔撑开锯路后再继续锯完。

9)锯台上锯片周围的劈柴边皮应用木棒及时清除,下手在向外甩边皮时严防接触锯片射出伤人。

10)锯到木节处要放慢速度,并注意防止木节弹出伤人。

(2)吊截锯机。吊截锯机操作与推车截锯机基本相同,但要注意以下几点:

1)操作时,将木料放在锯台上,紧靠靠板,对好长度,用左手按住木料,右手拉动手把,待锯片运转正常时,即可截断木料。

2)锯毕放手,锯片靠平衡锤作用回复原位,再继续截料。

3)如锯弯曲圆木,应将其弯拱向上。

4)遇有较大节子或腐朽时应予截除。

5)余料短于 250mm 的不得使用截锯来截断。

6)截料时应注意:人要站在锯片的侧面,防止锯片破裂飞出伤人。

7)按料时手必须离锯片 300mm 以上,进料要慢、要稳,不要猛拉以免卡锯。

8)遇到卡锯时应立即停锯,退出锯片,然后再缓慢进行锯截。

(3)推车截锯机。推车截锯操作与纵解圆锯机基本相同,但要注意以下几点:

1)截长料时,需要多人配合,1 人上料推送,1 人推车横截,1 人扶尺接料,1 人码板。

2)截短料时,可在推尺靠山上刻尺寸线,或在扶尺台上安限位挡块,1 人进行操作。

3)截料头时,按工件长度和斜度在推车上钉一木块,将工件支撑到一定斜度推截即可。

4)在截料过程中,禁止与锯片站在一条直线上,锯片两边夹有木块木屑,应用木棍清除,禁止直接用手拨弄。

3. 圆锯齿型修正

常用木工圆锯较好的齿型角度是:齿尖角为 $35°\sim45°$,齿前角为 $15°\sim20°$。齿型角度经常会出现前角过大或过小的现象,这主要是刃磨不当造成的。齿前角过小,操作时会感到吃力;齿前角过大,会影响锯齿的刚性,锯齿尖容易变形,见图 3-14。

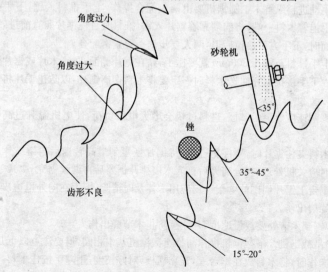

图 3-14　圆锯齿型修正

修正的方法是，先调整好砂轮角度。用砂轮整形刀把砂轮的偏口角度磨好，砂轮的角度不要大于 35°，然后锉出一个齿型，用量角器测量，达到标准后，依次将全部锯齿调锉好。锉锯时用力要均匀，以使齿型角度一致，见图 3-14。

4. 圆锯操作事故分析

用圆锯锯割木料时，常会发生木料突然倒退射出的现象。操作者如果躲闪不及，射出的木料就会撞击操作人的身体，造成人身伤害。容易引起这种现象的主要原因是：

(1)锯口太窄，木屑排除不畅；加上木料含油质较多，或木纤维质地坚韧；锯口处加水不足，锯片局部受热变形等，造成夹锯。防止木料夹锯的方法是：

整修锯片，加宽锯路，解决锯口太窄的问题，使锯路宽度等于锯片厚度的1.4～1.9倍(但是不应超过锯片厚度的 2 倍)，锯软料、湿料时取较大值，锯硬料、干料时取较小值，锯割薄板的锯路要更小些。锯片的锯路要均匀、整齐、对称地向两侧倾斜。

在锯片后面装比锯路宽度稍厚的分离刀，或在夹锯时关闭电机，在锯口处打入木楔，再开机锯割，也可以防止夹锯。

(2)锯齿的齿尖用久了以后就会磨损，出现高低不平、不在同一个圆周线上的现象。锯硬质木料时，容易引起木料上下跳动，甚至木料突然射击。齿尖高低不平的原因是，修磨锯片时，事先没有将锯片的正圆找出，单纯按照齿刃的磨损程度进行磨砺。

修磨锯片是安全使用圆锯的关键。首先，要保证锯片有一个合适的适张度。一般情况下，锯片直径大，张力就要适当加大，锯割硬料或锯割薄板进料速度快；直径小、锯片厚时，可以不要张力，只要平整就可以了。其次，锯片的齿型要锐利，尽量减少断齿。锯片的边缘开裂时，可以在裂口处用 2～3mm 钻头或钢锪在裂口终点两面钻孔或冲孔，经过修整处理后才能再用。

(3)当木纹扭曲或木料锯割路线产生偏斜时，可以把木料退出，翻转后再重新锯割。但是，一定要防止木料突然反弹射出。锯割路线偏斜时，硬拽或猛推更危险。

(4)当木料锯至尾部时，特别是纹理顺直、易破开的木料，可能会未经锯割而突然飞出木片。所以，在不影响操作的情况下，操作者应该站在锯片平面的侧面，不应该站在与锯片同一直线上。同时，锯片上方要设防护罩及保险装置。锯片周围的木片、木块要用木棒及时清除，以防发生操作事故。

(5)木料过短，易上下跳动，反弹飞出，而且操作不便，操作者应该使用推料杆推料。锯割小于锯片直径的短料时，危险性极大，操作人员要加倍小心。锯割短料应由 1 人操作，有助手时也不得依靠助手。

操作者经验不足,缺乏安全操作常识和助手配合不当等,都是发生圆锯操作事故的原因。为了防止发生操作事故,应该针对这些原因做好防护工作。同时,必须大力开展安全宣传教育,注意严格执行安全操作规程。

二、手提机具

轻便机具用以代替手工工具,用电或压缩空气作动力,可以减轻劳动强度,加快施工进度,保证工程质量。轻便机具总的特点是:重量轻、大部分机具可单手自由操作;体积小,便于携带与灵活运用;工效快,与手工工具相比,具有明显的优势。常用的有:手提电动圆锯机、手提电动线锯机、手提木工电刨、电钻、电动螺丝刀、手提磨光机等。

1. 手提电动圆锯机

手提电动圆锯机由小型电机直接带动锯片旋转,由电动机、锯片、机架、手柄及防护罩等部分组成(图 3-15)。

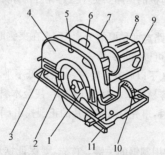

图 3-15　手提式木工电动圆锯机

1—锯片;2—安全护罩;3—底架;4—上罩壳;5—锯切深度调整装置;6—开关;
7—接线盒手柄;8—电机罩壳;9—操作手柄;10—锯切角度调整装置;11—靠山

手提电动圆锯机可用来横截和纵解木料。锯割时锯片高速旋转并部分外露,操作时必须注意安全。

开锯前先在木料上画线,并将其夹稳。双手提起锯机按动手柄上的启动按钮,对准墨线切入木材,把稳锯机沿线向前推进。操作时要戴防护眼镜,以免木屑飞入伤眼。

2. 手提电动线锯机

手提电动线锯机主要用来锯较薄的木板和人造板,因其锯条较窄,既可作直线锯割,也可锯曲线。

手提电动线锯机有垂直式和水平式两种。

垂直式手提电动线锯机的底板可以与锯条之间作 45°～90°的任意调节。锯直边时,底板与锯条垂直,锯斜边时,把底板在 45°范围内调整。操作时在木料上画线或安装临时导轨,底板沿临时导轨推进锯割。曲线锯割时必先画线,双手握住手把沿线慢慢推进锯割。

　　水平式手提线锯机无底板，刀片与电机轴平行。操作时，右手握住手柄，左手扶着机体沿线锯割。

　　手提电动线锯机，不仅可以锯木材及人造板，还可锯软钢板、塑料板等其他材料。

　　3. 电钻

　　木工常用的电钻有用于打螺丝孔的手枪电钻和手电钻，以及装修时在墙上打洞的冲击钻。

　　冲击钻和手提电钻的外形没有多大差别。它可在无冲击状态下在木材和钢板上钻孔，也可以在冲击状态下在砖墙或混凝土上打洞。由无冲击到冲击的转换，是通过转动钻体前部的一个板销来实现的。

　　操作电钻时，应注意使钻头直线平稳进给，防止弹动和歪斜，以免扭断钻头。加工大孔时，可先钻一小孔，然后换钻头扩大。钻深孔时，钻削中途可将钻头拉出，排除钻屑继续向里钻进。

　　使用冲击钻在木材或钢铁上钻孔时，不要忘记把钻调到无冲击状态。

　　4. 电动螺丝刀

　　木工，特别是家具安装木工，过去拧木螺丝既费力又费时。电动螺丝刀的出现，大大减轻了木工的劳动强度。

　　它的外形同手枪电钻相似，只是夹持部分有所不同。电动螺丝刀夹持机构内装有弹簧及离合器，不工作时弹簧将离合器顶离，电机转动螺丝刀不转。当把螺丝刀压向木螺丝时，弹簧被压缩，离合器合上，螺丝刀转动拧紧木螺丝。

　　更换螺丝刀头可以完成平口木螺丝、十字头螺丝、内六角螺丝、外六角螺丝、自攻螺钉等的拧紧工作。

　　5. 手提磨光机

　　磨光机是用来磨平抛光木制产品的电动工具。它有带式、盘式和平板式等几种。常用带式砂磨机由电动机、砂带、手柄及吸尘袋等部件组成。操作时，右手握住磨机后部的手柄，左手抓住侧面的手把，平放在木制产品的表面上顺木纹推进，转动的砂带将表面磨平，磨屑收进吸尘袋，积满后拆下倒掉。

　　磨光机砂磨时，一定要顺木纹方向推拉，且忌原地停留不动，以免磨出凹坑，损坏产品表面。用羊毛轮抛光时，压力要掌握适度，以免将漆膜磨透。

　　6. 手提木工电刨

　　手提木工电刨是以高速回转的刀头来刨削木材的，它类似倒置的小型平刨床。操作时，左手握住刨体前面的圆柄，右手握住机身后的手把，向前平稳地推进刨削。往回退时应将刨身提起，以免损坏工件表面。

手提电刨不仅可以刨平面,还可倒楞、裁口和刨削夹板门的侧面,见图3-16。

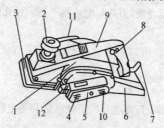

图 3-16　手提木工电动刨
1—罩壳;2—调节螺母;3—前座板;4—主轴;5—皮带罩壳;6—后座板;
7—接线头;8—开关;9—手柄;10—电机轴;11—木屑出口;12—碳刷

三、刨削机械

刨削机械主要有压刨机、平刨机和四面刨床等,这里主要介绍平刨机。

平刨机主要用途是刨削厚度不同等木料表面。平刨经过调整导板,更换刀具,加设模具后,也可用于刨削斜面和曲面,是施工现场用得比较广的一种刨削机械。

1. 平刨机的构造

平刨又名手压刨,它主要由机座、前后台面、刀轴、导板、台面升降机构、防护罩、电动机等组成。

2. 平刨准备

(1)装对刀。正确安装和固定刀片的原则是,刀片夹紧必须牢固,并紧贴刀轴的断屑楞边,刀片刃口伸出量约 1mm 左右,所有刀片刃口切削圆半径应相等。

对刀方法是将一硬木条或钢板尺平放在后台面上,反向转动刀轴,使刀刃刚好接触硬木条或钢板尺,在刀片长度上分左、中、右三点将刀刃调到同一切削半径上。其他刀片按上述方法调好。这时刀轴上所有刀片刃口就都处于同一切削圆柱面上。刀对好后,逐片拧紧刀螺丝。

(2)台面调整。后台面作为已刨削平面的导轨,理论上应与刀刃切削圆柱的水平切面相重合,但考虑到木材切面的回弹,可使后台面略高于切削圆柱面的水平切面。

前台面应低于后台面,差距大小应视木料的具体情况随时变动,一般为 1~2mm,粗刨时取大值,精刨时取小值。

调整方法是在后台面上平放一刨光木方,以钢板尺垂直于前台面量取前后台面高低差。如果高低差不足或高大,应松开前台面锁紧装置,扳动调节手把下降或上升前台面,调合适后锁定台面即可。

（3）靠山调整。靠山调整，一是要使靠山固定于台面上的合适位置，二是要将靠山平面调整到适合工件两基准面的角度。位置调整，松开靠山上水平轴的锁定螺丝，双手推拉靠山到需要的位置后拧紧锁定螺栓。靠山的角度调整，是以角尺平放在台面上，转动靠山，使其位于所需角度上，加以固定即可。以上准备工作完成后即可开机生产。

3. 平刨操作

（1）操作时，人要站在工作台的左侧中间，左脚在前，右脚在后，左手按压木料，右手均匀推送（图 3-17），当右手离刨口 150mm 时即应脱离料面，靠左手推送。

（2）刨削时，要先刨大面，后刨小面。刨小面时，左手既要按压木料，又要使大面紧靠导板，右手在后稳妥推送。当木料快刨完时，要使木料平稳地推刨过去，遇到节子或戗槎处，木质较硬或纹理不顺，推送速度要放慢，思想

图 3-17 刨料手势

要集中。两人操作时，应互相密切配合，上手台前送料要稳准，下手台后接料要慢拉，待木料过刨口 300mm 后方可去接拉。木料进出要始终紧靠导板，不要偏斜。

（3）刨削长 400mm、厚 30mm 以下的短料要用推棍推送；刨削长 400mm、厚 30mm 以下的薄板要用推板推送（图 3-18）；长 300mm、厚 20mm 以下的木料，不要在平刨上刨削，以免发生伤手事故。

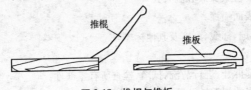

推棍

推板

图 3-18 推棍与推板

（4）在平刨床上可以同时刨削几个工件，以提高工效，但工件厚度应基本一致，以防薄工件压不住被刨刀打回发生意外。刨薄板的小面时，为了提高工效，允许成叠进行刨削，但必须将几块板夹紧。刨削开始时，应将工件的两个基准面在角尺上检查一下，看其是否符合要求，确认无误后方可批量进行加工。

四、木工机械的维修和保养

1. 木工机械的维修

木工机械的维修可分为小修、中修和大修三种。

（1）小修内容。

1)局部拆卸已遭严重磨损的和损坏的零部件。

2)清洗拆卸的零部件,进行修理或更换。

3)检查主轴、刀轴和锯轴,必要时加以修理。

4)易损件如轴承、导向装置和其他摩擦表面的修整或更换。

5)工作台面、刀架、导尺等工作表面的修整。

6)操纵机构、电气联锁装置、开关、定位器的检查和调整。

7)传动件配合精度的检查,弹簧张紧度的调节及刀头平衡性和工作台移动的调节。

8)液压系统及润滑装置的调整、修理和更换油液。

9)保护装置、吸尘装置的检查和调整。

10)机床空载试车,检查噪声和温升,工作精度检查。

(2)中修内容。

1)拆卸全部零部件,进行清理和擦拭。

2)更换易损件,修理主轴、刀轴和锯轴。

3)修理工作台、导向装置和摩擦表面。

4)修理液压和润滑设备,更换油液。

5)更换传动件,装配机床。

6)修理防护装置。

7)按照设备的技术要求,检查机床及制品的精度和光洁度。

8)空载运转检查噪声和温升。

9)机床外表面喷漆。

10)恢复标记、标线、刻度及其他标志。

(3)大修内容。

1)机床全部拆开,进行清洗、拭净、检查所有零部件。

2)更换磨损的刨刀轴及圆锯、铣床、钻床、木工车床等的主轴。

3)更换磨损的滚动轴承、轴套和轴瓦。

4)更换磨损的齿轮、链轮和离合器。

5)更换磨损的传动轴、丝杠及联轴器。

6)更换磨损的紧固件,如螺栓、键和销等。

7)更换磨损的皮带、链条及其他零件。

8)更换磨损的压板和斜铁。

9)修理对刀装置、调整标尺。

10)刨削和刮研导轨面和工作台面。

11)修理液压系统和润滑装置,更换油液或润滑剂。

12)修理防护装置及吸尘管道。

13)机床装配和校准。

14)校正大型设备基础,如带锯机等。

15)空转及负荷试验。

16)非工作表面油漆。

17)恢复标记、标线、刻度及其他标志。

2. 木工机械的维护保养

(1)传动件及液压系统保养。

1)平皮带要注意接头是否正确和牢固。三角皮带应注意选择合适的型号和规格。皮带张紧要适中,不可过紧和过松。

2)应经常保持皮带和皮带轮清洁。

3)要保持皮带干燥,防止皮带受潮打滑。平皮带打滑时,可适当地在平皮带内表面上蜡防滑。

4)变速箱内的齿轮运行中不得搭换齿轮,箱内应保持适当的油面高度,并将箱盖密封防止杂物进入。

5)链条要经济擦拭,并保持一定油脂或将其一部分浸入油内。

6)摩擦机构应保持摩擦面清洁,不要沾上油污或受潮。摩擦压力要适宜。

7)液压系统要定期更换油液,清洗油泵和滤油阀。热压机等大型设备一般每月一次,液压打眼机等中小机床一般 3~6 个月换油一次。

8)液压系统必须保持密封,防止漏油和空气进入系统。经常检查油缸、活塞、密封圈及阀类的工作性能。

(2)使用中的机床保养。

1)开机前检查安全防护装置、刀具、夹具是否紧固、妥当。工具箱内刀具和工具分开放置。

2)做好润滑工作,检查手柄位置,控制机床在允许负荷下正常运行。在运行中时刻观察:运动部件有无噪音,发现不正常应及时停机查找原因;轴承是否过热;电机是否正常。

3)工作结束后,切断电源,扫除刨花和锯末,清洁润滑机床,打扫整理周围环境。

(3)轴承的润滑和保养。

1)经常检查轴瓦内是否有足够的油液,油盒内油液是否在正常油位之内,如发现润滑系统堵塞和漏油等情况应及时修复。一般情况下 10~15d 加一次油,每隔 3~6 个月换一次润滑油。

2)油脂润滑的滚动轴承,一般的木工机械保养时应拆下清洗干净,装入轴和轴承座后涂抹油脂,涂脂量为轴承座空间的 1/3 左右。

　　3)轴承的温度在 30~40℃ 为正常,如果达到 60℃ 以上应立即停机查找原因。轴承安装过紧或偏斜,润滑油内混入杂质等均可引起轴承过热。运行正常不应有任何杂音。

　　(4)修理间隔期的保养。这是对机床的定期保养。锅炉、纤维板等大型设备每周要保养一次,停机时间 4~8h。一般木工机械 3~6 个月保养一次,停机时间为 4~8h。大型成套设备保养以车间维修人员为主,操作工人给以协助。一般的木工机械保养以操作人员为主,维修人员指导和协助。

第四章 木工配料、拼接及榫的制作

第一节 木制品配料

在确保工程质量的前提下,木工在配料过程中必须要考虑到节约木材的原则。在配料时要根据图示尺寸及设计要求,认真合理选用木材,避免大材小用,长材短用及优材劣用。

一、屋架配料

屋架配料时应检查木材规格、质量,并丈量其尺寸,根据各杆件长度及断面,对木材进行长短搭配,合理安排。各杆件的材质要符合要求。

(1)木材如有弯曲,用于下弦时,凸面应向上;用于上弦时,凸面应向下。弯曲的程度,原木不应大于全长的1/200,方木不应大于全长的1/500。

(2)木材裂纹处不要用于受剪部位(如端节点处)。木材有节子及斜纹不要用于接榫处。木材的髓心应避开槽齿部分及螺栓排列部位。

(3)上弦、斜杆断料长度要比样板实长多30～50mm,因为这两种杆件端头要做凸榫,应留出锯割及修整余量。下弦可按样板实长断料。如果弦杆须接长,则各榀屋架的各段长度尽可能取得一致,否则容易混淆造成接错。

(4)料截好后,在木料上弹出中心线,把样板放在木料上,两者中心线对准,沿样板边缘画线,这样就如实地划出各杆件的形状,然后按线进行加工。

二、门窗配料

门窗配料前,要认真阅读门窗详图,了解门窗各部件的断面和长度,计算出所需毛料尺寸,提出配料加工单。门窗料一般是按板方材规格料供应,因此各部件的断面毛料尺寸应尽可能符合规格料的尺寸,以免造成浪费。

(1)考虑到门窗料在制作时刨削、拼装等损耗,各部件的毛料尺寸比其净尺寸要大些,其加大量可参考如下。

1)断面尺寸,宽度和厚度的加工余量,一面刨光者留3mm,两面刨光者留5mm。

2)长度:樘子冒头有走头者,考虑到走头伸入墙内需要的锚固长度,可加长200mm,无走头者,为防止在打眼和拼装加楔时,樘子冒头端部发生劈裂现象,可加长40mm。在底层的门樘,子樘要加长70mm,以便下端埋入地坪内,使门樘下端固定;在楼层的门樘,子樘加长20～30mm,以便下端固定在楼面粉刷房内,窗樘子樘加长10mm,门窗冒头及窗框加长10mm,这是考虑到其两端为榫头,拼装时难免要打坏些,因此要多留长一些,以保证榫眼紧密接合。门、窗梃加长

40mm,这是为了避免拼装时其端部发生劈裂现象。门心板按图纸冒头及窗梃内净距放长各50mm。

(2)应先配长料,后配短料;先配大料,后配小料。

(3)配料时还要考虑到木材的疵病,不要把节疤留在开榫、打眼或起线的地方,对腐朽、斜裂的木材应不予采用。

(4)据毛料尺寸,在木材上划出截断线或锯开线时要考虑锯解的损耗量(即锯路大小),锯开时要注意到木料的平直,截断时木料端头要兜方。

三、细木制品配料

(1)细木制品所用木材要进行认真挑选,保证所用木材的树种、材质、规格符合设计要求。施工中应避免大材小用,长材短用和优材劣用的现象。

(2)由木材加工厂制作的细木制品,在出厂时,应配套供应,并附有合格证明;进入现场后应验收,施工时要使用符合质量标准的成品或半成品。

(3)细木制品露明部位要选用优质材,作清漆油饰显露木纹时,应注意同一房间或同一部位选用颜色、木纹近似的相同树种。细木制品不得有腐朽、节疤、扭曲和劈裂等弊病。

(4)细木制品用材必须干燥,应提前进行干燥处理。重要工程,应根据设计要求作含水率的检测。

第二节　板面拼接

一、板面拼合类型

板面拼合的类型,见图4-1。

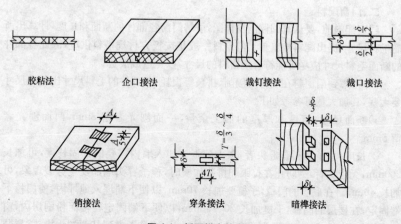

胶粘法　　　企口接法　　　裁钉接法　　　裁口接法

销接法　　　穿条接法　　　暗榫接法

图4-1　板面拼合的类型

二、拼板缝工艺要点

在拼板缝操作时,木料必须充分干燥,刨削时双手按刨子,用力要均匀平衡,刨削时的起止线要长,如在拼 2m 左右的板时,全长推 2～3 刨就可将板缝刨直,使两板间的拼缝严密、齐整平滑。板面之间要配合均匀,防止凹凸不平。

拼合的时候,要根据木板的厚薄决定是否采取直拼(把木板直立)或平拼(木板放平);检查拼合面是否完全密接;木纹理的方向要一致,以便能分辨出木材的表面和里面,并按形状配好接合面,画上标记。

胶料接合时,涂胶后要用木卡或铁卡在木板的两面卡住,并注意卡的位置是否适当,防止因卡过紧或不均匀使木板弯曲。

第三节 榫 的 制 作

一、榫、框结合的类型

1. 榫结合的类型

榫头的构成如图 4-2 所示,榫结合的类型,如图 4-3 所示。

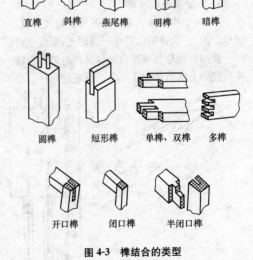

直榫 斜榫 燕尾榫 明榫 暗榫

圆榫 短形榫 单榫、双榫 多榫

开口榫 闭口榫 半闭口榫

图 4-3 榫结合的类型

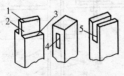

图 4-2 榫头的构成

1—榫端;2—榫颊;3—榫肩;

4—榫眼;5—榫槽

2. 框结合的类型

框结合的类型,见图 4-4。

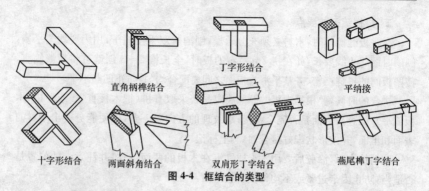

直角柄榫结合　　　丁字形结合　　　平纳接

十字形结合　　两面斜角结合　　双肩形丁字结合　　燕尾榫丁字结合

图 4-4　框结合的类型

二、板的榫结合类型

板的榫结合类型,见图 4-5。

纳入接　　燕尾纳入接　　对开交接　　明燕尾交接　　暗燕尾交接

图 4-5　板的榫结合类型

三、机械开榫实例

1. 利用圆锯机开榫

(1)双锯片开榫。双锯片开榫的最大特点是一次推进构件可以同时锯出两道锯缝。因此,构件可以只在一侧刨光,宽度也可以不要求都一致。

使用双锯片开榫不仅能保证榫身的厚度统一,同时还可以用调整其中一张锯片直径的方法直接加工那些高低肩的构件。见图 4-6。

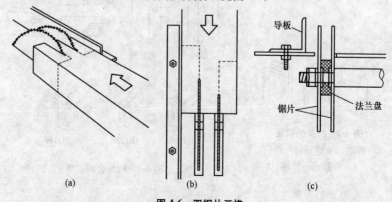

(a)　　　　　　　　(b)　　　　　　　　(c)

图 4-6　双锯片开榫

(a)等肩榫锯割;(b)高低肩榫锯割;(c)双距片间距调节

使用双锯片加工构件时,两锯片之间的距离要根据榫身厚度夹1块特制的法兰盘,法兰盘的两侧都要加工成凹形面。

双锯片开榫具有速度快、榫身厚度统一的优点,但是一定要注意两张锯片的适张度要符合构件加工的要求。用锯片开榫加工出的构件质量,一般都能达到手工操作的标准,只要把尺寸调整准确,即使学徒工也可以独立操作。此外,利用圆锯机开榫时,在榫肩厚度上可以用导板进行水平方向上的调整。但是,由于圆锯轴沉在平台板下,所以切割出现偏心弧线,也就是构件的上、下锯口不在一条垂线上。为了使榫身的上、下锯口进深一致,可以在平台板进料口处安装一块有坡度的木块,坡度方向对准轴心,见图 4-7。对构件进行切割推进时,按照榫肩的铅笔线,就能掌握准确的切进深度。

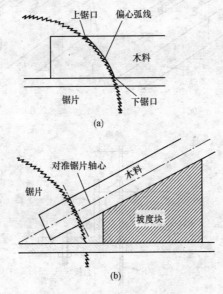

图 4-7　偏心弧线调整
(a)偏心弧线示意图;(b)加坡度块调整

用带有坡度的木块,调整切割推进的上、下角度,构件锯缝的上、下锯口就能在一条垂线上,切割线自然就是正圆弧线。

(2)单锯片开榫。单锯片开榫适用于加工各种类型的木门窗带榫构件。加工时,只要根据榫肩的厚度调整导板与锯片的距离,并且依据导板掌握合适的推进速度,就可以进行单榫开榫作业。如果带榫构件是双肩榫,可以锯出一侧榫缝后,翻转构件再锯出另一侧的榫缝。用单锯片开榫的构件,一般要求宽度一致,同时两侧立面应该刨光,以避免榫身厚度不统一。如图4-8所示。

2. 利用圆锯机开榫肩

榫肩的断截也可以用圆盘锯锯出。圆锯断截榫肩的构件长度必须是一致的,这个长度中包括下料长度、实际用料长度和两端榫肩之间距离等3种长度,其中下料长度和实际用料长度一般是不一致的,但在特殊情况下,有时也可以是一致的。因此,在这里我们把下料长度和实际用料长度合并,叫做外线,而把构件两端榫肩之间的距离长度叫做内线。见图4-9。

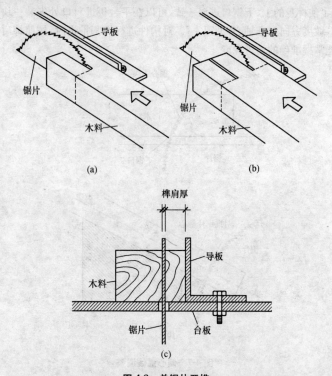

(a)　　　　　　　　　　　　　　　(b)

(c)

图4-8　单锯片开榫
(a)单榫锯割;(b)双榫锯割;(c)导板与锯片间距离调整

(1)使用外线作标准时,由于外线的长度是一致的,可以用榫头直接顶住定位的导板断截榫肩。导板与圆锯片之间的距离就是榫头与榫肩的长度,锯齿的切割缝宽度自然就包括在榫头和榫肩的长度以内,当断截榫肩时,要在榫肩的铅笔线之外进行断截。见图4-10。

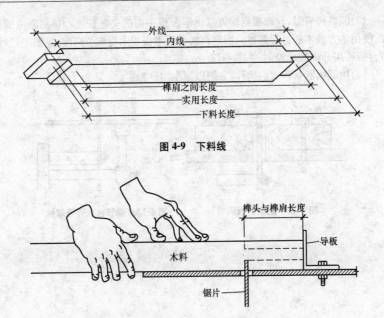

图 4-9 下料线

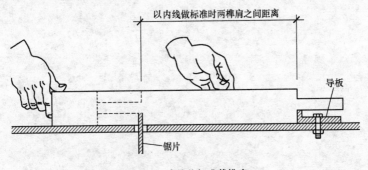

图 4-10 外线作标准截榫肩

(2)使用内线作标准时,一端的榫肩断截适用于外线的切割方法,也就是用榫头顶住导板进行榫肩的断截,导板的上皮高度可以超过榫肩的高度;而断截另一端榫肩时,因为导板与锯片之间的距离就是构件两端榫肩距离的长度,所以,已经断截完的那一侧的榫肩一定要顶在导板上,导板的上皮高度一定要与榫肩的厚度一致。锯齿的切割缝在两端榫肩的长度之外,就是断截榫肩时,也要在榫肩的铅笔线以外进行断截。见图 4-11。

图 4-11 内线作标准截榫肩

（3）断截榫肩时,应该根据锯齿露出锯台板平面的实际长度和榫肩断截的厚度,使用木方或木板进行调整。固定台板可用木板或木材调节高度,见图 4-12;调节台板可用升降螺栓控制,见图 4-13。

（4）用圆锯断截榫肩的构件,一般以短小构件为主。

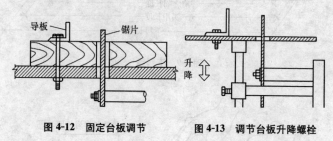

图 4-12　固定台板调节　　　　　图 4-13　调节台板升降螺栓

第五章 木 结 构

第一节 木结构连接

一、螺栓连接和钉连接

1. 螺栓连接和钉连接

螺栓的排列,可按两纵行齐列,如图 5-1 所示;两纵行错列布置如图 5-2 所示,并应符合下列规定。

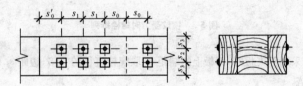

图 5-1 两纵行齐列

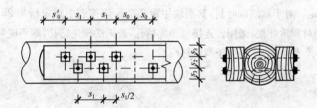

图 5-2 两纵行错列

(1)螺栓排列的最小间距,应符合表 5-1 的规定。

表 5-1   **螺栓排列的最小间距**

构造特点	顺 纹			横 纹	
	端距		中距	边距	中距
	s_0	s'_0	s_1	s_3	s_2
两纵行齐列	7d		7d	3d	3.5d
两纵行错列			10d		2.5d

注:d——螺栓直径。

(2)当采用湿材制作时,木构件顺纹端距 s_0 应加长 70mm。

(3)当构件成直角相交且力的方向不变时,螺栓排列的横纹最小边距:受力边不小于 $4.5d$;非受力边不小于 $2.5d$,如图 5-3 所示。

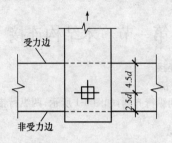

图 5-3　横纹受力时螺栓排列

(4)当采用钢夹板时,钢板上的端距 s_0 取螺栓直径的 2 倍;边距 s_3 取螺栓直径的 1.5 倍。

2. 钉排列要求

钉的排列,可采用齐列、错列或斜列布置如图 5-4 所示,其最小间距应符合表 5-2 的规定。对于软质阔叶材,其顺纹中距和端距应按表中规定增加 25%;对于硬质阔叶材和落叶松,采用钉连接应预先钻孔,若无法预先钻孔,则不应采用钉连接。在一个节点中,不得少于两颗钉。

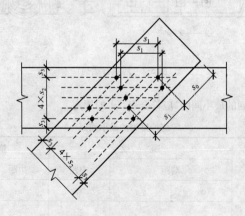

图 5-4　钉连接的斜列布置

表 5-2　　　　　　　　　　　　钉排列的最小间距

a	顺　纹		横　纹		
	中　距 s_1	端　距 s_0	中　距 s_2		边　距 s_3
			齐　列	错列或斜列	
$a \geqslant 10d$	15d				
$10d > a > 4d$	取插入值	15d	4d	3d	4d
$a = 4d$	25d				

注：d——钉的直径；

　　a——构件被钉穿的厚度。

3. 螺栓连接和钉连接厚度要求

螺栓连接和钉连接中可采用双剪连接，如图 5-5 所示或单剪连接，如图 5-6 所示。连接木构件的最小厚度应符合表 5-3 的规定。

表 5-3　　　　　　　　螺栓连接和钉连接中木构件的最小厚度

连接形式	螺　栓　连　接		钉连接
	$d < 18mm$	$d \geqslant 18mm$	
双剪连接	$c \geqslant 5d$ $a \geqslant 2.5d$	$c \geqslant 5d$ $a \geqslant 4d$	$c \geqslant 8d$ $a \geqslant 4d$
单剪连接	$c \geqslant 7d$ $a \geqslant 2.5d$	$c \geqslant 7d$ $a \geqslant 4d$	$c \geqslant 10d$ $a \geqslant 4d$

注：c——中部构件的厚度或单剪连接中较厚构件的厚度；

　　a——边部构件的厚度或单剪连接中较薄构件的厚度；

　　d——螺栓或钉的直径。

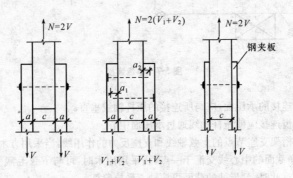

图 5-5　双剪连接

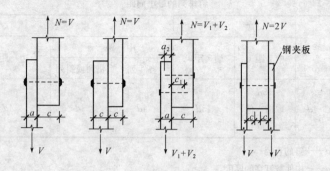

图 5-6 单剪连接

对于钉连接,表 5-3 中木构件厚度 a 或 c 值,应取钉在该构件中的实际有效长度。在未被钉穿的构件中,计算钉的实际有效长度时,应扣去钉尖长度(按 $1.5d$ 计)。若钉尖穿出最后构件的表面,则该构件计算厚度也应减少 $1.5d$。

二、齿连接

齿连接可采用单齿或双齿的形式如图 5-7、图 5-8 所示,并应符合下列规定:

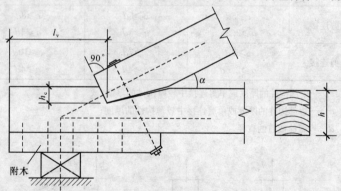

图 5-7 单齿连接

(1)齿连接的承压面,应与所连接的压杆轴线垂直。

(2)单齿连接应使压杆轴线通过承压面中心。

(3)木桁架支座节点的上弦轴线和支座反力的作用线,当采用方木或板材时,宜与下弦净截面的中心线交汇于一点;当采用原木时,可与下弦毛截面的中心线交汇于一点,此时,刻齿处的截面可按轴心受拉验算。

(4)齿连接的齿深,对于方木不应小于 $20mm$;对于原木不应小于 $30mm$。

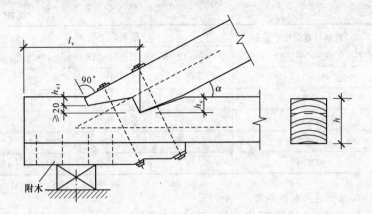

图5-8 双齿连接

桁架支座节点齿深不应大于$h/3$,中间节点的齿深不应大于$h/4$(h为沿齿深方向的构件截面高度)。

双齿连接中,第二齿的齿深h_c应比第一齿的齿深h_{c1}至少大20mm。单齿和双齿第一齿的剪面长度不应小于4.5倍齿深。

当采用湿材制作时,木桁架支座节点齿连接的剪面长度应比计算值加长50mm。

三、齿板连接

齿板连接适用于轻型木结构建筑中规格材桁架的节点及受拉杆件的接长。处于腐蚀环境、潮湿或有冷凝水环境的木桁架不应采用齿板连接。齿板不得用于传递压力。

1. 齿板连接构造要求

齿板连接的构造应符合下列规定:

(1)齿板应成对对称设置于构件连接节点的两侧。

(2)采用齿板连接的构件厚度应不小于齿嵌入构件深度的两倍。

(3)在与桁架弦杆平行及垂直方向,齿板与弦杆的最小连接尺寸,在腹杆轴线方向齿板与腹杆的最小连接尺寸均应符合表5-4的规定。

表5-4　　　　　齿板与桁架弦杆、腹杆最小连接尺寸　　　　(单位:mm)

规格材截面尺寸	桁架跨度 L/m		
(mm×mm)	$L\leqslant12$	$12<L\leqslant18$	$18<L\leqslant24$
40×65	40	45	—
40×90	40	45	50

规格材截面尺寸	桁架跨度 L/m		
（mm×mm）	L≤12	12<L≤18	18<L≤24
40×115	40	45	50
40×140	40	50	60
40×185	50	60	65
40×235	65	70	75
40×285	75	75	85

2. 齿板连接制作要求

(1)齿板应由镀锌薄钢板制作。镀锌应在齿板制造前进行，镀锌层重量不低于 $275g/m^2$。钢板可采用 Q235 碳素结构钢和 Q345 低合金高强度结构钢，其质量应符合国家标准《碳素结构钢》(GB/T 700—2006)和《低合金高强度结构钢》(GB/T 1591—1994)的规定。当有可靠依据时，也可采用其他型号的钢材。

(2)齿板连接的构件制作应在工厂进行，并应符合下列要求：

1)齿板应与构件表面垂直。

2)齿板嵌入构件的深度应不小于齿板承载力试验时齿板嵌入试件的深度。

3)齿板连接处构件无缺棱、木节、木节孔等缺陷。

4)拼装完成后齿板无变形。

第二节 方木和原木结构

一、构造要求

1. 一般规定

(1)木材宜用于结构的受压或受弯构件，对于在干燥过程中容易翘裂的树种木材(如落叶松、云南松等)，当用作桁架时，宜采用钢下弦；若采用木下弦，对于原木，其跨度不宜大于 15m，对于方木不应大于 12m，且应采取有效防止裂缝危害的措施。

(2)木屋盖宜采用外排水，若必须采用内排水时，不应采用木制天沟。

(3)必须采取通风和防潮措施，以防木材腐朽和虫蛀。

(4)合理地减少构件截面的规格，以符合工业化生产的要求。

(5)应保证木结构特别是钢木桁架在运输和安装过程中的强度、刚度和稳定性，必要时应在施工图中提出注意事项。

(6)地震区设计木结构，在构造上应加强构件之间、结构与支承物之间的连接，特别是刚度差别较大的两部分或两个构件(如屋架与柱、檩条与屋架、木柱与基础等)之间的连接必须安全可靠。

(7)在可能造成风灾的台风地区和山区风口地段。木结构应采取有效措施,以加强建筑物的抗风能力。尽量减小天窗的高度和跨度;采用短出檐或封闭出檐;瓦面(特别在檐口处)宜加压砖或坐灰;山墙采用硬山;檩条与桁架(或山墙)、桁架与墙(或柱)、门窗框与墙体等的连接均应采取可靠锚固措施。

(8)圆钢拉杆和拉力螺栓的直径,应按计算确定,但不宜小于 12mm。

圆钢拉杆和拉力螺栓的方形钢垫板尺寸,可按下列公式计算:

1)垫板面积(mm^2)。

$$A = \frac{N}{f_{ca}}$$

2)垫板厚度(mm)。

$$t = \sqrt{\frac{N}{2f}}$$

式中　N——轴心拉力设计值(N);

　　　f_{ca}——木材斜纹承压强度设计值(N/mm^2);

　　　f——钢材抗弯强度设计值(N/mm^2)。

系紧螺栓的钢垫板尺寸可按构造要求确定,其厚度不宜小于 0.3 倍螺栓直径,其边长不应小于 3.5 倍螺栓直径。当为圆形垫板时,其直径不应小于 4 倍螺栓直径。

(9)桁架的圆钢下弦、三角形桁架跨中竖向钢拉杆、受振动荷载影响的钢拉杆以及直径等于或大于 20mm 的钢拉杆和拉力螺栓,都必须采用双螺帽。

木结构的钢材部分,应有防锈措施。

2. 屋面木基层和木梁

(1)对设有锻锤或其他较大振动设备的房屋,屋面宜设置屋面板。

(2)方木檩条宜正放,其截面高宽比不宜大于 2.5。当方木檩条斜放时,其截面高宽比不宜大于 2,并应按双向受弯构件进行计算。若有可靠措施以消除或减少沿屋面方向的弯矩和挠度时,可根据采取措施后的情况进行计算。

当采用钢木檩条时,应采取措施保证受拉钢筋下弦折点处的侧向稳定。

橡条在屋脊处应相互连接牢固。

(3)抗震设防烈度为 8 度和 9 度地区屋面木基层抗震构造,应符合下列规定:

1)采用斜放檩条并设置密铺屋面板,檐口瓦应与挂瓦条扎牢。

2)檩条必须与屋架连牢,双脊檩应相互拉结,上弦节点处的檩条应与屋架上弦用螺栓连接。

3)支承在山墙上的檩条,其搁置长度不应小于 120mm,节点处檩条应与山墙卧梁用螺栓锚固。

(4)木梁宜采用原木、方木或胶合木制作。若有设计经验,也可采用其他木基材制作。

木梁在支座处应设置防止其侧倾的侧向支承和防止其侧向位移的可靠锚固。

当采用方木梁时,其截面高宽比一般不宜大于 4,高宽比大于 4 的木梁应采取保证侧向稳定的必要措施。

当采用胶合木梁时,应符合胶合木梁的有关要求。

3. 天窗

(1)天窗包括单面天窗和双面天窗。当设置双面天窗时,天窗架的跨度不应大于屋架跨度的 1/3。

单面天窗的立柱应设置在屋架的节点部位;双面天窗的荷载宜由屋脊节点及其相邻的上弦节点共同承担,并应设置斜杆与屋架上弦连接,以保证其平面内的稳定。

在房屋两端开间内不宜设置天窗。

天窗的立柱,应与桁架上弦牢固连接。当采用通长木夹板时,夹板不宜与桁架下弦直接连接,如图 5-9 所示。

(2)为防止天窗边柱受潮腐朽,边柱处屋架的檩条宜放在边柱内侧如图 5-10 所示。其窗樘和窗扇宜放在边柱外侧,并加设有效的挡雨设施。开敞式天窗应加设有效的挡雨板,并应作好泛水处理。

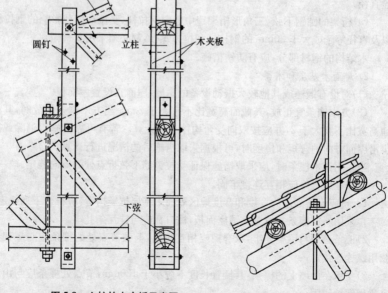

图 5-9 立柱的木夹板示意图   图 5-10 边柱柱脚构造示意图

（3）抗震设防烈度为 8 度和 9 度地区，不宜设置天窗。

4. 桁架

（1）桁架选型可根据具体条件确定，并宜采用静定的结构体系。当桁架跨度较大或使用湿材时，应采用钢木桁架；对跨度较大的三角形原木桁架，宜采用不等节间的桁架形式。

采用木檩条时，桁架间距不宜大于 4m；采用钢木檩条或胶合木檩条时，桁架间距不宜大于 6m。

（2）桁架中央高度与跨度之比，不应小于表 5-5 规定的数值。

表 5-5　　　　　　　　　　　　　桁架最小高跨比

序号	桁　架　类　型	h/l
1	三角形木桁架	1/5
2	三角形钢木桁架；平行弦木桁架；弧形、多边形和梯形木桁架	1/6
3	弧形、多边形和梯形钢木桁架	1/7

注：h——桁架中央高度；

　　l——桁架跨度。

（3）桁架制作应按其跨度的 1/200 起拱。

（4）木桁架构造应符合下列要求：

1）受拉下弦接头应保证轴心传递拉力；下弦接头不宜多于两个；接头应锯平对正，宜采用螺栓和木夹板连接。

采用螺栓夹板（木夹板或钢夹板）连接时，接头每端的螺栓数由计算确定，但不宜少于 6 个，且不应排成单行；当采用木夹板时，应选用优质的气干木材制作，其厚度不应小于下弦宽度的 1/2；若桁架跨度较大，木夹板的厚度不宜小于 100mm；当采用钢夹板时，其厚度不应小于 6mm。

2）桁架上弦的受压接头应设在节点附近，并不宜设在支座节间和脊节间内；受压接头应锯平，可用木夹板连接，但接缝每侧至少应有两个螺栓紧紧；木夹板的厚度宜取上弦宽度的 1/2，长度宜取上弦宽度的 5 倍。

3）支座节点采用齿连接时，应使下弦的受剪面避开髓心如图 5-11 所示，并应在施工图中注明此要求。

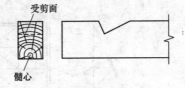

图 5-11　受剪面避开髓心示意图

（5）钢木桁架的下弦，可采用圆钢或型钢。当跨度较大或有振动影响时，宜采用型钢。圆钢下弦应设有调整松紧的装置。

当下弦节点间距大于 250d（d 为圆钢直径）时，应对圆钢下弦拉杆设置吊杆。

杆端有螺纹的圆钢拉杆，当直径大于 22mm 时，宜将杆端加粗（如焊接一段较粗的短圆钢），其螺纹应由车床加工。

圆钢应经调直，需接长时宜采用对接焊或双帮条焊，不得采用搭接焊。焊接接头的质量应符合国家现行的有关标准的规定。

（6）当桁架上设有悬挂吊车时，吊点应设在桁架节点处；腹杆与弦杆应采用螺栓或其他连接件扣紧；支撑杆件与桁架弦杆应采用螺栓连接；当为钢木桁架时，应采用型钢下弦。

（7）当有吊顶时，桁架下弦与吊顶构件间应保持不小于100mm的净距。

（8）抗震设防裂度为8度和9度地区的屋架抗震构造应符合下列规定：

1）钢木屋架宜采用型钢下弦，屋架的弦杆与腹杆宜用螺栓系紧，屋架中所有的圆钢拉杆和拉力螺栓，均应采用双螺帽。

2）屋架端部必须用不小于$\phi 20$的锚栓与墙、柱锚固。

5. 支撑

（1）应采取有效措施保证结构在施工和使用期间的空间稳定，防止桁架侧倾，保证受压弦杆的侧向稳定，承担和传递纵向水平力。

（2）屋盖应根据结构的型式和跨度、屋面构造及荷载等情况选用上弦横向支撑或垂直支撑。但当房屋跨度较大或有锻锤、吊车等振动影响时，除应设置上弦横向支撑外，尚应设置垂直支撑。

支撑构件的截面尺寸，可按构造要求确定。

注：垂直支撑系指在两榀屋架的上、下弦间设置交叉腹杆（或人字腹杆），并在下弦平面设置纵向水平系杆，用螺栓连接，与上部锚固的檩条构成一个稳定的桁架体系。

（3）当采用上弦横向支撑时，房屋端部为山墙时，应在端部第二开间内设置上弦横向支撑如图5-12所示；房屋端部为轻型挡风板时，应在端开间内设置上弦横向支撑。当房屋纵向很长时，对于冷摊瓦屋面或跨度大的房屋，上弦横向支撑应沿纵向每20～30m设置一道。

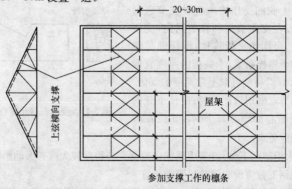

图5-12　上弦横向支撑

上弦横向支撑的斜杆如采用圆钢,应设有调整松紧的装置。

(4)当采用垂直支撑时,垂直支撑的设置可根据屋架跨度大小沿跨度方向设置一道或两道,沿房屋纵向应间隔设置,并在垂直支撑的下端设置通长的屋架下弦纵向水平系杆。

对上弦设置横向支撑的屋盖,当加设垂直支撑时,可仅在有上弦横向支撑的开间中设置,但应在其他开间设置通长的下弦纵向水平系杆。

(5)符合下列情况的非开敞式房屋,可不设置支撑:

1)有密铺屋面板和山墙,且跨度不大于 9m 时。

2)房屋为四坡顶,且半屋架与主屋架有可靠连接时。

3)屋盖两端与其他刚度较大的建筑物相连时。

当房屋纵向很长,则应沿纵向每隔 20～30m 设置一道支撑。

(6)木柱承重房屋中,若柱间无刚性墙或木质剪力墙,除应在柱顶设置通长的水平系杆外,尚应在房屋两端及沿房屋纵向每隔 20～30m 设置柱间支撑。

木柱和桁架之间应设抗风斜撑,斜撑上端应连在桁架上弦节点处,斜撑与木柱的夹角不应小于 30°。

(7)下列部位,均应设置垂直支撑:

1)梯形屋架的支座竖杆处。

2)下弦低于支座的下沉式屋架的折点处。

3)设有悬挂吊车的吊轨处。

4)杆系拱、框架结构的受压部位处。

5)胶合木大梁的支座处。

垂直支撑的设置要求,除第 3 项应按上述(4)的规定设置外,其余可仅在房屋两端第一开间(无山墙时)或第二开间(有山墙时)设置,但应在其他开间设置通长的水平系杆。

(8)当屋架设有双面天窗时,应按上述(3)、(4)的规定设置天窗支撑。天窗架两边立柱处,应按上述(6)的规定设置柱间支撑,且在天窗范围内沿主屋架的脊节点和支撑节点,应设置通长的纵向水平系杆。

(9)抗震设防烈度为 6 度和 7 度地区的木结构支撑布置可与非抗震构造相同。抗震设防烈度为 8 度、屋面采用楞摊瓦或稀铺屋面板房屋,不论是否设置垂直支撑,都应在房屋单元两端第二开间及每隔 20m 设置一道上弦横向支撑;在设防烈度为 9 度时,对密铺屋面板的房屋,不论是否设置垂直支撑,都应在房屋单元两端第二开间设置一道上弦横向支撑;对冷摊瓦或稀铺屋面板房屋,除应在房屋单元两端第二开间及每隔 20m 同时设置一道上弦横向支撑和下弦横向支撑外,尚应隔间设置垂直支撑并加设下弦通长水平系杆。

（10）地震区的木结构房屋的屋架与柱连接处应设置斜撑，当斜撑采用木夹板时，与木柱及屋架上、下弦采用螺栓连接；木柱柱顶应设暗榫插入屋架下弦并用U形扁钢连接，如图5-13所示。

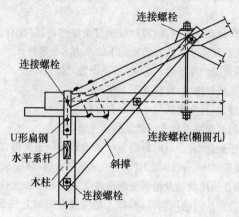

图5-13　木构架端部斜撑连接

6. 锚固

（1）为加强木结构整体性，保证支撑系统的正常工作，构造应采取必要的锚固措施。

（2）下列部位的檩条应与桁架上弦锚固：

1）支撑的节点处（包括参加工作的檩条），如图5-12所示。

2）为保证桁架上弦侧向稳定所需的支承点。

3）屋架的脊节点处。

有山墙时，上述檩条尚应与山墙锚固。

檩条的锚固可根据房屋跨度、支撑方式及使用条件选用螺栓、卡板如图5-14所示、暗销或其他可靠方法。

上弦横向支撑的斜杆应用螺栓与桁架上弦锚固。

（3）当桁架跨度不小于9m时，桁架支座应采用螺栓与墙、柱锚固。当采用木柱时，木柱柱脚与基础应采用螺栓锚固。

（4）设计轻屋面（如油毡、合成纤维板材、压型钢板屋面等）或开敞式建筑的木屋盖时，不论桁架跨度大小，均应将上弦节点处的檩条与桁架、桁架与柱、木柱与基础等予以锚固。

（5）地震区的木柱承重房屋中，木柱柱脚应采用螺栓及预埋扁钢锚固在基础上，如图5-15所示。

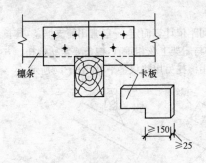

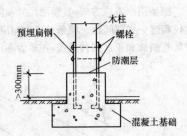

图 5-14　卡板锚固示意图　　　　图 5-15　木柱与基础锚固和柱脚防潮

二、屋面木基层铺设

屋面木基层是指铺设遮屋架上面的檩条、椽条、屋面板等,这些构件有的起承重作用,有的起围护及承重作用。屋面木基层的构造要根据其屋面防水材料种类而定。

1. 一般要求

(1)檩条施工要求:

1)檩条截面的允许偏差:方材宽或高为±2mm,原木头直径为±5mm。

2)简支檩条的接头应设在桁架上,并应保证支承面的长度。

3)弓曲的檩条应将弓背朝上。

4)檩条在桁架上应用檩托支承,每个檩托至少用两个钉子固定,檩托高度不得小于檩条高度的 2/3,不应在桁架上刻槽承托。

(2)椽条应平直铺钉不得歪斜,其接头应设在檩条上,并错开布置。椽条在每根檩条上均应用钉固定,在屋脊处应用螺栓或钉相互牢固连接。

(3)屋面板可用平缝、高低缝或斜缝拼接,木板宽度不宜大于 150mm。屋面板的接头应分段错开,每段的长度不应大于 1.5m。

屋面板应在屋脊两侧对称铺钉,逐段封闭。

(4)封檐、封山板应平直光洁、采用燕尾榫或龙凤榫镶接,不得平接,如图 5-16 所示。封檐板下边沿应较檐口平顶低 25mm,防止雨水浸湿平顶。

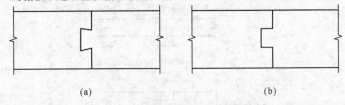

(a)　　　　　　　　　　　　　　(b)

图 5-16　燕尾榫、龙凤榫示意图
(a)燕尾榫;(b)龙凤榫

2. 装钉檩条

檩条用原木或方木,其断面尺寸及间距依计算而定,一般常用简支檩条,其长度仅跨过一屋架间距。檩条长度方向应与屋架上弦相垂直,檩条要紧靠檩托。方檩条有斜放和正放两种形式,正放者不用檩托另用垫块垫平,如图 5-17 所示。

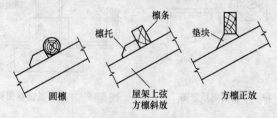

圆檩   屋架上弦   方檩正放
                方檩斜放

图 5-17 檩条搁置方式

(1)檩条构造。檩条的构造见表 5-6。

表 5-6   **檩条构造**

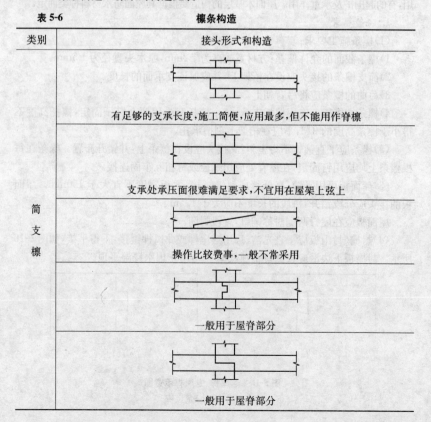

类别	接头形式和构造
简支檩	有足够的支承长度,施工简便,应用最多,但不能用作脊檩
	支承处承压面很难满足要求,不宜用在屋架上弦上
	操作比较费事,一般不常采用
	一般用于屋脊部分
	一般用于屋脊部分

续表

类别	接头形式和构造
悬臂檩	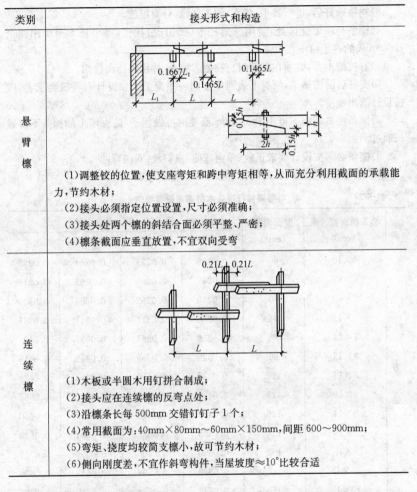 （1）调整铰的位置，使支座弯矩和跨中弯矩相等，从而充分利用截面的承载能力，节约木材； （2）接头必须指定位置设置，尺寸必须准确； （3）接头处两个檩的斜结合面必须平整、严密； （4）檩条截面应垂直放置，不宜双向受弯
连续檩	（1）木板或半圆木用钉拼合制成； （2）接头应在连续檩的反弯点处； （3）沿檩条长每 500mm 交错钉钉子 1 个； （4）常用截面为：40mm×80mm～60mm×150mm，间距 600～900mm； （5）弯矩、挠度均较简支檩小，故可节约木材； （6）侧向刚度差，不宜作斜弯构件，当屋坡度≈10°比较合适

（2）檩条断面尺寸及其间距确定。檩条的断面尺寸及其间距，应按施工图要求设置。一榀屋架斜面上所需檩条的根数＝2×（屋脊顶至屋檐口端之长÷施工图中要求的檩条斜向设置间距）＋1。

如果上式计算的不是整数，则将小数点后的数删去加 1，以满足檩条间距不大于规定尺寸。

（3）檩条装钉施工要点。

1）檩条的选择，必须符合承重木结构的材质标准。

2）屋脊檩必须选用好料，带疤楞等缺陷的檩条，且缺陷在允许范围内时，一般用于檐檩。

3)料挑选好后,进行找平、找直,加工开榫,分类堆放。

4)檩条与屋架交接处,需用三角托木(爬山虎)托住,每个托木至少用两个100mm长的钉子钉牢在上弦上。

5)有挑檐木者,必须在砌墙时将挑檐木放上,并用砖压砌稳固。

6)安好后的檐檩条,所有上表面应在同一平面上。如设计有特殊要求者,应按设计画出曲度。

7)檩条距离烟囱不得小于300mm,必要时可做拐子,防火墙上的檩条不得通长通过。

8)檩条必须按设计要求正放(单向弯曲)或斜放(双向弯曲)。

(4)檩条需用量参考。每间每行檩条需用量参考表5-7。

表5-7　　　　　　　　每间每行檩条木材需用量参考表

类别	檩条断面宽×高 (cm)	断面面积 (cm²)	房　屋　开　间　(m)			
			3.0	3.3	3.6	3.9
方檩	6×10	60	0.0206	0.0225	0.0244	0.0262
	6×12	72	0.0247	0.0269	0.0292	0.0314
	7×10	70	0.0240	0.0262	0.0284	0.0300
	7×12	84	0.0288	0.0314	0.0341	0.0367
	7×14	98	0.0336	0.0367	0.0397	0.0428
	8×12	96	0.0329	0.0359	0.0389	0.0419
	8×14	112	0.0385	0.0419	0.0454	0.0489
	8×16	128	0.0439	0.0479	0.0520	0.0558
	9×14	126	0.0433	0.0472	0.0512	0.0550
	9×16	144	0.0495	0.0538	0.0584	0.0628
	9×18	162	0.0556	0.0606	0.0656	0.0707
	10×16	160	0.0549	0.0598	0.0648	0.0698
	10×18	180	0.0617	0.0674	0.0730	0.0786
	10×20	200	0.0748	0.0748	0.0812	0.0873
圆檩	φ10		0.0327	0.0325	0.0399	0.0450
	φ12		0.0466	0.0530	0.0562	0.0636
	φ14		0.0625	0.0710	0.0752	0.0848
	φ16		0.0805	0.0922	0.0975	0.1090
	φ18		0.1020	0.1155	0.1230	0.1380
	φ20		0.1250	0.1430	0.1515	0.1685

3. 橡条

(1)一般规定。

1)橡条应按设计要求选用方橡或圆橡,其间距应按设计规定放置。

2)橡条应连续通过两跨檩距,并用钉子与檩条钉牢。

3)橡条端头在檩条上应互相错开,不得采用斜搭接的形式。

4)采用圆橡或半圆橡时,檩条的小头应朝向屋脊。

(2)橡条配料。橡条的配料长度至少为檩条间距的2倍。

(3)橡条装钉操作。橡条装钉应从房屋一端开始,每根橡条与檩条要保持垂直,与檩条相交处必须用钉钉住,橡条的接头应在檩条的上口位置,不能将接头悬空。橡条间距应均匀一致。橡条在屋脊处及檐口处应弹线锯齐。

橡条装钉后,要求坡面平整,间距符合要求。

(4)橡条间距控制。橡装钉前,可做几个尺棍,尺棍的长度为橡条间的净距,这样控制橡条间距比较方便。也可以在檩条上画线,控制橡条间距。

(5)橡条需用量参考。每100m² 屋面面积橡条需用量参考表5-8。

表 5-8　　　　　　　　每 100m² 屋面面积橡条木材需用量参考表

名称	橡条断面 (cm)	断面面积 (cm²)	橡 条 间 距 (cm)					
			25	30	35	40	45	50
方橡	4×6	24	1.10	0.91	0.78	0.69		
	5×6	30	1.37	1.14	0.98	0.86		
	6×6	36	1.66	1.38	1.18	1.03		
	5×7	35	1.61	1.33	1.14	1.00	0.89	0.81
	6×7	42	1.92	1.60	1.47	1.20	1.06	0.96
	5×8	40	1.83	1.52	1.31	1.14	1.01	0.92
	6×8	48	2.19	1.82	1.56	1.37	1.22	1.10
	6×9	54	2.47	2.05	1.76	1.54	1.37	1.24
	6×10	60	2.74	2.28	1.96	1.72	1.52	1.37
圆橡	φ6		1.64	1.37	1.18	1.03	0.92	0.82
	φ7		2.16	1.82	1.56	1.37	1.22	1.08
	φ8		2.69	2.26	1.94	1.70	1.52	1.35
	φ9		3.28	2.84	2.44	2.14	1.90	1.69
	φ10		4.05	3.41	2.93	2.57	2.29	2.02

4. 顺水条与挂瓦条的铺钉

(1)屋面顺水条应垂直屋脊钉在油毡上,一般间距为 400～500mm,在油毡接头处应增加一根顺水条予以压实,钉子应钉在板上。

(2)挂瓦条应根据瓦的长度及屋面坡度进行分档,再弹线。屋脊处不许留半块瓦,檐口的三角木,应钉在顺水条上面。

(3)檐口第一根瓦条应较一般高出一片瓦的厚度,第一排瓦应探出檐口50~60mm。

(4)挂瓦条须用50mm长的钉子钉在顺水条上,不能直接钉在油毡上。如赶不上顺水条档子时,在接头处加顺水条一根,接头须锯齐。斜沟、斜脊的瓦条弹出线后,应先钉两边的边口。

挂瓦条要求钉得整齐,间距符合要求,同一行挂瓦条的上口要成直线。

5. 封檐板与封山板的铺钉

(1)封檐板与封山板构造。在平瓦屋面的檐口部分,往往是将附木挑出,各附木端头之间钉上檐口檩条,在檐口檩条外侧钉有通长的封檐板,封檐板可用宽200~250mm,厚20mm的木板制作(图5-18)。

青瓦屋面的檐口部分,一般是将椽条伸出,在椽条端头处也可钉通长的封檐板。

在房屋端部,有些是将檩条端部挑出山墙,为了美观,可在檩条端头外钉通长的封山板,封山板的规格与封檐板相同(图5-19)。

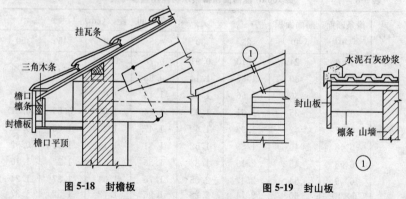

图5-18 封檐板   **图5-19 封山板**

(2)装钉要点。

1)封檐板的宽度大于300mm时,背面应穿木带,宽度小于300mm时,背面刻槽两道,以防扭翘。接头应做成楔形企口榫或燕尾缝,下端留出30mm以免下面露榫。

2)钉封檐板时,在两头的挑檐木上确定位置,拉上通线再钉板,钉子长度应大于板厚的两倍,钉帽要砸扁,并钉入板内3mm。

3)封檐板用明钉钉子檐口檩条外侧,板的上边与三角木条顶面相平,钉帽砸扁冲入板内。封山板钉于檩条端头,板的上边与挂瓦条顶面相平。

4)如檐口处有吊顶,应使封檐板或封山板的下边低于檐口吊顶下25mm,以防雨水浸湿吊顶。封山板接头应在檩条端头中央。

5)封檐板要求钉得平整,板面通直。封山板的斜度要与屋面坡度相一致,板面通直。

6. 屋面板的铺钉

(1)一般规定。

1)屋面板应按设计要求密铺或稀铺。

2)屋面板接头不得全部钉于一根檩条上,每一段接头的长度不得超过 1.5m,板子要与檩条(或椽条)钉牢。

3)钉屋面板的钉子长应为板厚的 2 倍,板在檩条上至少钉两个钉子。

4)全部屋面板铺完后,应顺檐口弹线,待钉完三角条后锯齐。

5)防潮油毡应由檐口向屋脊铺设,搭接长度不小于 100mm。

(2)板料要求。屋面板所采用的木板其宽度不宜大于 150mm,过宽容易使木板发生翘曲。如果是密铺屋面板,则每块木板的边楞要锯齐,开成平缝、高低缝或斜缝;稀铺屋面板,则木板的边楞不必锯齐,留毛边即可。

(3)屋面板铺钉要点。

1)屋面板的铺钉可从屋面一端开始,也可从屋面中央开始向两端同时进行。

2)屋面板要与檩条相互垂直,其接头应在檩条位置,各段接头应相互错开。

3)屋面板与檩条相交处应用两只钉钉住。密铺屋面板接缝要排紧;稀铺屋面板板间空隙应不大于板宽的 1/2,也应不大于 75mm。

4)屋面板在屋脊处要弹线锯齐,檐口部分屋面板应沿檐口檩条外侧锯齐。

5)屋面板的铺钉要求板面平整。

(4)屋面板材需用量参考表 5-9。

表 5-9　　　　　　　　　　　　**屋面板材需用量参考**

檩椽条距离(m)	屋面板厚度(mm)	每 100m² 屋面板锯材(m³)
0.5	15	1.659
0.7	16	1.770
0.75	17	1.882
0.8	18	1.992
0.85	19	2.104
0.9	20	2.213
0.95	21	2.325
1.00	22	2.434

三、桁架、木梁制作

1. 构造要求

(1)受拉下弦接头应保证轴心传递拉力。下弦接头不宜多于两个。接头应锯平对接,并宜采用螺栓和木夹板连接。

当采用螺栓夹板连接时,接头每端的螺栓不宜小于 6 个,且不应排列成单行。当采用木夹板时,应选用优质的气干木材制作,其厚度不应小于下弦宽度的 1/2。若桁架跨度较大,木夹板的厚度尚不应小于 100mm,采用钢夹板,厚度不应小于 6mm。

(2)桁架上弦的受压接头应设在节点附近,并不宜设在支座节间和脊节间内。受压接头应锯平对接,并应用木夹板连接;在接缝每侧至少应用两个螺栓系紧。木夹板的厚度宜取上弦宽度的 1/2,长度宜取上弦宽度的 5 倍。

(3)若桁架支座节点采用齿连接,应使下弦的受剪面避开木材髓心,并在施工图上注明。

2. 接头施工

(1)桁架上、下弦接头的位置,所采用的螺栓直径、数量及排列间距均应按图施工。螺栓排列应避开木材髓心。受拉构件端部布置螺栓的区段及其连接板的木节子尺寸的限值应符合材质标准 I 等材连接部位的规定。

(2)受压接头的承压面应与构件的轴线垂直锯平,不应采用斜搭接头(图 5-20)。

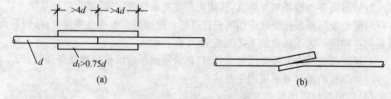

图 5-20　圆钢拉杆的接头
(a)正确构造;(b)错误构造

(3)齿连接或构件接头处,不得采用凸凹榫。

(4)采用木夹板螺栓连接的接头及用螺栓拼合的木构件钻孔时,应按设计的要求,将各部分定位并临时固定,然后用电钻一次钻通。受剪螺栓的孔径不应大于螺栓直径 1mm,系紧螺栓的孔径可大于螺栓直径 1~3mm。

3. 桁架放大样

(1)按设计图纸确定桁架的起拱高度,若设计无明确要求,起拱高度可取约为跨度的 1/200 后按此确定其他尺寸。

(2)将全部节点构造详尽绘入,除设计图纸有特殊要求者外,结构各杆的受力轴线在节点处应交汇于一点。

(3)当桁架完全对称时,可放半个桁架的足尺大样。

(4)足尺大样的尺寸必须用同一钢尺量度,经校核后,对设计尺寸的允许偏差不应超过表 5-10 中规定的限值,方可套制样板。

表 5-10　　　　　　　　　　　　　　足尺大样的允许偏差

结构跨度 （m）	跨度偏差 （mm）	结构高度偏差 （mm）	节点间距偏差 （mm）
≤15	±5	±2	±2
>15	±7	±3	±2

　　(5)结构构件的样板应用木纹平直不易变形且含水率不大于18%的板材制作,样板对足尺大样的允许偏差不应大于1mm,经检验合格后方准使用。在使用中,应防止受潮或损坏。

　　(6)按样板制作的构件其长度的允许偏差不应大于±2mm。

　　4.螺栓和垫板施工

　　(1)木结构中所用钢件应符合设计的要求。钢件的连接均应用电焊,不应用气焊或锻接。所有钢件均应除锈,并涂防锈油漆。

　　(2)受拉、受剪和系紧螺栓的垫板尺寸应符合设计要求,并不得用两块或多块垫板来达到设计厚度。

　　(3)下列受拉螺栓必须戴双螺帽:

　　1)钢木桁架的圆钢下弦;

　　2)桁架的主要受拉腹杆(如三角形豪式桁架的中央拉杆和芬克式钢木桁架的斜拉杆等);

　　3)受振动荷载的拉杆;

　　4)直径等于或大于20mm的拉杆。

　　受拉螺栓装配完毕后,螺栓伸出螺帽的长度不应小于0.8d。

　　(4)圆钢拉杆应平直,用双绑条焊连接不应采用搭接焊。绑条直径应不小于拉杆直径的0.75倍,绑条在接头一侧的长度宜为拉杆直径的4倍。当采用闪光对焊时,对焊接头应经冷拉检验。

　　(5)钉连接施工应符合下列规定:

　　1)钉的直径、长度和排列间距应符合设计要求;

　　2)当钉的直径大于6mm时,或当采用易劈裂的树种木材时均应预先钻孔,孔径取钉径的0.8～0.9倍,深度应不小于钉入深度的8.6倍;

　　3)扒钉直径宜取6～10mm。

　　5.桁架拼装

　　(1)在平整的地上先放好垫木,把下弦杆在垫木上放稳,然后按照起拱高度将中间垫起,两端固定,再在接头处用夹板和螺栓夹紧。

　　(2)下弦拼好后,即安装中柱,两边用临时支撑固定,再安装上弦杆。

　　(3)最后安装斜腹杆,从桁架中心依次向两端进行,然后将各拉杆穿过弦杆,两头加垫板,拧上螺母。

(4)如无中柱而是用钢拉杆的,则先安装上弦杆,而后安装斜杆,最后将拉杆逐个装上。

(5)各杆件安装完毕并检查合格后,再拧紧螺帽,钉上扒钉等铁件,同时在上弦杆上标出檩条的安放位置,钉上三角木。

(6)在拼装过程中,如有不符合要求的地方,应随时调整或修改。

(7)在加工厂加工试拼的桁架,应在各杆件上用油漆或墨编号以便拆卸后运至工地,在正式安装时不致搞错。在工地直接拼装的桁架,应在支点处用垫木垫起,垂直竖立,并用临时支撑支柱,不宜平放在地面上。

四、木屋架制作与安装

1. 木屋架构造

典型的三角形木屋架是由上弦杆、下弦杆、腹杆杆件通过榫或螺栓连接而成。腹杆中间部位的称立人,承受拉力的又称拉杆,承受压力的称压杆(亦称撑杆),互交处称槽齿节点,其中有支座节点、脊节点和上、下弦接头等构造,见图5-21。

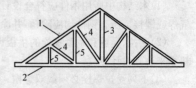

图 5-21　三角形木屋架

1—上弦杆;2—下弦杆;
3—立人;4—撑杆;5—拉杆

屋架有木屋架、钢木屋架和胶合梁的钢木混合屋架等。其构造形式有三角形桁架、梯形桁架、拱形桁架等形式,如图5-22～图5-24所示。

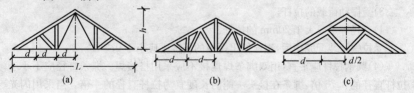

图 5-22　三角形桁架

(a)整截面为上弦的钢木屋架;(b)整截面为上弦的木屋架

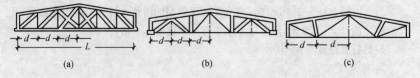

图 5-23　梯形桁架

(a)节点用榫接的桁架;(b)整截面为上统的钢木屋架;
(c)胶合梁为上统的钢木桁架

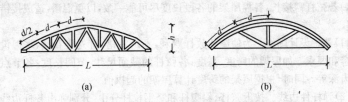

图 5-24　拱形桁架

（a）整截面为上弦的钢木桁架；（b）胶合拱形钢木桁架

2. 选料

根据屋架各弦杆的受力性质不同，应选用不同等级的木材进行配制。

（1）当上弦杆在不计自重且檩条搁置在节点上时，上弦杆为受压构件，可选用Ⅲ等材。

（2）当檩条搁置在节点之间时，上弦杆为压弯构件，可选用Ⅱ等材。

（3）斜杆是受压构件，可选用Ⅲ等材，竖杆是受拉构件，应选用Ⅰ等材。

（4）下弦杆在不计自重且无吊顶的情况下，是受拉构件，若有吊顶或计自重，下弦杆是拉弯构件。下弦杆不论是受拉还是拉弯构件，均应选用Ⅰ等材。

3. 配料与画线

配料时，要综合考虑木材质量、长短、阔狭等情况，做到合理安排、避让缺陷。

（1）配料。

1）木材如有弯曲，用于下弦时，凸面应向上；用于上弦时凸面应向下。

2）应当把好的木材用于下弦，并将材质好的一端放在下弦端节点，用原木作下弦时，应将弯背向上。

3）对方木上弦，应将材质好的一面向下，材质好的一端放在下端；对有微弯的原木上弦，应将弯背向下。

4）上弦和下弦杆件的接头位置应错开，下弦接头最好设在中部。如用原木时，大头应放在端节头一端。

5）木材裂缝处不得用于受剪部位（如端节点处）。

6）木材的节子及斜纹不得用于齿槽部位。

7）木材的髓心应避开齿槽及螺栓排列部位。

（2）画线。

1）采用样板画线时，对方木杆件应先弹出杆件轴线；对原木杆件，先砍平找正后端头弹十字线及四面中心线。

2）将已套好样板上的轴线与杆件上的轴线对准，然后按样板画出长度、齿及齿槽等。

3）上弦、斜杆断料长度要比样板实长多 30～50mm。

4)若弦杆需接长,各榀屋架的各段长度尽可能一致,以免混淆,造成接错。

4. 放大样

(1)熟悉设计图纸。为使屋架放样顺利,不出差错,首先要看懂、掌握设计图纸内容和要求。如屋架的跨度、高度,各弦杆的截面尺寸,节间长度,各节点的构造及齿深等。同时,根据屋架的跨度计算屋架的起拱值。

(2)弹杆件边线。按上弦杆、斜腹杆和竖钢拉杆分中,分别弹出各杆边线。再按下弦断面高减去端节点槽齿深 h_c 后的净截面高分中得下弦上下边线(图 5-25)。

(3)弹杆件轴线。先弹出一水平线,截取 1/2 跨度长为 CB,作 AB 垂直 CB,量取屋架高 $AD+DB$(拱高),弹 CD 线为下弦轴线。在 CD 线上分出节间长度作垂线弹出竖杆轴线(图 5-26)和斜杆轴线。

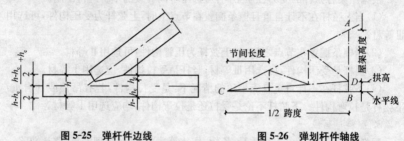

图 5-25 弹杆件边线   图 5-26 弹划杆件轴线

(4)画下弦中央节点。画垫木齿深及高度、长度线,并在左右角上割角,使其垂直斜腹杆,并与其同宽(图 5-27)。

(5)画出各节点。先在上、下弦上画出中间腹杆节点齿槽深线,然后作垂直斜腹杆的承压面线,且使承压面在轴线两边各为 1/2,即 $ab=bc=1/2$ 承压面长(图 5-28)。

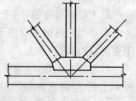

图 5-27 中央节点

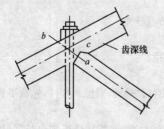

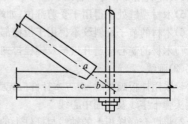

图 5-28 腹杆在上、下弦节点

(6)画出檐头大样。按檩条摆放方法,檩条断面及上面椽条、草泥、瓦的厚度、弹出平行上弦的斜线,并按设计要求的出檐长度及形式,画出檐口的足尺大样(图 5-29)。

5. 出样板

上述大样经认真检查复核无误后,即可出样板。样板必须用木纹平直不易变形和含水率不超过 18% 的木材制作。

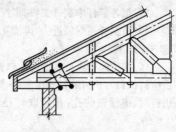

图 5-29　檐头大样

(1)按各弦杆的宽度将各块样板刨光、刨直。

(2)将各样板放在大样上,将各弦杆齿、槽、孔等形状和位置画在样板上,并在样板上弹出中心线。

(3)按线锯割、刨光。每一弦杆要配一块样板。

(4)全部样板配好后,需放在大样上拼起来,检查样板与大样图是否相符。

6. 加工制作

(1)齿槽结合面力求平整,贴合严密。结合面凹凸倾斜不大于 1mm。弦杆接头处要锯齐锯平。

(2)榫肩应长出 5mm,以备拼装时修整。

(3)上、下弦杆之间在支座节点处(非承压面)宜留空隙,一般约为 10mm;腹杆与上下弦杆结合处(非承压面)亦宜留 10mm 的空隙。

(4)作榫断肩需留半线,不得走锯、过线。作双齿时,第一槽齿应留一线锯割,第二槽齿留半线锯割。

(5)钻螺栓孔的钻头要直,其直径应比螺栓直径大 10mm。每钻入 50～60mm 后,需要提出钻头,加以清理,眼内不得留有木渣。

(6)在钻孔时,先将所要结合的杆件按正确位置叠合起来,并加以临时固定,然后用钻子一气钻透,以提高结合的紧密性。

(7)受剪螺栓(例如连接受拉木构件接头的螺栓)的孔径不应大于螺栓直径 1mm;系紧螺栓(例如系紧受压木构件接头的螺栓)的孔径可大于螺栓直径 2mm。

(8)按样板制作的各弦杆,其长度的允许偏差不应大于 ±2mm。

7. 拼装

(1)在下弦杆端部底面,钉上附木。根据屋架跨度,在其两端头和中央位置分别放置垫木。

(2)将下弦杆放在垫木上,在两端端节点中心上拉通长麻线。然后调整中央位置垫木下的木楔(对拔榫),并用尺量取起拱高度,直至起拱高度符合要求为止。最后用钉将木楔固定(不要钉死)。

(3)安装两根上弦杆。脊节点位置对准,两侧用临时支撑固定。然后画出脊节点钢板的螺栓孔位置。钻孔后,用钢板、螺栓将脊节点固定。

（4）把各竖杆串装进去，初步拧紧螺帽。

（5）将斜杆逐根装进去，齿槽互相抵紧，经检查无误后，再把竖杆两端的螺帽进一步拧紧。

（6）在中间节点处两面钉上扒钉（端节点若无保险螺栓、脊节点若无连接螺栓也应钉扒钉），扒钉装钉要保证弦、腹杆连接牢固，且不开裂。对于易裂的木材，钉扒钉时，应预先钻孔，孔径取钉径的 0.8～0.9 倍，孔深应不小于钉入深度的 0.6 倍。

（7）受压接头的承压面应与构件的轴线垂直锯平，见图 5-30（a），不应采用斜塔接头，见图 5-30（b）。

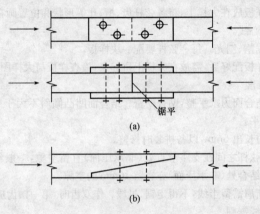

锯平

(a)

(b)

图 5-30　受压接头的构造
（a）正确构造；（b）错误构造

（8）在端节点处钻保险螺栓孔，保险螺栓孔应垂直上弦轴线。钻孔前，应先用曲尺在屋架侧面画出孔的位置线，作为钻孔时的引导，确保孔位准确。钻孔后，即穿入保险螺栓并拧紧螺帽。

受拉、受剪和系紧螺栓的垫板尺寸，应符合设计要求，不得用两块或多块垫板来达到设计要求的厚度。各竖钢杆装配完毕后，螺杆伸出螺帽的长度不应小于螺栓直径的 0.8 倍，不得将螺帽与螺杆焊接或砸坏螺栓端头的丝扣。中竖杆为直径等于或大于 20mm 的拉杆时，必须戴双螺帽以防其退扣。

（9）圆钢拉杆应平直，用双绑条焊连接不应采用搭接焊。绑条直径应不小于拉杆直径的 0.75 倍，绑条在接头一侧的长度宜为拉杆直径的 4 倍。当采用闪光对焊时，对焊接头应经冷拉检验。

（10）钉连接施工应符合下列规定：

1）钉的直径、长度和排列间距应符合设计要求；

2)当钉的直径大于 6mm 时,或当采用易劈裂的树种木材时均应预先钻孔,孔径取钉径的 0.8~0.9 倍,深度应不小于钉入深度的 8.6 倍;

3)扒钉直径宜取 6~10mm。

(11)受拉螺栓、圆钢拉杆的钢垫板尺寸应符合设计规定,如设计无规定,可参见表 5-11。

表 5-11 受拉螺栓、圆钢拉杆的钢垫板尺寸表

螺栓直径 (mm)	正方形垫板尺寸(mm)			
	木材容许横纹承压应力(MPa)			
	3.8	3.4	3.0	2.8
12	60×6	60×6	60×6	60×6
14	70×7	70×7	70×7	70×7
16	80×8	80×8	90×8	90×8
18	80×9	90×9	90×9	90×9
20	90×10	100×10	100×10	110×10
22	100×11	110×11	120×11	120×11
25	120×12	120×12	130×12	130×12
28	130×15	140×15	150×15	150×15
30	140×15	150×15	160×15	160×15
32	150×16	160×16	170×16	170×16
36	170×18	180×18	190×18	190×18
38	180×20	190×20	200×20	200×20

(12)在拼装过程中,如有不符合要求的地方,应随时调整或修改。

(13)在加工厂加工试拼的桁架,应在各杆件上用油漆或墨编号以便拆卸后运至工地,在正式安装时不致搞错。在工地直接拼装的桁架,应在支点处用垫木垫起,垂直竖立,并用临时支撑支住,不宜平放在地面上。

8. 屋架安装

(1)吊装准备。

1)在墙、柱上测出标高,然后找平,并弹出中心线位置和锚固螺栓位置,在构件上弹出中心线标记。安放好混凝土垫块或涂刷防腐剂的垫木,预留锚固螺栓螺孔或安装好固定螺栓(依具体条件定)。

2)检查吊装用的一切机具、绳、钩必须合格后方可使用。

3)根据结构的形式和跨度,合理地确定吊点,并按翻转和提升时的受力情况进行加固。对木屋架吊点,吊索要兜住屋架下弦,避免单绑在上弦节点上。为保证吊装过程中的侧向刚度和稳定性,应在上弦两侧绑上水平撑杆。当屋架跨度超

过 15m 时,还需在下弦两侧加设横撑。

4)对跨度大于 15m 采用圆钢下弦的钢木屋架,应采取措施防止就位后对墙、柱产生推力。

5)修整运输过程中造成的缺陷,并拧紧所有螺栓(包括圆钢拉杆)的螺帽。

(2)安装作业条件。

1)安装及组合桁架所用的钢材及焊条应符合设计要求,其材质应符合设计要求。

2)承重的墙体或柱应验收合格,有锚固的部位必须锚固牢靠,强度达到吊装需要数值。

3)木结构制作、装配完毕后,应根据设计要求进行进场检查,验收合格后方准吊装。

(3)吊装与校正。

1)开始应试吊,即当屋架吊离地面 300mm 后,应停车进行结构、吊装机具、缆风绳、地锚坑等的检查,没有问题方可继续施工。

2)第一榀屋架吊上后,立即对中、找直、找平,用事前绑在上弦杆上的两侧拉绳进行调整屋架,垂直合格后,用临时拉杆(或支撑)将其固定,待第二榀屋架吊上后,找直找平合格,立即装钉上脊檩,作为水平联系杆件,并装上剪刀撑,接着再继续吊装。支撑与屋架应用螺栓连接,不得采用钉连接或抵承连接。

3)所有屋架铁件、垫木以及屋架和砖石砌体、混凝土的接触处,均需在吊装前涂刷防腐剂;有虫害(指白蚁、长蠹虫、粉蠹虫及家天牛等)地区应作防虫处理。

4)屋架的支座节点、下弦及梁的端部不应封闭在墙保温层或其他通风不良处,构件的周边(除支撑面外)及端部均应留出不小于 50mm 的空隙。构件与烟囱、壁炉的防火间距应符合设计要求,支撑在火墙上时,不应穿过防火墙,应将端面隔断。

5)屋架吊装校正完毕后,应将锚固螺栓上的螺帽拧紧。

五、施工质量检验和安全措施

1. 施工质量检验

(1)主控项目。

1)应根据木构件的受力情况,按《木结构工程施工质量验收规范》(GB 50206—2002)规定的等级检查方木、板材及原木构件的木材缺陷限值。

检查数量:每个验收批分别按不同受力的构件全数检查。

检查方法:用钢尺或量角器量测。

注:检查裂缝时,木构件的含水率必须达到下述 2)的要求。

2)应按下列规定检查木构件的含水率:

①原木或方木结构应不大于 25%;

②板材结构及受拉构件的连接板应不大于18%;

③通风条件较差的木构件应不大于20%。

注:本条中规定的含水率为木构件全截面的平均值。

检查数量:每检验批检查全部构件。

检查方法:按国家标准《木材物理力学试验方法》(GB/T 1927~GB/T 1943—1991)的规定测定木构件全截面的平均含水率。

(2)一般项目。

1)木桁架、木梁(含檩条)及木柱制作的允许偏差应符合表5-12的规定。

表 5-12 木桁架、梁、柱制作的允许偏差

项次	项 目		允许偏差 (mm)	检 验 方 法
1	构件截面 尺寸	方木构件高度、宽度	−3	钢尺量
		板材厚度、宽度	−2	
		原木构件梢径	−5	
2	结构长度	长度不大于15m	±10	钢尺量桁架支座节点中心间距, 梁、柱全长(高)
		长度大于15m	±15	
3	桁架高度	跨度不大于15m	±10	钢尺量脊节点中心与下弦中心 距离
		跨度大于15m	±15	
4	受压或压 弯构件纵 向弯曲	方木构件	$L/500$	拉线钢尺量
		原木构件	$L/200$	
5	弦杆节点间距		±5	钢尺量
6	齿连接刻槽深度		±2	
7	支座节点 受剪面	长度	−10	钢尺量
		宽度 方木	−3	
		原木	−4	
8	螺栓中心 间距	进孔处	±0.2d	钢尺量
		出孔处 垂直木纹 方向	±0.5d 且不大于 4B/100	
		顺木纹 方向	±1d	

项次	项 目	允许偏差 (mm)	检 验 方 法
9	钉进孔处的中心间距	±1d	
10	桁架起拱	+20 −10	以两支座节点下弦中心线为准，拉一水平线，用钢尺量跨中下弦中心线与拉线之间距离

注：d 为螺栓或钉的直径；L 为构件长度，以 mm 计；B 为板束总厚度，以 mm 计。

检查数量：检验批全数。

2)木桁架、梁、柱安装的允许偏差应符合表 5-13 的规定。

表 5-13   木桁架、梁、柱安装的允许偏差

项次	项 目	允许偏差 (mm)	检验方法
1	结构中心线的间距	±20	钢尺量
2	垂直度	H/200 且不大于 15	吊线钢尺量
3	受压或压弯构件纵向弯曲	L/300	吊(拉)线钢尺量
4	支座轴线对支承面中心位移	10	钢尺量
5	支座标高	±5	用水准仪

注：H 为桁架、柱的高度，以 mm 计；L 为构件长度，以 mm 计。

3)屋面木骨架的安装允许偏差应符合表 5-14 的规定。

检查数量：检验批全数。

表 5-14   屋面木骨架的安装允许偏差

项次	项 目		允许偏差 (mm)	检 验 方 法
1	檩条、椽条	方木截面	−2	钢尺量
		原木梢径	−5	钢尺量，椭圆时取大小径的平均值
		间距	−10	钢尺量
		方木上表面平直	4	沿坡拉线钢尺量
		原木上表面平直	7	
2	油毡搭接宽度		−10	钢尺量
3	挂瓦条间距		±5	
4	封山、封檐板平直	下边缘	5	拉 10m 线，不足 10m 拉通线，钢尺量
		表面	8	

4)木屋盖上弦平面横向支撑设置的完整性应按设计文件检查。

检查数量:整个横向支撑。

检查方法:按施工图检查。

2. 安全施工措施

(1)进入施工现场,必须戴好安全帽,扣牢帽带,禁止穿拖鞋或光脚。

(2)木工机械应由专人负责。操作人员必须熟悉机械性能,熟悉操作技术。开机操作前,应认真检查机械现状,如圆锯机锯片是否有断齿、裂口;平刨机刨刃是否锋利,锯片、刨刀是否松动等。

(3)木工机械应有良好可靠的接地或接零。圆锯机应有防护罩,平刨机应有护指装置。操作过程中,若有不正常声音或发生其他故障时,应切断电源,停车修理。操作木工锯、刨机械,不得戴手套。袖口要扎紧。

(4)机械锯割、刨削屋架弦、腹杆时,必须两人配合操作。操作时,注意力要集中,配合默契,不得边操作边闲谈或开玩笑。锯料时,回料不得碰撞锯片;刨料时,不得在刨刃上回料。机台面、机台四周要保持清洁,碎料、边皮、刨花等要及时清理。木工棚内严禁吸烟。

(5)发生夹锯,应立即关闭电源,在锯口处插入木楔,扩大锯路后再锯。

(6)使用电钻,操作人员应戴绝缘手套。

(7)安装锯片、刨刀时,固定螺帽,顶紧螺丝(支头螺丝)必须紧固可靠。

(8)磨锉锯片、刨刀时,操作人员应戴防护眼镜,站在砂轮旋转方向的侧面,以免砂轮破碎飞出伤人。

(9)拼装屋架时,高凳要稳固,脚手板要绑扎牢固,不得有空心板。屋架的临时支撑要可靠,且位置合适不妨碍操作。不得从支撑上攀登或站在支撑、屋架上弦杆上进行操作。

第三节　轻型木结构

轻型木结构系指主要由木构架墙、木楼盖和木层盖系统构成的结构体系,适用于三层及三层以下的民用建筑。轻型木结构是一种将小尺寸木构件按不大于600mm的中心间距密置而成的结构形式。结构的承载力、刚度和整体性是通过主要结构构件(骨架构件)和次要结构构件(墙面板、楼面板和屋面板)共同作用得到的。轻型木结构亦称"平台式骨架结构",这是因为施工时,每层楼面为一个平台,上一层结构的施工作业可在该平台上完成。

一、构造要求和钉连接要求

1. 构造要求

采用轻型木结构时,应满足当地自然环境和使用环境对建筑物的要求,并应采取可靠措施,防止木构件腐朽或被虫蛀。确保结构达到预期的设计使用年限。

轻型木结构的平面布置宜规则,质量和刚度变化宜均匀。所有构件之间应有可靠的连接和必要的锚固、支撑,保证结构的承载力、刚度和良好的整体性。

(1)承重墙的墙骨柱应采用材质等级为 V_c 及其以上的规格材;非承重墙的墙骨柱可采用任何等级的规格材。墙骨柱在层高内应连续,允许采用指接连接,但不得采用连接板连接。开孔宽度大于墙骨柱间距的墙体,开孔两侧的墙骨柱应采用双柱;开孔宽度小于或等于墙骨柱间净距并位于墙骨柱之间的墙体,开孔两侧可用单根墙骨柱。

墙骨柱间距不得大于 600mm。承重墙的墙骨柱截面尺寸应由计算确定。

墙骨柱在墙体转角和交接处应加强,转角处的墙骨柱数量不得少于二根。

(2)墙体底部应有底梁板或地梁板,底梁板或地梁板在支座上突出的尺寸不得大于墙体宽度的 1/3,宽度不得小于墙骨柱的截面高度。

墙体顶部应有顶梁板,其宽度不得小于墙骨柱截面的高度,承重墙的顶梁板宜不少于两层,但当来自楼盖、屋盖或顶棚的集中荷载与墙骨柱的中心距不大于50mm 时,可采用单层顶梁板。非承重墙的顶梁板可为单层。

多层顶梁板上、下层的接缝应至少错开一个墙骨柱间距,接缝位置应在墙骨柱上。在墙体转角和交接处,上、下层顶梁板应交错互相搭接。单层顶梁板的接缝应位于墙骨柱上,并在接缝处的顶面采用镀锌薄钢带以钉连接。

(3)当承重墙的开孔宽度大于墙骨柱间距时,应在孔顶加设过梁,过梁设计由计算确定。非承重墙的开孔周围,可用截面高度与墙骨柱截面高度相等的规格材与相邻墙骨柱连接。非承重墙体的门洞,当墙体有耐火极限要求时,应至少用两根截面高度与底板梁宽度相同的规格材加强门洞。

(4)当墙面板采用木基结构板材作面板、且最大墙骨柱间距为 400mm 时,板材的最小厚度为 9mm;当最大墙骨柱间距为 600mm 时,板材的最小厚度为 11mm。

墙面板采用石膏板作面板时,当最大墙骨柱间距为 400mm 时,板材的最小厚度为 9mm;当最大墙骨柱间距为 600mm 时,板材的最小厚度为 12mm。

(5)轻型木结构的楼盖采用间距不大于 600mm 的楼盖格栅、木基结构板材的楼面板和木基结构板材或石膏板铺设的顶棚组成。格栅的截面尺寸由计算确定。

楼盖格栅可采用矩形、工字形(木基材制品)截面。

(6)楼盖格栅在支座上的搁置长度不得小于 40mm。

格栅端部应与支座连接,或在靠近支座部位的格栅底部采用连续木底撑、格栅横撑或剪刀撑,如图 5-31 所示。

(7)支承墙体的楼盖格栅应符合下列规定。

1)平行于格栅的非承重墙,应位于格栅或格栅间的横撑上。横撑可用截面不小于 40mm×90mm 的规格材,横撑间距不得大于 1.2m。

2)平行于格栅的承重内墙,不得支承于格栅上,应支承于梁或墙上。

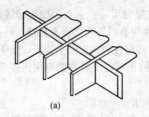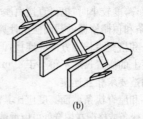

(a)　　　　　　　　　　　　　　　　　(b)

图 5-31　格栅间支撑示意图

（a）格栅横撑；（b）剪刀撑

3）垂直于格栅的内墙，当为非承重墙时，距格栅支座的距离不得大于900mm；当为承重墙时，距格栅支座不得大于600mm。超过上述规定时，格栅尺寸应由计算确定。

（8）楼盖开孔的构造应符合下列要求。

1）开孔周围与格栅垂直的封头格栅，当长度大于 1.2m 时，应用两根格栅；当长度超过 3.2m 时，封头格栅的尺寸应由计算确定。

2）开孔周围与格栅平行的封边格栅，当封头格栅长度超过 800mm 时，封边格栅应为两根；当封头格栅长度超过 2.0m 时，封边格栅的截面尺寸应由计算确定。

3）开孔周围的封头格栅以及被开孔切断的格栅，当依靠楼盖格栅支承时，应选用合适的金属格栅托架或采用正确的钉连接方式。

（9）带悬挑的楼盖格栅，当其截面尺寸为 40mm×185mm 时，悬挑长度不得大于 400mm；当其截面尺寸等于或大于 40mm×235mm 时，悬挑长度不得大于600mm。未作计算的格栅悬挑部分不得承受其他荷载。

当悬挑格栅与主格栅垂直时，未悬挑部分长度不应小于其悬挑部分长度的 6倍，并应根据连接构造要求与双根边框梁用钉连接。

（10）楼面板的厚度及允许楼面活荷载的标准值应符合表 5-15 的规定。

表 5-15　　　　　　　　楼面板厚度及允许楼面活荷载标准值

最大格栅间距	木基结构板的最小厚度（mm）	
（mm）	$Q_k \leqslant 2.5\text{kN/m}^2$	$2.5\text{kN/m}^2 < Q_k < 5.0\text{kN/m}^2$
400	15	15
500	15	18
600	18	22

铺设木基结构板材时，板材长度方向与格栅垂直，宽度方向拼缝与格栅平行并相互错开。楼板拼缝应连接在同一格栅上，板与板之间应留有不小于 3mm 的空隙。

（11）轻型木结构的屋盖，可采用由结构规格材制作的、间距不大于 600mm 的轻型桁架;跨度较小时,也可直接由屋脊板(或屋脊梁)、椽条和顶棚格栅等构成。桁架、椽条和顶棚格栅的截面应由计算确定,并应有可靠的锚固和支撑。

椽条和格栅沿长度方向应连接,但可用连接板在竖向支座上连接。椽条和格栅在支座上的搁置长度不得小于40mm,椽条的顶端在屋脊两侧应用连接板或按钉连接构造要求相互连接。

屋谷和屋脊椽条截面高度应比其他处椽条大50mm。

(12)椽条或格栅在屋脊处可由承重墙或支承长度不小于90mm的屋脊梁支承。

当椽条连杆跨度大于2.4mm时,应在连杆中心附近加设通长纵向水平系杆,系杆截面尺寸不小于20mm×90mm,如图5-32所示。

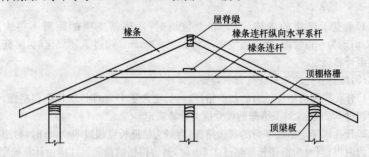

图5-32　椽条连杆加设通长纵向水平系杆作法示意图

当椽条连杆的截面尺寸不小于40mm×90mm时,对于屋面坡度小于1:3的屋盖,可作为椽条的中间支座。

屋面坡度不小于1:3时,且椽条底部有可靠的防止椽条滑移的连接时,则屋脊板可不设支座。此时,屋脊两侧的椽条应用钉与顶棚格栅相连,按钉连接的要求设计。

(13)当屋面或顶棚开孔大于椽条或格栅间距离时,开孔周围的构件应进行加强。

(14)上人屋顶的屋面板厚度应按表5-15对楼面的要求选用,对不上人屋顶的屋面板厚度应符合表5-16的规定。

表5-16　　　　　　　　　　　　　　　屋面板厚度

支承板的间距(mm)	木基结构板的最小厚度(mm)	
	$G_k \leqslant 0.3kN/m^2$	$0.3kN/m^2 < G_k \leqslant 1.3kN/m^2$
	$s_k \leqslant 2.0kN/m^2$	$s_k \leqslant 2.0kN/m^2$
400	9	11
500	9	11
600	12	12

注:当恒荷载标准值$G_k > 1.3kN/m^2$ 或 $s_k \leqslant 2.0kN/m^2$ 时,轻型木结构的构件及连接不能按构造设计,而应通过计算进行设计。

（15）轻型木结构构件之间应有可靠的连接。各种连接件均应符合国家现行的有关标准，进口产品应符合《木结构设计规范》（GB 50005—2003）管理机构审查认可的按相关标准生产的合格产品。必要时应进行抽样检验。

轻型木结构构件之间的连接主要是钉连接。有抗震设防要求的轻型木结构，连接中关键部位应采用螺栓连接。

（16）剪力墙和楼、屋盖应符合下列构造要求：

1）剪力墙骨架构件和楼、屋盖构件的宽度不得小于 40mm，最大间距为 600mm。

2）剪力墙相邻面板的接缝应位于骨架构件上，面板可水平或竖向铺设，面板之间应留有不小于 3mm 的缝隙。

3）木基结构板材的尺寸不得小于 1.2m×2.4m，在剪力墙边界或开孔处，允许使用宽度不小于 300mm 的窄板，但不得多于两块；当结构板的宽度小于300mm 时，应加设填块固定。

4）经常处于潮湿环境条件下的钉应有防护涂层。

5）钉距每块面板边缘不得小于 10mm，中间支座上钉的间距不得大于300mm，钉应牢固的打入骨架构件中，钉面应与板面齐平。

6）当墙体两侧均有面板，且每侧面板边缘钉间距小于 150mm 时，墙体两侧面板的接缝应互相错开，避免在同一根骨架构件上。当骨架构件的宽度大于 65mm时，墙体两侧面板拼缝可在同一根构件上，但钉应交错布置。

（17）轻型木结构构件的开孔或缺口应符合下列规定。

1）屋盖、楼盖和顶棚等的格栅的开孔尺寸不得大于格栅截面高度的 1/4，且距格栅边缘不得小于 50mm。

2）允许在屋盖、楼盖和顶棚等的格栅上开缺口，但缺口必须位于格栅顶面，缺口距支座边缘不得大于格栅截面高度的 1/2，缺口高度不得大于格栅截面高度的1/3。

3）承重墙墙骨柱截面开孔或开凿缺口后的剩余高度不应小于截面高度的2/3，非承重墙不应小于 40mm。

4）墙体顶梁板的开孔或开凿缺口后的剩余高度不应小于 50mm；

5）除在设计中已作考虑，否则不得随意在屋架构件上开孔或留缺口。

（18）当木屋盖和楼盖用作混凝土或砌体墙体的侧向支承时，楼、屋盖应有足够的承载力和刚度，以保证水平力的可靠传递。木屋盖和楼盖与墙体之间应有可靠的锚固；锚固连接沿墙体方向的抵抗力应不小于 3.0kN/m。

2. 木结构钉连接要求

（1）按构造设计的轻型木结构构件之间的钉连接要求见表 5-17。

表 5-17　　　　　按构造设计的轻型木结构的钉连接要求

序号	连接构件名称	最小钉长（mm）	钉的最少数量或最大间距
1	楼盖格栅与墙体顶梁板或底梁板——斜向钉连接	80	2 颗
2	边框梁或封边板与墙体顶梁板或底梁板——斜向钉连接	60	150mm
3	楼盖格栅木底撑或扁钢底撑与楼盖格栅	60	2 颗
4	格栅间剪刀撑	60	每端 2 颗
5	开孔周边双层封边梁或双层加强格栅	80	300mm
6	木梁两侧附加托木与木梁	80	每根格栅处 2 颗
7	格栅与格栅连接板	80	每端 2 颗
8	被切格栅与开孔封头格栅（沿开孔周边垂直钉连接）	80	5 颗
		100	3 颗
9	开孔处每根封头格栅与封边格栅的连接（沿开孔周边垂直钉连接）	80	5 颗
		100	3 颗
10	墙骨柱与墙体顶梁板或底梁板，采用斜向钉连接或垂直钉连接	60	4 颗
		80	2 颗
11	开孔两侧双根墙骨柱，或在墙体交接或转角处的墙骨柱	80	750mm
12	双层顶梁板	80	600mm
13	墙体底梁板或地梁板与格栅或封头块（用于外墙）	80	400mm
14	内隔墙与框架或楼面板	80	600mm
15	非承重墙开孔顶部水平构件每端	80	2 颗
16	过梁与墙骨柱	80	每颗 2 颗
17	顶棚格栅与墙体顶梁板——每侧采用斜向钉连接	80	2 颗
18	屋面椽条、桁架或屋面格栅与墙体顶梁板——斜向钉连接	80	3 颗

序号	连接构件名称	最小钉长（mm）	钉的最少数量或最大间距
19	椽条板与顶棚格栅	100	2颗
20	椽条与格栅（屋脊板有支座时）	80	3颗
21	两侧椽条在屋脊通过连接板连接，连接板与每根椽条的连接	60	4颗
22	椽条与屋脊板——斜向钉连接或垂直钉连接	80	3颗
23	椽条拉杆每端与椽条	80	3颗
24	椽条拉杆侧向支撑与拉杆	60	2颗
25	屋脊椽条与屋脊或屋谷椽条	80	2颗
26	椽条撑杆与椽条	80	3颗
27	椽条撑杆与承重墙——斜向钉连接	80	2颗

（2）墙面板、楼（屋）面板与支承构件的钉连接要求见表5-18。

表5-18　　　　墙面板、楼（屋）面板与支承构件的钉连接要求

连接面板名称	连接件的最小长度（mm）				钉的最大间距
	普通圆钢钉或麻花钉	螺纹圆钉或麻花钉	屋面钉	U型钉	
厚度小于13mm的石膏墙板	不允许	不允许	45	不允许	沿板边缘支座150mm
厚度小于10mm的木基结构板材	50	45	不允许	40	
厚度10～20mm的木基结构板材	50	45	不允许	50	沿板跨中支座300mm
厚度大于20mm的木基结构板材	60	50	不允许	不允许	

二、施工质量检验

(1)主控项目检验见表 5-19。

表 5-19　　　　　　　　　　　　　主控项目检验

序号	项　目	合格质量标准	检验方法	检查数量
1	规格材应力等级检验	规格材的应力等级检验应满足下列要求。 (1)对于每个树种、应力等级、规格尺寸至少应随机抽取 15 个足尺试件进行侧立受弯试验,测定抗弯强度。 (2)根据全部试验数据统计分析后求得的抗弯强度设计值应符合规定	进行侧立受弯试验	对于每个树种、应力等级、规格尺寸至少应随机抽取 15 个足尺试件
2	规格材质量、含水率检验	应根据设计要求的树种、等级按表 5-20～表 5-22 的规定检查规格材的材质和木材含水率(≤18%)	用钢尺或量角器测,按木材物理力学试验方法国家标准(GB 1927—1991～1943—1991)的规定测定规格材全截面的平均含水率,并对照规格材的标识	每检验批随机取样 100 块
3	检验木基结构板材集中荷载,冲击荷载和均布荷载试验及结构胶合板单板的缺陷限值	用作楼面板或屋面板的木基结构板材应进行集中静载与冲击荷载试验和均布荷载试验,其结果应分别符合表 5-23 和表 5-25 的规定。 此外,结构用胶合板每层单板所含的木材缺陷不应超过表 5-25 中的规定,并对照木基结构板材的标识	见表5-23～表5-25	按设计要求
4	测定普通钉的最小屈服强度	普通圆钉的最小屈服强度应符合设计要求	进行受弯试验	每种长度的圆钉至少随机抽取 10 枚

表 5-20 轻型木结构用规格材材质标准

项次	缺陷名称	材质等级		
		Ⅰc	Ⅱc	Ⅲc
1	振裂和干裂	允许个别长度不超过600mm,不贯通,如贯通,参见劈裂要求		贯通:600mm 长 不贯通:900mm 长或不超过1/4构件长 干裂:无限制贯通干裂参见劈裂要求
2	漏刨	构件的10%轻度漏刨③		轻度漏刨不超过构件的5%,包含长达 600mm 的散布漏刨⑤,或重度漏刨④
3	劈裂	b/6		1.5b
4	斜纹:斜率不大于(%)	8	10	12
5	钝楞⑥	h/4 和 b/4,全长或等效 如果每边的钝楞不超过h/2或b/3,L/4		h/3 和 b/3,全长或等效,如果每边钝楞不超过 2h/3 或 b/2,L/4
6	针孔虫眼	每 25mm 的节孔允许 48 个针孔虫眼,以最差材面为准		
7	大虫眼	每 25mm 的节孔允许 12 个 6mm 的大虫眼,以最差材面为准		
8	腐朽—材心⑰a	不允许		当 h>40mm 时不允许,否则 h/3 或 b/3
9	腐朽—白腐⑰b	不允许		1/3 体积
10	腐朽—蜂窝腐⑰c	不允许		1/6 材宽⑱—坚实⑬
11	腐朽—局部片状腐⑰d	不允许		1/6 材宽⑱⑭
12	腐朽—不健全材	不允许		最大尺寸 b/12 和 50mm 长,或等效的多个小尺寸⑬

续表

项次	缺陷名称	材质等级		
		I_c	II_c	III_c
13	扭曲,横弯和顺弯⑦	1/2中度		轻度

项次	木节和节孔⑩ 高度(mm)	健全节、卷入节和均布节⑧		非健全节,松节和孔⑨	健全节、卷入节和均布节		非健全节,松节和孔⑩	任何木节		节孔⑪
		材边	材心		材边	材心		材边	材心	
14	40	10	10	10	13	13	13	16	16	16
	65	13	13	13	19	19	19	22	22	22
	90	19	22	19	25	38	25	32	51	32
	115	25	38	22	32	48	29	41	60	35
	140	29	48	25	38	57	32	48	73	38
	185	38	57	32	51	70	38	64	89	51
	235	48	67	32	64	93	38	83	108	64
	285	57	76	32	76	95	38	95	121	76

项次	缺陷名称	材质等级	
		IV_c	V_c
1	振裂和干裂	贯通—L/3 不贯通—全长 3面振裂—L/6 干裂无限制,贯通干裂参见劈裂要求	不贯通—全长 贯通和三面振裂 L/3
2	漏刨	散布漏刨伴有不超过构件10%的重度漏刨⑭	任何面的散布漏刨中,宽面含不超过10%的重度漏刨④
3	劈裂	b/6	2b
4	斜纹:斜率不大于(%)	25	25

续表

项次	缺陷名称	材质等级	
		IV_c	V_c
5	钝楞⑥	$h/2$ 和 $b/2$,全长或等效不超过 $7h/8$ 或 $3b/4$,$L/4$	$h/3$ 和 $b/3$,全长或每个面等效,如果钝楞不超过 $h/2$ 或 $3b/4$,$\leqslant L/4$
6	针孔虫眼	每 25mm 的节孔允许 48 个针孔虫眼,以最差材面为准	
7	大虫眼	每 25mm 的节孔允许 12 个 6mm 的大虫眼,以最差材面为准	
8	腐朽—材心⑰a	1/3 截面⑬	1/3 截面⑮
9	腐朽—白腐⑰b	无限制	无限制
10	腐朽—蜂窝腐⑰c	100%坚实	100%坚实
11	腐朽—局部片状腐⑰d	1/3 截面	1/3 截面
12	腐朽—不健全材	1/3 截面,深入部分 1/6 长度⑮	1/3 截面,深入部分 1/6 长度⑮
13	扭曲,横弯和顺弯⑦	中度	1/2 中度

项次	木节和节孔⑯ 高度(mm)	任何木节		节孔⑫	任何木节		节孔⑫
		材边	材心		材边	材心	
14	40	19	19	19	19	19	19
	65	32	32	32	32	32	32
	90	44	64	44	44	64	38
	115	57	76	48	57	76	44
	140	70	95	51	70	95	51
	185	89	114	64	89	114	64
	235	114	140	76	114	140	76
	285	140	165	89	140	165	89

项次	缺陷名称	材质等级	
		Ⅵc	Ⅶc
1	振裂和干裂	材面—不长于600mm,贯通干裂同劈裂	贯通:600mm 长 不贯通:900mm 长或大于 $L/4$
2	漏刨	构件的10%轻度漏刨③	轻度漏刨不超过构件的 5%,包含长达 600mm 的散布漏刨⑤或重度漏刨④
3	劈裂	b	$1.5b$
4	斜纹:斜率不大于(%)	17	25
5	钝楞⑥	$h/4$ 和 $b/4$,全长或每个面等效如果钝楞不超过 $h/2$ 或 $b/3$,$L/4$	$h/3$ 和 $b/3$,全长或每个面等效不超过 $2h/3$ 或 $b/2$,$\leqslant L/4$
6	针孔虫眼	每25mm的节孔允许48个针孔虫眼,以最差材面为准	
7	大虫眼	每25mm的节孔允许12个6mm的大虫眼,以最差材面为准	
8	腐朽—材心⑰a	不允许	$h/3$ 或 $b/3$
9	腐朽—白腐⑰b	不允许	1/3 体积
10	腐朽—蜂窝腐⑰c	不允许	$b/6$
11	腐朽—局部片状腐⑰d	不允许	$b/6$⑲
12	腐朽—不健全材	不允许	最大尺寸 $b/12$ 和 50mm 长,或等效的小尺寸⑬
13	扭曲,横弯和顺弯⑦	1/2中度	轻度

续表

项次	缺陷名称	材质等级			
		Ⅵc		Ⅶc	
	木节和节孔⑯ 高度(mm)	健全节、卷入节和均布节	非健全节松节和节孔⑩	任何木节	节孔⑪
14	40	—	—	—	
	65	19	16	25	19
	90	32	19	38	25
	115	38	25	51	32

注:①目测分等级应考虑构件所有材面以及两端。表中 b 为构件宽度,h 为构件厚度,L 为构件长度。

②除本注解中已说明,缺陷定义详见国家标准《锯材缺陷》(GB/T 4823—1995)。

③一系列深度不超过 1.6mm 的漏刨,介于刨光的表面之间。

④全长深度为 3.2mm 的漏刨(仅在宽面)。

⑤全面散布漏刨或局部有刨光面或全为糙面。

⑥离材端全面或部分占据材面的钝楞,当表面要求满足允许漏刨规定,窄面上损坏要求满足允许节孔的规定(长度不超过同一等级允许最大节孔直径的 2 倍),钝楞的长度可为 305mm,每根构件允许出现一次。含有该缺陷的构件不得超过总数的 5%。

⑦见表 5-21 和表 5-22,顺弯允许值是横弯的 2 倍。

⑧卷入节是指被树脂或树皮包围不与周围木材连生的木节,均布节是指在构件任何 150mm 长度上所有木节尺寸的总和必须小于容许最大木节尺寸的 2 倍。

⑨每 1.2m 有一个或数个小节孔,小节孔直径之和与单个节孔直径相等。非健全节是指腐朽节,但不包括发展中的腐朽节。

⑩每 0.9m 有一个或数个小节孔,小节孔直径之和与单个节孔直径相等。

⑪每 0.6m 有一个或数个小节孔,小节孔直径之和与单个节孔直径相等。

⑫每 0.3m 有一个或数个小节孔,小节孔直径之和与单个节孔直径相等。

⑬仅允许厚度为 40mm。

⑭假如构件窄面均有局部片状腐,长度限制为节孔尺寸的 2 倍。

⑮不得破坏钉入边。

⑯节孔可以全部或部分贯通构件。除非特别说明,节孔的测量方法同节子。

⑰腐朽(不健全材)

    a 材心腐朽是指某些树种沿髓心发展的局部腐朽,用目测鉴定。心材腐朽存在于活树中,在被砍伐的木材中不会发展。

    b 白腐是指木材中白色或棕色的小壁孔或斑点,由白腐菌引起。白腐存在于活树中,在使用时不会发展。

    c 蜂窝腐与白腐相似但囊孔更大。含有蜂窝腐的构件较未含蜂窝腐的构件不易腐朽。

    d 局部片状腐是柏树中槽状或壁孔状的区域。所有引起局部片状腐的木腐菌在树砍伐后不再生长。

本表摘自《木结构工程施工质量验收规范》(GB 50206—2002)。

表 5-21　　　　　　　　　　　　规格材的允许扭曲值

长度 (m)	扭曲程度	高 度(mm)					
		40	65 和 90	115 和 140	185	235	285
1.2	极轻	1.6	3.2	5	6	8	10
	轻度	3	6	10	13	16	19
	中度	5	10	13	19	22	29
	重度	6	13	19	25	32	38
1.8	极轻	2.4	5	8	10	11	14
	轻度	5	10	13	19	22	29
	中度	7	13	19	29	35	41
	重度	10	19	29	38	48	57
2.4	极轻	3.2	6	10	13	16	19
	轻度	6	5	19	25	32	38
	中度	10	19	29	38	48	57
	重度	13	25	38	51	64	76
3	极轻	4	8	11	16	19	24
	轻度	8	16	22	32	38	48
	中度	13	22	35	48	60	70
	重度	16	32	48	64	70	95
3.7	极轻	5	10	14	19	24	29
	轻度	10	19	29	38	48	57
	中度	14	29	41	57	70	86
	重度	19	38	57	76	95	114
4.3	极轻	6	11	16	22	27	33
	轻度	11	22	32	44	54	67
	中度	16	32	48	67	83	98
	重度	22	44	67	89	111	133
4.9	极轻	6	13	19	25	32	38
	轻度	13	25	38	51	64	76
	中度	19	38	57	76	95	114
	重度	25	51	76	102	127	152
5.5	极轻	8	14	21	29	37	43
	轻度	14	29	41	57	70	86
	中度	22	41	64	86	108	127
	重度	29	57	86	108	143	171
≥6.1	极轻	8	16	24	32	40	48
	轻度	16	32	48	64	79	95
	中度	25	48	70	95	117	143
	重度	32	64	95	127	159	191

注:本表摘自《木结构工程施工质量验收规范》(GB 50206—2002)。

表 5-22   规格材的允许横弯值

长度(m)	横弯程度	高　度(mm)						
		40	65	90	115 和 140	185	235	285
1.2 和 1.8	极轻	3.2	3.2	3.2	3.2	1.6	1.6	1.6
	轻度	6	6	6	5	3.2	1.6	1.6
	中度	10	10	10	6	5	3.2	3.2
	重度	13	13	13	10	6	5	5
2.4	极轻	6	6	5	3.2	3.2	1.6	1.6
	轻度	10	10	10	8	6	5	3.2
	中度	13	13	13	10	10	6	5
	重度	19	19	19	16	13	10	6
3.0	极轻	10	8	6	5	5	3.2	3.2
	轻度	19	16	13	11	10	6	5
	中度	35	25	19	16	13	11	10
	重度	44	32	29	25	22	19	16
3.7	极轻	13	10	10	8	6	5	5
	轻度	25	19	17	16	13	11	10
	中度	38	29	25	25	21	19	14
	重度	51	38	35	32	29	25	21
4.3	极轻	16	13	11	10	8	6	5
	轻度	32	25	22	19	16	13	10
	中度	51	38	32	29	25	22	19
	重度	70	51	44	38	32	29	25
4.9	极轻	19	16	13	11	10	8	6
	轻度	41	32	25	22	19	16	13
	中度	64	48	38	35	29	25	22
	重度	83	64	51	44	38	32	29
5.5	极轻	25	19	16	13	11	10	8
	轻度	51	35	29	25	22	19	16
	中度	76	52	41	38	32	29	25
	重度	102	70	57	51	44	38	32
6.1	极轻	29	22	19	16	13	11	10
	轻度	57	38	35	32	25	22	19
	中度	86	57	52	48	38	32	29
	重度	114	76	70	64	51	44	38

续表

长度 (m)	横弯程度	高　度(mm)						
		40	65	90	115和140	185	235	285
6.7	极轻	32	25	22	19	16	13	11
	轻度	64	44	41	38	32	25	22
	中度	95	67	62	57	48	38	32
	重度	127	89	83	76	64	51	44
7.3	极轻	38	29	25	22	19	16	13
	轻度	76	51	30	44	38	32	25
	中度	114	76	48	67	57	48	41
	重度	152	102	95	89	76	64	57

注：本表摘自《木结构工程施工质量验收规范》(GB 50206—2002)。

表 5-23　　　　　　　　木基结构板材在集中静载和冲击荷载
作用下应控制的力学指标[①]

用 途	标准跨度(最 大允许跨度) (mm)	试验条件	冲击 荷载 (N·m)	最小极限荷载[②] (kN)		0.89kN 集中静 载作用下的最 大挠度[③](mm)
				集中 静载	冲击后集 中静载	
楼 面 板	400(410)	干态及湿态重新干燥	102	1.78	1.78	4.8
	500(500)	干态及湿态重新干燥	102	1.78	1.78	5.6
	600(610)	干态及湿态重新干燥	102	1.78	1.78	6.4
	800(820)	干态及湿态重新干燥	122	2.45	1.78	5.3
	1200(1220)	干态及湿态重新干燥	203	2.45	1.78	8.0
屋 面 板	400(410)	干态及湿态	102	1.78	1.33	11.1
	500(500)	干态及湿态	102	1.78	1.33	11.9
	600(610)	干态及湿态	102	1.78	1.33	12.7
	800(820)	干态及湿态	122	1.78	1.33	12.7
	1200(1220)	干态及湿态	203	1.78	1.33	12.7

①单个试验的指标。

②100%的试件应能承受表中规定的最小极限荷载值。

③至少90%的试件的挠度不大于表中的规定值。在干态及湿态重新干燥试验条件下，楼面板在静载和冲击荷载后静载的挠度,对于屋面板只考虑静载的挠度,对于湿态试验条件下的屋面板,不考虑挠度指标。

本表摘自《木结构工程施工质量验收规范》(GB 50206—2002)。

表 5-24　　　　木基结构板材在均布荷载作用下应控制的力学指标①

用途	标准跨度（最大允许跨度）(mm)	试验条件	性能指标①	
			最小极限荷载②(kPa)	最大挠度③(mm)
楼面板	400(410)	干态及湿态重新干燥	15.8	1.1
	500(500)	干态及湿态重新干燥	15.8	1.3
	600(610)	干态及湿态重新干燥	15.8	1.7
	800(820)	干态及湿态重新干燥	15.8	2.3
	1200(1220)	干态及湿态重新干燥	10.8	3.4
屋面板	400(410)	干态	7.2	1.7
	500(500)	干态	7.2	2.0
	600(610)	干态	7.2	2.5
	800(820)	干态	7.2	3.4
	1000(1020)	干态	7.2	4.4
	1200(1220)	干态	7.2	5.1

①单个试验的指标。

②100%的试件应能承受表中规定的最小极限荷载值。

③每批试件的平均挠度应不大于表中的规定值。4.79kPa 均布荷载作用下的楼面最大挠度；或 1.68kPa 均布荷载作用下的屋面最大挠度。

本表摘自《木结构工程施工质量验收规范》(GB 50206—2002)。

表 5-25　　　　　　　　结构胶合板每层单板的缺陷限值

缺陷特征	缺陷尺寸(mm)
实心缺陷:木节	垂直木纹方向不得超过 76
空心缺陷:节孔或其他孔眼	垂直木纹方向不得超过 76
劈裂、离缝、缺损或钝楞	$l<400$,垂直木纹方向不得超过 40。 $400 \leqslant l \leqslant 800$,垂直木纹方向不得超过 30。 $l>800$,垂直木纹方向不得超过 25
上、下面板过窄或过短	沿板的某一侧边或某一端头不超过 4,其长度不超过板材的长度或宽度的一半
与上、下面板相邻的总板过窄或过短	$\leqslant 4 \times 200$

注:1. l 为缺陷长度。

2. 本表摘自《本结构工程施工质量验收规范》(GB 50206—2002)。

（2）一般项目检验见表 5-26。

表 5-26   一般项目检验

序号	项　目	合格质量标准	检验方法	检查数量
1	钉连接屈服强度、长度和数量（或最大间距）要求	本框架各种构件的钉连接、墙面板和屋面板与框架构件的钉连接及屋脊梁无支座时椽条与格栅的钉连接均应符合设计要求	钢尺或游标深度尺量	按检验批全数

第四节　胶合木结构

胶合木在建筑工程中的采用，是合理和优化使用木材、发展现代木结构的重要方向。胶合木构件具有构造简单、制作方便、强度较高及耐火极限高且能以短小材料制作成几十米、上百米跨度的形式多样、造型美观大方的各种构件的优点，因而国际上大量用于大体量、大跨度和对防火要求高的各种大型公共建筑、体育建筑、会堂、游泳场馆、工厂车间及桥梁等民用与工业建筑、构筑物。胶合木结构在我国技术和经验都比较成熟，具有广泛的应用前景和市场。在中、小跨度建筑中，胶合木构件可取代实木构件，节省大基木材。

一、构造要求和工艺要求

1. 胶合构造要求

（1）制作胶合木构件所用的木板，当采用一般针叶材和软质阔叶材时，刨光后的厚度不宜大于 45mm；当采用硬木松或硬质阔叶材时，不宜大于 35mm。木板的宽度不应大于 180mm。

（2）弧形构件曲率半径应大于 $300t$（t 为木板厚度），木板厚度不大于 30mm，对弯曲特别严重的构件，木板厚度不应大于 25mm。

（3）屋架不应产生可见的挠度，胶合木桁架在制作时应按其跨度的 1/200 起拱。

（4）制作胶合木构件的木板接长应采用指接。用于承重构件，其指接边坡度 η 不宜大于 1/10，指长不应小于 20mm，指端宽度 b_f 宜取 0.2～0.5mm，如图 5-33 所示。

（5）胶合木构件所用木板的横向拼宽可采用平接；上下相邻两层木板平接线水平距离不应小于 40mm，如图 5-34 所示。

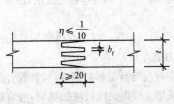

图 5-33　木板指接　　　　　　　　　图 5-34　木板拼接

（6）同一层木板指接接头间距不应小于 1.5m，相邻上下两层木板层的指接接头距离不应小于 10t（t 为板厚）。

（7）胶合木构件同一截面上板材指接接头数目不应多于木板层数的 1/4。应避免将各层木板指接接头沿构件高度布置成阶梯形。

（8）胶合木构件符合下列规定时，可不设置加劲肋：

1）工字形截面构件的腹板厚度不小于 80mm，且不小于翼板宽度的一半。

2）矩形、工字形截面构件的宽度 h 与其宽度 b 的比值，梁一般不宜大于 6，直线形受压或压弯构件一般不宜大于 5，弧形构件一般不宜大于 4；超过上述高宽比的构件，应设置必要的侧向支撑，满足侧向稳定要求。

（9）线性变截面构件设计时应注明坡度开始处和坡度终止处的截面高度。

（10）弧形构件设计时应注明弯曲部分的曲率半径或曲线方程。

2. 胶合工艺要求

（1）胶合构件的胶合应在室内进行，在整个胶合和养护过程中，室温不应低于 16℃。

（2）为保证指接接头的质量，制作时，应在专门的铣床上加工；所采用的刀具应经技术鉴定合格；所铣的指头应完整，不得有缺损。

（3）木板接水铣、刨后，应在 12h 内胶合。胶合时应对胶合面均匀加压，指接的压力为 0.6～1.0N/mm²。指接加压时，应在指的两侧用卡具卡紧，然后从板端施压。接头胶合后，应在加压状态下养护 24h（若用高频电热加速胶的固化，则可免除养护，但电热温度及时间应经试验确定）。

（4）木板应在完成其指接胶合工序后，方可刨光胶合面，刨光的质量应符合下列规定：

1）上、下胶合面应密合，无局部透光；个别部位因刀口缺损造成的凸痕，不应高出板面 0.2mm；

2）在刨光的木板中，靠近木节处的粗糙面长度不应大于 100mm；

3）采用对接接头的两木板，其厚度偏差不应超过±0.1mm。

（5）木板刨光后，宜在 12h 内胶合，至多不超过 24h，木材上胶前，还应清除胶合面上的污垢。

（6）木板上胶叠合后应对整个胶合面均匀加压。对于直线形构件压力应为 0.3～0.5N/mm²。对于曲线形构件，压力应为 0.5～0.6N/mm²。

（7）为保证胶合构件在进入下一工序前胶缝有足够的强度，构件胶合的加压和养护时间应符合表 5-27 的要求。当采用高频电热或微波加热时，胶合加压及养护时间应按试验确定。

（8）胶合构件的制造质量应符合下列规定：

1）胶缝局部未粘结段的长度，在构件剪力最大的部位，不应大于 75mm，在其他部位，不应大于 150mm；所有的未粘结处，均不得有贯穿构件宽度的通缝；相邻两个未粘结段的净距，应不小于 600mm；指接胶缝中，不得有未胶合处；

2）胶缝的厚度应控制在 0.1～0.3mm 之间，如局部有厚度超过 0.3mm 的胶缝，其长度应小于 300mm，且最大的厚度不应超过 1mm；

3）以底层木板为准，各层板在宽度方向凸出或凹进不应超过 2mm；

4）制成的胶合构件，其实际尺寸对设计尺寸的偏差不应超过±5mm，且不应超过设计尺寸的±3%。

表 5-27　　　　　　　胶合构件加压及养护的最短时间

构 件 类 别	室内温度（℃）		
	16～20	21～25	26～30
	加压持续时间（h）		
不起拱的构件	8	6	4
起拱的构件	18	8	6
曲线形构件	24	18	12
所有构件	加压及卸压后养护的总时间（h）		
	32	30	24

二、层板胶合木制作

1. 一般规定

（1）将木纹平行于长度方向的木板层叠胶合称为层板胶合木。软质树种的层板厚度不应大于 45mm，硬质树种不应大于 40mm。

（2）层板刨光后的厚度 t 和截面面积 A 不应超过表 5-28 的规定。

表 5-28 在不同使用条件下层板刨光后的厚度与截面面积限值

使用条件等级		1		2		3	
树 种	厚度和截面积	t (mm)	A (mm²)	t (mm)	A (mm²)	t (mm)	A (mm²)
软质树种		45	10000	45	9000	35	7000
硬质树种		40	7500	40	7500	35	6000

当截面面积超过表 5-28 的限值时,宜在层板底面开槽用以保证胶缝的平整度,槽宽不应大于 4mm,槽深不应大于板厚的 1/3,相邻层板的槽口应相互错开不小于层板的厚度。

弧形构件的层板厚度应随曲率半径 ρ 减小而减薄,可按下式确定:

$$t(\text{mm}) \leqslant \frac{\rho}{200}$$

(3)层板宽度大于 200mm 时,应用两块木板拼合,如图 5-35 所示,相邻两层木板间的拼缝间距应等于或大于木板厚度或 25mm。

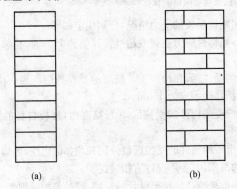

(a)   (b)

图 5-35 层板胶合木的截面

(4)层板胶合木在垂直荷载作用下受弯时,除上下两层之外,拼缝不需胶合。当有外观要求时,上、下两个面层的拼缝应用加填料的胶封闭。在水平荷载作用下受弯时,或用于使用条件等级为 3 级时,全部拼缝均应胶合。

2. 制作

(1)层板坯料应在纵向接长和表面加工之前,窑干或气干至 8%~15% 的含水率。

(2)层板坯料纵向接长应采用指形接头(以下简称指接),如图 5-36 所示。表 5-29 列出推荐的指接剖面尺寸范围。

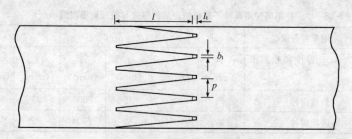

图 5-36　指接剖面的几何关系

表 5-29   推荐的指接剖面尺寸

指端宽度 b_t （mm）	指长 l （mm）	指边坡度 $s=(P-2b_t)/2(l-l_t)$
0.5～1.2	20～30	1/8～1/12

注：P——指形接头的指距(mm)。

　　　l_t——指形接头指端缺口的长度(mm)。

（3）指接的间距按层板的受力情况，分别规定如下：

1）受拉构件：当构件应力达到或超过设计值的 75％时，相邻层板之间的距离应为 150mm。

2）受弯构件的受拉区：在构件 1/8 高度的受拉外层再加一块层板的范围内，相邻层板之间的指接间距应为 150mm。

3）受拉构件或受弯构件的受拉区 10％高度内，层板自身的指接间距不应小于 1800mm。

4）需修补后出厂的构件的受拉区最外层和相邻的内层，距修补块端头的每一侧小于 150mm 的范围内，皆不允许有指接接头。

（4）木板应用指接胶合接长至设计的长度，经过养护后刨光。

落叶松、花旗松等不易胶合的木材及需化学药剂处理的木材，应在刨光后 6h 内胶合。

易于胶合的木材及不需化学药剂处理的木材，应在刨光后 24h 内胶合。

（5）木板胶合前应清除灰尘、污垢及渗出的胶液和化学处理药剂，但不得用砂纸打磨。两块木板的胶合面均应均匀涂胶，用胶量不得少于 350g/m²，若采用高频电干燥，不得少于 200g/m²。指接应双面涂胶。

（6）胶合时木板含水率，对于不需用化学药剂处理的木材应在 8％到 15％之间，对于需用化学药剂处理的木材应在 11％到 18％之间。各层木板之间及指接木板之间的含水率差别不应超过 4％。

胶合时木板温度不应低于 15℃。

（7）胶合时必须均匀加压，加压可从构件的任意位置开始，逐步延伸至端部。为在夹紧期间保持足够的压力，在夹紧后应立即开始拧紧螺栓加压器调整压力，压力应按表5-30所列数值控制。

表 5-30　　　　　　　　　　　　不同层板厚度的胶合面压力

层板厚度 t/mm	$t \leqslant 35$	$35 < t \leqslant 45$（底面有刻槽）	$35 < t \leqslant 45$（底面无刻槽）
胶合面压力 /(N/mm²)	0.6	0.8	1.0

注：不应采用钉加压。

（8）弧形构件胶合时应采用模架，模架拱面的曲率半径应稍小于弧形构件下表面的曲率半径，以抵消卸模后构件的回弹，其值按下式确定：

$$\rho_0 = \rho\left(1 - \frac{1}{n}\right)$$

式中　ρ_0——模架拱面的曲率半径(mm)；

　　　ρ——弧形构件下表面的设计曲率半径(mm)；

　　　n——木板层数。

（9）在制作工段内的温度应不低于15℃，空气的相对湿度应在40%～75%的范围内。

胶合构件养护室内的温度当木材初始温度为18℃时，应不低于20℃；当木材初始温度为15℃时，应不低于25℃。养护时空气的相对湿度应不低于30%。

在养护完全结束前，胶合构件不应受力或置于温度在15℃以下的环境中。

（10）需在胶合前进行化学药剂处理的木材，应在胶合前完成机械加工。

3. 质量控制

当采用弹性模量与目测配合定级时，应按本条的规定测定木板的弹性模量：

（1）以一片木板作为试件。

（2）在层板接长前应根据每一树种，截面尺寸按等级随机取样100片木板。

（3）将木板平卧放置在距端头75mm的两个辊轴上，其中之一能在垂直木板长度方向旋转。

（4）在跨度中点加载，荷载准确度应在±1%之内。

（5）在加载点用读数能达到0.025mm的仪表测量挠度。

（6）进行适当的预加载后，将仪表调到0读数。

（7）最后荷载应以试件的应力不超过10MPa为限。

（8）读出最后荷载下的挠度。

（9）根据最后荷载和挠度求得弹性模量。

（10）在测试的100个试件中，有95个试件的弹性模量高于规定值，即被认可。

三、施工质量检验

1. 主控项目

(1)应根据胶合木构件对层板目测等级的要求,按规定检查木材缺陷的限值。

检查数量:在层板接长前应根据每一树种,截面尺寸按等级随机取样 100 片木板。

检查方法:用钢尺或量角器量测。

当采用弹性模量与目测配合定级时,除检查目测等级外,尚应按本章第四节中三的规定检测层板的弹性模量。应在每个工作班的开始、结尾和在生产过程中每间隔 4h 各选取 1 片木板。目测定级合格后测定弹性模量。

(2)胶缝应检验完整性,并应按照表 5-31 规定胶缝脱胶试验方法进行。对于每个树种、胶种、工艺过程至少应检验 5 个全截面试件。脱胶面积与试验方法及循环次数有关,每个试件的脱胶面积所占的百分率应小于表 5-32 所列限值。

(3)对于每个工作班应从每个流程或每 10m³ 的产品中随机抽取 1 个全截面试件,对胶缝完整性进行常规检验,并应按照表 5-33 规定胶缝完整性试验方法进行。结构胶的型号与使用条件应满足表 5-32 的要求。脱胶面积与试验方法及循环次数有关,每个试件的脱胶面积所占的百分率应小于表 5-32 和表 5-34 所列限值。

表 5-31　　　　　　　　　　　胶缝脱胶试验方法

使用条件类别①	1 类		2 类		3 类
胶的型号②	Ⅰ	Ⅱ	Ⅰ	Ⅱ	Ⅰ
试验方法	A	C	A	C	A

①层板胶合木的使用条件根据气候环境分为 3 类:

　　1 类——空气温度达到 20℃,相对湿度每年有 2~3 周超过 65%,大部分软质树种木材的平均平衡含水率不超过 12%;

　　2 类——空气温度达到 20℃,相对湿度每年有 2~3 周超过 85%,大部分软质树种木材的平均平衡含水率不超过 20%;

　　3 类——导致木材的平均平衡含水率超过 20% 的气候环境,或木材处于室外无遮盖的环境中。

②胶的型号有Ⅰ型和Ⅱ型两种:

　　Ⅰ型——可用于各类使用条件下的结构构件(当选用间苯二酚树脂胶或酚醛间苯二酚树脂胶时,结构构件温度应低于 85℃);

　　Ⅱ型——只能用于 1 类或 2 类使用条件,结构构件温度应经常低于 50℃(可选用三聚氰胺脲醛树脂胶)。

表 5-32　　　　　　　　　　胶缝脱胶率　　　　　　（单位：%）

试验方法	胶的型号	循 环 次 数		
		1类	2类	3类
A	I		5	10
C	II	10		

表 5-33　　　　　　　常规检验的胶缝完整性试验方法

使用条件类别①	1类	2类	3类
胶的型号②	I 和 II	I 和 II	I
试验方法	脱胶试验方法 C 或胶缝抗剪试验	脱胶试验方法 C 或脱缝抗剪试验	脱胶试验方法 A 或 B

注：同表 5-31。

表 5-34　　　　　　　　　　胶缝脱胶率　　　　　　（单位：%）

试验方法	胶的类型	循 环 次 数	
		1类	2类
B	I	4	8

每个全截面试件胶缝抗剪试验所求得的抗剪强度和木材破坏百分率应符合下列要求：

1）每条胶缝的抗剪强度平均值应不小于 6.0N/mm^2，对于针叶材和杨木，当木材破坏达到 100% 时，其抗剪强度达到 4.0N/mm^2 也被认可。

2）与全截面试件平均抗剪强度相应的最小木材破坏百分率及与某些抗剪强度相应的木材破坏百分率列于表 5-35。

表 5-35　　　　　　与抗剪强度相应的最小木材破坏百分率　　　（单位：%）

	平 均 值			个 别 数 值		
抗剪强度 f_v（N/mm²）	6	8	≥11	4~6	6	≥10
最小木材破坏百分率	90	70	45	100	75	20

注：中间值可用插入法求得。

（4）应按下列规定检查指接范围内的木材缺陷和加工缺陷：

1）不允许存在裂缝、涡纹及树脂条纹。

2）木节距指端的净距不应小于木节直径的 3 倍。

3)Ⅰb 和Ⅰbi级木板不允许有缺指或坏指,Ⅱb 和Ⅲb 级木板的缺指或坏指的宽度不得超过允许木节尺寸的 1/3。

4)在指长范围内及离指根 75mm 的距离内,允许存在钝楞或边缘缺损,但不得超过两个角,且任一角的钝楞面积不得大于木板正常截面面积的 1%。

检查数量:应在每个工作班的开始、结尾和在生产过程中每间隔 4h 各选取 1 块木板。

检查方法:用钢尺量和辨认。

(5)层板接长的指接弯曲强度应符合规定。

1)见证试验:当新的指接生产线试运转或生产线发生显著的变化(包括指形接头更换剖面)时,应进行弯曲强度试验。

试件应取生产中指接的最大截面。

根据所用树种、指接几何尺寸、胶种、防腐剂或阻燃剂处理等不同的情况,分别取至少 30 个试件。

凡属因木材缺陷引起破坏的试验结果应剔除,并补充试件进行试验,以取得至少 30 个有效试验数据,据此进行统计分析求得指接弯曲强度标准值 f_{mk}。

2)常规试验:从一个生产工作班至少取 3 个试件,尽可能在工作班内按时间和截面尺寸均匀分布。从每一生产批料中至少选一个试件,试件的含水率应与生产的构件一致,并应在试件制成后 24h 内进行试验。其他要求与见证试验相同。

常规试验合格的条件是 15 个有效指接试件的弯曲强度标准值大于等于 f_{mk}。

2. 一般项目

(1)胶合时木板宽度方向的厚度允许偏差应不超过±0.2mm,每块木板长度方向的厚度允许偏差应不超过±0.3mm。

检查数量:每检验批 100 块。

检查方法:用钢尺量。

(2)表面加工的截面允许偏差:

1)宽度:±2.0mm。

2)高度:±6.0mm。

3)规方:以承载处的截面为准,最大的偏离为 1/200。

检查数量:每检验批 10 个。

检查方法:用钢尺量。

(3)胶合木构件的外观质量:

1)A 级——构件的外观要求很重要而需油漆,所有表面空隙均需封填或用木料修补。表面需用砂纸打磨达到粒度为 60 的要求。下列空隙应用木料修补。

①直径超过 30mm 的孔洞。

②尺寸超过 40mm×20mm 的长方形孔洞。

③宽度超过 3mm 的侧边裂缝长度为 40~100mm。

注:填料应为不收缩的材料符合构件表面加工的要求。

2)B 级——构件的外观要求表面用机具刨光并加油漆。表面加工应达到上述(2)的要求。表面允许有偶尔的漏刨,允许有细小的缺陷、空隙及生产中的缺损。最外的层板不允许有松软节和空隙。

3)C 级——构件的外观要求不重要,允许有缺陷和空隙,构件胶合后无须表面加工。构件的允许偏差和层板左右错位限值示于图 5-37 及表 5-36 之中。

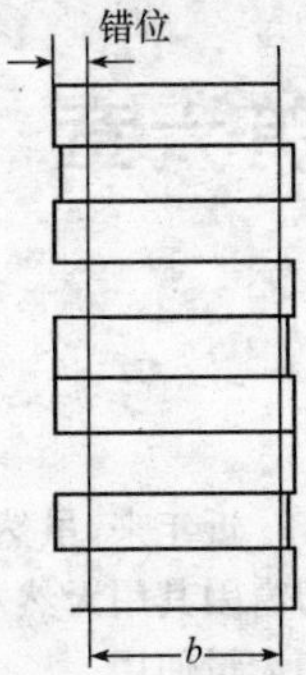

图 5-37　屋板左右错位限值示意图

表 5-36　　　　　　　胶合木构件外观 C 级的允许偏差和错位

截面的高度或宽度 (mm)	截面高度或宽度的允许偏差 (mm)	错位的最大值 (mm)
(h 或 b)<100	±2	4
100≤(h 或 b)<300	±3	5
300≤(h 或 b)	±6	6

检查数量:每检验批当要求为 A 级时,应全数检查,当要求为 B 或 C 级时,要求检查 10 个。

检查方法:用钢尺量。

第六章 木门窗及细木制品制作与安装

第一节 木门窗的制作

近年来,虽然钢门窗、铝合金门窗和塑料门窗已在建筑工程中大量采用,但木门窗因其用天然木材制作,具有美观大方、隔热隔音、吸潮、无污染等特性,仍被人们大量使用。

门窗在建筑工程中,不仅具备隔离、防风、采光等使用功能,而且对建筑的美观有很大影响,具备一定的装饰功能。因此,门窗的设计和制作,合理选材,都是至关重要的。

一、木门窗的分类和构造

1. 木门

木门按结构形式可分为镶板门、夹板门、木板门、玻璃门(全玻与半玻)等。按使用部位分为分户门、内门、厕所门、厨房门、阳台门等。木门的分类、适用范围及规格见表 6-1。

表 6-1   木门分类及规格

名 称	镶板门	夹板门	玻璃门(半玻)	弹簧门	平开大木门
适用范围	一般民用建筑的外门、内门、厕所门、浴池门	卧室、办公室、教室、厕所等内门	有间接采光的内门,公用建筑外门	食堂、影剧院、礼堂、公用建筑正门	工业仓库、车库、工业厂房
洞口 高(mm)	无亮:2000,2100 有亮:2400,2500,2700	无亮:1900,2000 有亮:2400,2500,2700	无亮:2000,2100 有亮:2400,2500,2700	无亮:2100 有亮:2500,2700,3000,3300	2400~3300
洞口 宽(mm)	710,810,900,1000	710,810,900,1000	810,900,1000	双扇:1000,1200,1500, 四扇:2400,2700,3000	2100~3500

　　图 6-1 所示为一镶板门的立面图。由门框、腰窗扇和镶板门扇等部件组成。门框由两根立梃、一根上冒头和中贯档榫眼结合而成。门扇由两根门梃、一根下冒头、一根上冒头、三根中冒头及四块门芯板组成。门梃与冒头榫眼结合，门芯板的四周镶入门梃和冒头的槽口内。腰窗扇由两根立梃和两根冒头榫结合而成，玻璃嵌入腰扇的裁口内，以木压条固定在腰扇上。

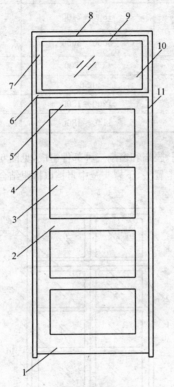

图 6-1　木镶板门

1—门扇下冒头；2—门扇中冒头；3—门芯板；4—门扇梃；

5—门扇上冒头；6—门框中贯档；7—腰窗扇梃；8—门框上冒头；

9—腰扇上冒头；10—玻璃；11—门框梃

　　2. 木窗

　　木窗以其类型分为玻璃窗、纱窗、百叶窗等。依其开启方式分为平开窗（内、外开）、上悬窗、中悬窗和推拉窗（水平与上下推拉）。木窗的类型及规格见表 6-2。

表 6-2   木窗种类及规格

种 类		宽度(mm)	高度(mm)
平开窗	双扇	800~1400	单玻:600~800
	三扇	1500~1800	三玻:1000~1200
	四扇	2100~2400	带腰:1400~1800
中悬、立转窗	双联	1800~2400	单玻:1000~1200
	三联	3000~3600	双玻:1500~2400
			带腰:2700~3000
百叶窗		600~1800	620~1800
提拉窗		650	900
推拉窗		1200~1500	1000~1800
门连窗		1140~1800	2400~2600

带腰平开窗由窗框、腰扇和窗扇三种部件组成,见图 6-2。

窗框由两根立梃、上冒头、下冒头及中贯档以榫眼结合而成。

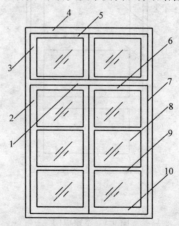

图 6-2 平开窗

1—窗框中贯档;2—窗扇梃;3—腰扇梃;4—窗框上冒头;5—腰扇上冒头;
6—窗扇上冒头;7—窗框梃;8—玻璃;9—窗桄;10—窗扇下冒头

窗扇对开,每扇由两根立梃、上冒头、下冒头和两根窗桄榫眼结合而成。玻璃嵌入窗扇木格的裁口内,以木压条或钉子固定。

腰窗扇双扇平开,每个腰扇的两根冒头和两根立梃榫眼结合而成。玻璃嵌入裁口内,以木压条或钉子固定。

二、常用木门窗材料

(1)常用木门窗材料见表6-3。

表 6-3　　　　　　　　　　　　　常用木门窗材料

名　称	产　地　及　特　点
红　松	又名东北松、海松、果松,盛产于我国东北长白山、小兴安岭一带。边材黄褐或黄白,心材红褐,年轮明显均匀,纹理直,结构中等,硬度软至甚软。其特点是干燥加工性能良好,风吹日晒不易开裂变形,松脂多,耐腐朽,是普通木门窗中应用最多的一种木材
白　松	又名臭松、臭冷杉、辽东冷杉,产于我国的东北、河北、山西,边材淡黄带白,心材也是淡黄带白,边材与心材的区别不明显,年轮明显,结构粗,纹理直,硬度软。其特点是强度低,富弹性,易加工但不易刨光,易开裂变形,不耐腐,在木门窗工程中一般可用于制作门窗框
樟子松	又名蒙古赤松、海拉尔松,产于我国黑龙江、大兴安岭、内蒙古等地。边材黄或白,心材浅黄褐,年轮明显,材质结构中等,纹理直,硬度软。其特点是干燥性能尚好,耐久性强,易加工,但不耐磨损
陆均松	又名泪杉,产于长江以南各省。边材浅黄褐,心材浅红褐,材质结构中等,硬度软,纹理直。其特点是干燥性能好,韧性强,易加工,较耐久
杉　木	又名沙木、沙树,盛产于长江以南各省。边材浅黄褐,心材浅红褐至暗红褐,年轮极明显、均匀,材质结构中等,纹理直,硬度软。其特点是干燥性能好,易加工,较耐久
白皮榆	又名春榆、山榆、东北榆,产于我国东北、河北、山东、江苏、浙江等省。边材黄褐,心材暗红褐,年轮明显,结构粗,纹理直,花纹美丽,硬度中等。其特点是加工性能好,光泽美,但干燥时易开裂翘曲
紫　椴	又名籽椴、椴木,产于我国东北及沿海,边材与心材区别不明显,均为黄白略带淡褐,年轮略明显,材质结构细,纹理直,硬度软。其特点是加工性能好,有光泽,时有翘曲,不易开裂,但不耐腐。可用于制作普通门窗
柞　木	又名蒙古栎、橡木,产于我国东北各省。外皮黑褐色,内皮淡褐色,边材淡黄白带褐,心材褐至暗褐,年轮明显,结构中等,纹理直或斜,硬度甚硬。其特点是干燥困难,易开裂翘曲,耐水,耐腐性强,耐磨损,加工困难。常用于制作高级木门窗
核桃楸	又名胡桃楸、楸木,产于我国东北、河北、河南等地。树皮暗灰褐色,边材较窄,灰白色带褐,心材淡灰褐色稍带紫,年轮明显,结构中等,花纹美丽,硬度中等。其特点是富弹性,干燥不易开裂、翘曲变形,耐腐。是高级门窗使用的理想材料

续表

名　称	产　地　及　特　点
柳　桉	又名红柳桉,国外产于菲律宾。边材淡灰至红褐,心材淡红至暗红褐,年轮不明显,材质结构中至粗,纹理直至斜交错,硬度中等。其特点是易加工,干燥过程中稍有翘裂现象,胶黏性良好,可用于制作高级装饰门
四川红杉	产于我国四川、陕西一带,边材黄褐,心材红或鲜红褐,年轮明显,材质结构中等,纹理直,硬度软。其特点是易干燥,易加工,不耐腐
水曲柳	产于东北长白山,树皮灰白色微黄,内皮淡黄色,干后呈浅鸵色。边材呈黄白色,心材褐色略黄,年轮明显不均匀,结构中等,材质光滑,花纹美丽。其特点是富弹性、耐磨、韧性、耐湿,但干燥困难,易翘裂,可用于制作高级门窗

(2)制作普通木门窗所用的木材应符合表 6-4 的规定。

表 6-4　　　　　　　普通木门窗用木材的质量要求

<table>
<tr><td colspan="2" rowspan="2">木材缺陷</td><td>门窗扇的立梃、冒头、中冒头</td><td>窗棂、压条、门窗及气窗的线脚、通风窗立梃</td><td>门芯板</td><td>门窗框</td></tr>
<tr></tr>
<tr><td rowspan="3">活节</td><td>不计个数,直径(mm)</td><td>＜15</td><td>＜5</td><td>＜15</td><td>＜15</td></tr>
<tr><td>计算个数,直径</td><td>≤材宽的 1/3</td><td>≤材宽的 1/3</td><td>≤30mm</td><td>≤材宽的 1/3</td></tr>
<tr><td>任 1 延米个数</td><td>≤3</td><td>≤2</td><td>≤3</td><td>≤5</td></tr>
<tr><td colspan="2">死　节</td><td>允许,计入活节总数</td><td>不允许</td><td>允许,计入活节总数</td><td></td></tr>
<tr><td colspan="2">髓　心</td><td>不露出表面的,允许</td><td>不允许</td><td>不露出表面的,允许</td><td></td></tr>
<tr><td colspan="2">裂　缝</td><td>深度及长度≤厚度及材长的 1/5</td><td>不允许</td><td>允许可见裂缝</td><td>深度及长度≤厚度及材长的 1/4</td></tr>
<tr><td colspan="2">斜纹的斜率(%)</td><td>≤7</td><td>≤5</td><td>不限</td><td>≤12</td></tr>
<tr><td colspan="2">油　眼</td><td colspan="4">非正面,允许</td></tr>
<tr><td colspan="2">其　他</td><td colspan="4">浪形纹理、圆形纹理、偏心及化学变色,允许</td></tr>
</table>

(3)制作高级木门窗(装饰木门窗)所用的木材应符合表 6-5 的规定。

表 6-5　　　　　　　　　　　高级木门窗用木材的质量要求

木材缺陷		木门窗的立梃、冒头，中冒头	窗棂、压条、门窗及气窗的线脚、通风窗立梃	门芯板	门窗框
活节	不计个数，直径（mm）	<10	<5	<10	<10
	计算个数，直径	≤材宽的 1/4	≤材宽的 1/4	≤20mm	≤材宽的 1/3
	任 1 延米个数	≤2	0	≤2	≤3
死　节		允许，包括在活节总数中	不允许	允许，包括在活节总数中	不允许
髓　心		不露出表面的，允许	不允许	不露出表面的，允许	
裂　缝		深度及长度≤厚度及材长的 1/6	不允许	允许可见裂缝	深度及长度≤厚度及材长的 1/5
斜纹的斜率(%)		≤6	≤4	≤15	≤10
油　眼		非正面，允许			
其　他		浪形纹理、圆形纹理、偏心及化学变色，允许			

三、木门窗节点构造

1. 门窗框节点构造

(1)框子冒头和框子梃割角榫头，见图 6-3(a)。

(2)框子冒头和框子梃不割角榫头，见图 6-3(b)。

(3)框子冒头和框子梃双夹榫榫头，见图 6-3(c)。

(4)框子梃与中贯档结合，见图 6-3(d)。

2. 窗扇节点构造

(1)上冒头与窗梃结合，见图 6-4(a)。

(2)下冒头与窗梃结合，见图 6-4(b)。

(3)窗棂子十字交叉结合，见图 6-4(c)。

(4)窗棂子与窗梃结合，见图 6-4(d)。

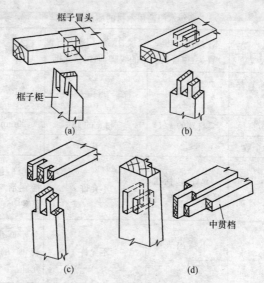

图 6-3　门窗框节点构造

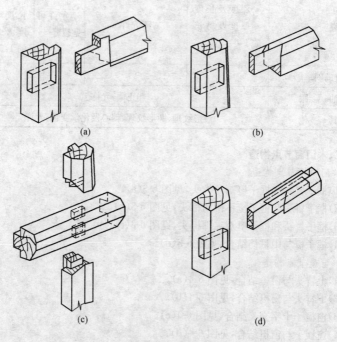

图 6-4　窗扇节点构造

3. 门扇节点构造

(1)下冒头与门梃结合,见图 6-5(a)。

(2)上冒头与门梃结合,见图 6-5(b)。

(3)中冒头与门梃结合,见图 6-5(c)。

(4)棂子与门梃结合,见图 6-5(d)。

(5)棂子与棂子的十字结合,见图 6-5(e)。

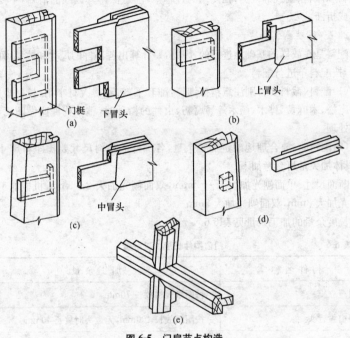

图 6-5 门扇节点构造

4. 门窗榫节点构造

普通门窗单榫、双榫、双夹榫的构造尺寸要求图 6-6。

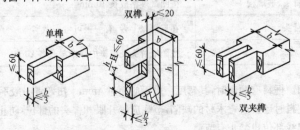

图 6-6 门窗榫节点构造

四、普通木门窗制作

1. 放样

放样是根据施工图纸上设计好的木制品,按照足尺 1∶1 将木制品构造画出来,做成样板(或样棒),样板采用松木制作,双面刨光,厚约 250mm,宽等于门窗樘子梃的断面宽,长比门窗高度大 200mm 左右,经过仔细校核后才能使用,放样是配料和截料、画线的依据,在使用的过程中,注意保持其画线的清晰,不要使其弯曲或折断。

2. 配料、截料

配料是在放样的基础上进行的,因此,要计算出各部件的尺寸和数量,列出配料单,按配料单进行配料。

(1)配料、截料要特别注意精打细算,配套下料,不得大材小用、长材短用;采用马尾松、木麻黄、桦木、杨木等易腐朽、虫蛀的树种时,整个构件应做防腐、防虫药剂处理。

(2)配料时,要合理地确定加工余量,各部件的毛料尺寸要比净料尺寸加大些,具体加大量可参考如下:

断面尺寸:单面刨光加大 1～1.5mm,双面刨光加大 2～3mm;机械加工时单面刨光加大 3mm,双面刨光加大 5mm。

长度余量的加工余量见表 6-6。

表 6-6　　　　　　　　　　门窗构件长度加工余量

构 件 名 称	加 工 余 量
门樘立梃	按图纸规格放长 70mm
门窗樘冒头	按图纸放长 100mm,无走头时放长 40mm
门窗樘中冒头、窗樘中竖梃	按图纸规格放长 10mm
门窗扇梃	按图纸规格放长 40mm
门窗扇冒头、玻璃桄子	按图纸规格放长 10mm
门扇中冒头	在五根以上者,有一根可考虑做半榫
门芯板	按图纸冒头及扇梃内净距放长各 20mm

(3)门窗框料有顺弯时,其弯度一般不应超过 4mm。扭弯者一般不准使用。

(4)配料时还要注意木材的缺陷,节疤应躲开眼和榫头的部位,防止凿劈或榫头断掉;起线部位也禁止有节疤。

(5)青皮、倒楞如在正面,裁口时能裁完者,方可使用。如在背面超过木料厚的 1/6 和长的 1/5,一般不准使用。

(6)在选配的木料上按毛料尺寸画出截断、锯开线,考虑到锯解木料的损耗,一般留出 2~3mm 的损耗量。锯时要注意锯线直,端平面。

3. 刨光

刨光工序应先刨两个基准面,应使两基准面互相垂直,边刨边用方尺检验,直到刨方为止。另两个面的刨光,如采用手推刨刨光,应先划好线,注意不要刨过线而使工件断面变小而报废。如采用压刨床刨光,须将台面高度调准,试刨合格后方可批量进行刨削。

刨光时,要查看木纹,顺纹刨削,以免戗槎将工件表面刨的凸凹不平。

刨好的部件应分类堆放,以备下道工序取用方便。

4. 画线

画线是根据门窗的构造要求,在各根刨好的木料上划出榫头线,打眼线等。

(1)画线时应仔细看清图纸要求,样板样式、尺寸、规格必须完全一致,并先做样品,经审查合格后再正式画线。

(2)画线时要选光面作为表面,有缺陷的放在背后,画出的榫、眼、厚、薄、宽、窄尺寸必须一致。

(3)画线顺序,应先画外皮横线,再画分格线,最后画顺线,同时用方尺画两端头线、冒头线、棂子线等。

(4)樘梃宽超过 80mm 时,要画双实榫;门扇梃厚度超过 60mm 时,要画双头榫。60mm 以下画单榫。冒头料宽度大于 180mm 者,一般画上下双榫。榫眼厚度一般为料厚的 1/4~1/3。半榫眼深度一般不大于料断面的 1/4,冒头拉肩应和榫吻合。

(5)门窗框的宽度超过 120mm 时,背面应推凹槽,以防卷曲。

5. 打眼

(1)打眼的凿刀应和眼的宽窄一致,凿出的眼,顺木纹两侧要直,不得错岔。

(2)打通眼时,先打背面,后打正面。凿眼时,眼的一边线要凿半线、留半线。手工凿眼时,眼内上下端中部宜稍微突出些,以便拼装时加楔打紧,半眼深度应一致,并比半榫深 2mm。

(3)成批生产时,要经常核对,检查眼的位置尺寸,以免发生误差。

6. 开榫

木门窗一般都为直肩榫。用手工开榫时使用小锯沿纵线锯两道锯口,然后按横线锯出两个榫肩。

锯成的榫头要方正、平直、厚度一致。为了使接缝严密,锯榫肩时须向里稍微倾斜一点,即让榫肩外面比里面稍高一点。这样榫眼结合时,榫肩外面先接触,从外面看缝隙很小。开始锯榫时,先锯好一个插入眼中试一下,如刚好合适,说明线划的准确,就可放心地去开榫,如不合适,可放宽(或缩窄)锯榫。

7. 裁口、起线

(1)起线刨、裁口刨的刨底应平直,刨刃盖要严密,刨口不宜过大,刨刃要锋利。

(2)起线刨使用时应加导板,以使线条平直,操作时应一次推完线条。

(3)裁口遇有节疤时,不准用斧砍,要用凿剔平然后刨光,阴角处不清时要用单线刨清理。

(4)裁口、起线必须方正、平直、光滑,线条清秀,深浅一致,不得戗槎、起刺或凸凹不平。

8. 拼装

(1)拼装前对部件应进行检查,要求部件方正、平直,线脚整齐分明,表面光滑,尺寸规格、式样符合设计要求,并且细刨将遗留墨线刨光。

(2)门窗框的组装,是把一根边梃的眼里,再装上另一边的梃;用锤轻轻敲打拼合,敲打时要垫木块防止打坏榫头或留下敲打的痕迹。待整个拼好归方以后,再将所有榫头敲实,锯断露出的榫头。拼装先将楔头沾抹上胶再用锤轻轻敲打拼合。

(3)制作胶合板门(包括纤维板门)时,边框和横楞必须在同一平面上,面层与边框及横楞应加压胶粘。应在横楞和上、下冒头各钻两个以上的透气孔,以防受潮脱胶或起鼓。

(4)普通双扇门窗,刨光后应平放,刻刮错口(打叠),刨平后成对做记号。

(5)门窗框靠墙面应刷防腐涂料。

(6)拼装好的成品,应在明显处编写号码,用楞木四角垫起,离地 20～30cm,水平放置,加以覆盖。

(7)为了防止在运输过程中门窗框变形,在门框下端钉上拉杆,拉杆下皮正好是锯口。大的门窗框,在中贯档与梃间要钉八字撑杆,外面四个角也要钉八字撑杆。

五、夹板门扇和镶板门扇制作

1. 夹板门扇的制作

夹板门扇由木骨架、覆面板和包条等部分组成,见图6-7。

夹板门扇的木骨架有榫眼结合和 U 型钉结合两种。覆面板为胶合板或硬质纤维板,以聚醋酸乙烯酯乳胶或脲醛树脂胶和酚醛树脂胶胶合,四面涂胶钉上木包条,以防人造板碰撞脱胶。

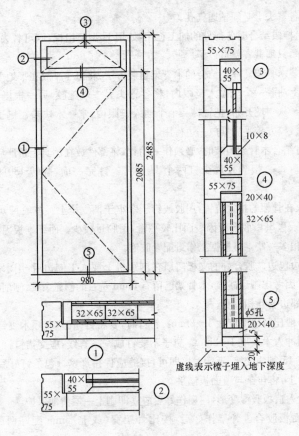

图 6-7　夹板门

（1）制作木骨架。木骨架由两根立梃、上下冒头和数根中冒头及锁木等组成。中冒头断面较小，间距 120～150mm。

立梃的制作程序：截配毛料→基准面刨光→另两面刨光→画线→打眼→半成品堆放。

中冒头的制作程序：截配毛料→基准面刨光→另两面刨光→画线→开榫→半成品堆放。

上下冒头的加工程序：截配毛料→基准面刨光→另两面刨光→画线→开榫→半成品堆放。

锁木用梃子的短头料配制。

上下冒头及中冒头开榫时开出飞肩，框架组装后飞肩可起通气孔的作用。如不作飞肩，各冒头上必须钻通气孔。

上面是榫眼结合时各部件的加工程序，如用 U 型钉组框，则可省去打眼开榫以后的工序，只须截齐就可以了。

（2）组装木骨架。榫眼结合的木骨架组装方法：将梃子平放在平地上，眼内施胶；冒头榫上沾胶一个个敲入梃眼内；将各冒头另一端施胶，另一根梃子眼内施胶；拿着梃子从一端开始，把冒榫一个个插入梃眼内；拿一木块垫在梃子上，将榫眼逐个敲紧，校方校平后堆放一边待用。

U 型钉结合木骨架组装时，必须作一胎具，将部件放在胎具上挤严后，用气钉枪骑缝钉钉，每一接缝处最少钉两个 U 型钉。钉完一面，翻转 180°将另一面钉牢。

锁木放在骨架的指定位置，用胶或钉子牵牢于两立梃上。一般每 m² 夹板门扇用胶 0.4～0.8kg，胶合板因表面比较平滑，用胶量较少。而纤维板因背面有网纹，用胶量稍多一些。可根据工作量配置胶液。

（3）刨边包边。胶合好的夹板门扇在刨边机上或人工刨边后，用木条涂胶从四边包严。因考虑搬运碰撞，木骨架已留有 5mm 左右的刨光余量，刨削时两边要刨平行，相邻边要互相垂直。

包条一般比门扇厚度大 1～2mm。钉钉时，要将钉帽砸扁，顺木纹钉钉，并用钉冲将钉帽冲入木条里 1～2mm。钉子不要钉成一条直线，应交错钉钉。包条在门扇上应 45°割角交接，下端对接即可，接缝应保持严密。包条钉好后，将门扇放在工作台上，将包条与覆面板刨平。

为防止人造板吸湿变形，门扇作好后应立即刷上一层清油保护。

（4）覆面板胶合。骨架作好后，按比骨架宽（或上）5mm 配好两面的覆面板材。

在骨架或板面上涂胶后，将骨架与覆面板组合在一起，四角以钉牵住。

夹板门扇的胶合有冷压和热压两种方式。

热压是将门扇板坯放入热压板内，以 0.5～1MPa 的压力和 110℃的温度，热压 10min 左右，卸下平放 24h 后即可进入下道工序加工。

冷压是把门扇板坯放入冷压机内，或自制冷压设备内，24h 后卸下即已基本胶合牢固。

胶合用的白乳胶（聚醋酸乙烯酯乳胶）如冬季变稠，可适当加点温水搅拌均匀后使用。在严寒地区，也可将胶加热变稀后使用。胶合用脲醛树脂胶，使用前须加固化剂。固化剂是氯化铵。先将固体氯化铵配成 20%浓度的溶液，然后按表 6-7 配方在脲醛树脂里加入适量的氯化铵溶液，搅拌均匀后使用。因加了固化剂的脲醛树脂胶的活性时间只有 2～4h，所以要按照需要现配现用，以免造成浪费。

表 6-7　　　　　　　　　　　不同室温下氯化铵溶液用量

脲醛树脂 (kg)	操作室温度 (℃)	氯化铵溶液用量 (ml)	备　　注
1	10～15	14～16	
1	15～20	10～14	氯化铵溶液浓度为 20%
1	20～30	7～10	
1	30 以上	3～7	

2. 镶板门扇制作

(1)扇部件制作。图 6-8 为镶板门扇梃和冒头的榫眼结合情况。其加工程序如下：

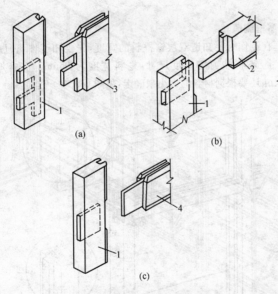

(a)　　　　　　　　　　(b)

(c)

图 6-8　镶板门扇榫眼结合情况

(a)门扇梃与下冒头的榫眼结合；(b)门扇梃与上冒头的榫眼结合；

(c)门扇梃与中冒冰的榫眼结合

1—门扇梃；2—门扇上冒头；3—门扇下冒头；4—门扇中冒头

1)门扇梃的加工程序：截配毛料→基准面刨光→另两面刨光→画线→打眼→开槽起线→半成品堆放。

2)门扇上、下冒头的加工程序：截配毛料→基准面刨光→另两面刨光→画线

→开榫→榫头锯截→开槽起线→半成品堆放。

3)门扇中冒头的加工程序:截配毛料→基准面刨光→另两面刨光→画线→开榫→开槽起线→半成品堆放。

4)门芯板配置:如用实木作镶板,应先配毛板;毛板两小面刨直、刨光;胶拼;两面刨光;锯成规格板,并将四周刨成一定锥度;最后刨光(净光)或砂光待用。如用人造板作镶板,可先将人造板胶合成一定厚度,再锯成规格板,将四周刨成一定的锥度。

(2)镶板门扇的组装。镶板门扇各部件备齐后即可组装。组装的程序是:将门扇梃平放在地上,眼内施胶→将门肩的冒头(上、中、下)一端榫头施胶——插入梃眼里→将门芯板从冒头槽里逐块插入并敲进门梃槽内→在门冒榫头和梃眼内施胶,并逐一使榫插入眼内→用一块垫在门梃上逐一将榫眼敲紧→校方校平加木楔定型→放置一边待胶基本固化后,将门扇两面结合处刨平并净光一遍→检验入库。

六、双层窗框制造

双层窗框在制作时要知道双层窗框料的宽度,先要知道玻璃窗扇的厚度尺寸、中腰档尺寸,还有纱窗扇厚度尺寸,框料宽度为 95mm 左右,厚度不少于50mm,具体尺寸还要根据材料的大小来确定,见图 6-9。

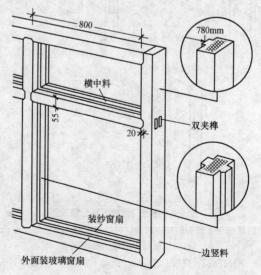

图 6-9　双层窗框制作

(1)画线时应该先画出一根样板料。在样板料上先画出扫脚线、中腰档和窗扇高度尺寸,还有横中档、腰头窗扇和榫位尺寸。

(2)如果大批量画线,可以用两根方料斜搭在墙上,在料的下段各钉 1 只螳螂子,然后在上下各放 1 根样板,中间放 10 多根白料,经搭放后,用丁字尺照样画下来,经画线后再凿眼、锯榫、割角和裁口。

(3)纱窗框一般使用双夹榫,使用 14mm 凿子。裁口深度为 10mm。

(4)横中料在画割角线时,如果窗框净宽度为 800mm,应该在 780mm 的位置上搭角。向外另放 20mm 作为角的全长。如果横中料的厚度为 55mm,在画竖料眼子线时,搭角在外线,眼子在里线。

七、塑料压花门制作

塑料压花门也是一种夹板门扇,不过覆面材料为表面已粘贴塑料压花板的人造板材,门扇四周不加木包条,而粘贴塑料条。

塑料压花门扇的骨架同夹板门扇骨架,制作与组装方法不再重复。这里只介绍压花门扇胶合的模压板制作、胶压及装饰贴边方法。

1. 压花门扇胶合

塑料压花门的胶合一般采用冷压胶合法。先将木骨架同覆面花纹板组合在一起,再放到冷压设备中压合。

(1)组坯。塑料压花门两面粘贴压花板。可在骨架上或压花板的内表面涂胶后组坯。

1)如在骨架上涂胶,将骨架放在平台上,涂胶后扣上一块压花板,摆正后四角以钉牵住。翻转 180°,在骨架另一面涂胶,扣上另一块压花板,摆正后四角以钉牵牢。

2)如采用板面施胶方法,将骨架放在平台上,在花纹板里面刷胶后翻扣在骨架上,摆正后四角以钉牵牢。翻转 180°放好,再将另一块刷好胶的花纹板翻扣到骨架上,摆正后四角以钉牵牢。

(2)胶合。塑料压花门冷压胶合时,门板与模压板的放置顺序,见图 6-10。

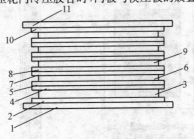

图 6-10　门扇与模压板放置顺序

1—压机底板;2、4、5、7、8、10—模压板;

3、6、9—压花门扇;11—压机上压板

其放置顺序:压机底板→模板(泡沫朝上)→门扇坯→模板(泡沫朝下)→模板(泡沫朝上)→门扇坯→模板(泡沫朝下)→模板(泡沫朝上)……门扇坯→模板(泡沫朝下)→压机上压板。

按上述顺序放好后,将上下压板闭合加压,保持 0.5～1MPa 的压力,24h 后卸压取板,模板与门扇分开堆放。

(3)修边粘贴塑料板条。塑料压花门一般为框扇组装后一起出厂。因此门扇和合页五金安装均在厂里完成。

1)修边时,根据门框内口尺寸及安装缝隙要求,在门扇四周画线,按线刨光,边刨边试。

2)塑料封边条根据门扇厚度剪裁,长度最好等于门宽或门高,中间不要接头。胶合时用即时得或其他万能胶。在门扇四边及塑料条上涂胶,待胶不粘手时,两人配合从一头慢慢将封边塑料条与门边贴合。塑料封边条贴好后用装饰刀将其修齐。

2. 模压板的制作

塑料压花板一般花纹外凸,只有四周和中部有 100～150mm 的平面板带,因此,用一般的平板压板不仅把花纹压坏,而且胶粘也不牢固。

(1)为了既能将塑料压花板尽可能同木骨架贴紧胶牢,又不压坏花纹图案,就要设计制作一种特殊的模压板垫在压板与门扇之间。图6-11所示为一种塑料压花门的模压板。它由底层胶合板、挖孔胶合板和泡沫塑料(海绵)胶合而成。

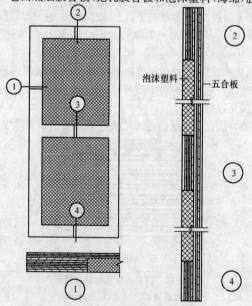

图 6-11　塑料压花门模压板

（2）底层胶合板为五合板或七合板，它是模压板的基础。幅面略大于压花门扇尺寸。

（3）挖孔板的孔型应符合压花板图形，和图案对应部位挖空。挖孔板用多层胶合板胶合而成，它的厚度应等于花纹板花纹凸出量。

（4）泡沫塑料按挖孔板挖孔尺寸裁剪，其自由厚度（无压力情况下）应等于挖孔板的总厚度。

（5）模压板的制作程序：锯配底板和挖孔板→底板画线→涂胶→粘贴挖孔板→裁剪和粘贴泡沫塑料→停放 24h 待胶固化后即可使用。粘贴用胶一般为聚醋酸乙烯酯乳胶。

3. 框扇组合

按照施工质量验收规范要求装好合页五金。装时注意保护门扇塑料花纹，不要破坏板面及封边条。

成品门要加保护装置，以防搬运时碰伤门扇表面。

八、窗扇和纱窗扇的制作

1. 窗扇的制作

（1）部件制作。图 6-12 为窗扇梃冒榫眼结合图。

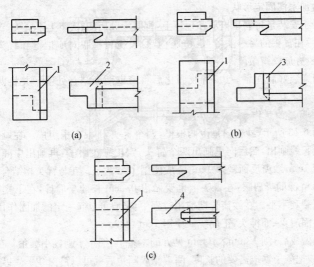

（a）　　　　　　　　　　　　　（b）

（c）

图 6-12　窗扇梃冒榫眼结合
（a）扇梃与下冒结合；（b）窗梃与上冒结合；（c）窗梃与窗棂结合
1—窗梃；2—窗下冒；3—窗上冒；4—窗棂

各部件均为单眼或单榫。上下冒头与扇梃以截肩榫眼结合，扇梃与窗棂（玻璃筋)以全榫全眼结合。窗扇与腰窗扇的同名部件榫眼口型一样,因此只介绍窗扇的制作程序。

根据图 6-12,可以清楚地看出窗扇各部件的口线及榫眼形状,从而可顺利地编制出各种部件的加工程序来。

1)窗扇梃的加工程序:毛料截配→基准面刨光→另两面刨光→画线→打眼→裁口起线→半成品堆放。

2)窗扇上下冒头的加工程序:截配毛料→基准面刨光→另两面刨光→画线→开榫→截榫肩→裁口起线→半成品堆放。

3)窗棂的加工程序:截配毛料→基准面刨光→另两面刨光→画线→开榫→裁口起线→半成品堆放。

(2)窗扇组装。窗扇的组装可用安装机组装或手工组装。

1)大批量生产的木材加工企业,一般都配备有安装机。用安装机安装窗扇,不仅缝隙严密,而且效率很高。

2)安装前要按窗扇尺寸作一简单胎具,以放置和定位部件。在胎具中间的预定位置放好上下冒头和窗棂,两根窗梃垂直于冒头放在两边,榫眼对准,开动安装机将梃和冒挤在一起。摆放部件前要在榫眼上涂胶,边挤边用斧头敲击部件,校平校方后加木楔固定形状。

3)手工安装是将窗扇梃放在地坪上,榫眼涂胶后,顺次将上下冒头、窗棂敲入窗梃,然后在冒头的另一头涂胶,梃眼内涂胶,梃冒榫眼对应把梃和冒头敲在一起,校平校方加胶楔敲严。

4)窗扇装好后立靠一边,待胶固化后将窗扇两面结合处刨平并将两面净光一遍。

2. 纱窗扇的制作

如图 6-13 所示,纱窗扇是由两根梃,两个冒头,1 根心子组成。在画线时,先把窗扇全长线画出,然后向里画出两个冒头,定出冒头眼子,再画出中间窗心子。窗梃割角 1cm,纱窗反面裁掉 1cm,一般使用 1cm 凿子。在与冒头相结合的部位,凿出 0.5cm 深的半肩眼,在冒头上也要做出 0.5cm 长的半肩榫,在下楔时,要防止冒头开裂和不平。在纱窗长期使用过程中,半肩可以起一定的加固作用。窗心子使用一面肩,一面榫头,正面统一使用 1cm 圆线。

窗扇做成后,刨 12mm×10mm 见方的木条子,把条子刨成小圆角。在钉条子之前,应该把条子锯成需要的长度,两端锯成割角后就可以钉窗纱了。钉窗纱时,把窗纱放在窗扇上铺平,先把条子放在窗扇的一边,每隔 10cm 距离用 1 根钉子钉牢。然后再在另一边把窗纱拉紧,用木条把窗纱钉牢。四面钉上木条以后,用斜凿把多余的窗纱割去。如果用圆线条固定窗纱,窗扇看上去就像有两个正面一样。

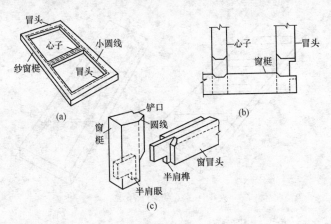

图 6-13　纱窗扇制作

九、百叶窗的制作

在做百叶窗的时候,采用传统做法打百叶眼子,花费工时很多,且质量不易保证,可用两个圆孔来代替,百叶板的端头做两个与孔对应的榫,再装上去。这样做既不影响结构,又提高了工效,而且保证了质量,降低了对用材的要求。具体做法如下:

(1)百叶梃子的画线。以前,百叶梃子的眼子墨线一般都需画 4 根线,围成 1 个长方形,如图 6-14(a)所示,由于百叶眼和梃子的纵横向一般为 45°,所以画线上墨就显得麻烦。而现在变成定孔心的位置。先画出百叶眼宽度方向的中线,这是一条与梃子纵向成 45°的线,百叶眼的中线画好后,再画一条与梃子边平行距离为 12~15mm 的长线,这根线与每根眼子中心线的交点就是孔心。这根线的定法是以孔的半径加上孔周到梃子边应有的宽度,见图 6-14(b)。一般 1 个百叶眼只钻两个孔就可以了。

(2)钻孔。把画好墨线的百叶梃子用铳子在每个孔心位置铳个小弹坑。铳了弹坑之后,钻孔一般不会偏心。当百叶厚度为 10mm 时,采用 $\phi 10$ 或 $\phi 12$ 的钻头,孔深一般在 15~20mm 之间,每个工时可钻几千个眼子。

(3)百叶板制作。由于百叶眼已被两个孔代替,所以百叶板的做法也必须符合孔的要求,就是在百叶两端分别做出与孔对应的两个榫,以便装牢百叶板。制作时,先画出一块百叶板的样子,定出板的宽窄、长短和榫的大小位置(一般榫宽与板厚一致,榫头是个正方形)。把刨压好的百叶板按要求的长短、宽窄截好后,用钉子把数块百叶板拼齐整后钉好,按样板锯榫、拉肩、凿夹,就成了可供安装的百叶板了,见图 6-14(c)。要注意榫长应略小于孔深,中间凿去部分应略比肩低,见图 6-14(d),才能避免不严实的情况。另外,榫是方的,孔是圆的,一般不要把榫楞打去,可以直接把方榫打到孔里去,这样嵌进去的百叶板就不会松动了。

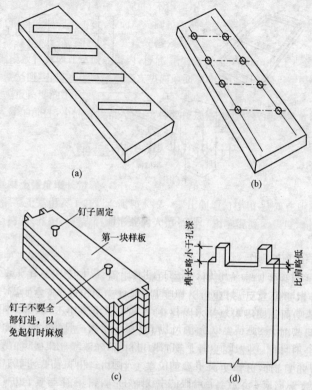

图 6-14　百叶窗的钻孔做榫
(a)百叶眼习惯画法；(b)改进后百叶梃子画法；
(c)按样木制作百叶板；(d)百叶板榫长及比肩要求

这种方法制作简便、省工，成品美观。制作时，采用手电钻、手摇钻或是台钻甚至手扳麻花钻都可以。

十、质量检验标准

（1）通过观察、检查材料进场验收记录和复验报告等方法，检验木门窗的木材品种、材质等级、规格、尺寸、框扇的线型及人造夹板的甲醛含量符合设计要求。

（2）木门窗应采用烘干的木材，含水率应符合《建筑木门、木窗》（JG/T 122）的规定。

（3）木门窗的防火、防腐、防虫处理应符合设计要求。

（4）木门窗的结合处和安装配件处不得有木节或已填补的木节。木门窗如有允许限值以内的死节及直径较大的虫眼时，应用同一材质的木塞加胶填补。对于清漆制品，木塞的木纹和色泽应与制品一致。

（5）门窗框和厚度大于 60mm 的门窗应用双榫连接。榫槽应采用胶料严密嵌合，并应用胶楔加紧。

（6）胶合板门、纤维板门和模压门不得脱胶。胶合板不得刨透表层单板，不得有戗槎。制作胶合板门、纤维板门时，边框和横楞应在同一平面上，面层、边框及横楞应加压胶粘。横楞和上、下冒头应各钻两个以上的透气孔，透气孔应通畅。

（7）木门窗的品种、类型、规格、开启方向、安装位置及连接方式应符合设计要求。

（8）木门窗表面应洁净，不得有刨痕、锤印。

（9）木门窗的割角、拼缝应严密平整。门窗框、扇裁口应顺直，刨面应平整。

（10）木门窗上槽、孔应边缘整齐，无毛刺。

（11）木门窗与墙体缝隙的填嵌材料应符合设计要求，填嵌应饱满。寒冷地区外门窗（或门窗框）与砌体间的空隙应填充保温材料。

（12）门窗制作的允许偏差和检验方法应符合表 6-8 规定。

表 6-8　　　　　　　　木门窗制作的允许偏差和检验方法

项次	项　目	构件名称	允许偏差（mm）		检验方法
			普　通	高　级	
1	翘　曲	框	3	2	将框、扇平放在检查平台上，用塞尺检查
		扇	2	2	
2	对角线长度差	框、扇	3	2	用钢尺检查，框量裁口里角，扇量外角
3	表面平整度	扇	2	2	用 1m 靠和塞尺检查
4	高度、宽度	框	0；−2	0；−1	用钢尺检查，框量裁口里角，扇量外角
		扇	+2；0	+1；0	
5	裁口、线条结合处高低差	框、扇	1	0.5	用钢直尺和塞尺检查
6	相邻棂子两端间距	扇	2	1	用钢直尺检查

第二节　木门窗安装

一、准备工作

（1）木门窗已供应到现场并经检查核对，其他材料、施工机具均已准备就绪。

（2）门窗框和扇安装前应检查有无串角、翘扭、弯曲、劈裂，如有以上情况应修理或更换。

（3）门窗框、扇进场后，框的靠墙、靠地的一面应刷防腐涂料，其他各面应刷清油一道。刷油后分类码放平整,底层应垫平、垫高,每层框间衬木板条通风,防止日洒雨淋。

(4)窗扇安装应在室内抹灰施工前进行,门扇安装应在室内抹灰完成和水泥地面达到强度以后进行。

二、门窗框立口安装

门框立口与窗框立口操作基本相同,但不如窗框立口复杂,现以窗框立口为例进行介绍:

立窗口的方法主要有两种:一种是先立口,另一种是后立口。先立口就是当墙体砌到窗台下平时开始立口。

先立口大致分为两步:第一步,要按图纸规定的尺寸在墙上放线,确定窗口的位置,放完线后要认真对照图纸复核。第二步是窗口就位和校正。

立窗口时,有用水平尺的,也有用线坠的。短水平尺有时容易产生误差。使用线坠比较准确,使用时最好把线坠挂在靠尺上。这里所说的靠尺,就是由两个十字形连在一起的尺子,这种尺使用起来既方便又准确。不论使用哪一种方法立口,都应该校正两个方向:先校正口的正面,后校正口的侧面。不能先校侧面,后校正面。因为口校正后需要固定,先校正正面,口下端就可以先找平固定;如果遇到不平时,可在口的下端用楔调整。这样,在校正侧面时,下端就不会再动了。反过来,如果先校正侧面,上端必须先固定;而在校正正面时,上端也要随着窜动。这时,侧面还得重新校正一次。

立完口以后,常用的固定窗口的简单方法是在口上压上几块砖。在口的侧面校正后,固定口上端的一种简单方法是,在口的上端与地面斜支撑钉连。一般宽1m以内的口,可以设1道支撑。超过1m宽的口,要设两道支撑。在有些设计图上,单面清水外墙的窗框立在中线上,在施工时不应该立在正中。这是因为木砖加灰缝的尺寸是 140~150mm,而窗框料厚度是 70~90mm,小于木砖。如果立在正中,框外清水墙的条砖与木砖之间,就露出一个大立缝或露出木砖,见图6-15(a)。如果向外偏一些,盖住立缝,木砖藏在框的里侧,室内抹灰时就可以盖住木砖,墙内外侧都比较美观,见图 6-15(b)。这样做室内窗台还宽一些,更加实用。

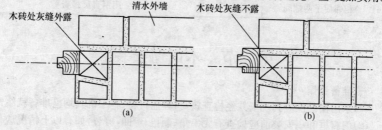

(a)   (b)

图 6-15　灰缝与木砖位置示意
(a)木砖处灰缝外露;(b)木砖处灰缝不露

不论采用先立口还是后立口的做法,在立窗口时,要注意以下问题:

(1)在立窗口之前要检查窗口的对角线长度是不是相等。有时,由于口在运输中的碰撞,会造成对角线长度不相等,也就是常说的"不方"。对不方的窗口应该修理后再立。

(2)如果在立窗口之前发现窗口没有作防腐处理,要及时通知有关人员进行处理。

(3)后立窗口要等砌筑砂浆具有一定强度后才能进行,不然木砖容易被钉活,口也就不准了。

(4)在立窗口时,口的立边底下一定要垫上木块,使口下端与砖墙保持一定空隙。这样做,可以在抹窗台时防止灰捻口,并且能保证外窗台有一定的坡度,使窗台的最下端经常保持干燥,不易腐烂。其次,砌体在下沉时,口两边的砌体变形较大,口中间的砌体变形较小,口与墙保持空隙,能防止口中间位置向上弯曲。留空大小可以根据皮数杆来确定,最好留 25~30mm,就是把立口的线垫起 30mm 再立口。

立窗口时在窗口的立边底下垫点砌筑砂浆的做法不可取。因为砂浆垫厚了,窗口在固定时受振动后,立好的口的位置容易变动。最好用木块垫,为了节省木材,也可采用预制水泥砂浆垫块。

立窗口时要经常检查,尤其是在安装过梁以前,要全面进行复核,有错立即纠正。

三、门扇和窗扇安装

1. 门扇安装

(1)先确定门的开启方向及装锁位置,对开门的裁口方向一般应以开启方向的右扇为盖口扇。

(2)检查门口是否串角及各部尺寸,检查门口高度应量门口两侧,检查门口宽度应量门口的上、中、下三点,并在门扇的相应部位定点画线。

(3)将门扇靠在门框上,在门扇画出相应尺寸线。用夹具将门扇一端夹牢,另一端用小木片垫起,按线对门扇的四边用刨子修正。

(4)第一次修刨后的门扇以能塞入洞内为宜,塞好后用木楔顶住底部,按门扇与洞口的留缝宽度要求,画第 2 次修刨线,标上合页槽位置(一般上留扇高10%,下留扇高 11%),同时注意洞口与扇的平整。

(5)照线对门扇进行第 2 次修刨,先刨安锁的一边。在合页槽位置用线勒子勒出槽的深度,并从框上引过合页槽线,此时应注意用合页的进出来调整口与扇的平整。剔合页槽应留线。

(6)安装对开门扇时,应将门扇的宽度用尺量好,再确定中间对口缝的裁口深度;如采用企口锁时,对口缝的裁口深度和裁口方向应满足锁的要求,然后将四周修刨到准确尺寸。

2. 窗扇安装

(1)根据设计图纸要求确定开启方向,以开启方向的右手作为盖扇(人站在室内)。

(2)一般窗扇有单扇和双扇两种。单扇应将窗扇靠在窗框上,在窗扇上画出相应的尺寸线,修刨后先塞入框内校对,如不合适再画线进行第二次修刨直至合适为止。双扇窗应根据窗的宽窄确定对口缝的深浅,然后修正四周,塞入框内校正时,不合适再二次修刨直至合适为止。

(3)首先要把随身用的工具准备好,钉好楞,木楞要求稳、轻,搬动方便,楞上钉上两根托扇用的木方,以便操作。

(4)安窗扇前先把窗扇长出的边头锯掉,然后一边在窗口上比试,一边修刨窗扇。刨好后将扇靠在口的一角,上缝和立缝要求均匀一致。

(5)用小木楔将窗扇按要求的缝宽塞在窗口上,缝宽一般为上缝 2mm,下缝 2.5mm,立缝 2mm 左右。

四、木门窗五金安装

1. 木门窗铁角的安装

木门窗扇靠榫卯结合而成,榫头处是门窗扇最容易损坏的部位,榫卯结合如果不牢固,榫头干缩后体积减小时,容易从榫孔中松脱拔出。所以,门窗扇要安装 L 形和 T 形铁角,用来加固榫头处。现以 L 形铁角为例说明其安装方法,见图 6-16。

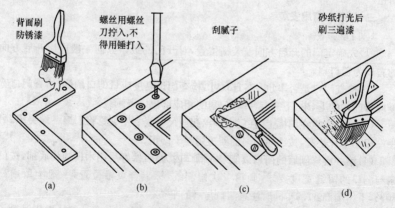

背面刷防锈漆　　螺丝用螺丝刀拧入,不得用锤打入　　刮腻子　　砂纸打光后刷三遍漆

(a)　　　　(b)　　　　(c)　　　　(d)

图 6-16　木门窗铁角安装示意图
(a)背面刷防锈漆;(b)螺丝拧入;(c)刮腻子;(d)刷漆

(1)嵌铁角以前,要用凿子按铁角尺寸剔槽,以铁角安装后与门窗扇木材面平齐为合适。剔槽过深时会出现凹坑,剔槽过浅会出现铁角外凸,都程度不同地影响外观质量。

（2）铁角嵌在门窗扇的外面还是内面，这里面有学问。门窗扇开启时，手给它一个水平推力，使榫头处受到力的作用。猛开门时，门扇碰到墙角，或开窗后忘记挂风钩，刮风时门窗扇碰墙角都会使门窗扇的榫头受到张力。外开门窗扇，榫头内面受拉力，榫头外面受压力；内开门窗扇，榫头外面受拉力，榫头内面受压力。安装铁角就是帮助榫头承受拉力，达到加固的目的。所以，铁角安装位置应该与门窗扇的开启方向相反。

（3）安装时，铁角的背面要刷防锈漆，螺丝钉要用螺丝刀拧入，不得用锤砸。安后打腻子，用砂纸磨平磨光，同木材面一样刷三遍漆，使外表看不出铁角。

2. 门锁的安装

门锁的种类很多，不同类型的锁其安装方法也不尽相同。这里以弹子门锁为例介绍门锁的安装方法。

（1）确定门锁的安装高度，在门扇上划一条锁的中心线。打开锁的包装盒，盒内有一安装说明和锁孔样板。把样板按线折成90°，贴在门边上对准锁位中心线划好锁芯孔。用钻头或圆凿打出锁芯孔。从门内划好三眼板线，并凿好三眼板槽。在门扇边楞上凿好锁端凹槽。

（2）装锁时，把锁芯穿入垫圈从门外插入锁芯孔，从门里放好三眼板，摆正锁芯，用两个长螺丝把锁芯同三眼板相互栓紧固定。将锁体从门里贴于门梃凹槽里，使锁芯板插入锁体孔眼里，试开合适后，将锁体用木螺丝固定在门扇上。

（3）关闭门扇，将锁舌插入锁舌盒里，在门框梃上划出锁舌盒位置，打开门扇依线凿出凹槽，用木螺丝将锁舌盒固定在门框上。锁舌盒应稍比锁舌低一点，这样日久门扇下垂一点刚好合适。锁上好后要作开关试验，开关自如就算合格，不合适要及时作好调整。

（4）外开门装弹子锁时，应拆开锁体，把锁舌转过180°安上，按内门装锁方法安装。为防止门框与锁体碰撞，锁体应向门扇内缩进一些（约10mm），即将按样板上外开门线折边定锁芯孔位。原有的锁舌盒不用，换装一锁舌折角即可。

3. 拉手的安装

门窗扇的拉手一般应在装入框中之前装好，否则装起来比较麻烦。

门窗拉手的位置应在中线以下，拉手至门扇边不应少于40mm，窗扇拉手一般在扇梃的中间。弓形拉手和底板拉手一般为竖向安装，管子拉手可平装或斜装。当门上装有弹子门锁时，拉手应装在锁位上面。

同楼层、同规格门窗上拉手安装位置应一致，高低一样。如里外都有拉手时，应上下错开一点，以免木螺丝相碰。

装拉手时，先在扇上划出拉手位置线，把拉手平贴在门扇上逐一上紧木螺丝。上木螺丝宜先上对角两个，再上其他螺丝。

4. 插销的安装

插销有多种，这里介绍普通明插销的安装方法。

明插销的安装有横装和竖装两种形式。竖装装在扇梃上,横装装在中冒头上。竖装时,先把插销底板靠在门窗梃的顶或底,用木螺丝固定,使插棍未伸出时不冒出来。然后关上门(或窗)扇,伸出插棍,试好插销鼻的位置,推开门(或窗)扇,把插销鼻在框冒上打一印痕,凿出凹槽,把插销鼻插入固定。如为内开门(或窗)扇,可直接用木螺丝把插销鼻上到框冒内侧表上。横装方法与竖装相同,只是插销转过90°就行了。

5. 风钩的安装

风钩应装在窗框下冒头上,羊眼圈装在窗扇下冒头上。窗扇装上风钩后,开启角度以 90°～130°为宜,扇开启后离墙的距离不小于 10mm 为宜。左右扇风钩应对称,上下各层窗开启后应整齐一致。

装风钩时,先将扇开启,把风钩试一下,将风钩鼻上在窗框下冒头上,再将羊眼圈套在风钩上,确定位置后,把羊眼圈上到扇下冒上。

6. 合页安装

(1)合页距上下窗边的距离应为窗扇高度的 1/10,如 1.2m 长的扇,可制作12cm 长的样板,在口及扇上同时画出一条位置线,这样做比用尺子量快而准,见图 6-17(a)。

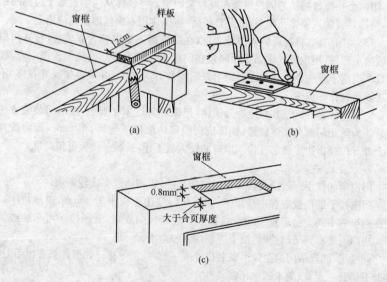

图 6-17　窗扇安装
(a)做样板画线;(b)刻痕;(c)合页窝设置

(2)把合页打开,翻成90°,合页的上边对准位置线(如果装下边的合页,合页下边对准位置线)。左手按住合页,右手拿小锤,前后打两下(力量不要太大,以防合页变形)。拿开合页后,窗边上就会清晰地印出合页轮廓的痕迹。这就是要凿的合页窝的位置。这个办法比用铅笔画又快又准,见图 6-17(b)。

(3)用扁铲凿合页窝时,关键是掌握好位置和深度。一般较大的合页深一些,较小的合页浅一些,但最浅也要大于合页的厚度,见图 6-17(c)。为了保证开关灵活和缝子均匀,窗口上合页窝的里边比外边(靠合页轴一侧)应适当深一些(约0.8mm)。

(4)扇上合页上好后,将门扇立于框口,门扇下用木楔垫住,将门边调直,将合页片放入框上合页槽内,上下合页先各上一个木螺丝,试着开关门扇,检查四周缝隙,一切都合适后,打开门扇,将其他木螺丝上紧。

(5)门窗扇装好后,要试开,不能产生自开和自关现象,以开到哪里可停到哪里为宜。

五、门窗玻璃安装

(1)门窗玻璃安装顺序,一般先安外门窗,后安内门窗,先西北后东南的顺序安装;如果因工期要求或劳动力允许,也可同时进行安装。

(2)玻璃安装前应清理裁口。先在玻璃底面与裁口之间,沿裁口的全长均匀涂抹 1~3mm 厚的底油灰,接着把玻璃推铺平整、压实,然后收净底油灰。

(3)木门窗玻璃推平、压实后,四边分别钉上钉子,钉子间距 150~200mm,每边不少于 2 个钉子,钉完后用手轻敲玻璃,响声坚实,说明玻璃安装平实;如果响声啪啦啪啦,说明油灰不严,要重新取下玻璃,铺实底油灰后,再推压挤平,然后用油灰填实,将灰边压平压光,并不得将玻璃压得过紧。

(4)木门窗固定扇(死扇)玻璃安装,应先用扁铲将木压条撬出,同时退出压条上小钉,并将裁口处抹上底油灰,把玻璃推铺平整,然后嵌好四边木压条将钉子钉牢,底灰修好、刮净。

(5)安装斜天窗的玻璃,如设计没有要求时,应采用夹丝玻璃,并应从顺留方向盖叠安装。盖叠安装搭接长度应视天窗的坡度而定,当坡度为 1/4 或大于 1/4时,不小于 30m;坡度小于 1/4 时,不小于 50mm,盖叠处应用钢丝卡固定,并在缝隙中用密封膏嵌填密实;如果用平板或浮法玻璃时,要在玻璃下面加设一层镀锌铅丝网。

(6)门窗安装彩色玻璃和压花,应按照明设计图案仔细裁割,拼缝必须吻合,不允许出现错位、松动和斜曲等缺陷。

(7)安装窗中玻璃,按开启方向确定定位垫块,宽度应大于玻璃的厚度,长度不宜小于 25mm,并应按设计要求。

(8)玻璃安装后,应进行清理,将油灰、钉子、钢丝卡及木压条等随即清理干净,关好门窗。

(9)冬期施工应在已经安装好玻璃的室内作业(即内门窗玻璃),温度应在正温度以上;存放玻璃库房与作业面的温度不能相差过大,玻璃如果从过冷或过热的环境中运入操作地点,应待玻璃温度与室内温度相近后再进行安装;如果条件允许,要先将预先裁割好的玻璃提前运入作业地点。外墙铝合金框扇玻璃不宜冬期安装。

六、质量检验标准和注意事项

1. 质量检验标准

(1)木门窗安装的留缝限值、允许偏差和检验方法见表 6-9。

表 6-9   木门窗安装的留缝限值、允许偏差和检验方法

项次	项　目	留缝限值(mm)		允许偏差(mm)		检验方法
		普通	高级	普通	高级	
1	门窗槽口对角线长度差	—	—	3	2	用钢尺检查
2	门窗框的正、侧面垂直度	—	—	2	1	用 10mm 垂直检测尺检查
3	框与扇、扇与扇接缝高低差	—	—	2	1	用钢直尺和塞尺检查
4	门窗扇对口缝	1~2.5	1.5~2	—	—	用塞尺检查
5	工业厂房双扇大门对口缝	2~5		—	—	
6	门窗扇与上框间留缝	1~2	1~1.5	—	—	
7	门窗扇与侧框间留缝	1~2.5	1~1.5	—	—	
8	窗扇与下框间留缝	2~3	2~2.5	—	—	
9	门扇与下框间留缝	3~5	3~4	—	—	
10	双层门窗内外框间距			4	3	用钢尺检查
11	无下框时门扇与地面间留缝 — 外门	4~7	5~6			用塞尺检查
	内门	5~8	6~7			
	卫生间门	8~12	8~10			
	厂房大门	10~20				

(2)门窗玻璃安装的质量标准。

1)玻璃的品种、规格、尺寸、色彩、图案和涂膜朝向应符合设计要求。单块玻璃不大于 1.5m² 时应使用安全玻璃。

2)门窗玻璃裁割尺寸应正确。安装后的玻璃应牢固,不得有裂纹、损伤和

松动。

3）玻璃的安装方法应符合设计要求，固定玻璃的钉子或钢丝卡的数量、规格应保证玻璃安装牢固。

4）镶钉木压条接触玻璃处，应与裁口边缘平齐。木压条应互相紧密连接，并与裁口边缘粘接牢固、接缝平齐。

5）密封条与玻璃、玻璃槽口的接触应紧密、平整。密封胶与玻璃、玻璃槽口的边缘应粘结牢固、接缝平齐。

6）带密封条的玻璃压条，其密封条必须与玻璃全部贴紧，压条与型材之间无明显缝隙，压条接缝应不大于 0.5mm。

7）玻璃表面应洁净，不得有腻子、密封胶、涂料等污渍。中空玻璃内外表面均应洁净，玻璃中层内不得有灰尘和水蒸气。

8）门窗玻璃不应直接接触型材。单面镀膜层及磨砂面应朝向室内。中空玻璃的单面镀膜玻璃应在最外层，镀膜层应朝向室内。

9）腻子应填抹饱满、粘结牢固。泥沼边缘与裁口应平齐。固定玻璃的卡子不应在腻子表面显露。

2. 应注意的质量问题

（1）门窗框翘曲。其原因是立梃不垂直，两根立梃向相反的两个方向倾斜，即两根立梃不在同一个垂直平面内。因此，安装时要注意垂直度吊线，按规程操作，门框安装完以后，用水泥砂浆将其筑牢，以加强门框刚度；注意成品保护，避免框因车撞、物碰而位移。

（2）门窗框安装不牢。由于木砖埋的数量少或将木砖碰活动，也有钉子少所致。砌半砖隔墙时，应用带木砖的混凝土块，每块木砖上须用两个钉子，上下错开钉牢，木砖间距一般以 50～60mm 为宜，门窗洞口每边缝隙不应超过 20mm，否则应加垫木；门窗框与洞口之间的缝隙超过 30mm 时，应灌豆石混凝土；不足 30mm 的应塞灰，要分层进行。

（3）门窗框与门窗洞的缝隙过大或过小。安装时两边分得不匀，高低不准。一般门窗框上皮应低于门窗过梁下皮 10～15mm，窗框下皮应比窗台砖层上皮高 50mm，若门窗洞口高度稍大或稍小时，应将门窗框标高上下调整，以保证过梁抹灰厚度及外窗台泛水坡度。门窗框的两边立缝应在立框时用木楔临时固定调整均匀后，再用钉子钉在木砖上。

（4）合页不平，螺丝松动、螺帽斜露，缺少螺丝，合页槽深浅不一，螺丝操作时钉入太长，倾斜拧入。因此，合页槽应里平外卧，安装螺丝时严禁一次钉入，钉入深度不得超过螺丝长度的 1/3，拧入深度不得小于 2/3，拧时不得倾斜。同时应注意数量，不得遗漏，遇有木节或钉子时，应在木节上打眼或将原有钉子送入框内，然后重新塞进木塞，再拧螺丝。

（5）上下层的门窗不顺直。洞口预留不准，立口时上下没有吊线所致。结构施工时注意洞口位置,立口时应统一弹上口的中线,根据立线安装门窗框。

(6)门框与抹灰面不平。立口前没有标筋造成。安装门框前必须做好抹灰标筋,根据标筋找正吊直。

第三节　细木制品安装

一、细木制品的材质要求

(1)细木制品所用木材要进行认真挑选,保证所用木材的树种、材质、规格符合设计要求。施工中应避免大材小用,长材短用和优材劣用的现象。

(2)由木材加工厂制作的细木制品,在出厂时,应配套供应,并附有合格证明;进入现场后应验收,施工时要使用符合质量标准的成品或半成品。

(3)细木制品露明部位要选用优质材,作清漆油饰显露木纹时,应注意同一房间或同一部位选用颜色、木纹近似的相同树种。细木制品不得有腐朽、节疤、扭曲和劈裂等弊病。

(4)细木制品用材必须干燥,应提前进行干燥处理。重要工程,应根据设计要求作含水率的检测。

二、窗台板安装

窗台板有木制、预制水泥板、预制水磨石块、石料板、金属板多种,木窗台板的构造,见图 6-18。

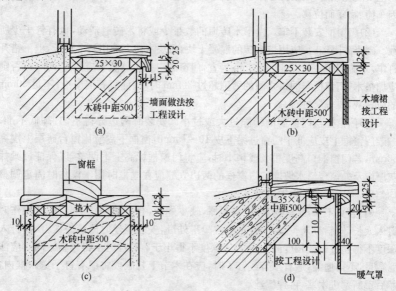

图 6-18　木窗台板构造

1. 定位与画线

根据设计要求的窗下框标高、位置,划窗台板的标高、位置线,为使同房间或连通窗台板的标高和纵横位置一致,安装时应统一抄平,使标高统一无差。

2. 检查预埋件

找位与画线后,检查窗台板、暖气罩安装位置的预埋件,是否符合设计与安装的连接构造要求,如有误差应进行修正。

3. 支架安装

构造上需要设窗台板支架的,安装前应核对固定支架的预埋件,确认标高、位置无误后,根据设计构造进行支架安装。

4. 木窗台板安装

在窗下墙顶面木砖处,横向钉梯形断面木条(窗宽大于 1m 时,中间应以间距500mm 左右加钉横向梯形木条),用以找平窗台板底线。窗台板宽度大于 150mm 的,拼合板面底部横向应穿暗带。安装时应插入窗框下帽头的裁口,两端伸入窗口墙的尺寸应一致,保持水平,找正后用砸扁钉帽的钉子钉牢,钉帽冲入木窗台板面 2mm。

5. 预制水泥窗台板、预制水磨石窗台板、石料窗台板安装

按设计要求找好位置,进行预装,标高、位置、出墙尺寸符合要求,接缝平顺严密,固定件无误后,按其构造的固定方式正式固定安装。

6. 金属窗台板安装

按设计构造要求,核对标高、位置、固定件后,先进行预装,经检查无误,再正式安装固定。

三、木窗帘盒安装

木窗帘盒有明、暗两种,明窗帘盒整个露明,一般是先加工成半成品,再在施工现场安装;暗窗帘盒的仰视部分露明,适用于有吊顶的房间。窗帘盒里悬挂窗帘,简单的用木棍或钢筋棍,普遍采用窗帘轨道,轨道有单轨、双轨或三轨。窗帘的启闭有手动和电动之分。图 6-19 和图 6-20 为普通常用的单轨明、暗窗帘盒示意图。

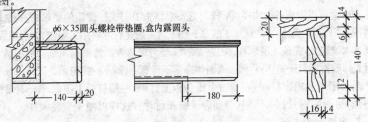

φ6×35圆头螺栓带垫圈,盒内露圆头

图 6-19 单轨明窗帘盒示意

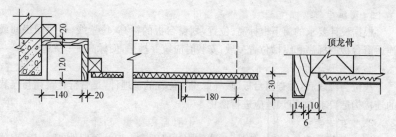

图 6-20　单轨暗窗帘盒示意

1. 检查窗盒的预埋件

为将窗帘盒安装牢固,位置正确,应先检查预埋件。

木窗帘盒与墙固定,少数在墙内砌入木砖,多数预埋铁件。预埋铁件的尺寸、位置及数量应符合设计要求。如果出现差错应采取补救措施,如预埋件不在同一标高时,应进行调整使其高度一致;如预制过梁上漏放预埋件,可利用射钉枪或胀管螺栓将铁件补充固定,或者将铁件焊在过梁的箍筋上。图 6-21 为常用的预埋铁件示意。

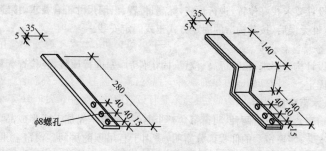

图 6-21　预埋铁件

2. 窗帘盒制作

窗帘盒可以做成各种式样,制作时,首先根据施工图或标准图的要求,进行选料、配料,先加工成半成品,再细致加工成型。加工时一般是将木料用大刨刨光,再用线刨子顺着木纹起线,线条光滑顺直、深浅一致,线型力求清秀。然根据图纸进行组装,组装时先抹胶再用钉子钉牢,将溢胶及时擦净。不得有明榫,不得露钉帽。

当采用木制窗帘杆时,在窗帘盒横头板上打眼,一端打成上下眼——上眼深、下眼浅;另一端则只打一浅眼(与前者浅眼相对称),这样以便于安装木杆。

3. 窗帘盒的安装

窗帘轨道安装前,先检查是否平直,如有弯曲应调直后再安装。明窗帘盒宜先安装轨道,暗窗帘盒可后安装轨道。当窗宽大于 1.2m 时,窗帘轨中间应断开,断头处煨弯错开,弯曲度应平缓,搭接长度不少于 200mm。

图 6-22 为单轨窗帘盒仰视平面图。

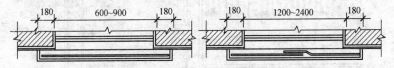

图 6-22　单轨窗帘盒仰视平面

窗帘盒的长度由窗洞口的宽度决定,一般窗帘盒的长度比窗洞口的宽度大 300mm 或 360mm。

根据室内 50cm 高的标准水平线往上量,确定窗帘盒安装的标高。在同一墙面上有几个窗帘盒。安装时应拉通线,使其高度一致。将窗帘盒的中线对准窗洞口中线,使其两端高度一致。窗帘盒靠墙部分应与墙面紧贴,无缝隙。如墙面局部不平,应刨盖板加以调整。根据预埋铁件的位置,在盖板上钻孔,用机螺栓加垫圈拧紧。如挂较重的窗帘,明窗帘盒安装轨道采用机螺丝;暗窗帘盒安装轨道时,小角应加密,木螺丝不小于 $1\frac{1}{4}$ 英寸。

四、散热器罩安装

1. 固定式散热器罩

安装前应先在墙面、地面弹线,确定散热器罩的位置,散热器罩的长度应比散热片长 100mm,高度应在窗台以下或与窗台接平,厚度应比散热器宽 10mm 以上,散热罩面积应占散热片面积 80% 以上。

在墙面、地面安装线上打孔下木模,木模应进行防腐处理。按安装线的尺寸制作木龙骨架,将木龙骨架用圆钉固定在墙、地面上,木模距墙面小于 200mm,距地面小于 150mm,圆钉应钉在木模上。

散热罩的框架应刨光、平正。散热罩侧面板可使用五合板。顶面应加大悬板底衬,面饰板用三合板。面饰板安装前应在暖气罩框架外侧刷乳胶,面饰板对正后用射钉固定在木龙骨上,面板应预留出散热罩位置,边缘与框架平齐。

侧面及正面顶部用木线条收口。制作散热罩框,框架应刨光、平正,尺寸应与龙骨上的框架吻合,侧面压线条收口,框内可做造型。

2. 活动式暖气罩

由于它搬动方便,可进行维修作业,宽度比固定式散热器罩窄,占用空间少,所以适宜仅在墙面单独包散热器罩而不做其他连体家具时使用。

活动式散热器罩应视为家具制作,根据散热片的长、宽、高尺寸,按长度大于 100mm、高度大于 50mm、宽度大于 15mm 的尺寸,预先制作三面有侧板及散热网的罩框,将罩框直接安装在散热片上即可。

3. 木散热器罩的构造

木散热器罩的构造见图 6-23。

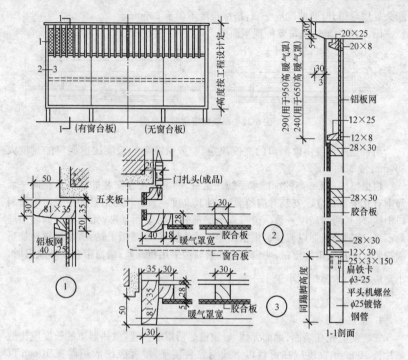

图 6-23　木散热器罩构造

五、筒子板安装

筒子板设置在室内门窗洞口处，又称"堵头板"，其面板一般用五层胶合板（五夹板）制作并采用镶钉方法。门头筒子板的构造，见图 6-24，窗樘筒子板构造，见图 6-25。

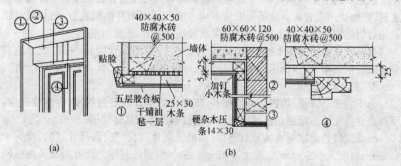

图 6-24　门头筒子板及其构造

(a)门头贴脸、筒子板示意；(b)门头筒子板的构造

木筒子板的操作工序为检查门窗洞口及埋件→制作及安装木龙骨→装钉面板。

木筒子板的安装，一般是根据设计要求在砖或混凝土墙体中埋入经过防腐处理的木砖，中距一般为500mm。采用木筒子板的门窗洞口应比门窗樘宽40mm，洞口比门窗樘高出 25mm，以便于安装筒子板。

1. 制作和安装木龙骨

根据门窗洞口实际尺寸，先用木方制成龙骨架。一般骨架分三片，洞口上部一片，两侧各一片。每片一般为两根立杆。当筒子板宽度大于 500mm 需要拼缝时，中间适当增加立杆，如图 6-26 所示。

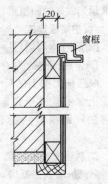

图 6-25　窗樘筒子板

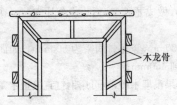

图 6-26　木龙骨

横撑间距根据筒子板厚度决定：当面板厚度为 10mm 时，横撑间距不大于300mm；板厚为 5mm 时，横撑间距不大于 300mm。横撑位置必须与预埋件位置对应。安装龙骨架一般先上端后两侧，洞口上部骨架应与预埋螺栓或铅丝拧紧。龙骨架表面刨光，其他三面刷防腐剂（氟化钠）。为了防潮，龙骨架与墙之间应干铺油毡一层。龙骨架必须平整牢固，为安装面板打好基础。

2. 检查门窗洞口及埋件

首先检查门窗洞口尺寸是否符合要求，是否垂直方正，预埋木砖或连接铁件是否齐全，位置是否准确，如发现问题，必须修理或校正。

3. 装钉面板

面板应挑选木纹和颜色，近似者用于同一房间。板的裁割要使其略大于龙骨架的实际尺寸，大面净光，小面刮直，木纹根部向下；长度方向需要对接时，木纹应通顺，其接头位置应避开视线开视线范围。一般窗筒子板拼缝应在室内地坪 2m 以上；门筒子板拼缝一般离地平 1.2m 以下。同时，接头位置必须留在横撑上。当采用厚木板材，板背应做卸力槽，以免板面弯曲，卸力槽一般间距为 100mm，槽宽10mm，深度 5～8mm。

固定面板所用钉子的长度为面板厚度的 3 倍，间距一般为 100mm，钉帽要砸扁，并用较尖的冲子将钉帽顺木纹方向冲入面层 1～2mm。筒子板里侧要装进门窗框预先做好的凹槽里。外侧要与墙面齐平,割角严密方正。

六、护墙板施工

护墙板(木墙裙)是一种常用的室内装修,用于人们容易接触的部位。

1. 弹线、检查预埋件

根据施工图上的尺寸,先在墙上画出水平标高。弹出分档线。根据线档在墙上加木橛或预先砌入木砖。木砖(或木橛)位置应符合龙骨分档尺寸。木砖的间距横竖一般不大于 400mm,如木砖位置不适用可补设,如图 6-27 所示。

2. 制作安装木龙骨

全高护墙板根据房间四角和上下龙骨先找平、找直、按面板分块大小由上到下做好木标筋,然后在空档内根据设计要求钉横竖龙骨。

局部护墙板根据高度和房间大小,做成龙骨架,整片或分片安装。在龙骨与墙之间铺油毡一层防潮。

龙骨间距。一般横龙骨间距为 400mm,竖龙骨间距为 500mm。如面板厚度在 10mm 以上时,横龙骨间距可放大到 450mm。

龙骨必须与每一块木砖钉牢。如果没埋木砖,也可用钢钉直接把木龙骨钉入水泥砂浆面层上固定。

当木龙骨钉完,要检查表面平整与立面垂直,阴阳角用方尺套方。调整龙骨表面偏差所垫的木垫块,必须与龙骨钉牢。龙骨安装如图 6-28 所示。如需隔声,如 KTV,中间需填隔声轻质材料。

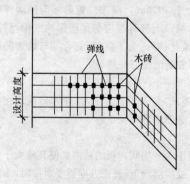

图 6-27　墙面弹线、加木砖

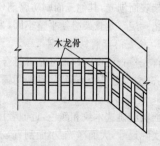

图 6-28　木龙骨的安装

3. 装订面板

面板上如果涂刷清漆显露木纹时,应挑选相同树种及颜色,木纹相近似的用在同一房间里,木纹根部向下,对称,颜色一致,无污染,嵌合严密,分格拉缝均匀一致,顺直光洁。如果面板上涂刷色漆时可不限。木板的年轮凸面应向内放置。

护墙板面层一般竖向分格拉缝以防翘鼓。

面板的固定可以在木龙骨上刷胶粘剂,将面板粘在木龙骨上,然后钉小钉(目的是为了使面板和木龙骨粘贴牢固),待胶粘剂干后,将小钉拔出。目前均用射钉枪。

护墙板面层的竖向拉缝形式有直拉缝和斜面拉缝两种,见图6-29。

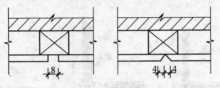

图 6-29　拉缝形式

为了美观起见,竖向拉缝处也可镶钉压条,见图6-30。目前压条均用机器预制成品。

如果做全高护墙板,护墙板纵向需有接头,接头最后在窗口上部或窗台以下,有利于美观。接头形式,见图6-31。

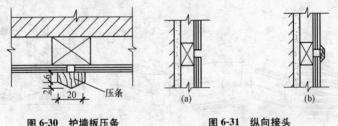

图 6-30　护墙板压条

图 6-31　纵向接头
(a)无盖条;(b)有盖条

厚面板作面层时,板的背面应做卸力槽,以免板面弯曲、卸力槽间距不大于150mm,槽宽10mm,深5~8mm,见图6-32。

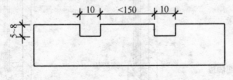

图 6-32　卸力槽

护墙板阳角的处理方法,见图6-33。

护墙板阴角的处理方法,见图6-34。

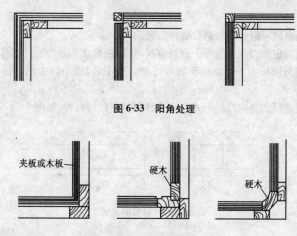

图 6-33　阳角处理

图 6-34　阴角处理

护墙板顶部要拉线找平,钉木压条。木压条规格尺寸要一致,挑选木纹、颜色近似的钉在一起。压条又称压顶,样式很多,见图 6-35。压线条的处理方法,见图 6-36。

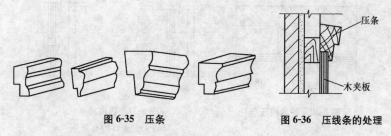

图 6-35　压条　　　　　　　图 6-36　压线条的处理

护墙板与踢脚板交接处的做法有多种,图 6-37 所示为几种做法。

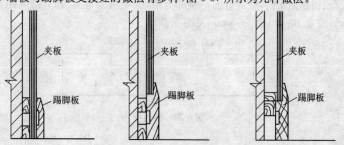

图 6-37　护墙板与踢脚板交接处的几种做法

七、贴脸板安装

贴脸板也称为门头线与窗头线，是装饰门窗洞口的一种木制线脚。

门窗贴脸板的式样很多，尺寸各异，应按照设计图纸施工。其构造和安装形式见图 6-38。

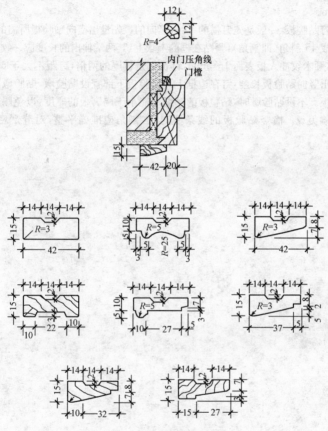

图 6-38　门窗贴脸的构造与安装

1. 贴脸板的制作

首先检查配料的规格、质量和数量，符合要求后，先用粗刨刮一遍，再用细刨子刨光。先刨大面，后刨小面。刨得平直光滑，背面打凹槽。然后用线刨子顺木纹起线，线条应清晰，挺秀，并须深浅一致。

如果做圆贴脸，必须先套出样板，然后根据样板画线刮料。

2. 贴脸板的装钉

门框与窗框安装完毕,即可进行贴脸板的安装。

贴脸板距门窗口边 15～20mm。贴脸板的宽度大于 80mm 时,其接头应做暗榫;其四周与抹灰墙面须接触严密,搭盖墙的宽度一般为 20mm,最少不应少于 10mm。

装钉贴脸板,一般是先钉横的,后钉竖向的。先量出横向贴脸板所需的长度,两端锯成 45°斜角(即割角),紧贴在框的上坎上,其两端伸出的长度应一致。将钉帽砸扁,顺木纹冲入板表面 1～3mm,钉长宜是板厚的两倍,钉距不大于 500mm。接着量出竖向贴脸板长度,钉在边框上。贴脸板下部宜设贴脸墩,贴脸墩要稍厚于踢脚板。不设贴脸墩时,贴脸板的厚度不能小于踢脚板的厚度,以免踢脚板冒出而影响美观。横竖贴脸板的线条要对正,割角应准确平整,对缝严密,安装牢固。

第七章 模板工程

第一节 概　述

模板系统包括模板和支撑两大部分。模板是使混凝土构件按几何尺寸成型的模型板，又称壳子板；施工中，它要承受本身自重，钢筋、混凝土的重量，机械振动力等荷载。支撑系统是支持模板，保持其位置的正确，并承受模板、钢筋、混凝土等重量及施工荷载的结构。

一、按施工工艺条件分类

1. 预组装模板

由定型模板分段预组成较大面积的模板及其支承体系，用起重设备吊运到混凝土浇筑位置。多用于大体积混凝土工程。

2. 大模板

由固定单元形成的固定标准系列的模板，多用于高层建筑的墙板体系。用于平面楼板的大模板又称为飞模。

3. 现浇混凝土模板

根据混凝土结构形状不同就地形成的模板，多用于基础、梁、板等现浇混凝土工程。模板支承系多通过支于地面或基坑侧壁以及对拉的螺栓承受混凝土的竖向和侧向压力。这种模板适应性强，但周转较慢。

4. 垂直滑动的模板

由小段固定形状的模板与提升设备，以及操作平台组成的可沿混凝土成型方向平行移动的模板体系。适用于高耸的框架、烟囱、圆形料仓等钢筋混凝土结构。根据提升设备的不同，又可分为液压滑模、螺旋丝杠滑模，以及拉力滑模等。

5. 跃升模板

由两段以上固定形状的模板，通过埋设于混凝土中的固定件，形成模板支承条件承受混凝土施工荷载，当混凝土达到一定强度时，拆模上翻，形成新的模板体系。多用于变直径的双曲线冷却塔、水工结构以及设有滑升设备的高耸混凝土结构工程。

6. 水平滑动的隧道工模板

由短段标准模板组成的整体模板，通过滑道或轨道支于地面、沿结构纵向平行移动的模板体系。多用于地下直行结构，如隧道、地沟、封闭顶面的混凝土结构。

二、按材料性质分类

1. 木模板

混凝土工程开始出现时，都是使用木材来做模板。木材被加工成木板、木方，然后经过组合成为构件所需的模板。

20 世纪 50 年代我国现浇结构模板主要采用传统的手工拼装木模板，耗用木材量大，施工方法落后。

近些年，出现了用多层胶合板做模板料进行施工的方法。用胶合板制作模板，加工成型比较省力，材质坚韧，不透水，自重轻，浇筑出的混凝土外观比较清晰美观。

2. 塑料模板

塑料模板是随着钢筋混凝土预应力现浇密肋楼盖的出现，而创制出来的。其形状如一个方的大盆，支模时倒扣在支架上，底面朝上，称为塑壳定型模板。在壳模四侧形成十字交叉的楼盖肋梁。这种模板的优点是拆模快，容易周转，它的不足之处是仅能用在钢筋混凝土结构的楼盖施工中。

3. 钢模板

国内使用的钢模板大致可分为两类，一类为小块钢模，亦称为小块组合钢模，它是以一定尺寸模数做成不同大小的单块钢模，最大尺寸是 300mm×1500mm×50mm，在施工时按构件所需尺寸，采用 U 形卡将板缝卡紧形成一体；另一类是大模板，它用于墙体的支模，多用在剪力墙结构中，模板的大小按设计的墙身大小而定型制作。

20 世纪 60 年代为了节约木材，提高工效，开始推广定型模板和钢木混合模板，并在烟囱、筒仓结构施工中出现提模与滑模等工艺。20 世纪 70 年代初，我国开始贯彻"以钢代木"方针，发展钢模板。由于其使用灵活、通用性强等特点，是当前应用较广的一种模板。

4. 其他模板

20 世纪 80 年代中期以来，现浇结构模板趋向多样化，模板的发展也较为迅速。主要有胶合板模板、塑料模板、玻璃钢模板、压型钢模、钢木(竹)组合模板、装饰混凝土模板以及复合材料模板等。

三、常用模板构造

1. 木模板

木模板及其支撑系统一般在加工厂或现场制成单元，再在现场拼装，图 7-1(a)是基本单元，称为拼板。拼板的长短、宽窄可根据混凝土或钢筋混凝土构件的尺寸，设计出几种标准拼板，以便组合使用；也可以在木边框(40mm×50mm 方木)上钉木板制成木定型模板，木定型模板的规格为 1000mm×500mm，如图 7-2所示。图 7-1(b)是用木拼板组装成的柱模板构造图，它是由两块相对的内拼板夹在两块外拼板之内所组成的。

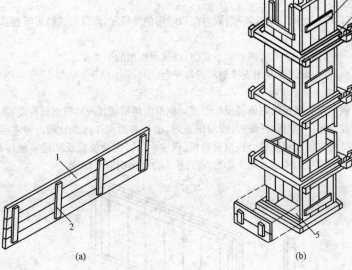

图 7-1　木模板

(a)拼板；(b)柱模板

1—板条；2—拼条；3—柱箍；4—梁缺口；5—清理口

木模板所用的木材(红松、白松、落叶松、马尾松及杉木等)材质不宜低于Ⅲ等材。木材上如有节疤、缺口等疵病，在拼模时应截去疵病部分，对不贯通截面的疵病部分可放在模板的反面，废烂木枋不可用作龙骨，使用九夹板时，出厂含水率应控制在 $8\%\sim16\%$，单个试件的胶合强度不小于 0.70MPa。

木模板在拼制时，板边应找平刨直，拼缝严密，当混凝土表面不粉刷时板面应刨光。

板材和方材要求四角方正、尺寸一致，圆材要求最小梢径必须满足模板设计要求。

顶撑、横楞、牵杠、围箍等应用坚硬、挺直的木料，其配置尺寸除必须满足模板设计要求外，还应注意通用性。

2. 复合木模板

复合木模板是指用胶合成木制、竹制或塑料纤维等制成的板面。用钢、木等制成框架，并配置各种配件而组成的复合模板。常用的有钢框胶合板模板、钢框竹胶板模板等。

钢框胶合板模板是以热轧异型型钢为边框，以胶合板(竹胶合板或木胶合板)

为面板,并用沉头螺丝或拉铆钉连接面板与横竖肋的一种模板体系。

(1)边框厚度为 95mm,面板采用 15mm 的胶合板,面板与边框相接处缝隙涂密封胶。

(2)模板之间用螺栓连接,同时配以专用的模板夹具,以加强模板间连接的紧密性。

(3)采用双 10 号槽钢做水平背楞,以确保板面的平整度。

(4)模板背面配专用支撑架和操作平台。

3.钢木组合模板

钢木组合模板由钢框和面板组成。钢框由角钢或其他异型钢材构造,面板材料有胶合板、竹塑板、纤维板、蜂窝纸板等,面板表面均作防水处理。钢木组合模板的品种有钢框覆膜胶合板组合模板、钢框木(竹)组合模板及利建模板体系等。钢木组合模板的构造与图 7-2 类似,只是木边框用钢框来代替。

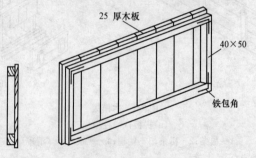

图 7-2　木定型模板

4.定型钢模板

定型钢模板是由钢板与型钢焊接而成,分小钢模板和大钢模板两种,其一般构造见图 7-3。

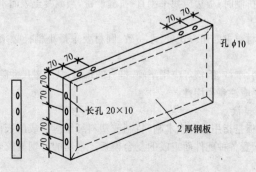

图 7-3　定型钢模板

小钢模板的构造:面层一般为 2mm 厚的钢板,肋用 50mm×5mm 扁钢点焊焊接,边框上钻有 20mm×10mm 的连接孔。小钢模的规格较多,以便适用于基础,梁、板、柱、墙等构件模板的制作,并有定型标准和非标准之分。

大钢模板也称大模板,是一种大型的定型模板,主要用于浇筑混凝土墙体,模板尺寸与大模板墙相配套,一般与楼层高度和开间尺寸相适应,例如高度为 2.7m、2.9m,长度为 2.7m、3.0m、3.3m、3.6m 等。大钢模板主要由板面系统、支撑系统、操作平台和附件组成,面板一般采用 4~5mm 的整块钢板焊成或用厚2~3mm 的定型组合钢模板拼装而成。图 7-4 是整体式大模板的构造示意图,它是一面墙的一块模板。

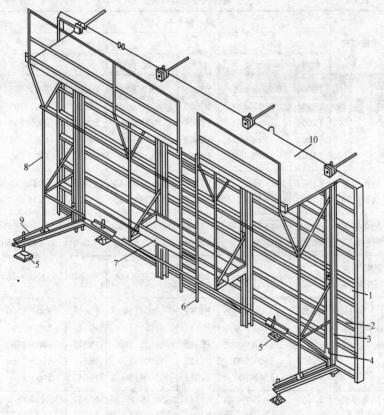

图 7-4 整体式大模板构造示意图
1—面板;2—横肋;3—竖肋;4—穿墙螺栓;5—调整螺栓
6—爬梯;7—工具箱;8—支撑桁架;9—支腿;10—操作平台

5. 组合钢模板

组合钢模板又称组合式定型小钢模,是由钢模板、连接件和支承件三部分组成。

(1)钢模板主要包括平面模板、阴角模板、阳角模板和连接角模。

平面模板(图7-5),由面板和肋条组成,模板尺寸采用模数制,宽度为100mm为基础,按50mm进级,最宽为300mm;长度以450mm为基础,按150mm进级,最长为1500mm。这样就可以根据工程需要,将不同规格的模板横竖组合拼装成各种不同形状、尺寸的大块模板,其规格见表7-1。

表 7-1　　　　　　　　　　　　　　钢模板规格编码表

模板名称			模 板 长 度 (mm)					
			450		600		750	
			代号	尺寸	代号	尺寸	代号	尺寸
平面模板（代号P）	宽度（mm）	300	P3004	300×450	P3006	300×600	P3007	300×750
		250	P2504	250×450	P2506	250×600	P2507	250×750
		200	P2004	200×450	P2006	200×600	P2007	200×750
		150	P1504	150×450	P1506	150×600	P1507	150×750
		100	P1004	100×450	P1006	100×600	P1007	100×750
阴角模板（代号E）			E1504	150×150×450	E1506	150×150×600	E1507	150×150×750
			E1004	100×150×450	E1006	100×150×600	E1007	100×150×750
阳角模板（代号Y）			Y1004	100×100×450	Y1006	100×100×600	Y1007	100×100×750
			Y0504	50×50×450	Y0506	50×50×600	Y0507	50×50×750
连接角模（代号J）			J0004	50×50×450	J0006	50×50×600	J0007	50×50×750
平面模板（代号P）	宽度（mm）	300	P3009	300×900	P3012	300×1200	P3015	300×1500
		250	P2509	250×900	P2512	250×1200	P2515	250×1500
		200	P2009	200×900	P2012	200×1200	P2015	200×1500
		150	P1509	150×900	P1512	150×1200	P1515	150×1500
		100	P1009	100×900	P1012	100×1200	P1015	100×1500
阴角模板（代号E）			E1509	150×150×900	E1512	150×150×1200	E1515	150×150×1500
			E1009	100×150×900	E1012	100×150×1200	E1015	100×150×1500
阳角模板（代号Y）			Y1009	100×100×900	Y1012	100×100×1200	Y1015	100×100×1500
			Y0509	50×50×900	Y0512	50×50×1200	Y0515	50×50×1500
连接角模（代号J）			J0009	50×50×900	J0012	50×50×1200	J0015	50×50×1500

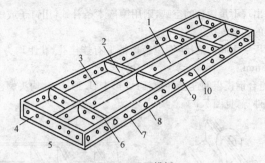

图 7-5 平面模板

1—中纵肋;2—中横肋;3—面板;4—横肋;5—插销孔;6—纵肋;
7—凸楞;8—凸鼓;9—U 形卡孔;10—钉子孔

转角模板,有阴角、阳角和连接角模板三种(图 7-6),主要用于结构的转角部位。

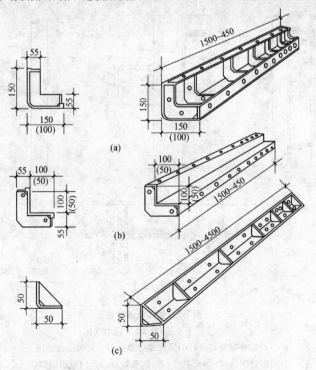

图 7-6 转角模板

(a)阴角模板;(b)阳角模板;(c)连接角模板

　　如拼装时出现不足模数的空缺,则用镶嵌木条补缺,用钉子或螺栓将木条与钢模板边框上的孔洞连接。

　　为了便于板块之间的连接,钢模板边框上有连接孔,孔距均为150mm,端部孔距边肋为75mm。

　　(2)定型组合钢模板的连接件包括:U形卡、L形插销、钩头螺栓、对拉螺栓、紧固螺栓和扣件等,见图7-7。

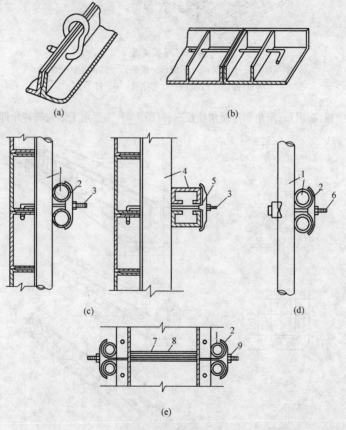

图 7-7　钢模板连接件

(a)U形卡连接;(b)L形插销连接;

(c)钩头螺栓连接;(d)紧固螺栓连接;(e)对拉螺栓连接

1—圆钢管钢楞;2—3形扣件;3—钩头螺栓;4—内卷边槽钢钢楞;

5—蝶形扣件;6—紧固螺栓;7—对拉螺栓;8—塑料套管;9—螺母

（3）定型组合钢模板的支承件包括柱箍、钢楞、支架、斜撑、钢桁架等。

6. 胎模、砖地模

胎模是指用钢、木材以外的材料筑成的模型来代替模板浇灌混凝土，常用的胎模有土胎模、砖胎模、混凝土胎模等，这些胎模中的土、砖、混凝土作为构件外型的底模，常用木料做边模。可用于预制梁、柱、槽型板及大型屋面板等构件。图7-8是工字形柱砖胎模，它是按构件形状用砖砌模并抹水泥砂浆而做成的胎模。另一种是砖地模，它是按构件的平面尺寸，用砖砌后再用水泥砂浆抹平而做成的一种底模。图7-9是大型屋面板混凝土胎模，它是在土坯上浇筑一层薄混凝土面层抹光而成。

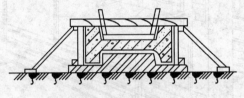

图 7-8　工字形柱砖胎模

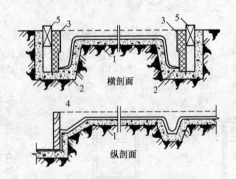

图 7-9　大型屋面板混凝土胎模

1—胎模；2—∟65×5；3—侧模；4—端模；5—木楔

7. 滑升模板

滑升模板简称滑模，它是由一套高约 1.2m 的模板、操作平台和提升系统三部分组装而成（图 7-10），然后在模板内浇筑混凝土并不断向上绑扎钢筋，同时利用提升装置将模板不断向上提升，直至结构浇筑完成。

模板（图 7-10 中的"6"）可用钢模板、木模板或钢木混合模板，最常用的是钢模板（故此滑模亦称滑升钢模），钢模板可采用厚 2～3mm 的钢板和 ∟ 30～50 的角钢制成（图 7-11），可采用定型组合钢模板。按所在部位和作用的不同，模板可分为内模板、外模板、堵头模板、角模以及变截面处的衬模板等。

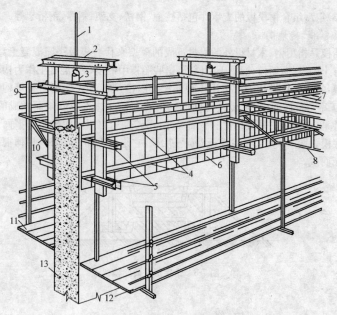

图7-10 滑升模板装置示意图

1—支承杆；2—提升架；3—液压千斤顶；4—围圈；5—围圈支托；6—模板；
7—操作平台；8—平台桁架；9—栏杆；10—外挑三脚架；11—外吊脚手架；
12—内吊脚手架；13—混凝土墙体

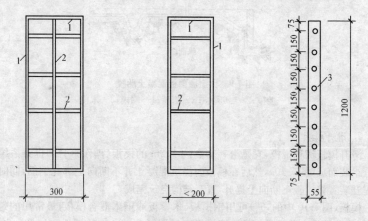

图7-11 平模板块

1—边框；2—肋；3—连接孔

液压千斤顶是提升系统的组成部分,它是使滑升模板装置沿支承杆(图 7-10 中的"1")向上滑升的主要设备(由此亦称滑升钢模为液压滑升钢模)。液压千斤顶是一种专用的穿心式千斤顶,只能沿支承杆向上爬升,不能下降。按其卡头型式的不同,液压千斤顶可分为钢珠式液压千斤顶和楔块式液压千斤顶。

滑升模板适用于各类烟囱、水塔、筒仓、沉井及贮罐、大桥桥墩、挡土墙、港口扶壁及水坝等构筑物多层及高层民用及工业建筑等的施工。

四、模板运输与存放

1. 模板的运输

(1)不同规格的钢模板不得混装混运。运输时,必须采取有效措施,防止模板滑动、倾倒。长途运输时,应采用简易集装箱,支承件应捆扎牢固,连接件应分类装箱。

(2)预组装模板运输时,应分隔垫实,支捆牢固,防止松动变形。

(3)装卸模板和配件应轻装轻卸,严禁抛掷,并应防止碰撞损坏。严禁用钢模板作其他非模板用途。

2. 模板的存放

(1)所有模板和支撑系统应按不同材质、品种、规格、型号、大小、形状分类堆放,应注意在堆放中留出空地或交通道路,以便取用。在多层和高层施工中,还应考虑模板和支撑的竖向转运顺序合理化。

(2)木质材料可按品种和规格堆放,钢质模板应按规格堆放,钢管应按不同长度堆放整齐。小型零配件应装袋或集中装箱转运。

(3)模板的堆放一般以平卧为主,对桁架或大模板等部件,可采用立放形式,但必须采取抗倾覆措施,每堆材料不宜过多,以免影响部件本身的质量和转运方便。

(4)堆放场地要求整平垫高,应注意通风排水,保持干燥;室内堆放应注意取用方便、堆放安全;露天堆放应加遮盖;钢质材料应防水防锈,木质材料应防腐、防火、防雨、防曝晒。

3. 模板的维修和保管

(1)钢模板和配件拆除后,应及时清除粘结的灰浆,对变形和损坏的模板和配件,宜采用机械整形和清理。钢模板及配件修复后的质量标准,见表 7-2。

表 7-2　　　　　钢模板及配件修复后的质量标准

	项　目	允许偏差(mm)
钢模板	板面平整度	≤2.0
	凸楞直线度	≤1.0
	边肋不直度	不得超过凸楞高度
配　件	U 形卡卡口残余变形	≤1.2
	钢楞和支柱不直度	≤$L/1000$

注:L 为钢楞和支柱的长度。

（2）维修质量不合格的模板及配件，不得使用。

（3）对暂不使用的钢模板，板面应涂刷脱模剂或防锈油。背面油漆脱落处，应补刷防锈漆，焊缝开裂时应补焊，并按规格分类堆放。

（4）钢模板宜存放在室内或棚内，板底支垫离地面 100mm 以上。露天堆放，地面应平整坚实，有排水措施模板底支垫离地面 200mm 以上，两点距模板两端长度不大于模板长度的 1/6。

（5）入库的配件，小件要装箱入袋，大件要按规格分类整数成垛堆放。

第二节　模板设计

一、混凝土强度增长过程

普通混凝土是由石子、砂、水泥和水按一定比例均匀拌和，浇筑在所需形状的模板内，经捣实、养护、硬结后，而形成的人造石材。影响混凝土强度增长的主要因素有以下几种：

1. 养护温度和湿度

水泥与水的水化反应，与周围环境的温度、湿度有密切关系。在一定湿度条件下，温度愈高，水化反应愈快，强度增长也愈快；反之强度增长就慢。当温度低于 0℃ 时，不但水化反应停止，并且因水结冰体积膨胀而使混凝土发生破坏。所以，冬期施工，混凝土浇捣后，必须遮盖草包等物，加强保温。混凝土在养护时，如果湿度不够，也将影响混凝土强度的增长，同时还会引起干缩裂缝使混凝土表面疏松，耐久性变差。混凝土强度增长与湿度的关系，见图 7-12。所以，夏季施工混凝土浇捣后，必须遮盖草包，并浇水养护一定时间。

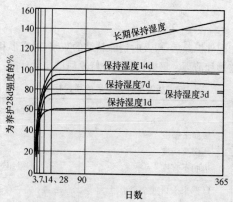

图 7-12　混凝土强度与保持潮湿日期的关系

2. 龄期

混凝土强度随龄期的增长而逐渐提高。在正常养护条件下,混凝土强度在最初 7～14d 内发展较快,28d 接近最大值,以后强度增长缓慢,可延续数十年之久,见图 7-13。

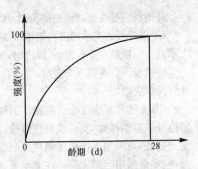

图 7-13　混凝土强度发展曲线

二、组合钢模板设计

组合钢模板是目前使用较广泛的一种通用性组合模板。用它进行现浇钢筋混凝土结构施工,可事先按设计要求组拼成基础、梁、柱、墙等各种大型模板,整体吊装就位,也可以采用散装散拆方法,比较方便灵活。

1. 钢模板配板设计的原则

进行钢模板配板设计,绘制钢模板配板图一般应遵循下列原则和要求:

(1)尽可能选用 P3015 或 P3012 钢模板为主板,其他规格的钢模板作为拼凑模板之用。这样可减少拼接,节省工时和配件,增强整体刚度,拆模也方便。

(2)配板时,应以长度为 1500mm、1200mm、900mm、750mm,宽度为 300mm、200mm、150mm、100mm 等规格的平面模板为配套系列,这样基本上可配出以 50mm 为模数的模板。在实际使用时,个别部位不能满足的尺寸可以用少量木材拼补。同时,应对多方案进行比较,择优选用拼木面积较小的布置方案。

(3)钢模板排列时,模板的横放或立放要慎重考虑。一般应以钢模板的长度沿着墙、板的长度方向、柱子的高度方向和梁的长度方向排列。这种排列方法称之为横排。这样有利于使用长度较大的钢模板,也有利于钢楞或桁架支承的合理布置。

(4)要合理使用转角模板,对于构造上无特殊要求的转角可以不用阳角模板,而用连接角模代替。阳角模板宜用在长度大的转角处。柱头、梁口和其他短边转角部位如无合适的阴角模板也可用方木代替。一般应避免钢模板的边肋直接与混凝土面相接触,以利拆模。

(5)绘制钢模板配板图时,尺寸要留有余地。一般 4m 以内可不考虑。超过 4m 时,每 4～5m 要留 3～5mm,调整的办法大都采用木模补齐,或安装端头时统一处理。

2. 支承系统配置设计的原则

(1)钢楞的布置。内钢楞的配置方向应与钢模板的长度方向相垂直,直接承受钢模板传递来的荷载,其间距按荷载确定。为安装方便,荷载在 $50kN/m^2$ 以内,钢楞间距常采用固定尺寸 750mm。钢楞端头应伸出钢模板边肋 10mm 以上,以防止边肋脱空。

外钢楞承受内钢楞传递的荷载,加强钢模板结构的整体刚度并调整平直度。

(2)钢模板的支承跨度。钢模板端头缝齐平布置时,一般每块钢模应有两个支承点。当荷载在 $50kN/m^2$ 以内时,支承跨度不大于750mm。

钢模板端头缝错开布置时,支承跨度一般不大于主规格钢模板长度的80%,计算荷载应增加一倍。

(3)支柱和对拉螺栓的布置。钢模板的钢楞由支柱或对拉螺栓支承,当采用内外双重钢楞时,支柱或对拉螺栓应支承在外钢楞上。为了避免和减少在钢模上钻孔,可采用连接板式钢拉杆来代替对拉螺栓。同时为了减少落地支柱数量,应尽量采用桁架支模。在支承系统中,对连接形式和排架形式的支柱应适当配置水平撑和剪刀撑,以保证其稳定性。水平撑在柱高方向的间距一般不应大于 1.5m。

3. 钢模板配板排列的方法

(1)钢模板横排时基本长度的配板:钢模板横排时基本长度的配板方法见表7-3。

表 7-3　　　　　　　　钢模板横排时基本长度配板

模板长度(mm) 主板块数 序　号	0	1	2	3	4	5	6	7	8	其余规格块数	备注
	1	2	3	4	5	6	7	8	9		
1	1500	3100	4500	6000	7500	9000	10500	12000	13500		
2	1650	3150	4650	6150	7650	9150	10650	12150	13650	600×2+450×1 =1650	△
3	1800	3300	4800	6300	7800	9300	10800	12300	13800	900×2 =1800	○
4	1950	3450	4950	6450	7950	9450	10950	12450	13950	450×1 =450	
5	2100	3600	5100	6600	8100	9600	11100	12600	14100	600×1 =600	
6	2250	3750	5250	6750	8250	9750	11250	12750	14250	900×2+450×1 =2250	△
7	2400	3900	5400	6900	8400	9900	11400	12900	14400	900×1 =900	○

续表

模板长度(mm) 主板块数 序号	0	1	2	3	4	5	6	7	8	其余规格块数	备注
	1	2	3	4	5	6	7	8	9		
8	2550	4050	5550	7050	8550	10050	11550	13050	14550	$600×1+450×1$ $=1050$	△
9	2700	4200	5700	7200	8700	10200	11700	13200	14700	$600×2$ $=1200$	△
10	2850	4350	5850	7350	8850	10350	11850	13350	14850	$900×1+450×1$ $=1350$	△

注:1. 当长度为 15m 以上时,可依次类推。

2. ○表示由此行向上移二档,△表示由此行向上移一档可获得更好的配板效果。

(2)钢模板横排时基本高度的配板:钢模板横排时基本高度的配板方法见表 7-4。

表 7-4　　　　　　　　钢模板横排时基本高度配板

模板长度(mm) 主板块数 序号	0	1	2	3	4	5	6	7	8	9	其余规格块数
	1	2	3	4	5	6	7	8	9	10	
1	300	600	900	1200	1500	1800	2100	2400	2700	3000	
2	350	650	950	1250	1550	1850	2150	2450	2750	3050	$200×1+150×1$ $=350$
3	400	700	1000	1300	1600	1900	2200	2500	2800	3100	$100×1$ $=100$
4	450	750	1050	1350	1650	1950	2250	2550	2850	3150	$150×1$ $=150$
5	500	800	1100	1400	1700	2000	2300	2600	2900	3200	$200×1$ $=200$
6	550	850	1150	1450	1750	2050	2350	2650	2950	250	$150×1+100×1$ $=250$

注:高度 3.3m 以上时照此类推。

（3）钢模板按梁、柱断面宽度的配板方法：钢模板按梁、柱断面宽度的配板方法见表7-5。

表 7-5   钢模板按梁、柱断面宽度的配板   （mm）

序号	断面边长	排列方案	参 考 方 案		
			Ⅰ	Ⅱ	Ⅲ
1	150	150			
2	200	200			
3	250	150＋100			
4	300	300	200＋100	150×2	
5	350	200＋150	150＋100×2		
6	400	300＋100	200×2	150×2＋100	
7	450	300＋150	200＋150＋100	150×3	
8	500	300＋200	300＋100×2	200×2＋100	200＋150×2
9	550	300＋150＋100	200×2＋150	150×3＋100	
10	600	300×2	300＋200＋100	200×3	
11	650	300＋200＋150	200＋150×3	200×2＋150＋100	300＋150＋100×2
12	700	300×2＋100	300＋200×2	200×3＋100	
13	750	300×2＋150	300＋200＋150＋100	200×3＋150	
14	800	300×2＋200	300＋200×2＋100	300＋200＋150×2	200×4
15	850	300×2＋150＋100	300＋200×2＋150	200×3＋150＋100	
16	900	300×3	300×2＋200＋100	300＋200×3	200×4＋100
17	950	300×2＋200＋150	300＋200×2＋150＋100	300＋200＋150×3	200×4＋150
18	1000	300×3＋100	300×2＋200×2	300＋200×3＋100	200×5
19	1050	300×3＋150	300×2＋200＋150＋100	300×2＋150×3	

【例】 墙面长度为 1.25m 时，试做配板设计。

【解】 查表7-3，序号6，取 6 块1500mm、2 块900mm、1 块450mm 的模板，由此配得模板的总长为 $1500×6＋900×2＋450×1＝11250$（mm），即 6P3015＋2P3009＋P3004。

但工程上的构件单块平面的长度往往不像表内那样是按 150mm 进位的整数。如照表 7-3 拼配模板一般会剩有 10～140mm 的尾数。

当剩下长度为 100～140mm 时，配上 100mm 宽的竖向模板一列，于是约剩下 40mm。

当剩下长度为 90～50mm 时，可将表中主规格所拼配长度移上格，减一道序号取用，使剩下长度扩大为 240～200mm，再加配 200mm 宽的竖向模板后剩下也约为 40mm。此时可用木模补缺。

三、木模板设计

现浇钢筋混凝土结构的模板以前一直采用传统的手工拼装，并形成了一整套行之有效的施工工艺。20 世纪 60 年代起,为了节约木材,提高工效,开始推广定型木模。目前现浇结构的施工出现了许多新工艺,模板也趋向多样化,但木模板在某些地区和工程中仍不失为一种有效的补充。

配制模板前应首先熟悉图纸,把较为复杂的混凝土结构分解成形体简单的构件。按照构件的形体特征和它在整个结构和建筑构件中的位置,考虑采用经济合理的支模方式来确定模板的配制方法。由于构件的形状尺寸的多样性,各种模板的配法因构件而异。但不管有多大的不同,归纳起来大致可以把模板配制划分为成型模板和支撑系统制作两大部分。

1. 木顶撑及木楔配制

木顶撑是模板工程中的承重部件,它要承受和传递施工中加在模板上的全部载荷及施工人员和设备的重量。它由一根 100mm×100mm 的方木(或直径120mm 以上的原木)和一根断面为 50mm×100mm 的方木横担及两根斜拉撑钉成,见图 7-14。

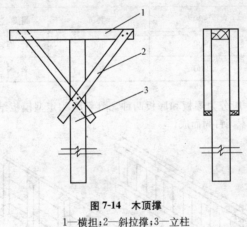

图 7-14 木顶撑
1—横担;2—斜拉撑;3—立柱

立柱两端应平齐,横担应平直,横担与立柱垂直。横担、立柱、斜拉撑之间的交汇点至少要钉两个铁钉,钉长应不小于其中一个杆件厚的 2~2.5 倍。横担的长度约等于模板底板宽度的 3 倍左右,以能够牢固地支撑侧板为宜。

木顶撑的总长=梁底标高-模板底板厚度-楼层地面标高-80mm。

式中 80mm 为垫板和木楔厚度之和。

斜撑应利用现场的短头料因地制宜地配制,但必须具有足够的强度,以使木顶撑形状稳定。

木楔是支撑时调整底板高度不可缺少的部件,支模前要配制好足够用的木楔。木楔用 50mm×100mm 的小短方料套裁。

2. 成型模板配制

经过长期的实践和研究,建筑设计已逐步实现规范化和系列化。为了节约木材和提高工作效率,可根据常用的梁、板、柱的尺寸,设计和制作一系列成型模板,用它们进行不同的组合,即可完成这些构件的支模任务。

表 7-6 所列为定型模板规格尺寸参考表。

表 7-6　　　　　　　木制定型模板规格尺寸参考表　　(mm)

序号	长度	宽度	使用范围
1	1000	300	圈梁、过梁、构造柱
2	1000	500	梁、板、柱
3	1000	600	梁、板、柱
4	900	250	圈梁、过梁、构造柱
5	900	300	圈梁、过梁、构造柱
6	900	500	梁、板、柱
7	900	600	梁、板、柱

定型模板一般分为侧板和底板两种。图 7-15 为定型模板结构图。由图可知,它由木板和木挡钉固而成。

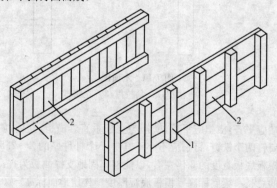

图 7-15　定型木模板
1—木挡;2—木板

(1)底板。模板的底板要承受模板自重、混凝土的重量和施工浇捣的冲击载荷,因此它要结实耐用。底板一般用 50mm 厚的木板。底板的净尺寸和混凝土构件底面净尺寸相同。它的背面可以钉木挡，也可以钉在支撑系统的杆件上。

木模板应采用受干湿作用变形小，容易钉进钉子和韧性好的木材，一般常用红松、樟子松、杉木、水杉等树种锯制。

（2）侧板。侧板是模板的立放板，它只承受混凝土的侧向压力，并挡住混凝土浆不向两侧渗漏，因此它要比底板薄一些。侧板一般用30mm厚的木板拼制。板边接缝找平刨直，并尽可能裁口搭接，使接缝严密，防止跑浆。侧板木挡为50mm×50mm的方木，木挡的中心距为400～500mm。

侧板按表7-6尺寸拼制，两端要有木挡。钉从木板向木挡钉进，同一木挡每块板上钉子不能少于两个，钉长为木板厚的2～2.5倍。

若混凝土构件侧面为弧面，可制作弓形木挡配直窄条木板组成模板侧板。

第三节　竹、木散装模板安装

一、材料要求

（1）竹、木模板的面板及龙骨的规格、种类按表7-7参考选用。

表 7-7　　　　　　　竹、木模板面板及龙骨规格、种类参考表

部 位	名 称	规 格 (mm)	备 注
面 板	防水木胶合板 防水竹胶合板 素胶合板	12、15、18	宜做防水处理
龙 骨	木方 木梁	500×100、100×100	
背 楞	型钢、钢管等	计算确定	

（2）面板及龙骨材料质量必须符合其设计要求。安装前先检查模板的质量，不符合质量标准的不得投入使用。

（3）支架系统。木支架或各种定型桁架、支柱、托具、卡具、螺栓、钢门式架、碗扣架、钢管、扣件等。

（4）脱模剂。水质隔离剂。

二、基础模板安装

钢筋混凝土基础有独立基础和条形基础两种。独立基础又分阶梯形基础、杯形基础等多种。条形基础因所处地位不同，支模方法也有所差异。因此，将根据不同情况介绍基础模板的安装方法。表7-8为基础木模板用料尺寸参考表，在支装基础模板时可以参考。

表 7-8　　　　　　　　　基础木模板用料尺寸参考表　　　　　（单位：mm）

基础高度	木挡间距 （模板厚 25，振动器振捣）	木挡断面	附　注
300	500	50×50	
400	500	50×50	
500	500	50×75	平摆
600	400～500	50×75	平摆
700	400～500	50×75	平摆

1. 条形基础模板安装

侧板和端头板制成后，应先在基槽底弹出中心线、基础边线，再把侧板和端头板对准边线和中心线，用水平仪抄测校正侧板顶面水平，经检测无误后，用斜撑、水平撑及拉撑钉牢，见图 7-16。

条形基础要防止沿基础通长方向模板上口不直，宽度不够，下口陷入混凝土内；拆模时上段混凝土缺损，底部钉模不牢的现象。

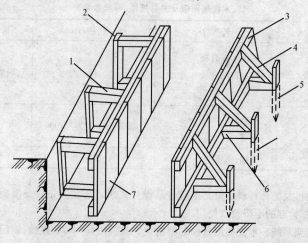

图 7-16　条形基础模板
1—平撑；2—垂直垫木；3—木挡；
4—斜撑；5—木桩；6—水平撑；7—侧板

2. 独立基础模板安装

(1)阶梯形基础模板安装。阶梯形基础模板，见图 7-17。它由上下两层矩形模板、两阶模板连接定位的桥杠和撑固件组成。

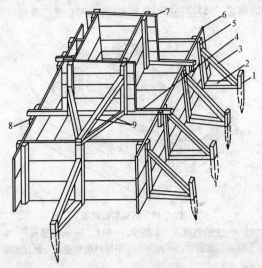

图 7-17 阶梯形基础模板

1—定位木桩；2—水平撑；3—斜撑；4—桥杠；5—木挡；6—下层侧板；
7—上阶侧板；8—桥杠固定木；9—上阶模板撑固件

根据图纸尺寸制作每一阶梯模板，支模顺序由下至上逐层向上安装，先安装底层阶梯模板，用斜撑和水平撑钉牢撑稳，核对模板墨线及标高，配合绑扎钢筋及垫块，再进行上一阶模板安装，重新核对墨线各部位尺寸，并把斜撑、水平支撑以及拉杆加以钉紧、撑牢，使上下阶基础模板组合成一整体。最后检查拉杆是否稳固，校核基础模板几何尺寸及轴线位置。

（2）杯形基础模板安装。杯形基础模板由上下两阶模板、杯芯及连接固定杆件组成，见图 7-18。

杯形基础模板的安装程序与阶梯形独立基础相似，不同的是增加一个中心杯芯模，杯口上大下小斜度按工程设计要求制作，芯模安装前应钉成整体，桥杠钉于两侧，中心杯芯模完成后要全面校核中心轴线和标高。

杯形基础应防止中心线不准、杯口模板位移、混凝土浇筑时芯模浮起、拆模时芯模拆不出的现象。

安装质量保证措施：

1）中心线位置及标高要准确，支上段模板时采用抬桥杠，可使位置准确，托木的作用是将桥杠与下段混凝土面隔开少许，便于混凝土面拍平；

2）杯芯模板要刨光直拼，芯模外表面涂隔离剂，底部再钻几个小孔，以便排气，减少浮力；

3）脚手板不得搁置在模板上；

4）浇筑混凝土时，在芯模四周要对称均匀下料及振捣密实；

5)拆除杯芯模板,一般在初凝前后即可用锤轻打,拨棍拨动。

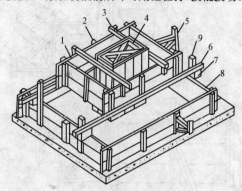

图 7-18　杯形基础模板

1—上阶侧板;2—木挡;3、6—桥杠;4—杯芯模板;
5—上阶模板撑固件;7—托木;8—下层模板侧板;9—桥杠固定木

三、柱、梁模板安装

1. 柱模板的安装

独立柱模板安装见图 7-19。图 7-19(a)为矩形柱模板,由两块竖向侧板和两侧横板组成。图 7-19(b)为方形柱模板,由四块竖向侧板、柱箍组成。

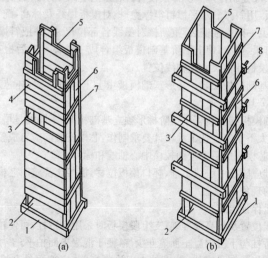

图 7-19　独立柱模板

(a)矩形柱模板;(b)方形柱模板

1—木框;2—清渣口;3—浇筑口;4—横向侧板;
5—梁模板接口;6—竖向侧板;7—木挡;8—柱箍

(1)按图纸尺寸制作柱侧模板后,按放线位置钉好压脚板再安装柱模板,两垂直向加斜拉顶撑,校正垂直度及柱顶对角线。

(2)安装柱箍:柱箍应根据柱模尺寸、侧压力的大小等因素进行设计选择(有木箍、钢箍、钢木箍等)。柱箍间距、柱箍材料及对拉螺栓直径应通过计算确定。

(3)柱模板下端留一清渣口,清渣口尺寸为柱宽×200mm,用以清理装模时掉在柱模的木块等杂物。柱模中部留有混凝土浇注孔,孔洞以下混凝土浇完后封闭。柱模上端留有梁模连接缺口,用以梁模插入固定。

(4)防止胀模、断面尺寸鼓出、漏浆、混凝土不密实,或蜂窝麻面、偏斜、柱身扭曲的现象。

(5)根据规定的柱箍间距要求钉牢固。

(6)成排柱模支模时,应先立两端柱模,校直与复核位置无误后,顶部拉通长线,再立中间柱模。

2. 梁模板安装

(1)圈梁模板安装。图 7-20 所示为圈梁模板安装图。它由横担、侧板、夹木、斜撑和搭头木等部件组装而成。

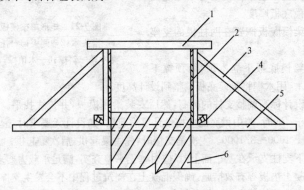

图 7-20 圈梁模板
1—搭头木;2—侧板;3—斜撑;4—夹木;5—横担;6—砖墙

1)将 50mm×100mm 截面的木横担穿入梁底一皮砖处的预留洞中,两端露出墙体的长度一致,找平后用木楔将其与墙体固定。

2)立侧板。侧板下边担在横担上,内侧面紧贴墙壁,调直后用夹木和斜撑将其固定。斜撑上端钉在侧板的木挡上,下端钉在横担上。

3)支模时应遵守边模包底模的原则,梁模与柱模连接处,下料尺寸一般应略为缩短。

4)梁侧模必须有压脚板、斜撑、拉线通直后将梁侧钉固。梁底模板按规定起拱。

5)每隔1000mm左右在圈梁模板上口钉一根搭头木或顶棍,防止模板上口被涨开。

6)在侧板内侧面弹出圈梁上表面高度控制线。

7)在圈梁的交接处作好模板的搭接。

8)混凝土浇筑前,应将模内清理干净,并浇水湿润。

(2)矩形单梁模板。矩形单梁模板见图7-21。它由侧板、底板、夹木、搭头木、木顶撑、斜撑等部分组成。

1)在柱子上弹出轴线、梁位置和水平线,钉柱头模板。

2)在相对应的两端柱模的缺口下钉支座木。支座木上平面高度等于梁底高度减去梁模底板厚度。

3)将梁模底板搁置在两柱模的支座木上。

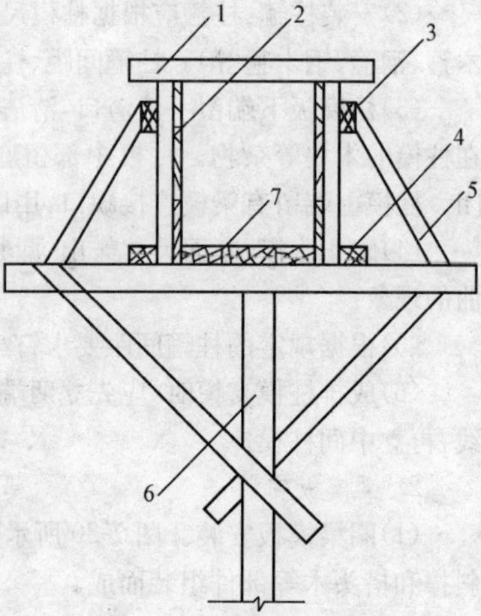

图 7-21　矩形单梁模板
1—搭头木;2—侧板;3—托木;
4—夹木;5—斜撑;6—木顶撑;7—底板

4)在梁模底板下立木顶撑,顶撑下面垫上垫木,用木楔将梁模底板调整到设计高度。

5)按设计标高调整支柱的标高,然后安装梁底模板,并拉线找平。当梁底板跨度不小于4m时,跨中梁底处应按设计要求起拱,如设计无要求时,起拱高度为梁跨度的1/1000～3/1000。主次梁交接时,先主梁起拱,后次梁起拱。

6)梁下支柱支承在基土面上时,应对基土平整夯实,满足承载力要求,并加木垫板或混凝土垫板等有效措施,确保混凝土在浇筑过程中不会发生支撑下沉。

7)将两侧侧板放在木顶撑的横担上,夹紧底板,钉上夹木。在侧板的上端钉上托木,以斜撑将侧板撑直撑牢。在侧板的上口顶上搭头木。

8)待梁的中心线和梁底高度校核无误后,将木楔敲紧,并与木顶撑和垫板钉牢。木顶撑之间以水平拉撑和剪刀撑相互牵搭。

9)当梁高超过750mm时,梁侧模板宜加穿梁螺栓加固。

10)防止出现梁身不平直、梁底不平及下挠、梁侧模涨模、局部模板嵌入柱梁间、拆除困难的现象。

四、墙模板安装

墙模板由侧板、立挡、横木、牵杠、水平撑、斜撑、木桩等部件组成,见图7-22。

定型模板或木板固定于一排立挡上,立挡上分上中下钉有三根横木,横木用斜撑、平撑牵杠和木桩支撑,以固定和保持墙模的位置和稳定。

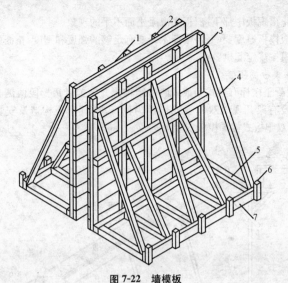

图 7-22　墙模板

1—侧板；2—立挡；3—横木；4—斜撑；5—平撑；6—木桩；7—牵杠

墙模板的安装程序如下：

(1)在基础或楼面上弹出墙的中心线和边线。

(2)钉好木桩放置固定牵杠，牵杠应与墙的边向平行。

(3)将一侧模板立好钉上横木，调直后用水平撑和斜撑固定。水平撑和斜撑一端同横木钉在一起，另一端顶钉在牵杠上。侧板可以用横向木板钉在立挡上，也可以用定型模拼接钉于立挡上。

(4)绑扎好钢筋后立另一侧侧板。

(5)为保持墙体厚度一致，应用小木撑或钢筋支撑顶撑模板侧板，用钢丝拉紧。在侧板上每隔 1000mm 左右钉一根搭头木，将两侧板相对位置固定。

五、楼面及楼梯模板安装

1. 楼面模板安装

(1)根据模板的排列图架设支柱和龙骨。支柱与龙骨的间距，应根据楼板混凝土重量与施工荷载的大小，在模板设计中确定。一般支柱为 800～1200mm，大龙骨间距为 600～1200mm，小龙骨间距为 400～600mm。支柱排列要考虑设置施工通道。

(2)底层地面应夯实，并铺垫脚板。采用多层支架支模时，支柱应垂直，上下层支柱应在同一竖向中心线上。各层支柱间的水平拉杆和剪刀撑要认真加强。

(3)通线调节支柱的高度，将大龙骨找平，架设小龙骨。

(4)铺模板时可从四周铺起，在中间收口。楼板模板压在梁侧模时，角位模板应通线钉固。

(5)楼面模板铺完后，应认真检查支架是否牢固，模板梁面、板面应清扫干净。

(6)防止出现板中部下挠、板底混凝土面不平的现象。

(7)楼板模板厚度要一致,格栅木料要有足够的强度和刚度,格栅面要平整。

(8)板模按规定起拱。

2. 楼梯模板的安装

现浇混凝土楼梯有梁式和板式两种结构形式。前者每梯段两侧底下设有承重梁,后者没有梁。现以双跑板式楼梯为例,说明其模板构造及安装程序。图7-23所示为双跑板式楼梯模板安装图。

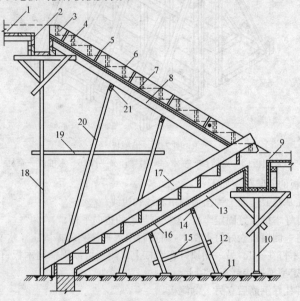

图 7-23　楼梯模板

1—楼面平台模板;2—楼面平台梁模板;3—外帮侧板;4—木挡;
5—外帮板木挡;6—踏步侧板;7、16—楼梯底板;8、13—格栅;
9—休息平台梁及平台板模板;10、18—木顶撑;11—垫板;
12、20—牵杠撑;14、21—牵杠;15、19—拉撑;17—反三角

反三角是由若干三角木块连续钉在方木上而成,三角木块的直角边长等于踏步的高及宽,厚为50mm,方木断面为50mm×100mm,每一梯段反三角至少配一块,梯段较宽者要多配。外帮板的宽度至少等于梯段总厚(包括踏步及板厚),厚为50mm,长度依梯段长而定,在外帮板内面划出各踏步形状及尺寸,并在踏步高度线一侧留出踏步侧板厚钉上木挡,以便钉踏步侧板用(图7-24)。

(1)在平台梁和梯基楼板侧板上钉托木。

(2)在托木上担放和固定格栅,格栅间距400～500mm。在格栅中部支顶牵杠和牵杠撑,并用拉撑将牵杠撑牵连起来。

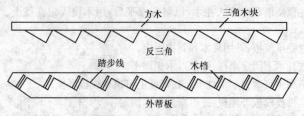

图 7-24 反三角及外帮板

(3)在格栅上钉楼梯模板底板。

(4)在底板上划出梯段宽度线。

(5)按照楼梯尺寸在外帮板上画出踏板形状,钉上踏步侧板木挡后,沿梯段宽度线立在底板上,用夹木和斜撑固定。

(6)按照踏步形状锯制三角木板,并将三角木板连续地钉在 50mm×100mm 的木坊上制成反三角,然后将反三角钉牢于平台梁及梯基模板的侧板上。

六、挑檐模板安装

挑檐由托木、牵杠、格栅、底板、侧板、桥杠、吊木、斜撑等部件组成,它是同屋顶圈梁连接一体的,因此挑檐模板是同圈梁模板一起进行的。图 7-25 所示为挑檐模板安装图。

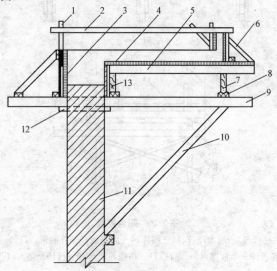

图 7-25 挑檐模板

1—撑木;2—桥杠;3—圈梁模侧板;4—挑檐模板底板;5—格栅;
6、10—斜撑;7、13—牵杠;8—木楔;9—托木;11—墙壁;12—窗台线

（1）在预留墙洞内穿入托木，以斜撑撑平后，用木楔固定在墙上。托木间距为1000mm。

（2）立圈梁模板，并用夹木和斜撑固定。

（3）在托木上固定牵杠，牵杠以木楔调平。

（4）格栅垂直地钉于牵杠上。在格栅上钉挑檐模板底板。

（5）立挑檐模板外侧板，并以斜撑夹木固定。

（6）在圈梁模板内侧板上钉撑木。桥杠一端担钉在挑檐模板外侧板上，另一侧钉在撑木上。

（7）在桥杠上钉吊木，并以斜撑垂直，在吊木上固定挑檐外沿内侧模板。

七、阳台模板安装

阳台一般为悬臂梁板结构，它由挑梁和平板组成。阳台模板由格栅、牵杠、牵杠撑、底板、侧板、桥杠、吊木、斜撑等部分组成，见图7-26。

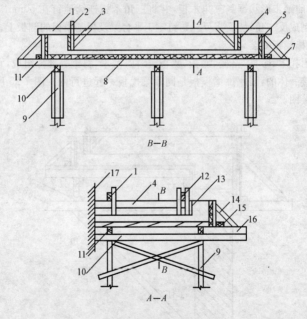

图 7-26　阳台模板

1—桥杠；2、12—吊木；3、7、14—斜撑；4—内侧板；5—外侧板；6、15—夹木；
8—底板；9—牵杠撑；10—牵杠；11—格栅；13—内侧板；16—垫木；17—墙

（1）在垂直于外墙的方向安装牵杠，以牵杠撑支顶，并用水平撑和剪刀撑牵搭支稳。

（2）在牵杠上沿外墙方向布置固定格栅。以木楔调整牵杠高度，使格栅上表面处于同一水平面内。垂直于格栅铺阳台模板底板,板缝挤严用圆钉固定在格栅上。装钉阳台左右外侧板,使侧板紧夹底板,以夹木斜撑固定在格栅上。

(3)将桥杠木担在左右外侧板上,以吊木和斜撑将左右挑梁模板内侧板吊牢。

(4)以吊木将阳台外沿内侧模板吊钉在桥杠上,并用钉将其与挑梁左右内侧板固定。

(5)在牵杠外端加钉同格栅断面一样的垫木,在垫木上用夹木和斜撑将阳台外沿外侧板固定。

八、模板拆除

(1)拆除模板的顺序和方法,应按照模板设计的规定进行。若设计无规定时,应遵循先支后拆,后支先拆;先拆不承重的模板,后拆承重部分的模板;自上而下,先拆侧向支撑,后拆竖向支撑等原则。

(2)模板工程作业组织,应遵循支模与拆模统一由一个作业班组进行作业。其好处是,支模就考虑拆模的方便和安全,拆模时,人员熟知情况,易找拆模关键点位,对拆模进度、安全、模板及配件的保护都有利。

(3)模板的拆除对结构混凝土表面、强度要求应符合以下要求:

1)底模及其支架拆除时的混凝土强度应符合设计要求;当设计无具体要求时,混凝土强度应符合表 7-9 的规定。

表 7-9　　　　　　　　　　　底模拆除时的混凝土强度要求

构件类型	构件跨度 (m)	达到设计的混凝土立方体抗压 强度标准值的百分率(%)
板	≤2	≥50
	>2,≤8	≥75
	>8	≥100
梁、拱、壳	≤8	≥75
	>8	≥100
悬臂构件	—	≥100

检查数量:全数检查;

检验方法:检查同条件养护试件强度试验报告。

2)侧模拆除时的混凝土强度应能保证其表面及棱角不受损伤。

3)模板拆除时,不应对楼层形成冲击荷载。拆除的模板和支架宜分散堆放并及时清运。

(4)固定在模板上的预埋件、预留孔和预留洞均不得遗漏,且应安装牢固,其偏差应符合表 7-10 的规定。

表 7-10   模板上的预埋件、预留孔和预留洞允许偏差

项　　目		允许偏差(mm)
预埋钢板中心线位置		3
预埋管、预留孔中心线位置		3
插　　筋	中心线位置	5
	外露长度	+10,0
预埋螺栓	中心线位置	2
	外露长度	+10,0
预留洞	中心线位置	10
	尺　　寸	+10,0

注:检查中心线位置时,应沿纵、横两个方向量测,并取其中的较大值。

(5)现浇结构模板安装的偏差应符合表 7-11 的规定。

表 7-11   现浇结构模板安装的允许偏差

项　　目		允许偏差(mm)	检验方法
轴线位置		5	钢尺检查
底模上表面标高		±5	水准仪或拉线、钢尺检查
截面内部尺寸	基　础	±10	钢尺检查
	柱、墙、梁	+4,−5	钢尺检查
层高垂直度	不大于5m	6	经纬仪或吊线、钢尺检查
	大于5m	8	经纬仪或吊线、钢尺检查
相邻两板表面高低差		2	钢尺检查
表面平整度		5	2m靠尺和塞尺检查

注:检查中心线位置时,应沿纵、横两个方向量测,并取其中的较大值。

九、安全环保措施

(1)支模过程中应遵守安全操作规程,如遇中途停歇,应将就位的支顶、模板联结稳固,不得空架浮搁。拆模间歇时应将松开的部件和模板运走,防止坠下伤人。

(2)拆模时应搭设脚手板。

(3)拆楼层外边模板时,应有防高空坠落及防止模板向外倒跌的措施。

(4)拆模后模板或木方上的钉子,应及时拔除或敲平,防止钉子扎脚。

第四节 大模板安装

大模板适用于多层和 100m 以下高层建筑及一般构造物竖向结构采用全钢、钢木或钢竹大模板工艺施工的现浇混凝土工程。

一、大模板的组成

大模板由面板、钢骨架、角模、斜撑、操作平台挑架、对拉螺栓等配件组成。大模板组成详见图 7-27。

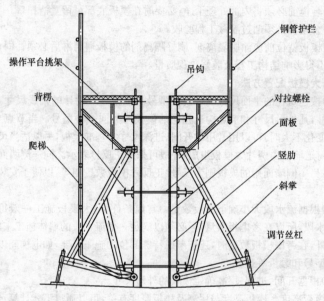

图 7-27 大模板组成示意图

二、大模板主要材料规格

大模板主要材料规格见表 7-12。

表 7-12 大模板主要材料规格表

大模板类型	面 板	竖 肋	背楞	斜 撑	挑 架	对拉螺栓
全钢大模板	6mm 钢板	匚8	匚10	匚8、φ40	φ48×3.5	M30、T20×6
钢木大模板	15～18 胶合板	80×40×2.5	匚10	匚8、φ40	φ48×3.5	M30、T20×6
钢竹大模板	12～15 胶合板	80×40×2.5	匚10	匚8、φ40	φ48×3.5	M30、T20×6

三、大模板安装准备

(1)大模板安装前应进行技术交底。

(2)模板进场后,应依据模板设计要求清点数量,核对型号,清理表面。

(3)组拼式大模板在生产厂或现场预拼装,用醒目字体对模板编号,安装时对号入座。

(4)大模板应进行样板间试安装,经验证模板几何心寸、接缝处理、零部件准确无误后方可正式安装。

(5)大模板安装前必须放出模板内侧线及外侧控制线作为安装基准。

(6)合模前必须将内部处理干净,必要时在模板底部可留置清扫口。

(7)合模前必须通过隐藏工程验收。

(8)模板就位前应涂刷隔离剂,刷好隔离剂的模板遇雨淋后必须补刷;使用的隔离剂不得影响结构工程及装修工程质量。

四、大模板配置方法

(1)按建筑物的平面尺寸确定模板型号。根据建筑设计的轴线尺寸,确定模板的尺寸,凡外形尺寸和节点构造相同的模板均为同一种型号。当节点相同,外形尺寸变化不大时,可以用常用的开间、进深尺寸为基准模板,另以适当尺寸配模板条。每道墙体由两片大模板组成,一般可采用正反号表示。同一侧墙面的模板为正号,另一侧墙面用的模板则为反号,正反号模板数量相等,以便于安装时对号就位。

(2)根据流水段大小确下模板数量。常温条件下,大模板施工一般每天完成一流水段,所以在考虑板数量时,必须以满足一个流水段的墙体施工来确定。

另外,在考虑模板数量时,还应考虑特殊部位的施工需要,如电梯间以及山墙模板的型号和数量等。

(3)根据开间、进深、层高确定模板的外形尺寸。

1)模板高度。模板高度与层高及楼板厚度有关,可以通过下式计算:

$$H = h - h_1 - c_1$$

式中　　H——模板高度(mm);

　　　　h——楼层高度(mm);

　　　　h_1——楼板厚度(mm);

　　　　c_1——余量,考虑找平层砂浆厚度、模板安装不平等因素而采用的一个常数,通常取 20～30mm。

2)横墙模板的长度。与房间进深轴线尺寸、墙体厚度及模板搭接方法有关,按下式确定:

$$L_1 = l_1 - l_2 - l_3 - c_2$$

式中　　L_1——横墙模板长度(mm);

　　　　l_1——进深轴线尺寸(mm);

l_2——外墙轴线至内墙皮的距离(mm);

l_3——内墙轴线至墙面的距离(mm);

c_2——为拆模方便设置的常数,一般为 50mm,此段空隙用角钢填补 (mm)。

3)纵墙模板的长度。与开间轴线尺寸、墙体厚度、横墙模板厚度有关,按下式确定:

$$L_2 = l_4 - l_5 - l_6 - c_3$$

式中 L_2——纵墙模板长度(mm);

l_4——开间轴线尺寸(mm);

l_5——内横墙厚度(mm)。如为端部开间时,l_5 尺寸为内横墙厚度的 1/2 加山墙轴线到内墙皮的尺寸;

l_6——横墙模板厚度×2(mm);

c_3——模板搭接余量,为使模板能适应不同墙体的厚度而取的一个常数,通常为 40mm。

五、大模板安装要点

(1)大模板应按设计和施工方案要求编排编码,并用醒目的字体注明在模板背面。

(2)安装前应核对大模板型号、数量并维修清刷干净。在模板就位前,应认真涂刷脱模剂,不得有漏。在吊运模板过程中或在大模板面上安装附属模板件时(如预留门窗、洞孔、埋件等)都应防止擦破脱模剂层。

(3)安装模板前,应根据设计图纸和技术交底内容进行现场复核,确定其门窗、洞孔、埋件的位置并在模板面上画出安装线。

(4)安装模板时,应按流水段顺序进行吊装,按墙位线就位,并通过调整地脚螺栓用靠尺反复检查校正模板的垂直度。

(5)大模板施工一般宜先绑扎墙体钢筋,后根据施工方案要求支立一侧模板,待安装好其他全部项目,再支立另一侧模板。检查墙体钢筋、混凝土保护层垫块、水电管线、预埋件、门窗洞口模板和穿墙螺栓套有无遗漏,应位置准确、安装牢固,并清除模板内的杂物方可合模。

(6)门窗口的安装方式分先立框和后立框两种。采用后立框时,应先做门窗框衬模,衬模的尺寸应大于门窗框 20～25mm;采用先立框时,为了使门窗框与大模板面之间不留缝隙,应采取补衬模缝的措施。

(7)模板校正合格后,在模板顶部安放固定位置的卡具,并紧固穿墙条、胶带纸等堵严,以防漏浆。

(8)模板在起吊、落地、就位时,吊机应缓慢平衡操作,大模板安装就位时,应向支撑架一侧倾斜,倾斜的角度就应控制在 $10°～15°$,风力超过 5 级,应停止吊装模板。

(9)安装全现浇结构和悬挂墙模板时,宜从流水段中间向两边进行,不得碰撞里模,以防模板变位;外模与里模挑梁连接牢固,外模的支撑架应在下层外墙混凝土强度不低于7.5MPa时,方可支设。

六、大模板安装质量标准

大模板安装和预埋件、预留孔洞允许偏差及检验方法见表7-13。

表 7-13　　　　大模板安装和预埋件、预留孔洞允许偏差及检验方法

项　目		允许偏差(mm)	检查方法
轴线位置		5	用尺量检查
截面内部尺寸		±2	用尺量检查
层高垂直	全高≤5m	3	用2m托线板检查
	全高>5m	5	
相邻模板板面高低差		2	用直尺和尺量检查
平直度		5	上口通长拉直线用尺量检查,下口按模板就位线为基准检查
平整度		3	2mm靠尺检查
预埋钢板中心线位置		3	拉线和尺量检查
预埋螺栓	中心线位置	10	拉线和尺量检查
	外露位置	+10 0	尺量检查
预留洞	中心线位置	10	拉线和尺量检查
	截面内部尺寸	+10 0	尺量检查
电梯井	井筒长、宽对定位中心线	+25 0	拉线和尺量检查
	井筒全高垂直度	$H/1000$ 且≤30	吊线和尺量检查

七、安全环保措施

(1)大模板施工应执行国家和地方政府制定的相关安全和环保措施。

(2)模板起吊要平稳,不得偏斜和大幅度摆动,操作人员必须站在安全可靠处,严禁人员随同大模板一同起吊。

(3)吊运大模板必须采用卡环吊钩,当风力超过5级时应停止吊运作业。

(4)拆除模板时,在模板与墙体脱离后,经检查确认无误方可起吊大模板。

(5)拆除无固定支架的大模板时,应对模板采取临时固定措施。

(6)模板现场堆放区应在起重机的有效工作范围之内,堆放场地必须坚实平

整,不得堆放在松土、冻土或凹凸不平的场地上。

(7)大模板停放时,必须满足自稳角的要求,对自稳角不足的模板,必须另外拉结固定;没有支撑架的大模板应存放在专用的插放支架上,叠层平放时,叠放高度不应超过 2m(10 层),底部及层间应加垫木,且上下对齐。

(8)模板在地面临时周转停放时,两块大模板应板面相向放置,中间留置操作间距;当长时间停放时,应将模板连接成整体。

(9)大模板不得长时间停放在施工楼层上,当大模板在施工楼层上临时周转停放时,必须有可靠的防倾倒保证安全的措施。

(10)大模板运输根据模板的长度、重量选用的车辆;大模板在运输车辆上的支点、伸出的长度及绑扎方法均应保证其不发生变形,不损伤涂层。

(11)运输模板附件时,应注意码放整齐,避免相互发生碰撞;保证模板附件的重要连接部位不受破坏,确保产品质量,小型模板附件应装箱、装袋或捆扎运输。

第五节　定型组合模板安装

一、组合小钢模安装

组合小钢模种类较多,以下主要是针对 55 型组合小钢模而言。

1. 安装准备工作

(1)安装前,要做好模板的定位基准工作。

1)进行中心线和位置的放线。首先引测建筑的边柱或墙轴线,并以该轴线为起点,引出每条轴线。

模板放线时,根据施工图用墨线弹出模板的内边线和中心线,墙模板要弹出模板的边线和外侧控制线,以便于模板安装和校正。

2)做好标高量测工作。用水准仪把建筑物水平标高根据实际标高的要求,直接引测到模板安装位置。

3)进行找平工作。模板承垫底部应预先找平,以保证模板位置准确,防止模板底部漏浆。常用的找平方法是沿模板边线用 1∶3 水泥砂浆抹找平层,另外,在外墙、外柱部位,继续安装模板前,要设置模板承垫条带,并校正其平直,见图7-28。

4)设置模板定位基准。按照构件的断面尺寸先用同强度等级的细石混凝土浇筑 50～100mm 的短柱或导墙,作为模板定位基准。

另一种作法是采用钢筋定位,即根据构件断面尺寸切割一定长度的钢筋或角钢头,点焊在主筋上(以勿烧主筋断面为准),并按二排主筋的中心位置分档,以保证钢筋与模板位置的准确。

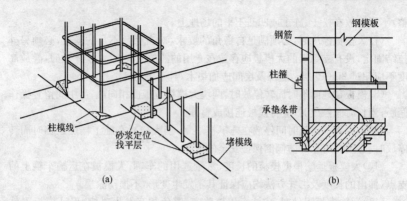

图 7-28　墙、柱模板找平

(a)砂浆找平层；(b)墙、柱模板找平

(2)采取预组装模板施工时，预组装工作应在组装平台或经平整处理的地面上进行，并按表 7-14 的质量标准逐块检验后进行试吊，试吊后再进行复查，并检查配件数量、位置和紧固情况。

表 7-14	钢模板施工组装质量标准　　　　　（单位:mm）
项　　目	允许偏差
两块模板之间拼接缝隙	≤2.0
相邻模板面的高低差	≤2.0
组装模板板面平面度	≤2.0(用 2m 长平尺检查)
组装模板板面的长宽尺寸	≤长度和宽度的 1/1000,最大±4.0
组装模板两对角线长度差值	≤对角线长度的 1/1000,最大≤7.0

(3)模板安装前,应做好下列准备工作:

1)支承支柱的土壤地面,应事先夯实整平,并做好防水、排水设施,准备支柱底垫木;

2)竖向模板安装的底面应平整坚实,并采取可靠的定位措施,按施工设计要求预理支承锚固件;

3)模板应涂刷脱模剂。结构表面需作处理的工程,严禁在模板上涂刷废润滑油。

2. 安装基本要求

(1)模板的支设安装,应遵守下列规定:

1)按配板设计循序拼装,以保证模板系统的整体稳定;

2)配件必须装插牢固,支柱和斜撑下的支承面应平整垫实,要有足够的受压面积;支承件应着力于外钢楞;

3)预埋件与预留孔洞必须位置准确,安设牢固;

4)基础模板必须支撑牢固,防止变形,侧模斜撑的底部应加设垫木;

5)墙和柱子模板的底面应找平,下端应与事先做好的定位基准靠紧垫平,在墙、柱上继续安装模板时,模板应有可靠的支承点,其平直度应进行校正;

6)楼板模板支模时,应先完成一个格构的水平支撑及斜撑安装,再逐渐向外扩展,以保持支撑系统的稳定性;

7)多层支设的支柱,上下应设置在同一竖向中心线上,下层楼板应具有承受上层荷载的承载能力或加设支架支撑。下层支架的立柱应铺设垫板。

(2)模板安装时,应符合下列要求:

1)同一条拼缝上的 U 形卡,不宜同一方向卡紧;

2)墙模板的对拉螺栓孔应平直相对。钻孔应采用机具,严禁采用电、气焊灼孔;

3)钢楞宜采用整根杆件,接头应错开设置,搭接长度不应少于 200mm。

(3)对现浇混凝土梁、板,当跨度不小于 4m 时,模板应按设计要求起拱;当设计无具体要求时,起拱高度宜为跨度的 1/1000~3/1000。

3. 柱模板和梁模板安装

(1)柱模板安装。模板的支设方法基本上有两种,即单块就位组拼和预组拼,其中预组拼又可分为单片组拼和整体组拼两种。采用预组拼方法,可以加快施工速度,提高模板的安装质量,但必须具备相适应的吊装设备和有较大的拼装场地。

单块就位组拼安装顺序如下:搭结安装架子→第一节钢模板安装就位→检查对角线、垂直度和位置→安装柱箍→第二、三等结模板及柱箍安装→安装有梁扣的柱模板→全面检查校正→群体牢固。单片预组拼的安装顺序如下:单片预组合模板组拼并检查→第一片安装就位并支撑→邻侧单片预组合模板安装就位→两片模板呈 L 形用角模连接并支撑→安装第三、四片预组合模板并支撑→检查模板位移、垂直度核对角线并校正→由下而上安装柱箍→全面检查安装质量→群体牢固。

1)保证柱模的长度符合模数,不符合部分放到节点部位处理;或以梁底标高为准,由上往下配模,不符模数部分放到柱根部位处理;高度在 4m 和 4m 以上时,一般应四面支撑。当柱高超过 6m 时,不宜单根柱支撑,宜几根柱同时支撑连成构架。

2)柱模根部要用水泥砂浆堵严,防止跑浆;在配模时一般考虑留出柱模的浇筑口和清扫口。

3)梁、柱模板分两次支设时,在柱子混凝土达到拆模强度时,最上一段柱模先保留不拆,以便于与梁模板连接。

4)柱模安装就位后,立即用四根支撑或有花篮螺栓的缆风绳与柱顶四角拉结,并校正其中心线和偏斜,全面检查合格后,再群体固定,见图7-29。

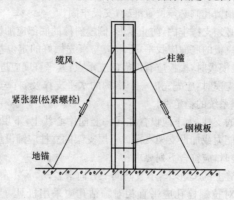

缆风

柱箍

紧张器(松紧螺栓)

钢模板

地锚

图7-29　校正柱模板

(2)梁模板安装。

1)梁口与柱头模板的节点连接,一般可采用嵌补模板或枋镶拼处理。

2)梁模支柱的设置,应经模板设计计算决定,一般情况下采用双支柱时,间距以60~100cm为宜。

3)模板支柱纵、横方向的水平拉杆、剪刀撑等,均应按设计要求布置;当设计无规定时,支柱间距一般不宜大于2m,纵横方向的水平拉杆的上下间距不宜大于1.5m,纵横方向的垂直剪刀撑的间距不宜大于6m。

4)梁模板单块就位组拼:复核梁底横楞标高,按要求起拱,一般跨度大于4m时,起拱0.2‰~0.3‰。校正梁模板轴线位置,再在横楞放梁底板,拉线找直,并用钩头螺栓与横楞固定,拼接角模,然后绑扎钢筋,安装并固定两侧模板拧紧锁口管,拉线调查梁口平直,有楼板模板时,在梁上连接好阴角模,与楼梯模板拼接。

5)安装后校正梁中线、标高、断面尺寸。将梁模板内杂物清理干净,检查合格后再预检。

安装梁模板工艺流程:弹线→支立柱→拉线、起拱、调整梁底横楞标高→安装梁底模板→绑扎钢筋→安装侧模板→预检。

6)采用扣件钢管脚手架作支架时,横杆的步距要按设计要求设置。采用桁架支模时,要按事先设计的要求设置,桁架的上下弦要设水平连接。

7)由于空调等各种设备管道安装的要求,需要在模板上预留孔洞时,应尽量使穿梁管道孔分散,穿梁管道孔的位置应设置在梁中,以防削弱梁的截面,影响梁的承载能力。

4. 墙的组合钢模板安装

墙的组合钢模板安装分为单块安装和预拼组装。无论采用哪种方法都要按设计出的模板施工图进行施工。

(1)工艺流程:弹线→抹水泥砂浆找平→作水泥砂浆定位块→安门窗洞口模板→安一侧模板→清理墙内杂物→安另一侧模板→调整固定→预检

(2)在弹线根据轴线位置弹出模板的里皮和外皮的边线和门窗洞口的位置线。

(3)按水准仪抄处的水平线定出模板下皮的标高,并用水泥砂浆找平。

(4)组装模板时,要使两侧穿孔的模板对称放置,以使穿墙螺栓与墙模板保持垂直。

(5)相邻模板边肋用 U 形卡连接的间距,不得大于 300mm,预组拼模板接缝处宜对严。

(6)预留门窗洞口的模板应有锥度,安装要牢固,既不变形,又便于拆除。

(7)墙模板上预留的小型设备孔洞,当遇到钢筋时,应设法确保钢筋位置正确,不得将钢筋移向一侧。

(8)墙模板的门子板,设置方法同柱模板。门子板的水平间距一般为 2.5m。

(9)当墙面较大,模板需分几块预拼安装时,模板之间应按设计要求增加纵横附加钢楞。附加钢楞的位置在接缝处两边,与预组拼模板上钢楞的搭接长度,一般为预组拼模板全长的 15%～20%。

(10)清扫墙内杂物,再安装另一侧模板,调整斜撑或拉杆使模板垂直后,拧紧穿墙螺栓。

(11)上下层墙模板接槎的处理:当采用单块就位组拼时,可在下层模板上端设一道穿墙螺栓,拆模时该层模板暂不拆除,在支上层模板时,作为上层模板的支撑面,当采取预组拼模板时,可在下层混凝土墙上端往下 200mm 左右处,设置水平螺栓,紧固一道通长的角钢作为上层模板的支撑。

5. 楼板组合钢模板安装

(1)工艺流程:地面夯实→支立柱→安横楞→铺模板→校正标高→加立杆的水平拉杆→预检。

(2)土地面应夯实,并垫通长脚手板,楼层地面立支柱前也应垫通长脚手板,采用多层支架支模时,支柱应垂直,上下层支柱应在同一竖向中心线上。

(3)从边跨一侧开始安装,先按第一排支柱和背楞,临时固定,再依次逐排安装。支柱与背楞间距应根据模板设计规定。

(4)拉线,起拱,调节支柱高度,将背楞找平,起拱。

(5)采用立柱作支架时,立柱和钢楞(龙骨)的间距,根据模板设计计算决定,一般情况下立柱与外钢楞间距为 600～1200mm,内钢楞(小龙骨)间距为 400～600mm。调平后即可铺设模板。

在模板铺设完标高校正后，立柱之间应加设水平拉杆，其道数根据立柱高度决定。一般情况下离地面 200～300mm 处设一道，往上纵横方向每隔 1.6m 左右设一道。

（6）采用桁架作支承结构时，一般应预先支好梁、墙模板，然后将桁架按模板设计要求支设在梁侧模通长的型钢或方木上，调平固定后再铺设模板。

（7）楼板模板当采用单块就位组拼时，宜以每个节间从四周先用阴角模板与墙、梁模板连接，然后向中央铺设。相邻模板边肋应按设计要求用 U 形卡连接，也可用钩头螺栓与钢楞连接，亦可采用 U 形卡预拼大块再吊装铺设。

（8）采用钢管脚手架作支撑时，在支柱高度方向每隔 1.2～1.3m 设一道双向水平拉杆。

6. 楼梯模板安装

楼梯模板一般比较复杂，常见的有板式和梁式楼梯，其支模工艺基本相同。

施工前应根据实际层高放样，先安装休息平台梁模板，再安装楼梯模板斜楞，然后铺设楼梯底模、安装外侧模和踏步模板。安装模板时要特别注意斜向支柱（斜撑）的固定，防止浇筑混凝土时模板移动。

楼梯段模板组装情况，见图 7-30。

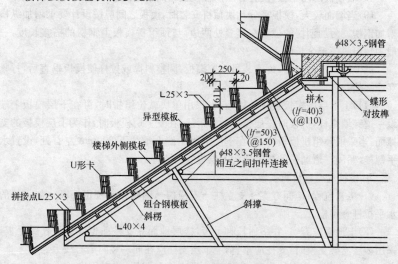

图 7-30　楼梯模板支设示意图

7. 预埋件和预留孔洞的设置

梁顶面和板顶面埋件的留设方法，见图 7-31；预留孔洞的留置，见图 7-32。

（1）预埋件和预留孔洞的规格数量及固定情况。

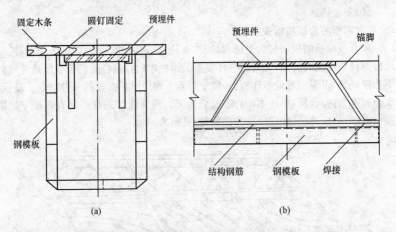

图 7-31 水平构件预埋件固定示意图

(a)梁顶面；(b)板顶面

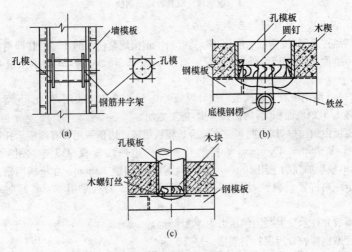

图 7-32 预留孔洞留设方法

(a)梁、墙侧面；(b)楼板板底；(c)楼板板底

(2)扣件规格与对拉螺栓、钢楞的配套和紧固情况。

(3)对拉螺栓、钢楞与支柱的间距。

(4)各种预埋件和预留孔洞的固定情况。

(5)模板结构的整体稳定。

(6)安全措施。

二、钢框胶合板模板安装

胶合板模板的发展较为迅速,以施工便捷、拼装方便,拆后浇注面光滑,透气性好而得到广泛的应用,尤其近些年发展的钢框木(竹)胶合板模板是以热轧异型钢为钢框架,以覆面胶合板作模面,并加焊若干钢肋承托面板的一种组合式模板。面板有木、竹胶合板,单片木面竹芯胶合板等。板面施加的覆面层有热压三聚氰胺浸渍纸、热压薄膜、热压浸涂和涂料等,见图7-33。

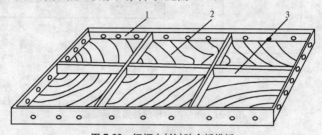

图7-33   钢框木(竹)胶合板模板
1—钢框;2—胶合板;3—钢肋

1. 钢框胶合板模板的品种及特点

其品种系列(按钢框高度分)除与55型小钢模配套使用的55系列(即钢框高55mm,刚度小、易变形)外,现已发展有63、70、75、78、90等,其支承系统各具特色。

(1)55型钢框胶合板模板。这种模板可与55型小钢模通用,但比55型小钢模约轻1/3,单块面积大,因而拼装少,施工方便。

模板由钢边框、加强肋和防水胶合板模板组成。边框采用带有面板承托肋的异型钢,宽55mm、厚5mm,承托肋宽6mm。边框四周设 $\phi13$ 连接孔,孔距150mm,模板加强肋采用40mm×3mm扁钢,纵横间距300mm。在模板四角及中间一定距离位置设斜铁,用沉头螺栓同面板连接。面板采用12mm厚防水胶合板。

模板允许承受混凝土侧压力为30kN/m²。

轻型钢框胶合板模板的规格:

长度:900mm、1200mm、1500mm、1800mm、2100mm、2400mm;

宽度:300mm、450mm、600mm、900mm;

常用规格为600mm×1200(1800、2400)mm。

面板的锯口和孔眼均涂刷封边胶。

(2)78型钢框胶合板模板。与55型钢框胶合板模板相比约重1倍。该模板刚度大,面板平整光洁,可以整装整拆,也可散装散拆。

模板由钢边框、加强肋和防水胶合面板组成。边框采用带有面板承托肋的异型钢,宽 78mm、厚 5mm,承托肋宽 6mm。边框四周设 17mm×21mm 连接孔,孔距 300mm。模板加强肋采用钢板压制成型的 60mm×30mm×3mm 槽钢,肋距 300mm,在加强肋两端设节点板,节点板上留有与背楞相连的连接孔 17mm×21mm 椭圆孔,面板上有 ϕ25 穿墙孔。在模板四角斜铁及加强位置用沉头螺栓同面板连接。面板采用 18mm 厚防水胶合板。

模板允许承受混凝土侧压力为 50kN/m^2。

78 型钢框胶合板模板规格:

长度:900mm、1200mm、1500mm、1800mm、2100mm、2400mm;

宽度:300mm、450mm、600mm、900mm、1200mm。

2. 柱模板的安装和拆除

(1)组拼柱模的安装。

1)将柱子的四面模板就位组拼好,每面带一阴角模或连接角模,用 U 形卡正反交替连接;

2)使柱模四面按给定柱截面线就位,并使之垂直,对角线相等;

3)用定型柱箍固定,锲块到位,销铁插牢;

4)对模板的轴线位移、垂直偏差、对角线、扭向等全面校正,并安装定型斜撑或将一般拉杆和斜撑固定在预先埋在楼板中的钢筋环上;

5)检查柱模板的安装质量,最后进行群体柱子水平拉杆的固定。

(2)整体吊装柱模的安装。

1)吊装前,先检查整体预组拼的柱模板上下口的截面尺寸,对角线偏差,连接件、卡件、柱箍的数量及紧固程度。检查柱筋是否妨碍柱模套装,用铅丝将柱顶筋预先内向绑拢,以利柱模从顶部套入。

2)当整体柱模安装于基准面上时,用四根斜撑与柱顶四角连接,另一端锚于地面,校正其中心线、柱边线、柱模桶体扭向及垂直度后,固定支撑。

3)当柱高超过 6m 时,不宜采用单根支撑,宜采用多根支撑连成构架。

(3)柱模板的拆除。分散拆除柱模时应自上而下、分层拆除。拆除第一层时,用木锤或带橡皮垫的锤向外侧轻击模板上口,使之松动,脱离柱混凝土。依次拆下一层模板时,要轻击模板边肋,不可用撬棍从柱柱角撬离。拆除的模板及配件用绳子绑扎放到地下。

分片拆除柱模时,要从上口向外侧轻击和轻撬连接角模,使之松,要适当加设临时支撑,以防止整片柱模整片倾倒伤人。

3. 梁板模板的安装和拆除

(1)梁板模板的安装。

1)在柱子混凝土上弹出梁的轴线及水平线,并复核。

2)安装梁模支架时,若首层为土壤地面,应平整夯实,并有排水措施。铺设通长脚手板,楼地面上的支架立杆宜加可调支座,楼层间的上下支座应在同一平面位置。梁的支架立杆一般采用双排,间距 600～900mm 为宜;板的支架立杆间距 900～1200mm。支柱上的纵肋采用 100mm×100mm,横肋采用 50mm×100mm 木方。支柱中间加横杆或斜杆连接成整体。

3)在支柱上调整预留梁底模板的厚度,符合设计要求后,拉线安装梁底模板并找直。

4)在底板上绑扎钢筋,经检验合格后,清除杂物,安装梁侧模板。用梁卡具或安装上下锁口楞及外竖楞,附以斜撑,其间距一一般宜为 600mm,当梁高超过 600mm 时,需要加腰肋,并用对拉螺栓加固,侧模上口要拉线找直,用定型夹子固定。

5)复核检查梁模尺寸,与相邻梁柱模板连接固定,安装楼板模板时,在梁侧模及墙模上连接阴角模,与楼板模板连接固定,逐步向楼板跨中铺设模板。

6)钢框胶合板模板的相邻两块模板之间用螺栓或钢销连接,对不够整模数的模板和窄条缝采用拼缝模板或木方嵌补,保证拼缝严密。

7)模板铺设完毕后,用靠尺、塞尺和水平仪检查平整度与楼板底标高,同时进行校正。

(2)梁板模板的拆除。

1)先拆除支架部分水平拉杆和剪刀撑,以便施工;然后拆除梁与楼板模板的连接角模及梁侧模,以使相邻模板断连。

2)下调支柱顶托架螺杆后,先拆钩头螺栓,再拆下 U 形卡,然后用钢钎轻轻撬动模板,拆下第一块,然后逐块拆除。不得用钢棍或铁锤猛击乱撬,严禁将拆下的模板自由坠落于地面。

3)对跨度较大的梁底模拆除时,应从跨中开始下调支柱托架。然后向两端逐根下调,先拆钩头螺栓,再拆下 U 形卡,然后用钢钎轻轻撬动模板,拆下第一块,然后逐块拆除。不得用钢棍或铁锤猛击乱撬,严禁将拆下的模板自由坠落于地面。

4)拆除梁底模支柱时,应从跨中间两端作业。

4. 墙体模板的安装和拆除

(1)墙板模板的安装。

1)检查墙模安装位置的定位基准面墙线及墙模板的编号,符合图纸要求后,安装门窗洞口模板及预埋件等。

2)将一侧预拼装墙模板按位置线吊装就位,安装斜撑或使用其他工具型斜撑调整至模板与地面成 75°,使其稳固于基准面上。

3)安装穿墙螺栓或对拉螺栓和套管,使螺栓杆端向上,套管套于螺杆上,清扫墙体内的杂物。

4)用上面同样的方法吊装另一侧模板,使穿墙螺栓穿过模板并在螺栓杆端戴上扣件和螺母,然后调整两块模板的位置和垂直度,与此同时调整斜撑角度,合格后,固定斜撑,紧固全部穿墙螺栓的螺母。

5)模板安装完毕后,全面检查扣件、螺栓、斜撑是否紧固稳定,模板拼缝及下口是否严密。

(2)墙体模板的拆除。

1)单块就位组拼墙模先拆除墙两边的接缝窄条模板,再拆除背楞和穿墙螺栓,然后逐次向墙中心方向逐块拆除。

2)整体预组拼模板拆除时,先拆除穿墙螺栓,调节斜撑支腿丝杠,使地脚离开地面,再拆除组拼大模板端部接缝处的窄条模板,然后敲击大模板上部,使之脱离墙体,用撬棍撬组拼大模板底边肋,使之全部脱离墙体,用塔吊吊运拆离后的模板。

三、定型组合大钢模板安装

1. 柱子组合大钢模板的安装和拆除

(1)柱子组合大钢模的安装。

1)柱子位置弹线要准确,柱子模板的下口用砂浆找平,保证模板下口的平直。

2)柱箍要有足够的刚度,防止在浇筑过程中模板变形;柱箍的间距布置合理,一般为 600mm 或 900mm。

3)斜撑安装牢固,防止在浇筑过程中柱身整体发生变形。

4)柱角安装牢固、严密,防止漏浆。

(2)柱子组合大钢模板的拆除。先拆除斜撑,然后拆柱箍,用撬棍拆离每面柱模,然后用塔吊吊离。使用后的模板及时清理,按规格进行码放。

2. 墙体组合大钢模板的安装和拆除

(1)墙体组合大钢模板的安装。

1)在下层墙体混凝土强度不低于 7.5MPa 时,开始安装上层模板,利用下一层外墙螺栓孔眼安装挂架。

2)在内墙模板的外端头安装活动堵头模板,可用木方或铁板根据墙厚制作,模板要严密,防止浇筑时混凝土漏浆。

3)先安装外墙内侧模板,按照楼板上的位置线将大模板就位找正,然后安装门窗洞口模板。

4)合模前将钢筋、水电等预埋件进行隐检。

5)安装外墙外侧模板,模板安装在挂架上,紧固穿墙螺栓,施工过程中要保证模板上下连接处严密,牢固可靠,防止出现错台和漏浆现象。

(2)墙体组合大钢模板的拆除。

1)在常温下,模板应在混凝土强度能够保证结构不变形,楞角完整时方可拆除;冬季施工时要按照设计要求和冬施方案确定拆模时间。

2)模板拆除时首先拆下穿墙螺栓,再松开地脚螺栓,使模板向后倾斜与墙体脱开。如果模板与混凝土墙面吸附或粘结不能离开时,可用撬棍撬动模板下口,不得在墙上口撬模板或用大锤砸模板,应保证拆模时不晃动混凝土墙体,尤其是在拆门窗洞口模板时不得用大锤砸模板。

3)模板拆除后,应清扫模板平台上的杂物,检查模板是否有钩挂兜绊的地方,然后将模板吊出。

4)大模板吊至存放地点,必须一次放稳,按设计计算确定的自稳角要求存放,及时进行板面清理,涂刷隔离剂,防止粘连灰浆。

5)大模板应定时进行检查和维修,保证使用质量。

四、安全环保措施

(1)支模过程中应遵守安全操作规程,如遇途中停歇,应将就位的支顶、模板联结稳固,不得空架浮搁。拆模间歇时应将松开的部件和模板运走,防止坠下伤人。

(2)模板支设、拆除过程中要严格按照设计要求的步骤进行,全面检查支撑系统的稳定性。

(3)拆楼层外边模板时,应有防高空坠落及防止模板向外倒跌的措施。

(4)模板所用的脱模剂在施工现场不得乱扔,以防止影响环境质量。

(5)模板放置时应满足自稳角要求,两块大模板应采取板面相对的存放方法。

(6)施工楼层上不得长时间存放模板,当模板临时在施工楼层存放时,必须有可靠的防倾倒措施,禁止沿外墙周边存放在外挂架上。

(7)模板起吊前,应检查吊装用绳索、卡具及每块模板上的吊钩是否完整有效,并应拆除一切临时支撑,检查无误后方可起吊。

(8)在模板拆装区域周围,应设置围栏,并挂明显的标志牌,禁止非作业人员入内。

(9)拆模起吊前,应检查对拉螺栓是否拆净,在确无遗漏并保证模板与墙体完全脱离后方准起吊。

(10)模板安装就位后,要采取防止触电的保护措施,施工楼层上的漏电箱必须设漏电保护装置,防止漏电伤人。

(11)模板拆除后,在清扫和涂刷隔离剂时,模板要临时固定好,板面相对停放之间,应留出 50～60cm 宽的人行通道,模板上方要用拉杆固定。

第六节　爬升模板安装

爬升模板是综合大模板与滑升模板工艺和特点的一种模板工艺,具有大模板和滑升模板共同的优点。

它与滑升模板一样,在结构施工阶段依附在建筑结构上,随着结构施工而逐层上升,这样模板可以不占用施工场地,也不用其他垂直运输设备。另外,它装有操作脚手架,施工时有可靠的安全围护,故可不需搭设外脚手架,特别适用于在较狭小的场地上建造多层或高层建筑。

它与大模板一样,是逐层分块安装,故其垂直度和平整度易于调整和控制,可避免施工误差的积累,也不会出现墙面被拉裂的现象。

一、爬架与爬架互爬工艺

爬架与爬架互爬工艺,可分为外墙外侧模板随同爬架提升和外墙内外侧模板随同爬架提升两种。

1. 外墙内外侧模板随同提升提升

该工艺又称"单机双爬",是以摆线针轮减速机作动力,通过螺杆传动,使大爬架与小爬架交替爬升,从而使固定在大爬架的大模板支架上升到规定的高度,再松开 U 型螺栓,用水平丝杆并借助滑轮推动外侧大模板就位。内侧大模板通过模板支架上的悬挂架与外侧大模板同步提升。每层需 3 次爬升,每次约上升 1m。

2. 外墙外侧模板随同爬架提升

其主要工作原理是:以固定在混凝土外表面的爬升挂靴为支点,以摆线针轮减速机为动力,通过内外爬架的相对运动,使外墙外侧模板随同外架相应爬升。爬模由爬模架、平台、传动装置和模板组成,如图 7-34 所示,其工艺流程见图 7-35。

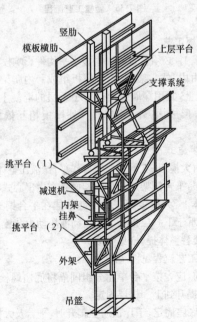

图 7-34 爬模组装示意图

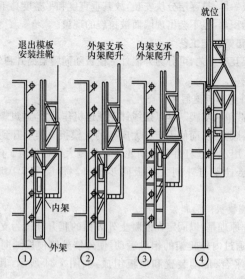

图 7-35　爬模工艺流程

二、整体爬升模板工艺

整体爬升模板施工,必须着重解决楼板水平构件影响模板爬升的问题。

整体爬模主要由内、外爬架和内、外模板组成。内爬架置于墙角,通过楼板孔洞,立在短横扁担上,并用穿墙螺栓传力于下层的混凝土墙体;外爬架传力于下层混凝土外墙体;形成内、外爬架与内、外模板相互依靠、交替爬升的施工过程。

1. 液压整体爬模施工

液压整体爬模由大模板、支承立柱与操作平台、液压整体提升三大系统组成。操作平台覆盖全楼层,平台钢架通过导向架搁置在由串心式千斤顶、支承杆、支承立柱所组成的承载体上,大模板用手动倒链吊挂在平台钢架下面。立柱对称布置,通过楼板孔洞支承于下一层楼板上。启动液压动力装置使平台钢架、大模板、吊脚手等分组间隔交替整体提升,见图 7-36。

(1)工艺流程。工艺流程见图 7-37。

提升支承立柱前,应先按平台单元分组间隔将底座螺栓松开,启动液压千斤顶,将立柱连同底座提升到上一楼层固定。

(2)施工工艺。底座固定,千斤顶向上爬升时,平台及大模板随之提升。当平台到位后,将承重销搁在导向架下面的立柱缀板上,使平台稳固在承担施工荷载,并通过导向架和承重销传递到支承立柱和楼板、墙体上。

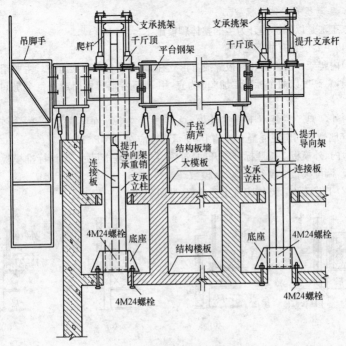

图 7-36　液压整体爬模系统

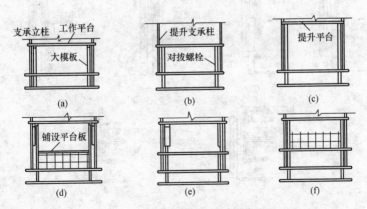

图 7-37　液压整体爬模施工工艺流程

(a)浇捣墙体混凝土;(b)提升支承立柱;(c)提升平台、模板、绑扎钢筋;

(d)楼板、模板、支模、绑扎钢筋;(e)浇捣楼板混凝土;

(f)墙体模板就位固定、浇捣混凝土

2. 手动提升整体爬模施工

该工法是以倒链提升为主的整体爬模施工。

(1)主要设备有如下三种:

1)内爬架。由角钢和缀板焊成方形立柱、附角模板和顶架组成。主要用于提升内模,总高度以两个标准层加 2m 为宜,用 M25 穿墙螺栓固定在每个房间的墙角上;

2)外爬架。主要用于提升外模,总高度以三个标准层高加 1.2m 为宜,用 M25 穿墙螺栓固定在混凝土外墙上,支承强度应在 10MPa 以上;

3)内、外模板。按照标准层开间、进深、层高的基本尺寸、设计标准模板和调配模板,调配模板宽度符合 30cm 模数。

(2)工艺流程。整体爬升工艺流程,见图 7-38。

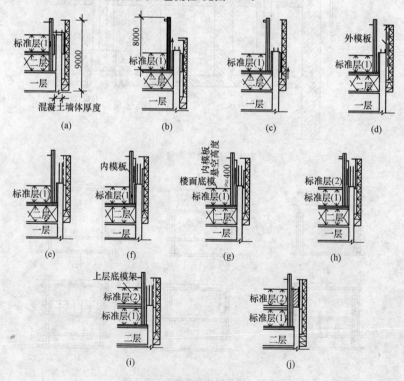

图 7-38 整体爬升工艺流程

(a)现浇导墙;(b)升内架(外墙边);(c)升外架;

(d)升外模;(e)扎筋;(f)升内模;(g)铺楼面底模;

(h)绑扎楼板钢筋浇楼板混凝土;(i)校正内外模搭台模架;(j)浇上层混凝土

（3）安装要点。

1）第一层墙体混凝土的浇筑，仍采用大模板工程一般常规施工方法进行；待一层外墙拆模后，即可进行外爬架和外墙外侧模板的组装；待一层楼顶板浇筑混凝土后，即可安装内爬架及外墙内侧模板和内墙模板。

2）内爬架的安装，应先将控制轴线引测到楼层，并按"偏心法"放出 50cm 通长控制轴线，然后按开间尺寸划分弹出墙体中心线，才能作内爬架限位。

3）由于内爬架带有角模，因此内爬架支设位置的正确和垂直，是确保模板工程质量的关键，必须经质量检查人员复验无误后，才能进行下一道支模工序。

4）水平标高的控制，可采取在每根内爬架上画出 50cm 高的红色标记；另外，当一层墙体混凝土浇筑完毕拆除内模两侧角铁后，立即将下一层墙体上的水平线引到上一层墙体上，亦做好红色标记，作为内爬架红色标记对齐的依据。当内墙模板和外墙内侧模板提升后，据此用墨线弹出整个房间的水平线，作为支撑楼板模板控制标高的依据。

5）爬架的提升，应先提升靠外墙的内爬架，作为以后提升内、外模板的连接依靠。内爬架提升到位后，应立即做好临时固定，并在其底部加小横扁担搭在楼板上做安全支承，同时用楔子校正其垂直度。内墙的内爬架，可根据施工要求穿插提升。

6）整体爬升模板的支模工作，主要是使模板紧靠内爬架上的内模，其他可按常规操作施工。

7）为了施工安全和便于绑扎外墙钢筋，当外爬架提升后应立即提升外墙外侧模板，并在模板到位后立即用螺栓与内爬架连接，随即清理模板和涂刷脱模剂。

8）当墙体钢筋绑扎完毕，内爬架全部就位后，即可提升内墙模板和外墙内侧模板，并立即由专人清理模板和涂刷脱模剂，做好就位校正固定工作。

9）外爬架应均匀布置，并应尽量避开窗口。高层建筑首层主立面的进出口处，往往设有大西篷或悬挑结构，外爬架的布置要尽量避开此处，或从第二层开始布置。

10）由于内爬架的设置，每个房间楼板四角预留了内爬架通道孔洞，在完成本层结构施工内爬架提升后，应在做地面时加钢筋网片补平。

11）每层墙体混凝土施工缝应错开留设，楼板应整块浇筑混凝土。

（4）质量要求。爬升模板质量标准参见表 7-15。

表 7-15　　　　　　　　　　　　爬升模板的质量标准

	项　目	质量标准	检测工具与方法
制作	(1)大模板		
	外形尺寸	－3mm	钢尺测量
	对角线	±3mm	钢尺测量
	板面平整度	＜2mm	2m 靠尺,塞尺检测
	直边平直度	±2mm	2m 靠尺,塞尺检测
	螺孔位置	±2mm	钢尺测量
	螺孔直径	＋1mm	量规检测
	焊缝	按图纸要求检查	
	(2)爬升支架		
	截面尺寸	±3mm	钢尺测量
	全高弯曲	±5mm	钢丝拉绳测量
	立柱对底座的垂直度	1‰	挂线测量
	螺孔位置	±2mm	钢尺测量
	螺孔直径	＋1mm	量规检查
	焊缝	按图纸要求检查	
安装	(1)墙面留穿墙螺栓孔	±5mm	钢尺测量
	位置穿墙螺栓孔直径	±2mm	钢尺测量
	(2)模板		
	拼缝缝隙	＜3mm	塞尺测量
	拼缝处平整度	＜2mm	靠尺测量
	垂直度	＜3mm 或 1‰	用 2m 靠尺测量
	标高	±5mm	钢尺测量
	(3)爬升支架		
	标高	±5mm	与水平线用钢尺测量
	垂直度	5mm 或 1‰	挂线坠
	(4)穿墙螺栓		
	紧固力矩	40～50N·m	0～150N·m 力矩扳手测量

三、爬模装置安装

(1)安装模板。先按组装图将平模板、带有脱模器的打孔模板和钢背楞组拼成块,整体吊装,按支模工艺做法,支一段模板即用穿墙螺栓紧固一段。平模支完后,支阴阳角模,阴角模与平模之间设调节缝板。

(2)安装提升架。先在地面组装,待模板支完后,用塔吊吊起提升架,插入已支的模板背面,提升架活动支腿同模板背楞连接,并用可调丝杠调节模板截面尺寸和垂直度。

(3)安装围圈。围圈由上下弦槽钢、斜撑、立撑等组成装配式桁架,安装在提升架外侧,将提升架连成整体。围圈在对接和角接部位连接件进行现场焊接。

(4)安装外架柱梁。在提升架立柱外侧安装外挑梁及外架立柱,形成挑平台和吊平台,外挑梁在滑道夹板中留一定间隙,使提升架立柱有移动余地。在外墙及电梯井角壁底部的外挑两靠墙一端安装滑轮,作为纠偏措施用。

四、液压系统安装

(1)根据工程具体情况,每榀提升架上安装 1～2 台千斤顶。必要时在千斤顶底部与提升架横梁之间安装升降调节器。千斤顶上部必须设限位器,并在支承杆上设限位卡。每个千斤顶安装一只针形阀。

(2)主油管宜安装成环形油路,采用 $\phi19$ 主油管,每个环形油路设有若干 $\phi16$ 分油管和分油器,从分油器到千斤顶的油管为 $\phi8$,每个分油器接通 5～8 个千斤顶。

(3)液压控制台安装在中部电梯井筒内。

(4)在进行液压系统排油排气和加压试验后,插入支承杆。结构体内埋入支承杆用短钢筋同墙立筋加固焊接,每 600mm 一道。结构体外工具式支承杆用脚手架钢管和扣件连接加固。

(5)安装激光靶,进行平台偏差控制观测。采用激光安平仪控制平台水平度。

五、操作平台安装

(1)铺平台板。

(2)外架立柱外侧全高设吊平台护栏。

(3)外架立柱上端,设操作平台护栏,高 2m。

(4)平台及吊平台护栏下端均设踢脚板。

(5)从平台护栏上端到吊平台护栏下端,满挂安全网,并折转包住吊平台,以确保施工安全。

六、脱模

(1)当混凝土强度能保证其表面及楞角不因拆除而受损坏后,方可开始脱模,一般在混凝土强度达到 1.2MPa 后进行。

(2)脱模前先取出对拉螺栓,松开调节缝板同大模板之间的连接螺栓。

(3)大模板采取分段整体进行脱模,首先用脱模器伸缩丝杆顶住混凝土脱模,然后用活动支腿伸缩丝杆使模板后退,脱开混凝土 50～80mm。

(4)角模脱模后同大模板相连,一起爬升。

七、防偏纠偏

(1)严格控制支承杆标高、限位卡底部标高、千斤顶顶面标高,要使他们保持在同一水平面上,做到同步爬升。每隔500mm调平一次。

(2)操作平台上的荷载包括设备、材料及人流,应保持均匀分布。

(3)保持支承杆的清洁,确保千斤顶正常工作,定期对千斤顶进行强制更换保养。

(4)在模板爬升过程中及时进行支承杆加固工作。

(5)纠偏前应进行认真分析偏移或旋转的原因,采取相应措施,纠偏过程中,要注意观测平台激光靶的偏差变化情况,纠偏应徐缓进行,不能矫枉过正。

(6)在偏差反方向提升架立柱下部用调节丝杆将滑轮顶紧墙面。

(7)必要时采用钢丝绳和5t手动葫芦,向偏差反方向拉紧。

八、安全环保措施

(1)爬模施工为高处作业,必须按照《建筑施工高处作业安全技术规范》要求进行。

(2)每项爬模工程在编制施工组织设计时,要制订具体的安全措施。

(3)设专职安全、防火员跟班负责安全防火工作,广泛宣传安全第一的思想,认真进行安全教育、安全交底,提高全员的安全防火意识。

(4)经常检查爬模装置的各项安全设施,特别是安全网、栏杆、挑架、吊架、脚手板、安全关键部位的紧固螺栓等。检查施工的各种洞口防护,检查电器、设备、照明安全用电的各项措施。

(5)各类机械操作人员应认真执行机械安全操作技术规程,应规定对机械、吊装索具等进行检查、维修,确保机械安全。

(6)平台上设置灭火机,安装施工用水管代替消防水管,平台上严禁吸烟。

(7)混凝土施工时,应采用低噪声环保型振捣器,以降低城市噪声污染。

第七节　滑升模板安装

滑升模板(以下简称滑模),是现浇混凝土结构工程施工中一种机械化程度较高的工具式模板。这种模板已广泛用于贮仓、水塔、烟囱、桥墩、竖井壁、框架柱等竖向结构的施工,而且已发展用于高层和超高层民用建筑的竖向结构施工。

一、滑模装置的组成

(1)模板系统包括模板、围圈、提升架及截面和倾斜度调节装置等。

(2)操作平台系统包括操作平台、料台、吊脚手架、滑升垂直运输设施的支承结构等。

(3)液压提升系统包括液压控制台、油路、调平控制器、千斤顶、支承杆。

(4)施工精度控制系统包括千斤顶同步、建筑物轴线和垂直度等的观测与控制设施等。

(5)水电配套系统包括动力、照明、信号、广播、通讯、电视监控以及水泵、管路设施等。

(6)滑模装置剖面详见图7-39。

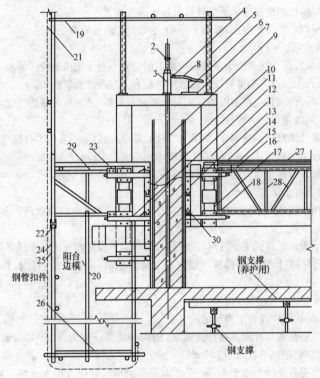

图 7-39 滑模装置剖面示意图

1—提升架；2—限位卡；3—千斤顶；4—针型阀；5—支架；6—台梁；

7—台梁连接板；8—ϕ8油管；9—工具式支撑杆；10—插板；11—外模板；

12—支腿；13—内模板；14—围楞；15—边框卡铁；16—伸缩调节丝杠；17—槽钢夹板；

18—下围楞；19—支架连接管；20—纠偏装置；21—安全网；22—外挑架；

23—外挑平台；24—吊杆连接管；25—吊杆；26—吊平台；27—活动平台边框；

28—桁架斜杆、立杆、对拉螺栓；29—钢管水平桁架；30—围圈卡铁

二、滑模装置部件设计

1. 模板

模板应具有通用性、装拆方便和足够的刚度，并应符合下列规定：

(1)模板高度宜采用 900~1200mm,对筒壁结构可采用 1200~1600mm;模板宽度一般采用 150~500mm。

(2)异形模板,如转角模板、收分模板、抽拔模板等,应根据结构截面的形状和施工要求设计。

(3)钢模板的连接应保证拼缝紧密和装拆方便。

(4)模板必须四角方正,板面平整,无卷边、翘曲、孔洞及毛刺等。

2. 提升架

提升架宜设计成适用于多种结构施工的型式。对于结构的特殊部位,可设计专用的提升架。对多次重复使用或通用的提升架宜设计成装配式。

设计提升架时,应按实际的竖向与水平荷载验算,必须有足够的刚度,其构造应符合下列规定:

(1)提升架宜用钢材制作,横梁与立柱必须刚性连接,两者的轴线应在同一平面内,在使用荷载作用下,立柱的侧向变形应不大于 2mm。

(2)模板顶部至提升架横梁的净高度,对于配筋结构不宜小于 500mm,对于无筋结构不宜小于 250mm。

(3)用于变截面结构的提升架,其立柱上应设有调整内外模板间距和倾斜度的装置。

(4)当采用工具式支承杆时,应在提升架横梁下设置内径比支承杆直径大 2~5mm 的套管,其长度应到模板下缘。有空滑要求时,套管应适当延长并可上下活动。

3. 围圈

围圈的构造应符合下列规定:

(1)围圈截面尺寸应根据计算确定,围圈的间距一般为 500~70mm,上围圈至模板上口的距离不宜大于 250mm。

(2)当提升架间距大于 2.5m 或操作平台的承重骨架直接支承在围圈上时,围圈宜设计成桁架式。

(3)围圈在转角处应设计成刚性节点。

(4)围圈接头应采用等刚度型钢连接,连接螺栓每边不得少于 2 个。

(5)在使用荷载下,两个提升架之间围圈的垂直与水平方向的变形,不应大于跨度的 1/500。

4. 液压控制台

液压控制台的设计应符合下列确定:

(1)液压控制台内,油泵的额定压力不应小于 12MPa,其流量可根据所带动的千斤顶数量及一次给油时间计算确定。

(2)液压控制台内,换向阀和溢流阀的流量及额定压力,均应等于或大于油泵的流量和额定压力,阀的公称内径不应小于 10mm。

(3)液压控制台的油箱应易散热、排污,并应有油液过滤的装置,油箱的有效容量应为千斤顶和油管总容油量的 1.5～2 倍。

(4)液压控制台的电气控制系统应保证电动机、换向阀等按千斤顶爬升的要求正常工作;并应设有油压、电压、电流指示表、工作信号灯及漏电保护装置。

(5)当千斤顶数量较多时,可采用两台以上的液压控制台联合工作,各控制台的电路、主油管和油箱可互相连通,由一台作为主机控制同步工作。

5. 操作平台

操作平台、料台和吊脚手架的结构形式应按所施工工程的结构类型和受力状况确定,其构造应符合下列规定:

(1)操作平台与提升架或围圈应连成整体。当桁架的跨度较大时,桁架间应设置水平和垂直支撑;当利用操作平台作为现浇顶盖、楼板或模板支承结构时,应根据实际荷载对操作平台进行验算和加固,并应考虑与提升架脱离的措施。

(2)当操作平台的桁架或梁支承于围圈上时,必须在支承处设置支承桁架的托架。

(3)外挑脚手架或操作平台的外挑宽度不宜大于 1000mm,并应在其外侧设安全防护栏杆。

(4)吊脚手架铺板的宽度,宜为 500～800mm,钢吊杆的直径不应小于 16mm,吊杆螺栓必须采用双螺帽。吊脚手架的双侧必须设安全防护栏杆,并应满挂安全网。

6. 千斤顶

液压千斤顶必须经过检验,并应符合下列规定:

(1)耐压 12MPa,持压 5min,各密封处无渗漏。

(2)卡头应锁固牢靠,放松灵活。

(3)在 1.2 倍额定承载的荷载作用下,卡头锁固时的回降量对滚珠式千斤顶应不大于 5mm,对卡块式千斤顶应不大于 3mm。

(4)同一批组装的千斤顶,应调整其行程,使其在相同荷载作用下的行程差不大于 2mm。

7. 油路

油路设计应符合下列规定:

(1)输油管应采用高压耐油橡胶管或金属管,其耐压力不得小于油泵额定压力的 1.5 倍,主油管内径应为 14～19mm,二级分油管的内径应为 10～14mm,连接千斤顶的油管内径应为 6～10mm。

(2)油管接头、限位阀及针形阀的耐压力和通径应与油管相适应。

(3)液压油应进行过滤,并应有良好的润滑性和稳定性,其黏度应根据压力要求及气温条件确定。

三、施工总平面布置

(1)施工总平面布置应满足施工工艺要求,减少施工用地和缩短地面水平运输距离。

(2)在所施工建筑物的周围应设立危险警戒区,警戒线至建筑物边缘的距离不应小于其高度的 1/10,且不应小于 10m,不能满足要求时,应采取安全防护措施。

(3)临时建筑物及材料堆放场地等均应设在警戒区以外,当需要在警戒区内堆放材料时,必须采取安全防护措施。经过警戒区的人行道或运输通道均应搭设安全防护棚。

(4)材料堆放场地应靠近垂直运输机械,堆放数量应满足施工速度的需要。

(5)根据现场施工条件确定混凝土供应方式,当设置自备搅拌站时宜靠近施工工程,混凝土的供应量必须满足连续浇灌的需要。

(6)供水、供电应满足滑模连续施工的要求。施工工期较长,且有断电可能时,应有双路供电或配自备电源。操作平台的供水系统,当水压不够时,应设加压水泵。

(7)应设置测量施工工程垂直度和标高的观测站。

四、滑模装置的制作与组装

1. 滑模装置的组装

滑模施工的特点之一,是将模板一次组装好,一直到施工完毕,中途一般不再变化。因此,要求滑模基本构件的组装工作,一定要认真、细致、严格地按照设计要求及有关操作技术规定进行。否则,将给施工中带来很多困难,甚至影响工程质量。

(1)模板的组装应符合下列规定:

1)安装好的模应上口小、下口大,单面倾斜度宜为模板高度的0.2%～0.5%;

2)模板高 1/2 处的净间距应与结构截面等宽。

(2)模板的倾斜度可采用下列两种方法:

1)改变围圈间距法。在制作和组装围圈时,使下围圈的内外围圈之间的距离大于上围圈的内外围圈之间的距离。这样,当模板安装后,即可得到要求的倾斜度;

2)改变模板厚度法。制作模板时,将模板背后的上横带角钢立边向下,使上围圈支顶在上横带角钢立边上。下横带的角钢立边向上,使下围圈支顶在横带的立肋上,此时,模板的上下围圈处即形成一个横带角钢立边厚度的倾斜度。当倾斜度需要变化或角钢立边厚度不能满足要求时,可在围圈与模板的横带之间加设一定厚度的垫板或铁片。采用这种方法时,每侧的上下围圈仍保持垂直。木模板的倾斜度,也可通过在横带与围圈之间加垫板或铁片形成。

模板组装时,其倾斜度的检查,可用倾斜度样板。

(3)组装质量要求。滑升模板组装完毕,必须按表 7-16 所列各项质量标准进行认真检查,发现问题应立即纠正,并做好记录。

表 7-16　　　　　　　　　滑模装置组装的允许偏差

内　容		允许偏差(mm)
模板结构轴线与相应结构轴线位置		3
围圈位置偏差	水平方向	3
	垂直方向	3
提升架的垂直偏差	平面内	3
	平面外	2
安放千斤顶的提升架横梁相对标高偏差		5
考虑倾斜度后模板尺寸的偏差	上口	−1
	下口	+2
千斤顶安装位置的偏差	提升架平面内	5
	提升架平面外	5
圆模直径、方模边长的偏差		−2～+3
相邻两块模板平面平整偏差		1.5

2. 滑模装置制作的允许偏差

滑模装置各种构件的制作应符合有关的钢结构制作规定,其允许偏差应符合表 7-17 的规定。构件表面,除支承杆及接触混凝土的模板表面外,均应刷除锈涂料。

表 7-17　　　　　　　　　构件制作的允许偏差

名　称	内　容	允许偏差(mm)
钢模板	高度	±1
	宽度	−0.7～0
	表面平整度	±1
	侧面平直度	±1
	连接孔位置	±0.5
围　圈	长度	−5
	弯曲长度≤3m	±2
	＞3m	±4
	连接孔位置	±0.5

续表

名　　称	内　　容	允许偏差(mm)
提升架	高度	±3
	宽度	±3
	围圈支托位置	±2
	连接孔位置	±0.5
支承杆	弯曲	小于 $L/1000$
	$\phi25$	$-0.5\sim+0.5$
	$\phi28$	$-0.5\sim+0.5$
	$\phi48\times3.5$	$-0.2\sim+0.5$
	圆度公差	$-0.25\sim+0.25$
	对焊接缝凸出母材	$<+0.25$

注:L 为支承杆加工长度。

五、留设预埋件

预埋件的固定,一般可采用短钢筋与结构主筋焊接或绑扎等方法连接牢固,但不得突出模板表面。模板滑过预埋件后,应立即清除表面的混凝土,使其外露,其位置偏差不应大于 20mm。

对于安放位置和垂直度要求较高的预埋件,不应以操作平台上的某点作为控制点,以免因操作平台出现扭转而使预埋件位置偏移。应采用线锤吊线或经纬仪定垂线等方法确定位置。

六、钢筋绑扎

钢筋绑扎时,应符合下列规定:

(1)每层混凝土浇灌完毕后,在混凝土表面上至少应有一道绑扎好的横向钢筋。

(2)竖向钢筋绑扎时,应在提升架上部设置钢筋定位架,以保证钢筋位置准确。直径较大的竖向钢筋接头宜采用气压焊、电渣压力焊、套筒式冷挤压接头及锥螺纹接头等新型钢筋接头。

(3)双层配筋的竖向结构,其中肋应成对并立排列,钢筋网片间应有 A 字形拉结筋或用焊接钢筋骨架定位。

(4)应有保证钢筋保护层的措施,可在模板上口设置带钩的圆钢筋对保护层进行控制,其直径按保护层的厚度确定。

(5)凡带弯钩的钢筋,绑扎时弯钩不得朝向模板面,以防止弯钩卡住模板。

(6)支承杆作为结构受力钢筋时,其接头处的焊接质量,必须满足有关钢筋焊接规范的要求。

梁的横向钢筋,可采取边滑升边绑扎的方法。为便于横向钢筋的绑扎,可将箍筋做成上部开口的形式,待水平钢筋穿入就位后,再将上口绑扎封闭。亦可采用开口式活动横梁提升架,或将提升架集中布置于梁端部,将梁钢筋预制成自承重骨架,直接吊入模板内就位。自承重骨架的起拱值;当梁跨度小于或等于 6m 时,应为跨度的 2‰～3‰;当梁跨度大于 6m 时,应由计算确定。

七、支承杆设置

对采用平头对接、榫接或螺纹接头的非工具式支承杆,当千斤顶通过接头部位后,应及时对接头进行焊接加固。

用于筒壁结构施工的非工具式支承杆,当通过千斤顶后,应与横向钢筋点焊连接,焊点间距不宜大于 500mm。

当发生支承杆失稳、被千斤顶带起或弯曲等情况时,应立即进行加固处理。对兼作受力钢筋使用的支承杆,加固时应满足支承杆受力的要求,同时还应满足受力钢筋的要求。当支承杆穿过较高洞口或模板滑空时,应对支承杆进行加固。

工具式支承杆,可在滑模施工结束后一次拔出,也可在中途停歇时分批拔出。分批拔出时,应按实际荷载确定每批拔出的数量并不得超过总数的 1/4。对墙板结构,内外墙交接处的支承杆,不宜中途抽拔。

八、混凝土浇筑

(1)用于滑模施工的混凝土,应事先做好混凝土配合比的试配工作,其性能应满足设计所规定的强度、抗渗性、耐久性等要求外,尚应满足下列规定:

1)混凝土早期强度的增长速度,必须满足模板滑升速度的要求;

2)薄壁结构的混凝土宜用硅酸盐水泥或普通硅酸盐水泥配制;

3)混凝土入模时坍落度,应符合表 7-18 的规定;

表 7-18　　　　　　　　　　混凝土浇筑时的坍落度

结构种类	坍落度(cm)	
	非泵送混凝土	泵送混凝土
墙板、梁、柱	5～7	14～20
配筋密肋的结构(筒壁结构及细柱)	6～9	14～20
配筋特密结构	9～12	16～22

注:采用人工捣实时,非泵送混凝土的坍落度可适当增加。

4)在混凝土中掺入的外加剂或掺合料,其品种和掺量应通过试验确定;

5)采用高强度混凝土时,尚应满足流动性、可泵性和可滑性等要求。并应使入模后的混凝土凝结速度与模板滑升速度相适应。混凝土配合比设计初定后,应先进行模拟试验,根据试验再作调整。

混凝土的初凝时间宜控制在 2h 左右,终凝时间可视工程对象而定,一般宜控制在 4～6h。

（2）混凝土的浇筑应符合下列规定：

1）必须分层均匀交圈浇灌，每一浇灌层的混凝土表面应在一个水平面上，并应有计划匀称地变换浇筑方向；

2）分层浇灌的厚度不宜大于200mm，各层浇灌的间隔时间，应不大于混凝土的凝结时间（相当于混凝土达0.35kN/cm² 贯入阻力值），当间隔时间超过时，对接槎处应按施工缝的要求处理；

3）在气温高的季节，宜先浇灌内墙，后浇灌阳光直射的外墙；先浇灌直墙，后浇灌墙角和墙垛；先浇灌较厚的墙，后浇灌薄墙；

4）预留孔洞、门窗口、烟道口、变形缝及通风管道等两侧的混凝土，应对称均衡浇灌。

（3）混凝土振捣应符合下列要求：

1）振捣混凝土时，振捣器不得直接触及支承杆、钢筋或模板；

2）振捣器应插入前一层混凝土内，但深度不宜超过50mm；

3）在模板滑动的过程中，不得振捣混凝土。

九、水平结构施工

（1）滑模工程水平结构的施工，宜采取在竖向结构完成到一定高度后，采取逐层空滑支模施工现浇楼板。

（2）按整体结构设计的横向结构，当采用后期施工时，应保证施工过程中的结构稳定和满足设计要求。

（3）墙板结构采用逐层空滑现浇楼板工艺施工时应满足下列规定：

1）当墙板模板空滑时，其外周模板与墙体接触部分的高度不得小于200mm；

2）楼板混凝土强度达到1.2MPa方能进行下道工序，支设楼板的模板时，不应损害下层楼板混凝土；

3）楼板模板支柱的拆除时间，除应满足《混凝土结构工程施工质量验收规范》（GB 50204—2002）的要求外，还应保证楼板的结构强度满足承受上部施工荷载的要求。

十、液压滑升

（1）初滑时模板内浇筑的混凝土至500～700mm高度后，第一层混凝土强度达到0.2MPa，应进行1～2个千斤顶行程的提升，并对滑模装置和混凝土凝结状态进行检查，确定正常后，方可转为正常滑升。

（2）正常滑升过程中，两次提升的时间间隔不宜超过0.5h。

（3）提升过程中，应使所有的千斤顶充分的进油、排油。提升过程中，如出现油压增至正常滑升工作压力值的1.2倍，尚不能使全部千斤顶升起时，应停止提升操作，立即检查原因，及时进行处理。

（4）在正常滑升过程中，操作平台应保持基本水平。每滑升200～400mm，应对各千斤顶进行一次调平（如采用限位调平卡等），特殊结构或特殊部位应按施工组织设计的相应要求实施。各千斤顶的相对高差不得大于 40mm,相邻两个提升架上千斤顶升差不得超过 20mm。

（5）在滑升过程中,应检查和记录结构垂直度、水平度、扭转及结构截面尺寸等偏差数据,及时进行纠偏、纠扭工作。在纠正结构垂直度偏差时,应徐缓进行,避免出现硬弯。

（6）在滑升过程中,应随时检查操作平台结构,支承杆的工作状态及混凝土的凝结状态,如发现异常,应及时分析原因并采取有效的处理措施。

（7）因施工需要或其他原因不能连续滑升时,应有准备采取下列停滑措施:

1）混凝土应浇筑至同一标高;

2）模板每隔一定时间提升 1～2 个千斤顶行程,直至模板与混凝土不再粘结为止;对滑空部位的支承杆,应采取适当的加固措施;

3）继续施工时,应对模板与液压系统进行检查。

十一、滑升模板拆除条件

滑动模板装置的拆除,尽可能避免在高空作业。提升系统的拆除可在操作平台上进行,只要先切断电源,外防护齐全（千斤顶拟留待与模板系统同时拆除）,不会产生安全问题。

（1）模板系统及千斤顶和外挑架、外吊架的拆除,宜采用按轴线分段整体拆除的方法。总的原则是先拆外墙（柱）模板（提升架、外挑架、外吊架一同整体拆下）;后拆内墙（柱）模板。模板拆除程序如下:

将外墙（柱）提升架向建筑物内侧拉牢──→外吊架挂好溜绳──→松开围圈连接件──→挂好起重吊绳,并稍稍绷紧──→松开模板拉牢绳索──→割断支承杆──→模板吊起缓慢落下──→牵引溜绳使模板系统整体躺倒地面──→模板系统解体。

此种方法模板吊点必须找好,钢丝绳垂直线应接近模板段重心,钢丝绳绷紧时,其拉力接近并稍小于模板段总重。

（2）若条件不允许时,模板必须高空解体散拆。高空作业危险性较大,除在操作层下方设置卧式安全网防护,危险作业人员系好安全带外,必须编制好详细、可行的施工方案。一般情况下,模板系统解体前,拆除提升系统及操作平台系统的方法与分段整体拆除相同,模板系统解体散拆的施工程序为:

拆除外吊架脚手板、护身栏（自外墙无门窗洞口处开始,向后倒退拆除）──→拆除外吊架吊杆及外挑架──→拆除内固定平台──→拆除外墙（柱）模板──→拆除外墙（柱）围圈──→拆除外墙（柱）提升架──→将外墙（柱）千斤顶从支承杆上端抽出──→拆除内墙模板──→拆除一个轴线段围圈,相应拆除一个轴线段提升架──→千斤顶从支承杆上端抽出。

高空解体散拆模板必须掌握的原则是:在模板解体散拆的过程中,必须保证模板系统的总体稳定和局部稳定,防止模板系统整体或局部倾倒坍落。因此,制订方案、技术交底和实施过程中,务必有专人统一组织、指挥。

（3）滑升模板拆除中的技术安全措施。高层建筑滑模设备的拆除一般应做好下述几项工作：

1）根据操作平台的结构特点，制定其拆除方案和拆除顺序；

2）认真核实所吊运件的重量和起重机在不同起吊半径内的起重能力；

3）在施工区域，划出安全警戒区，其范围应视建筑物高度及周围具体情况而定；禁区边缘应设置明显的安全标志，并配备警戒人员；

4）建立可靠的通讯指挥系统；

5）拆除外围设备时必须系好安全带，并有专人监护；

6）使用氧气和乙炔设备应有安全防火措施；

7）施工期间应密切注意气候变化情况，及时采取预防措施；

8）拆除工作一般不宜在夜间进行。

第八章 建筑装饰装修工程

第一节 吊顶工程

吊顶又称平顶、顶棚、天棚,是用来遮盖屋顶杂乱的结构或隔热保温的一种最基本的装修构造。

龙骨(或称格栅),施用于顶棚装饰工程时,为吊顶的基本骨架结构,用于支承并固结顶棚饰面材料,同时紧密连接屋顶或上层楼板。我国传统的吊顶龙骨为木质材料,新型的吊顶龙骨多为轻钢龙骨和铝合金龙骨。采用木骨、轻钢龙骨为骨架,配以罩面装饰板的安装或镶贴,用于建筑室内顶棚(或墙面)装饰,它可以取代抹灰及贴面类饰面,可以提高装饰工程的施工效率,可以满足某些使用要求(如空调等),特别是具有较完美的室内装饰艺术效果。

一、吊顶的构造

吊顶的构造主要由支承、基层、面层三部分组成。

1. 支承部分

支承部分悬挂于屋顶或上层楼面的承重结构上,一般垂直于桁架方向设置主龙骨,间距为 1.5m 左右,在主龙骨上设吊筋,吊筋一般为断面较小的型钢、钢筋或木吊筋。吊筋与主龙骨的结合,根据材料的不同可分别采用焊接、螺栓固结、钉固及挂钩等方法。有时也可以直接以檩条代替主龙骨,而将次龙骨用吊筋悬吊在檩条下方。

2. 基层部分

次龙骨(或称平顶筋)用木材、型钢及轻金属等材料制成,其布置方式以及间距要根据面层所用材料而定,一般次龙骨的间距不大于 60cm。

3. 面层

传统上一般有粉刷(板条抹灰、钢板网抹灰),现多为各种轻质材料的拼装等。

吊顶内部空间的高度,根据管线设备安装、使用的需要以及检修维护工作的需要而定,有的在必要时可铺设检修走道。

二、木吊顶

1. 基本形式

木吊顶有人造板吊顶、板条吊顶。因房屋结构不同,又可分为桁架下的吊顶、槽形板下的吊顶和空心楼板下的吊顶等。

(1)桁架下人造板吊顶。桁架下人造板吊顶的吊顶骨架布置与固定方法和板条吊顶基本相似。只是次龙骨的间距应根据人造板幅面尺寸来定,以尽量减小裁板损耗。同时还要布置加钉与次龙骨相垂直的横撑,以便板的横边有所依托和将板钉平。图 8-1 所示为桁架下人造板吊顶。

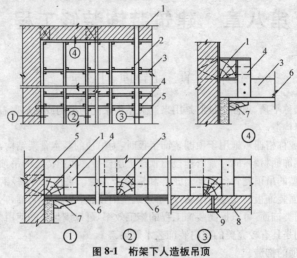

图 8-1　桁架下人造板吊顶

1—主龙骨；2—桁架下弦；3—次龙骨；4—吊筋；5—次龙骨；

6—胶合板或纤维板；7—装饰木条；8—木丝板；9—木压条

　　(2)桁架下板条吊顶。装于桁架下的板条吊顶主要由主龙骨、次龙骨、吊筋和板条等部分组成,见图 8-2。

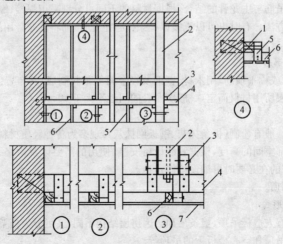

图 8-2　桁架下板条吊顶

1—靠墙主龙骨；2—桁架下弦杆；3—吊筋；4—主龙骨

5—次龙骨吊筋；6—次龙骨；7—灰板条

（3）槽形楼板下吊顶。在槽形楼板下吊顶的骨架布置及固定方法见图 8-3。

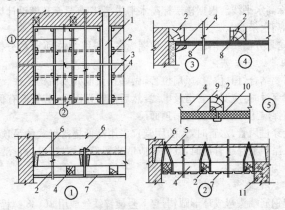

图 8-3 槽形楼板下吊顶

1—主龙骨；2—次龙骨；3—连接筋；4—横撑；5—槽形楼板；

6—镀锌铅丝及短钢筋；7—板条；8—胶合板或纤维板；

9—刨花板或木丝板；10—压缝木条；11—梁

（4）钢筋混凝土楼板下吊顶。钢筋混凝土楼板下吊顶见图 8-4。它由主龙骨、次龙骨、吊筋、撑木和板条（或人造板材）等部分组成。

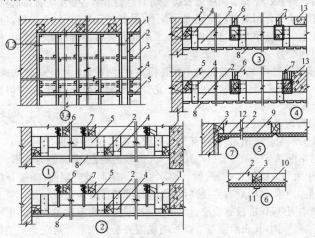

图 8-4 钢筋混凝土楼板下吊顶

1—主梁；2—次龙骨；3—横撑；4—吊筋；5—主龙骨；6—撑木；

7—φ4 镀锌铁丝；8—板条；9—胶合板或纤维板；10—木丝板；

11—盖缝木条；12—装饰木条；13—次梁

2. 弹线定位

(1)弹标高水平线。根据楼层标高水平线,顺墙高量至顶棚设计标高,沿墙四周弹顶棚标高水平线。

(2)划龙骨分档线。沿已弹好的顶棚标高水平线,划好龙骨的分档位置线。

3. 棚内管线设施安装

吊顶时要结合灯具位置、风扇位置,做好预留洞穴及吊钩工作。当平顶内有管道或电线穿过时,应安装管道及电线,然后再铺设面层,若管道有保温要求,应在完成管道保温工作后,再封吊顶顶层。

平顶上穿过风管、水管时,大的厅堂宜采用高低错落形式的吊顶。设有检修走道的上人吊顶上穿越管道时,其平顶应适当留设伸缩缝,以防止吊顶受管线影响而产生不均匀胀缩。

4. 安装大龙骨

将预埋钢筋端头弯成环形圆钩,穿 8 号镀锌铁丝或用 $\phi6$、$\phi8$ 螺栓将大龙骨固定,未预埋钢筋时可用膨胀螺栓,并保证其设计标高。吊顶起拱按设计要求,设计无要求时,一般为房间跨度的 1/200～1/300。

5. 安装小龙骨

(1)小龙骨底面应刨光、刮平,截面厚度应一致。

(2)小龙骨间距应按设计要求,设计无要求时,应按罩面板规格决定,一般为 400～500mm。

(3)按分档线,先安装两根通长边龙骨,拉线找拱,各根小龙骨按起拱标高,通过短吊杆将小龙骨用圆钉固定在大龙骨上,吊杆要逐根错开,不得吊钉在龙骨的同一侧面上。通长小龙骨接头应错开,采用双面夹板用圆钉错位钉牢,接头两侧最少各钉两个钉子。

(4)安装卡档小龙骨:按通长小龙骨标高,在两根通长小龙骨之间,根据罩面板材的分块尺寸和接缝要求,在通长小龙骨底面横向弹分档线,按线以底找平钉固卡档小龙骨。

6. 吊顶的面板安装

传统的木龙骨吊顶,其面板部分多采用人造板,如胶合板、纤维板、万利板(木丝板)、刨花板以及板条与金属网抹灰。人造板的铺钉,需锯割为方形、长方形等形式,采用留缝或镶钉压条,按设计要求而定。罩面板安装前,应按分块尺寸弹线,一般是由中间向四周对称排列,墙面与顶棚的接缝应交圈一致。所有面板的安装必须牢固,应保证没有脱层、翘曲、折裂、缺楞掉角等质量缺陷。生活电器的底座,应装嵌牢固,其表面须与罩面板的底面齐平。在木骨架底面安装顶棚罩面板,罩面板的品种较多,应选用设计要求的品种、规格和固定方式。

(1)圆钉钉固法。这种方法多用于胶合板、纤维板的罩面板安装。在已装好并经验收的木骨架下面,按罩面板的规格和拉缝间隙,在龙骨底面进行分块弹线,在吊顶中间顺通长小龙骨方向,先装一行作为基准,然后向两侧延伸安装。固定罩面板的钉距为 200mm。

(2)木螺丝固定法。这种方法多用于塑料板、石膏板、石棉板。在安装前,罩面板四边按螺钉间距先钻孔,安装程序与方法基本上同圆钉钉固法。

(3)胶粘粘固法。这种方法多用于钙塑板,安装前板材应选配修整,使厚度、尺寸、边楞齐整一致。每块罩面板粘贴前应进行预装,然后在预装部位龙骨框底面刷胶,同时在罩面板四周刷胶,刷胶宽度为 10~15mm,经 5~10min 后,将罩面板压粘在预装部位。每间顶棚先由中间行开始,然后向两侧分行逐块粘贴,胶粘剂按设计规定,设计无要求时,应经试验选用,一般可用 401 胶。

7. 安装压条

木骨架罩面板顶棚,设计要求采用压条做法时,待一间罩面板全部安装后,先进行压条位置弹线,按线进行压条安装。其固定方法,一般同罩面板,钉固间距为 300mm,也可用胶料粘贴。

三、轻钢龙骨吊顶

轻钢骨架分 U 形骨架和 T 形骨架两种,并按荷载分上人和不上人两种。

1. 型材及配件

(1)U 形龙骨。U 形吊顶龙骨有主龙骨(大龙骨)、次龙骨(中龙骨)、横撑龙骨吊挂件、接插件和挂插件等配件装配而成,见图 8-5。

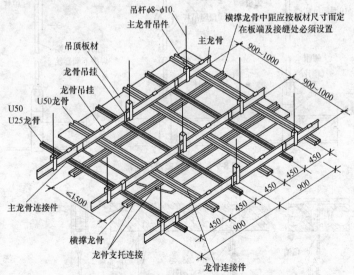

图 8-5 U 形上人轻钢龙骨安装示意图

(2)T 形龙骨。承重主龙骨及其吊点布置与 U 形龙骨吊顶相同,用 T 形龙骨和 T 形横撑龙骨组成吊顶骨架,把板材搭在骨架翼缘上,见图 8-6。

2. 施工准备工作

轻钢吊顶龙骨安装前,应根据房间的大小和饰面板材的种类,按照设计要求合理布局,排列出各种龙骨的距离,绘制施工组装平面图。以施工组装平面图为依据,统计并提出各种龙骨、吊杆、吊挂件及其他各种配件的数量,然后用无齿锯分别截取各种轻钢龙骨备用。如为现浇钢筋混凝土楼板,应预先埋设吊筋或吊点铁件,也可先预埋铁件以备焊接吊筋用;如为装

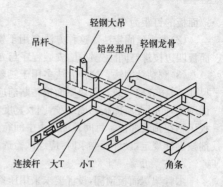

图 8-6　T形轻钢龙骨吊顶安装示意图

配式楼板,可在板缝内预埋吊杆或用射钉枪固定吊点铁件。图 8-7 为常用的上人吊顶吊点连接法。图 8-8 为常用的不上人吊顶吊点连接法。各种龙骨如无电镀层,则应事先将龙骨刷防锈漆二道,其他铁件如吊杆等也须同样处理。

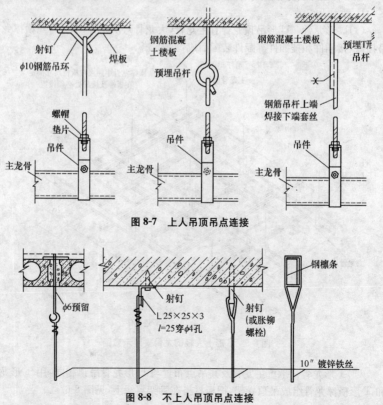

图 8-7　上人吊顶吊点连接

图 8-8　不上人吊顶吊点连接

3. 弹线定位

(1)弹顶棚标高水平线。根据楼层标高水平线,用尺竖向量至顶棚设计标高,沿墙、柱四周弹顶棚标高水平线。

(2)划龙骨分档线。按设计要求的主、次龙骨间距布置,在已弹好的顶棚标高水平线上划龙骨分档线。

4. 安装主龙骨吊杆

弹好顶棚标高水平线及龙骨分档匿置线后,确定吊杆下端头的标高,按主龙骨位置及吊挂间距,将吊杆无螺栓丝扣的一端与楼板预埋钢筋连接固定。未预埋钢筋时可用膨胀螺栓。

5. 主龙骨安装

(1)配装吊杆螺母。

(2)在主龙骨上安装吊挂件。

(3)安装主龙骨:将组装好吊挂件的主龙骨,按分档线位置使吊挂件穿入相应的吊杆螺栓,拧好螺母。

(4)主龙骨相接处装好连接件,拉线调整标高、起拱和平直。主龙骨的连接和固定调平如图 8-9、图 8-10 所示。

(5)安装洞口附加主龙骨,按图集相应节点构造,设置连接卡固件。

(6)钉固边龙骨,采用射钉固定。设计无要求时,射钉间距为 1000mm。

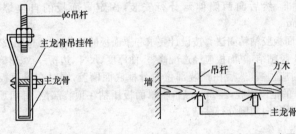

图 8-9　主龙骨连接图　　　　　图 8-10　主龙骨固定调平示意图

6. 次龙骨安装

次龙骨的安装如图 8-11 所示。

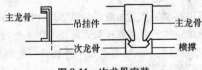

图 8-11　次龙骨安装

(1)按已弹好的次龙骨分档线,卡放次龙骨吊挂件。

(2)吊挂次龙骨:按设计规定的次龙骨间距,将次龙骨通过吊挂件吊挂在大龙骨上,设计无要求时,一般间距为 500～600mm。

(3)当次龙骨长度需多根延续接长时,用次龙骨连接件,在吊挂次龙骨的同时相接,调直固定。

(4)当采用 T 形龙骨组成轻钢骨架时,次龙骨的卡档龙骨应在安装罩面板时,每装一块罩面板先后各装一根卡档次龙骨。

7. 安装罩面板

在安装罩面板前必须对顶棚内的各种管线进行检查验收,并经打压试验合格后,才允许安装罩面板。顶棚罩面板的品种繁多,一般在设计文件中应明确选用的种类、规格和固定方式。罩面板与轻钢骨架固定的方式分为罩面板自攻螺钉钉固法、罩面板胶粘粘固法、罩面板托卡固定法三种。

(1)罩面板托卡固定法。当轻钢龙骨为 T 形时,多为托卡固定法安装。

T 形轻钢骨架通长次龙骨安装完毕,经检查标高、间距、平直度和吊挂荷载符合设计要求,垂直于通长次龙骨弹分块及卡档龙骨线。罩面板安装由顶棚的中间行次龙骨的一端开始,先装一根边卡档次龙骨,再将罩面板槽托入 T 形次龙骨翼缘或将无槽的罩面板装在 T 形翼缘上,然后安装另一侧卡档次龙骨。按上述程序分行安装,最后分行拉线调整 T 形明龙骨。

(2)罩面板自攻螺钉钉固法。在已装好并经验收的轻钢骨架下面,按罩面板的规格、拉缝间隙、进行分块弹线,从顶棚中间顺通长次龙骨方向先装一行罩面板,作为基准,然后向两侧伸延分行安装,固定罩面板的自攻螺钉间距为150～170mm。

(3)罩面板胶粘粘固法。按设计要求和罩面板的品种、材质选用胶粘材料,一般可用 401 胶粘结,罩面板应经选配修整,使厚度、尺寸、边楞一致、整齐。每块罩面板粘结时应预装,然后在预装部位龙骨框底面刷胶,同时在罩面板四周边宽10～15mm 的范围刷胶,经 5min 后,将罩面板压粘在顶装部位;每间顶棚先由中间行开始,然后向两侧分行粘结。

8. 安装压条

罩面板顶棚如设计要求有压条,待一间顶棚罩面板安装后,经调整位置,使拉缝均匀,对缝平整,按压条位置弹线,然后按线进行压条安装。其固定方法宜用自攻螺钉,螺钉间距为 300mm;也可用胶粘料粘贴。

四、开敞式吊顶

开敞式吊顶是采用标准的预先加成型的单体构件拼装,其悬吊与就位同其他类型的吊顶相比要简单一些。大多数开敞式吊顶不用龙骨,其单体构件既是装饰构件,同时也能承受本身自重。故可直接将单体构件同顶棚结构固定,省略了吊顶龙骨施工的程序,使安装工艺大为简化。

1. 单体构件的固定

单体构件的固定可以分为两种类型:一是将单体构件固定在骨架上;二是将单体构件直接用吊杆与结构相连,不用骨架支撑,其本身具有一定的刚度。

前一种固定办法,一般是由于单体构件自身刚度不够,如果直接将其悬吊,会不够稳定及容易变形,故而将其固定于安全可靠的骨架上。

用轻质、高强一类材料制成的单体构件,可以集骨架与装饰为一体,只要将单体构件直接固定即可。也有的采用卡具先将单体构件连成整体,然后再用通长钢管将其与吊杆连接,如图 8-12 所示。这样做可以减少吊杆数量,施工也较简便。还有一种更为简便的方法是先用钢管将单体构件固定,而后将吊管用吊杆悬吊,这种做法省略了单体构件的固定卡具,简单可行,见图 8-13。

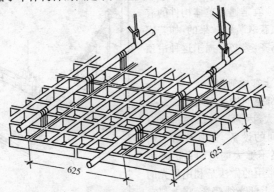

图 8-12 使用卡具和通长钢管安装示意图

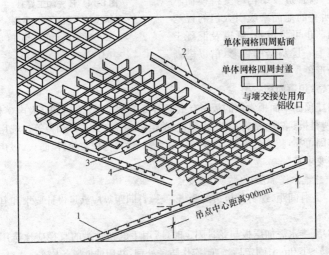

图 8-13 不用卡具的吊顶安装构造示意图
1—吊管(1800mm);2—横插管(1200mm);
3—横插管(600mm);4—单体网格构件(600mm×600mm)

图 8-14 所示的吊顶安装构造,是单体构件逐个悬挂,在加工单体构件时,已将悬挂构造与单体构件一同加工完成。这样能够提高吊顶安装质量及工效。

2. 开敞式吊顶的安装

应注重单体构件悬挂的整齐问题。这种吊顶就是通过单体构件的有规律组合,而获取装饰效果的,如若安装得不顺、不齐,势必有损于这种吊顶的韵律感。

3. 吊顶上部空间的处理

吊顶上部空间的处理对装饰效果影响也比较大,因为这种吊顶是敞口的,上部空间的设备、管道及结构情况,对于层高不够大的房间是清晰可见的。比较常用的做法是利用灯光的反射,使吊顶上部光线暗淡,将上部空间的设备、管道及结构等变得模糊不清,用明亮的地面来吸引人们的视觉注意力。也可将设备、管道及混凝土楼板刷上一层灰暗的色彩,借以模糊它们的形象。

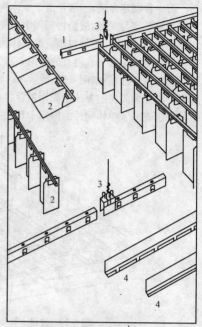

图 8-14 预先加工好悬挂构造的吊顶安装示意图
1—悬挂骨架;2—单体构件;
3—吊杆;4—同墙交接收口条

五、常用罩面板安装

吊挂顶棚罩面板常用的板材有纸面石膏板、埃特板、防潮板、吸声矿棉板、硅钙板、塑料板、格栅、塑料扣板、铝塑板、单铝板、金属(条、方)扣板等。选用板材应考虑牢固可靠,装饰效果好,便于施工和维修,也要考虑重量轻、防火、吸声、隔热、保温等要求。

1. 纤维水泥加压板(埃特板)安装

(1)龙骨间距、螺钉与板边的距离,及螺钉间距等应满足设计要求和有关产品的要求。

(2)纤维水泥加压板与龙骨固定时,所用手电钻钻头的直径应比选用螺钉直径小 0.5~1.0mm;固定后,钉帽应作防锈处理,并用油性腻子嵌平。

(3)用密封膏、石膏腻子或掺界面剂胶的水泥砂浆嵌涂板缝并刮平,硬化后用砂纸磨光,板缝宽度应小于 50mm。

(4)板材的开孔和切割,应按产品的有关要求进行。

2. 纸面石膏板安装

(1)饰面板应在自由状态下固定,防止出现弯楞、凸鼓的现象;还应在棚顶四周封闭的情况下安装固定,防止板面受潮变形。

(2)纸面石膏板的长边(既包封边)应沿纵向次龙骨铺设。

(3)自攻螺丝与纸面石膏板边的距离,用面纸包封的板边以 10～15mm 为宜,切割的板边以 15～20mm 为宜。

(4)固定次龙骨的间距,一般不应大于 600mm,在南方潮湿地区,间距应适当减小,以 300mm 为宜。

(5)钉距以 150～170mm 为宜,螺丝应于板面垂直,已弯曲、变形的螺丝应剔除,并在相隔 50mm 的部位另安螺丝。

(6)安装双层石膏板时,面层板与基层板的接缝应错开,不得在一根龙骨上。

(7)石膏板的接缝,应按设计要求进行板缝处理。

(8)纸面石膏板与龙骨固定,应从一块板的中间向板的四边进行固定,不得多点同时作业。

(9)螺丝钉头宜略埋入板面,但不得损坏纸面,钉眼应作防锈处理并用石膏腻子抹平。

(10)拌制石膏腻子时,必须用清洁水和清洁容器。

3. 硅钙板、塑料板安装

(1)规格一般为 600mm×600mm,一般用于明装龙骨,将面板直接搁于龙骨上。

(2)安装时,应注意板背面的箭头方向和白线方向一致,以保证花样、图案的整体性。

(3)饰面板上的灯具、烟感器、喷淋头、风口篦子等设备的位置应合理、美观与饰面的交接应吻合、严密。

4. 防潮板

(1)饰面板应在自由状态下固定,防止出现弯楞、凸鼓的现象。

(2)防潮板的长边(既包封边)应沿纵向次龙骨铺设。

(3)自攻螺丝与防潮板板边的距离,以 10～15mm 为宜,切割的板边以 15～20mm 为宜。

(4)固定次龙骨的间距,一般不应大于 600mm,在南方潮湿地区,钉距以 150～170mm 为宜,螺丝应于板面垂直,已弯曲、变形的螺丝应剔除。

(5)面层板接缝应错开,不得在一根龙骨上。

(6)防潮板的接缝处理同石膏板。

(7)防潮板与龙骨固定时,应从一块板的中间向板的四边进行固定,不得多点同时作业。

(8)螺丝钉头宜略埋入板面,钉眼应作防锈处理并用石膏腻子抹平。

5. 矿棉装饰吸声板安装

（1）规格一般分为 300mm×600mm、600mm×600mm、600mm×1200mm 三种。300mm×600mm 的多用于暗插龙骨吊顶，将面板插于次龙骨上；600mm×600mm 及 600mm×1200mm 一般用于明装龙骨，将面板直接搁于龙骨上。

（2）安装时，应注意板背面的箭头方向和白线方向一致，以保证花样、图案的整体性。

（3）饰面板上的灯具、烟感器、喷淋头、风口箅子等设备的位置应合理、美观，与饰面的交接应吻合、严密。

6. 格栅安装

规格一般为 100mm×100mm、150mm×150mm、200mm×200mm 等多种方形格栅，一般用卡具将饰面板板材卡在龙骨上。

7. 扣板安装

规格一般为 100mm×100mm、150mm×150mm、200mm×200mm、600mm×600mm 等多种方形塑料板，还有宽度为 100mm、150mm、200mm、300mm、600mm 等多种条形塑料板；一般用卡具将饰面板板材卡在龙骨上。

8. 金属（条、方）扣板安装

条板式吊顶龙骨一般可直接吊挂，也可以增加主龙骨，主龙骨间距不大于1000mm，条板式吊顶龙骨形式与条板配套。

方板吊顶次龙骨分明装 T 形和暗装卡口两种，可根据金属方板式样选定；次龙骨与主龙骨间用固定件连接。

金属板吊顶与四周墙面所留空隙，用金属压条与吊顶找齐，金属压缝条的材质宜与金属板面相同。

饰面板上的灯具、烟感器、喷淋头、风口箅子等设备的位置应合理、美观，与饰面的交接应吻合、严密，并做好检修口的预留。使用材料宜与母体相同，安装时应严格控制整体性、刚度和承载力。

9. 铝塑板安装

铝塑板采用单面铝塑板，根据设计要求，裁成需要的形状，用胶贴在事先封好的底板上，可以根据设计要求留出适当的胶缝。

胶粘剂粘贴时，涂胶应均匀；粘贴时，应采用临时固定措施，并应及时擦去挤出的胶液；在打封闭胶时，应先用美纹纸带将饰面板保护好；待胶打好后，撕去美纹纸带，清理板面。

10. 单铝板或铝塑板安装

将板材加工折边，在折边上加上铝角，再将板材用拉铆钉固定在龙骨上，可以根据设计要求留出适当的胶缝，在胶缝中填充泡沫胶棒，在打封闭胶时，应先用美纹纸带将饰面板保护好，待胶打好后，撕去美纹纸带，清理板面。

六、吊顶的质量要求

(1)吊顶所用材料的品种、规格、质量以及骨架构造、固定方法应符合设计要求。

(2)罩面板与骨架应连接紧密,表面应平整,不得有污染、折裂、缺棱、掉角和锤伤等缺陷。接缝应均匀一致,胶合板不得有刨透之处。搁置的罩面板不得有漏、透和翘角现象。

吊顶罩面板工程质量允许偏差见表 8-1。

表 8-1　　　　　　吊顶罩面板工程质量允许偏差

项次	项目	允许偏差(mm)							检验方法
		胶合板	纤维板	钙塑板	塑料板	刨花板	木丝板	木板	
1	表面平整	2	3	3	2	4	4	3	用 2m 靠尺和楔形塞尺检查
2	接缝平直	3	3	4	3	3	3	3	拉 5m 线检查,不足 5m 拉通线检查
3	压条平直	3	3	3	3	3	3	—	
4	接缝高低	0.5	0.5	1	1	1	1	1	用直尺和楔形塞尺检查
5	压条间距	2	2	2	2	2	2	2	用尺检查

第二节　轻质隔墙工程

为了减轻墙体重量,增加室内使用面积,或满足某些特殊需要,一些建筑工程往往设计有隔墙或隔断。隔墙到屋顶,隔断不到屋顶,它们的主要作用是把房间隔离成不同功能的空间并有一定的装饰作用。不承重隔墙按材料不同可分为板材隔墙、骨架隔墙、活动隔墙和玻璃隔墙等。

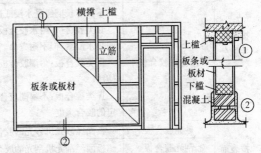

图 8-15　板条或板材隔断

骨架隔墙又分为木骨架隔墙、轻钢龙骨隔墙和铝合金隔墙。木隔墙结构主要由上槛、下槛、立筋、横撑、根条或板材组成,如图 8-15 所示。

轻钢龙骨隔墙结构主要由沿顶龙骨、沿地龙骨、竖龙骨和面板组成,如图 8-16。

铝合金隔墙结构主要是由上、下横龙骨、竖龙骨、中间横龙骨、铝合金装饰板和玻璃等组成,如图 8-17 所示。

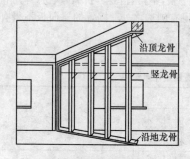

图 8-16　龙骨隔断基本结构

图 8-17　铝合金隔断结构

一、隔墙材料

1. 胶合板

(1)胶合板的分类和特征见表 8-2。

表 8-2　　　　　　　　　　胶合板的分类和特征

分类	品种名称	特征
按板的结构分	胶合板	按相邻层木纹方向互相垂直组坯胶合而成的板材
	夹芯胶合板	具有板芯的胶合板,如细木工板、蜂窝板等
	复合胶合板	板芯(或某些层)由除实体木材或单板之外的材料组成,板芯的两侧通常至少应有两层木纹互为垂直排列的单板
按胶粘性能分	室外用胶合板	耐气候胶合板(Ⅰ类胶合板),具有耐久、耐煮沸或蒸汽处理性能,能在室外使用
	室内用胶合板	不具有长期经受水浸或过高湿度的胶黏性能的胶合板。 Ⅱ类胶合板:耐水胶合板,可在冷水中浸渍,或经受短时间热水浸渍,但不耐煮沸。 Ⅲ类胶合板:耐潮胶合板,能耐短期冷水浸渍,适于室内使用。 Ⅳ类胶合板:不耐潮胶合板,在室内常态下使用,具有一定的胶合强度
按表面加工分	砂光胶合板	板面经砂光机砂光的胶合板
	刮光胶合板	板面经刮光机刮光的胶合板
	贴面胶合板	表面覆贴装饰单板、木纹纸、浸渍纸、塑料、树脂胶膜或金属薄片材料的胶合板

续表

分　类	品种名称	特　　　　征
按处理情况分	未处理过的胶合板	制造过程中或制造后未用化学药品处理的胶合板
	处理过的胶合板	制造过程中或制造后用化学药品处理过的胶合板,用以改变材料的物理特性,如防腐胶合板、阻燃胶合板、树脂处理胶合板等
按形状分	平面胶合板	在压模中加压成型的平面状胶合板
	成型胶合板	在压模中加压成型的非平面状胶合板
按用途分	普通胶合板	适于广泛用途的胶合板
	特种胶合板	能满足专门用途的胶合板,如装饰胶合板、浮雕胶合板、直接印刷胶合板等

(2)胶合板的规格。

胶合板的厚度为(mm):2.7,3,3.5,4,5,5.5,6……。自 6mm 起,按 1mm 递增。

厚度自 4mm 以下为薄胶合板。3mm、3.5mm、4mm 厚的胶合板为常用规格。

幅面尺寸见表 8-3。

表 8-3　　　　　　　　　　胶合板的幅面尺寸　　　　　　(单位:mm)

宽　度	长　　度				
	915	1220	1830	2135	2440
915	915	1220	1830	2135	—
1220	—	1220	1830	2135	2440

2. 石膏板

(1)纸面石膏板规格尺寸允许偏差,见表 8-4。

表 8-4　　　　　　　　　纸面石膏板规格尺寸允许偏差　　　　　(单位:mm)

项　　目	长　度	宽　度	厚度	
			9.5	≥12.0
尺寸偏差	0 −6	0 −5	±0.5	±0.6

注:板面应切成矩形,两对角线长度差应不大于 5mm。

(2)纸面石膏板单位面积重量值,见表 8-5。

表 8-5　　　　　　　　　　　纸面石膏板单位面积重量值

板材厚度(mm)	单位面积重量(kg/m²)
9.5	9.5
12.0	12.0
15.0	15.0
18.0	18.0
21.0	21.0
25.0	25.0

3. 硅钙板

硅钙板的质量要求,见表 8-6。

表 8-6　　　　　　　　　　　硅钙板的质量要求

序号	项　目		单位	质量要求
1	外观质量与规格尺寸	长度	mm	2440±5
		宽度	mm	1220±4
		厚度	mm	6±0.3
		厚度平均度	%	≤8
		平板边缘平直度	mm/m	≤3
		平板边缘垂直度	mm/m	≤3
		平板表面平整度	mm	≤3
		表面质量	—	平面应平整,不得有缺角、鼓泡和凹陷
2	物理力学	含水率	%	≤10
		密度	g/cm³	0.90<D≤1.20
		湿胀率	%	≤0.25

4. 细木工板

(1)细木工板的幅面尺寸,见表 8-7。

表 8-7　　　　　　　　　　细木工板幅面尺寸　　　　　　(单位:mm)

宽　度	长　度					
	915	1220	1520	1830	2135	2400
915	915	—	—	1830	2135	—
1220	—	1220		1830	2135	2440

注:1. 细木工板的芯条顺纹理方向为细木工板的长度方向。

　　2. 经供需双方协商,可生产其他幅面尺寸的细木工板。

　　3. 长度和宽度允许公差为+5mm,不许有负公差。

（2）细木工板的物理学性能，见表 8-8。

表 8-8　　　　　　　　　细木工板的物理力学性能指标

性能指标名称	规定值
含水率(%)	10±3
横向静曲强度(MPa)	
板厚度>16mm　不低于	15
板厚度>16mm　不低于	12
胶层剪切强度(MPa)不低于	1

注：1. 表面胶贴胶合板或其他装饰材料的细木工板，其物理力学性能要符合本表的
　　　规定。
　　2. 芯条胶拼的细木工板，其横向静曲强度为本表规定值上各增加 10MPa。

5. 轻钢龙骨

通常隔墙使用的轻钢龙骨为 C 型隔墙龙骨，其共分为三个系列，经与轻质板
材组合即可组成隔断墙体。C 型装配式龙骨系列：

（1）C50 系列可用于层高 3.5m 以下的隔墙；

（2）C75 系列可用于层高 3.5～6m 的隔墙；

（3）C100 系列可用于层高 6m 以上的隔墙；

轻钢龙骨的质量要求，见表 8-9～表 8-12。

表 8-9　　　　　　　轻钢龙骨断面规格尺寸允许偏差　　　　（单位：mm）

项　　　目			优等品	一等品	合格品
长　　　度 L				W+30 −10	
覆面龙骨断面尺寸	尺寸 A	A≤30		±1.0	
		A>30		±1.5	
	尺寸 B		±0.3	±0.4	±0.5
其他龙骨断面尺寸	尺寸 A		±0.3	±0.4	±0.5
	尺寸 B	≤30		±1.0	
		>30		±1.5	

表 8-10　　　　　　轻钢龙骨侧面和地面的平直度　　　（单位：mm/1000mm）

类别	品种	检测部位	优等品	一等品	合格品
墙体	横龙骨和竖龙骨	侧面	0.5	0.7	1.0
		底面			
	贯通龙骨	侧面和底面	1.0	1.5	2.0
吊顶	承载龙骨和覆面龙骨	侧面和底面			

表 8-11　　　　　　　　　　　轻钢龙骨角度允许偏差

成形角的最短边尺寸(mm)	优等品	一等品	合格品
10～18	±1°15′	±1°30′	±2°00′
>18	±1°00′	±1°15′	±1°30′

表 8-12　　　　　　　　轻钢龙骨外观、表面质量　　　　　（单位：g/m²）

缺陷种类	优等品	一等品	合格品
腐蚀、损坏、黑斑、麻点	不允许	无较严重腐蚀、损坏黑斑、麻点。面积不大于1cm²的黑斑每米长度内不多于5处	
项目	优等品	一等品	合格品
双面镀锌量	120	100	80

二、板材隔墙工程

板材木隔墙有纤维板隔墙、胶合板隔墙、刨花板隔墙、木丝板隔墙等。其构造见图 8-18。板材隔墙由木骨架、覆面板及门窗等部分构成。板材隔墙的木骨架与板条隔墙的骨架基本相同，只是横筋水平放置而已。板材隔墙的覆面板有胶合板、纤维板、刨花板、木丝板、宝丽板、中密度刨花板等。

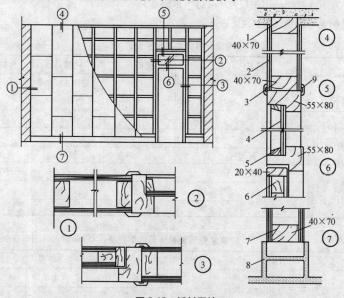

图 8-18　板材隔墙

1—上槛；2—胶合板；3—横筋；4—玻璃；5—玻璃压条；
6—夹板门扇；7—下槛；8—水泥踢脚板；9—贴脸

1. 弹线

施工时应先在地面、墙面、平顶弹闭合墨线。

2. 立筋定位、安装

先立边框墙筋，然后在上下槛上按设计要求的间距画出立筋位置线，其间距一般为 40～50cm。如有门口时，其两侧需各立一根通天立筋，门窗樘上部宜加钉人字撑。立撑之间应每隔 1.2～1.5m 左右加钉横撑一道。隔墙立筋安装应位置正确、牢固。

3. 安装上下槛

用铁钉、预埋钢筋将上下槛按黑线位置固定牢固，当木隔墙与砖墙连接时，上、下槛须伸入砖墙内至少 12cm。

4. 横撑加固

隔墙立筋不宜与横撑垂直，而应有一定的倾斜，以便楔紧和钉钉，因而横撑的长度应比立筋净空尺寸长 10～15mm，两端头按相反方向稍锯成斜面。

5. 横楞安装

横楞须按施工图要求安装，其间距要配合板材的规格尺寸。横楞要水平钉在立筋上，两侧面与立筋平齐。如有门窗时，窗的上、下及门上应加横楞，其尺寸比门窗洞口大 2～3cm，并在钉隔墙时将门窗同时钉上。

6. 罩面板安装

覆面板材用圆钉钉于立筋和横筋上，板边接缝处宜做成坡楞或留 3～7mm 缝隙。纵缝应垂直，横缝应水平，相邻横缝应错开。不同板材的装钉方法有所不同。

（1）胶合板和纤维（埃特板）板、人造木板安装。安装胶合板、人造木板的基体表面，需用油毡、釉质防潮时，应铺设平整，搭接严密，不得有皱折、裂缝和透孔等。

胶合板、人造木板采用直钉固定。如用钉子固定，钉距为 80～150mm，钉帽应打扁并钉入板面 0.5～1mm，钉眼用油性腻子抹平。胶合板、人造木板如涂刷清油等涂料时，相邻板面的木纹和颜色应近似。需要隔声、保温、防火的，应根据设计要求在龙骨安装好后，进行隔声、保温、防火等材料的填充。一般采用玻璃丝棉或 30～100mm 岩棉板进行隔声、防火处理，采用 50～100mm 苯板进行保温处理，然后再封闭罩面板。

墙面用胶合板、纤维板装饰时，阳角处宜做护角；硬质纤维板应用水浸透，自然阴干后安装。

胶合板、纤维板用木压条固定时，钉距不应大于 200mm，钉帽应打扁，并钉入木压条 0.5～1mm，钉眼用油性腻子抹平。

用胶合板、人造木板、纤维板作罩面时，应符合防火的有关规定，在湿度较大的房间，不得使用未经防水处理的胶合板和纤维板。

墙面安装胶合板时，阳角处应做护角，以防板边角损坏，并可增加装饰。

（2）石膏板安装。安装石膏板前，应对预埋隔断中的管道和附于墙内的设备采取局部加强措施。

石膏板宜竖向铺设,长边接缝宜落在竖向龙骨上。双面石膏罩面板安装,应与龙骨一侧的内外两层石膏板错缝排列,接缝不应落在同一根龙骨上。需要隔声、保温、防火的,应根据设计要求在龙骨一侧安装好石膏罩面板后,进行隔声、保温、防火等材料的填充。一般采用玻璃丝棉或 30～100mm 岩棉进行隔声、防火处理,采用 50～100mm 苯板进行保温处理,然后再封闭另一侧的板。

石膏板应采用自攻螺钉固定。周边螺钉的间距不应大于 200mm,中间部分螺钉的间距不应大于 300mm,螺钉与板边缘的距离应为 10～16mm。

安装石膏板时,应从板的中部开始向板的四边固定。钉头略埋入板内,但不得损坏纸面;钉眼应用石膏腻子抹平;钉头应做防锈处理。

石膏板应按框格尺寸裁割准确;就位时应与框格靠紧,但不得强压。

隔墙端部的石膏板与周围的墙或柱应留有 3mm 的槽口。施铺罩面板时,应先在槽口处加注嵌缝膏,然后铺板并挤压嵌缝膏使面板与邻近表层接触紧密。

在丁字形或十字形相接处,如为阴角,应用腻子嵌满,贴上接缝带;如为阳角,应做护角。

(3)铝合金装饰条板安装。用铝合金条板装饰墙面时,可用螺钉直接固定在结构层上,也可用锚固件悬挂或嵌卡的方法,将板固定在墙筋上。

(4)塑料板安装。塑料板安装方法,一般有粘结和钉结两种。

1)粘结。聚氯乙烯塑料装饰板用胶粘剂粘结,可用聚氯乙烯胶粘剂(601 胶)或聚醋酸乙烯胶。用刮板或毛刷同时在墙面和塑料板背面涂刷,不得有漏刷。涂胶后见胶液流动性显著消失,用手接触胶层感到黏性较大时,即可粘结。粘结后应采用临时固定措施,同时将挤压在板缝中多余的胶液删除,将板面擦净。

2)钉接。安装塑料贴面板复合板应预先钻孔,再用木螺钉加垫圈紧固,也可用金属压条固定。木螺丝的钉距一般为 400～500mm,排列应一致整齐。

加金属压条时,应拉横竖通线拉直,并应先用钉子将塑料贴面复合板临时固定,然后加盖金属压条,用垫圈找平固定。

三、板条木隔墙

板条木隔墙是由木骨架、灰板条和粉刷层构成。木骨架由上槛、下槛、立筋、横筋及门窗框等部分组成。上槛用梁上的预留钢筋固定,也可用木楔固定,下槛同地面固定,靠墙立筋用墙内预留木砖或塞入木楔固定,中间立筋顶紧在上下槛之间,并以圆钉牵固,横筋稍有倾斜地钉固在相邻立筋之间,同一立筋两边的横筋倾斜方向相反。灰板条钉在骨架两边,板条外面为粉刷层,见图 8-19。

1. 弹线定位

在楼地面上弹出隔墙的边线,并用线坠将边线引到两端墙上,引到楼板或过梁的底部。根据所弹的位置线,检查墙上预埋木砖,检查楼板或梁底部预留钢丝的位置和数量是否正确,如有问题及时修理。

2. 钉立筋

钉靠墙立筋,将立筋靠墙立直,钉牢于墙内防腐木砖上。再将上槛托到楼板

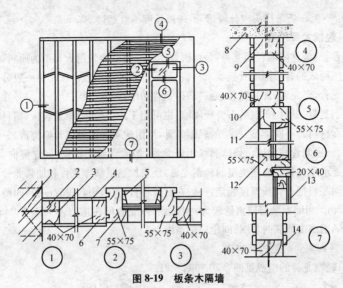

图8-19 板条木隔墙

1—墙壁；2—立筋；3—圆钉；4—灰板条；5—玻璃压条；6—中立筋；
7—门框梃；8—房顶板；9—上槛；10—横筋；11—门框上冒；
12—门框中贯挡；13—夹板门扇；14—下槛

或梁的底部，用预埋钢丝绑牢，两端顶住靠墙立筋钉固。将下槛对准地面事先弹出的隔墙边线，两端撑紧于靠墙立筋底部，而后，在下槛上划出其他立筋的位置线。

安装立筋，立筋要垂直，其上下端要顶紧上下槛，分别用钉斜向钉牢。然后在立筋之间钉横撑，横撑可不与立筋垂直，将其两端头按相反方向稍锯成斜面，以便楔紧和钉钉。横撑的垂直间距宜 1.2～1.5m。在门樘边的立筋应加大断面或者是双根并用，门樘上方加设人字撑固定。

中间立筋安装前，在上下槛上按 400～500mm 间距画好立筋位置线，两端用圆钉固定在上、下槛上。立筋侧面应与上下槛平齐。

如有门窗时，钉立筋时应将门窗框一起按设计位置立好。

3. 钉横筋

横筋钉子相邻立筋之间，每隔 1.2～1.5m 钉一道。

横筋不宜与立筋垂直，而应倾斜一些，以便楔紧和着钉。因此横筋长度应比立筋净空长 10～15mm，两端应锯成相互平行的斜面，相邻两横筋倾斜方向相反。同一层横筋高度应一致，两端斜钉与立筋钉牢。

如隔墙上有门窗，门窗框梃应钉牢于立筋上，门窗框上冒上加钉横筋和人字撑。

4. 钉灰板条

灰板条钉在立筋上，板条之间留 7～10mm 空隙，板条接头应在立筋上并留

3～5mm 空隙。板条接头应分段错开,每段长度不宜超过 500mm。

四、轻钢龙骨隔断

钢骨架,或称隔墙轻钢龙骨,是以镀锌钢带或薄壁冷轧退火卷带为原料,经龙骨机辊压而成的轻质隔墙骨架支承材料,其配件系冲压而成。按用途一般分为沿顶沿地龙骨、竖龙骨、加强龙骨、通贯横撑龙骨和配件。

轻钢龙骨一般用于现装石膏板隔墙,也可用于胶合板、纤维复合板、塑料板等多种罩面材料。不同类型、规格的轻钢龙骨,可组成不同的隔墙骨架构造,一般是用沿地、沿顶龙骨与沿墙、沿柱龙骨(用竖龙骨)构成隔墙边框,中间立竖向龙骨,它是主要承重龙骨。有些类型的轻钢龙骨,还要加通贯横撑龙骨和加强龙骨。竖向龙骨间距根据石膏板宽度而定,一般在石膏板板边、板中各设置一根,间距不大于 600mm。当墙面装修层重量较大,如贴瓷砖,龙骨间应以不大于 120mm 为宜。当隔墙高度增高时,龙骨间距应适当缩小。

1. 轻钢龙骨的组成及构造

(1)轻钢龙骨的组成见图 8-20 和图 8-21。

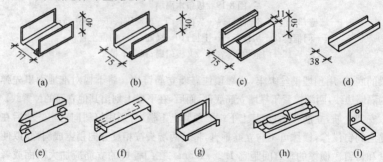

图 8-20　C75 系列龙骨主件和配件示意图

(a)沿顶、沿地龙骨;(b)加强龙骨;(c)竖向龙骨(横撑龙骨);

(d)通贯横撑龙骨;(e)支撑卡;(f)卡托;(g)角托;

(h);通贯横撑连接件(i)加强龙骨固定件

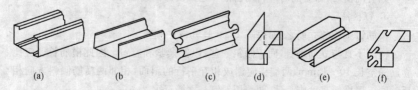

图 8-21　QC70 系列龙骨主件和配件示意图

(a)竖龙骨;(b)沿顶、沿地龙骨;(c)支撑卡;

(d)角托 1;(e)角托 2;(f)竖龙骨接插件

（2）隔墙的单、双排龙骨构造如图 8-22 所示。

（a）　　　　　　　　　　　　　（b）

图 8-22　隔墙构造示意图

（a）单排龙骨单层石膏板墙；（b）双排龙骨双层石膏板墙

（3）隔墙骨架构造由不同龙骨类型构成不同体系，可根据隔墙要求分别确定。

（4）边框龙骨（沿地龙骨、沿顶龙骨和沿墙、沿柱龙骨）和主体结构固定，一般采用射钉法，即按中距小于 1m 打入射钉与主体结构固定；也可采用电钻打孔打入胀锚螺栓或在主体结构上留预埋件的方法，见图 8-23。

竖龙骨用拉铆钉与沿地、沿顶龙骨固定，见图 8-24。

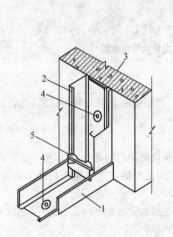

图 8-23　沿地、沿墙龙骨与墙、地固定

1—沿地龙骨；2—竖向龙骨；3—墙或柱；

4—射钉及垫圈；5—支撑卡

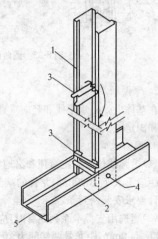

图 8-24　竖向龙骨与沿地龙骨固定

1—竖向龙骨；2—沿地龙骨；

3—支撑卡；4—铆孔；5—橡皮条

（5）门框和竖向龙骨的连接，视龙骨类型可采取多种做法，可采取加强龙骨与木门框连接的做法，也可用木门框两侧框向上延长，插入沿顶龙骨，然后固定于沿顶龙骨和竖龙骨上；也可采用其他固定法。

(6)圆曲面隔墙墙体构造,应根据曲面要求将沿地、沿顶龙骨切锯成锯齿形,固定在顶面和地面上,然后按较小的间距(一般为150mm)排立竖向龙骨,见图8-25。

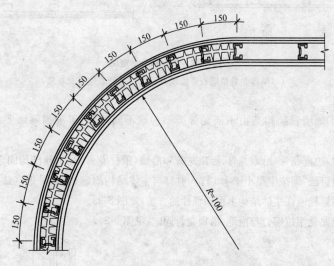

图 8-25　圆曲面隔墙龙骨构造示意图

2. 弹线

在基体上弹出水平线和竖向垂直线,以控制隔断龙骨安装的位置、龙骨的平直度和固定点。

3. 隔断龙骨的安装

(1)沿弹线位置固定沿顶和沿地龙骨,各自交接后的龙骨,应保持平直。固定点间距不大于1000mm,龙骨的端部必须固定牢固。边框龙骨与基体之间,应按设计要求安装密封条。

(2)当选用支撑卡系列龙骨时,应先将支撑卡安装在竖向龙骨的开口上,卡距为400～600mm,距龙骨两端的为20～25mm。

(3)选用通贯系列龙骨时,高度低于3m的隔墙安装一道,3～5m的安装两道,5m以上的安装三道。

(4)门窗或特殊节点处,应使用附加龙骨加强,其安装应符合设计要求。

(5)隔断的下端如用木踢脚板覆盖,隔断的罩面板下端应离地面20～30mm;如用大理石、水磨石踢脚,罩面板下端应与踢脚板上口齐平,接缝要严密。

(6)骨架安装的允许偏差,应符合表8-13规定。

表 8-13 　　　　　　　　　　　　隔断骨架允许偏差

项次	项目	允许偏差(mm)	检验方法
1	立面垂直	3	用 2m 托线板检查
2	表面平整	2	用 2m 直尺和楔形塞尺检查

4. 胶合板和纤维复合板安装

(1)安装胶合板的基体表面,应用油毡、釉质防潮时,应铺设平整,搭接严密,不得有皱褶、裂缝和透孔等。

(2)胶合板如用钉子固定,钉距为 80~150mm,宜采用直钉或∩形钉固定。需要隔声、保温、防火的隔墙,应根据设计要求,在龙骨一侧安装好胶合板罩面板后,进行隔声、保温、防火等材料的填充。一般采用玻璃丝棉或 30~100mm 岩棉板进行隔声、防火处理,采用 50~100mm 苯板进行保温处理,然后再封闭另一侧的罩面板。

(3)胶合板如涂刷清油等涂料时,相邻板面的木纹和颜色应近似。

(4)墙面用胶合板、纤维板装饰时,阳角处宜做护角。

(5)胶合板、纤维板用木压条固定时,钉距不应大于 200mm,钉帽应打扁,并钉入木压条 0.5~1mm,钉眼用油性腻子抹平。

(6)用胶合板、纤维板作罩面时,应符合防火的有关规定。在湿度较大的房间,不得使用未经防水处理的胶合板和纤维板。

5. 石膏板安装

石膏板的安装方法见前述板材隔墙罩面板安装的相关内容。

6. 铝合金装饰条板安装

用铝合金条板装饰墙面时,可用螺钉直接固定在结构层上,也可用锚固件悬挂或嵌卡的方法,将板固定在轻钢龙骨上,或将板固定在墙筋上。

7. 塑料板罩面安装

塑料板的安装方法见前述板材隔墙罩面板安装的相关内容。

五、玻璃隔墙工程

玻璃隔墙在 1m 以上全为玻璃方格,1m 以下有半砖墙、板条墙、木板墙和人造板墙等几种。图 8-26 所示为下部是人造板、上部玻璃方格的玻璃隔墙。玻璃隔墙由玻璃方板、下部板墙和门窗等部分组成。

玻璃安在立筋和横筋组成的方格内,两边以玻璃压条夹固,下部板墙用人造板钉固在骨架上。板墙下部砌两砖做出水泥踢脚板。门窗在立框架时一起安装固定。

1. 弹线定位和构件安装

(1)按图纸尺寸在地面和上层楼板底面弹出隔墙位置线及立筋位置线,并在

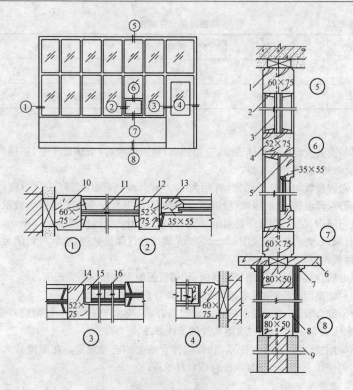

图 8-26　玻璃隔墙

1—上槛；2—玻璃压条；3—玻璃；4—横筋；5—玻璃窗扇；6—木窗台板；

7—木线条；8—下槛；9—水泥踢脚板；10—边立筋；11—玻璃；12—中立筋；

13—玻璃窗扇梃；14—门梃；15—门扇包条；16—夹板门扇

墙上引出垂直线。

(2)构件安装。按照板材隔墙的方法装钉上下槛及边立筋。

中立筋与横筋的安装，应考虑玻璃的大小，确定水平和垂直间距。装钉时要随时用直尺检查，保证横筋与立筋垂直。

2. 玻璃安装

安装玻璃前应先在框架方格内画好玻璃位置线，沿线外钉好一侧玻璃压条，塞入玻璃后将另一侧的压条压紧玻璃钉牢。为了美观，压条应 45°割角交接，交圈严密，高低一致。

3. 下部人造板墙装钉

下部人造板的装钉方法同板材隔墙。下部若为板条隔墙，施工方法同板条隔墙；若为砖墙，下槛固定于墙内预埋木砖上。

第三节 木地板铺设

木地板按其面层不同,分为普通木地板和拼花木地板。普通木地板的木板面层是采用不易腐朽、不易变形和开裂的软木树材(常用的有红松、云杉等)加工制成的长条形木板,这种面层富有弹性,导热系数小,干燥并便于清洁。拼花木地板又称硬木地板,木料大多采用质地优良的硬杂木,如水曲柳、核桃木、柞木、榆木等,这种木地板坚固、耐磨、洁净美观,造价较高,施工操作要求也较高,故属于较高级的面层装饰工程。

木地板按其断面形状分为平口地板和企口地板;按铺装外形分为条形地板和拼花地板;按格栅结构和固定方法分为实铺木地板和空铺木地板。其中,空铺木地板又可分为有地垄墙、无地垄墙、有砖墩和楼层等空铺木地板多种形式。按地板的铺装方式又有钉铺和粘铺两种。

一、木地板构造

1. 实铺木地板

实铺木地板一般用于砖混结构,即木地板铺在钢筋混凝土楼板或混凝土等垫层上。木格栅断面呈梯形,宽面在下,其断面尺寸及间距应符合设计要求(间距一般为400mm左右)。企口板铺钉在木格栅上,与木格栅相垂直。木格栅与木板面层底面均应涂焦油沥青两道或做其他防腐处理。其结构见图8-27。

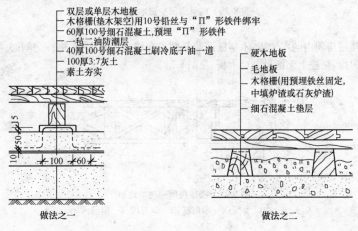

图 8-27 实铺木地板做法

2. 空铺木地板

空铺木地板是由木格栅、剪刀撑、企口板等组成。房屋建筑底层房间的木地板,其木格栅两端一般是搁置于基础墙上,并在格栅搁置处垫放通长的沿缘木。当木格栅跨度较大时,应在房间中间加设地垄墙或砖墩,地垄墙或砖墩顶上加铺油毡及垫木,将木格栅架置在垫木上,以减小木格栅的跨度,相应减小格栅断面。格栅上铺设企口木板,企口木板与格栅相垂直。如若基础墙或地垄墙间距大于2m,在木格栅之间加设剪刀撑,见图8-28。剪刀撑断面一般用38mm×50mm或50mm×50mm。这种木地板要采取通风措施,以防止木材腐朽,一般是将通风洞设在地垄墙上及外墙上,使空气对流。同时,为了防潮,其木格栅、沿缘木、垫木及地板底面均应涂焦油沥青两道或做其他防腐处理。

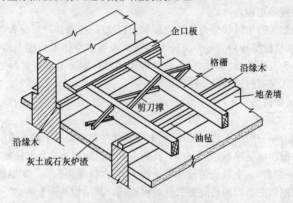

图 8-28　底层房间空铺木地板

　　楼层房间内的木地板,木格栅两端是搁置在墙内沿缘木上,格栅之间必须加设剪刀撑,格栅上面铺设企口木板,见图8-29。

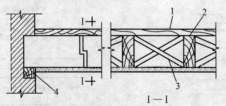

图 8-29　楼层房间空铺木地板
1—企口木板;2—木格栅;3—剪刀撑;4—沿缘木

　　3. 拼花木地板

　　拼花木地板也有空铺和实铺两种,其木格栅等布置与普通木地板相同。一般是先铺一层毛板(或称为毛地板),毛板可无需企口,上面再铺硬木地板。为防潮与隔音,在毛板与硬木地板之间可增设一层油纸。硬木地板的构造,见图8-30。

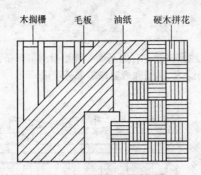

图 8-30　拼花木地板构造层次

二、条板和格栅铺钉

1. 条板铺钉

空铺的条板铺钉方法为剪刀撑钉完之后,可从墙的一边开始铺钉企口条板,靠墙的一块板应离墙面有 10～20mm 缝隙,以后逐块排紧,用钉从板侧凹角处斜向钉入,钉长为板厚的 2～2.5 倍,钉帽要砸扁,企口条板要钉牢、排紧。板的排紧方法一般可在木格栅上钉扒钉一只,在扒钉与板之间夹一对硬木楔,打紧硬木楔就可以使板排紧。钉到最后一块企口板时,因无法斜着钉,可用明钉钉牢,钉帽要砸扁,冲入板内。企口板的接头要在格栅中间,接头要互相错开,板与板之间应排紧,格栅上临时固定的木拉条,应随企口板的安装随时拆去,铺钉完之后及时清理干净,先依垂直木纹方向粗刨一遍,再依顺木纹方向细刨一遍。

实铺条板铺钉方法同上。

图 8-31 所示为家庭常用的一种条形地板铺钉方法,是将条形地板直接铺钉在格栅上。

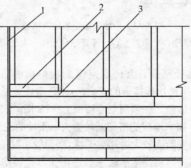

图 8-31　条形地板铺钉

1—格栅;2—短地板条;3—长地板条

2. 格栅铺钉

(1)布置形式。

1)有地垄墙空铺地板格栅。有地垄墙空铺地板的格栅布置与固定方法,见图8-32。它由地垄墙、沿缘木、格栅和剪刀撑等部分组成。

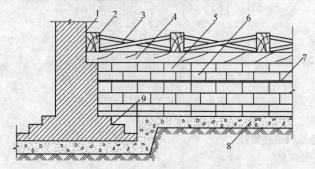

图8-32　有地垄墙空铺地板格栅
1—墙;2—格栅;3—剪刀撑;4—沿缘木;5—地垄墙;6—通风口;
7—防潮层;8—碎砖三合土;9—大放脚

2)无地垄墙空铺地板格栅。无地垄墙空铺地板格栅的布置与固定方法,见图8-33。它由沿缘木、格栅和剪刀撑等部分组成。

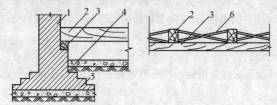

图8-33　无地垄墙空铺地板格栅
1—墙;2—格栅;3—沿缘木;4—碎砖三合土;5—大放脚;6—剪刀撑

3)有砖墩空铺地板格栅。有砖墩空铺地板格栅的布置与固定方法,见图8-34。它与有地垄墙空铺地板格栅的差别是,用砖墩代替了地垄墙。

4)楼板空铺地板格栅。在预制空心楼板上空铺木地板格栅布置及固定方法,见图8-35。楼板上空铺木地板的格栅两端插入承重墙的墙洞内,格栅之间以平撑或剪刀撑撑固。当格栅断面较大时用剪刀撑,断面较小时用水平撑。

5)实铺木地板格栅。实铺木地板一般适用于新建楼房的底层。它的基础处理包括在素土夯实层上铺一层碎石垫层,在碎石垫层上抹一层70~100mm混凝土,在混凝土上铺一层油毡防潮。实铺木地板的格栅,见图8-36。它由梯形格栅、平撑及炉渣层组成。

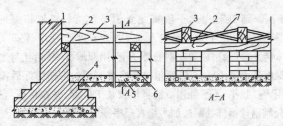

图 8-34　有砖墩空铺地板格栅

1—墙；2—沿缘木；3—格栅；4—大放脚；5—碎砖三合土；6—砖墩；7—剪刀撑

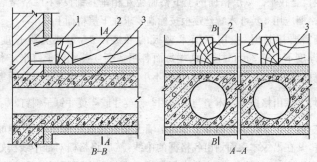

图 8-35　楼板上空铺地板格栅

1—横撑(水平撑)；2—格栅；3—空心楼板

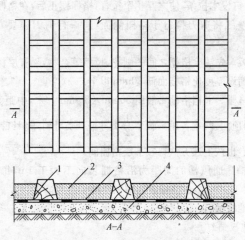

图 8-36　实铺木地板格栅

1—梯形格栅；2—炉渣层；

3—油毡；4—碎石及混凝土层

（2）实铺法。铺钉前先用平刨将龙骨刨平刨光。铺钉格栅间距单层为400mm；双层格栅的下层为800mm，上层为400mm。铺钉顺序：先四周后中心，四周格栅钉在木砖上，其余格栅架在钢筋鼻子上，用双股12号铅丝与之绑牢，捆绑处格栅刻槽深度不大于10mm，铅丝扣拧在格栅侧面。格栅绑好后，表面在要求的标高位置用大杠找平，不平处用撬棍将格栅往上撬起，并在格栅与基层混凝土间的架空部分靠铅丝捆绑处两边加木垫直至格栅上平为止。

预埋件为螺栓时，根据螺栓位置先在格栅上钻孔，将格栅套在上面，在螺栓两侧用木垫将格栅按标高垫平，然后在格栅顶面加铁垫将螺母拧紧，最后用大杠在格栅面上检查找平。双层格栅的上下格栅应互相垂直铺设，下层格栅铺钉合格后，上层格栅应用3英寸木螺丝逐根按标高要求在下层格栅上拧牢。

格栅需要接长时，应用双面木夹板的平接接头，每块夹板长度不小于600mm，厚度不小于25mm，接头两端每面各用3颗3英寸钉子钉牢。木垫必须用经防腐处理的整料，顶部要平整，宽度不小于50mm，长度不小于格栅宽度的一半，两边均匀探出格栅外。木垫与格栅用$2\frac{1}{2}$英寸或3英寸钉子斜钉。

（3）空铺法。在砖砌基础墙上和地垄墙上垫放通长沿缘木，用预埋的铁丝将其捆绑好，并在沿缘木表面划出各格栅的中线，然后将格栅对准中线摆好。端头离开墙约30mm的缝隙，依次将中间的格栅摆好。当顶面不平时，可用垫木或木楔在格栅底下垫平，并将其钉牢在沿缘木上。为防止格栅活动，应在固定好的木格栅表面临时钉设木拉条，使之互相牵拉着，格栅摆正后，在格栅上按剪刀撑的间距弹线，然后按线将剪刀撑钉于格栅侧面，同一行剪刀撑要对齐顺线，上口齐平。

（4）铺隔音板。先清除格栅之间的刨花、垃圾等杂物，隔音层材料按设计要求并经干燥处理，铺设厚度比格栅面低20mm以上。

（5）钉卡档格栅。卡档格栅一般用50mm×50mm方木，中距为800mm，卡档表面应低于格栅顶面，两端各用一颗$2\frac{1}{2}$英寸或3英寸钉子斜钉钉牢。如为双层格栅的卡档格栅，也按上述方法钉在下层格栅间。

（6）刻通风槽。通风槽的间距为沿格栅长向不大于1m，每条槽的宽度为20mm，深度不大于10mm，在格栅表面用锯及凿子逐根凿出。

三、拼花木地板铺钉

1. 人字纹地板铺钉

人字纹地板一般适用于会议室、接待室及家庭居室装饰。人字纹地板一般长度比较短，不大于300mm，净长为净宽的整倍数。地板的一个边和一个端头开有榫槽，另一边和另一端为榫舌，其做法见图8-37。

2. 斜方块纹地板的铺钉

斜方块纹地板的适用范围同席纹拼花地板。

图 8-38 所示为斜方块纹地板的铺钉方法。

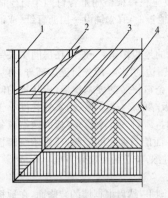 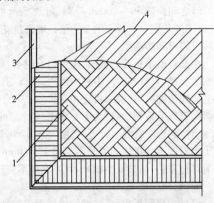

图 8-37　人字纹地板铺钉　　　　**图 8-38　斜方块纹拼花地板铺钉**

1—格栅；2—花边地板；　　　　　1—斜方块地板；2—花边地板；

3—人字纹地板；4—毛地板　　　　3—格栅；4—毛地板

3. 席纹地板铺钉

席纹地板适用于机关会议室、接待室和家庭室内装饰。席纹地板所用地板条同人字纹地板相同，是一种四周开有榫舌和榫槽的企口地板，一般用水曲柳、青冈木、柞木等硬杂木制作，其做法见图 8-39。

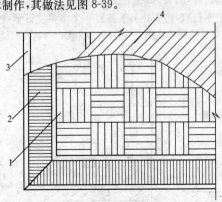

图 8-39　席纹拼花地板铺钉

1—席纹地板；2—花边地板；3—格栅；4—毛地板

4. 铺钉

硬木地板下层一般都钉毛地板,可采用纯楞料,其宽度不宜大于120mm,毛地板与格栅成45°或30°方向铺钉,并应斜向钉牢,板间缝隙不应大于3mm,毛地板与墙之间应留10~20mm缝隙,每块毛地板应在每根格栅上各钉两个钉子固定,钉子的长度应为板厚的2.5倍。铺钉拼花地板前,宜先铺设一层沥青纸(或油毡),以隔声和防潮用。

在铺钉硬木拼花地板前,应根据设计要求的地板图案,一般应在房间中央弹出图案墨线,再按墨线从中央向四边铺钉。有镶边的图案,应先钉镶边部分,再从中央向四边铺钉,各块木板应相互排紧。对于企口拼装的硬木地板,应从板的侧边斜向钉入毛地板中,钉头不要露出;钉长为板厚的2~2.5倍,当木板长度小于30cm时,侧边应钉两个钉子,长度大于30cm时,应钉入3个钉子,板的两端应各钉1个钉固定。板块间缝隙不应大于0.3mm,面层与墙之间缝隙,应以木踢脚板封盖。钉完后,清扫干净刨光,刨刀吃口不应过深,防止板面出现刀痕。

四、钉踢脚板

钉平头踢脚板前,将靠墙的地板面先刨光刨平,然后根据墙的装修面,在地板面上弹好位置线,将木砖垫到和墙装修面平齐,再在踢脚板上口拉好直线,用2英寸钉子将踢脚板和木砖钉牢。踢脚板接头时,应锯成45°斜接,接头处用木钻上下钻两个小孔,再在孔上钉钉子。钉帽要砸扁,并冲入面层2~3mm。

企口踢脚板下带圆角线条和地板面层同时铺钉。钉踢脚线用2英寸钉子,钉在上下企口凹槽内按35°角分别钉入木砖和格栅内,钉子间距一般为400mm,上下钉位要错开,但踢脚线的阴阳角和按45°方向斜接的接头处上下都要钉钉子。钉企口踢脚板前,应根据已钉好的踢脚线(踢脚线离墙面10~15mm缝隙)将木砖垫平,将踢脚板的企口榫插入踢脚线上口的企口槽内,并在踢脚板上口拉直线,用2英寸钉子与木砖钉平钉直,接头处上下各钉一个2英寸钉子,踢脚板的接头应固定在防腐木块上。常见的两种踢脚板见图8-40和图8-41,变形缝处做法见图8-42。

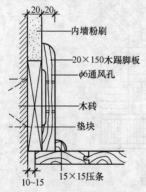

图 8-40　木踢脚板做法之一

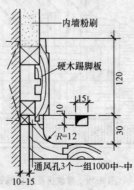

图 8-41　木踢脚板做法之二

图 8-42　木踢脚板在变形缝处做法

五、木地板的粘贴

在旧楼房或已将楼层地面抹平的新建住房内铺设木地板还可采用粘贴法。粘贴所用地板条以长度在 300mm 以内的短小地板最为适宜。粘贴用胶粘剂为市面上销售的各种牌号的地板胶。

粘贴前应先在基层上涂一层底子胶,待底胶干后在上面弹出边线。底子胶是以所用粘合剂加入一定量的稀释剂调配而成。

按照设计图案和弹线将地板配好预铺一遍,然后按铺装顺序一行行拆除码好,后铺的放在下面,先铺的放在上面。也可铺现配。前一种方法粘铺时间集中,便于快涂快铺。

铺贴时,将胶均匀地涂于地面上,地板条的背面也要均匀地涂一层胶,待胶不粘手时即可铺贴。放板时要一次就位准确,用橡胶锤将其敲实敲严。铺贴时溢出的胶要刮净,以免污染地板条的表面。

拼花木地板的缝隙应均匀严密,板缝不大于 0.2mm。地板铺贴完毕,待胶固化后方可刨平刨光,以免脱胶。

六、开排气孔

踢脚板钉完,在房间较隐蔽处面层上,按设计要求开排气孔,孔的直径为 8～10mm,一般面积为 20m² 的房间至少有 4 处,超过 20m² 时适当增加排气孔。排气孔开好后,上面加铝网及镀锌金属箅子,用镀锌木螺栓与地板拧牢。

七、净面细刨、磨光

地板刨光宜采用地板刨光机(或六面刨),转速在 5000r/min 以上。长条地板应顺木纹刨,拼花地板应与地板木纹成 45°斜刨。刨时不宜走得太快,刨口不要过大,要多走几遍。地板机不用时应先将机器提起关闭,防止啃伤地面。机器刨不到的地方要用手刨,并用细刨净面。地板刨平后,应使用地板磨光机磨光,所用砂布应先粗后细,砂布应绷紧绷平,磨光方向及角度与刨光方向相同。

八、木地板装钉的质量要求

(1)条形木地板面层的质量要求:面层刨平磨光,无明显刨痕、戗槎和锤伤。板间缝隙严密,接头应错开。

(2)拼花地板面层质量要求:面层应刨平磨光,无明显刨痕、戗槎和锤伤。图案清晰美观。接缝对齐,粘钉严密,缝隙均匀一致,表面洁净,无溢胶粘结。

(3)踢脚板铺设要求接缝严密,表面光滑,高度和出墙厚度一致。

条形木地板和拼花木地板面层的允许偏差和检验方法应符合表 8-14 的规定。

表 8-14　　　　　　　条形木地板、拼花木地板面层允许偏差

项次	项　　目	允许偏差（mm）				检验方法
		木格栅	松木长条地板	硬木长条地板	拼花木地板	
1	表面平整度	3	3	2	2	用 2m 靠尺和楔形塞尺检查
2	踢脚线上口平直	—	3	3	3	拉 5m 线,不足 5m的拉通线检查
3	板面拼缝平直	—	3	3	3	
4	缝隙宽度大小	—	1	0.5	0.2	尺量检查

第四节　硬质纤维地板铺设

硬质木纤维板（整张的或定型小块状的）用沥青胶粘料或胶粘剂进行铺贴,是一种地（楼）面装饰。它可以铺贴于水泥砂浆或木屑水泥砂浆基层,使地面新颖美观、洁净典雅,并有一定弹性,其隔音及保温性能也比较好。此种地板已广泛应用于宾馆、办公室、住宅、学校、幼儿园、托儿所,以及防尘要求较高的光学仪器、精密器械、仪表车间、计量室、恒温室等处。

一、基层处理

硬质纤维板面层的基层,多采用水泥砂浆基层,或木屑水泥砂浆基层。要求基层坚实、平整（用 2m 直尺检查,其表面凹凸误差不超过 3mm）、洁净、干燥、不起灰、不起壳。基层抹面应使用强度等级不低于 32.5 的水泥及中砂（最好用粗砂）,表面宜压平、压光,但也不宜很光滑。

（1）木屑水泥砂浆应铺设在表面较为粗糙、洁净和稍有湿润的混凝土基层上。

（2）木屑水泥砂浆层的厚度,一般不小于 25mm。如为旧的或表面较光滑的混凝土楼地面时,应先凿毛,并冲洗干净。

（3）应在混凝土基层上按水平做好标志块和标志筋,以控制砂浆层的厚度和平整度,防止产生波浪形或高低不平的现象。

（4）刷一层水泥浆,随铺木屑水泥砂浆,并用刮尺刮平。

（5）待初凝后再用木抹子压实,打磨平整（切勿过多震动或频繁打磨,以免砂浆下沉、木屑上浮露面）,用 2m 直尺检查,允许空隙不得大于 2mm。

（6）铺抹木屑水泥砂浆层后,在常温下自然养护 7～10d,待强度达到 8～10MPa 时,方可铺贴硬质木纤维板。

(7)拌制木屑水泥砂浆的水泥一般采用硅酸盐水泥、普通硅酸盐水泥或矿渣硅酸盐水泥。砂应用过筛的洁净中砂,木屑不得含杂物和霉烂木屑。

二、板材分割

硬质木纤维板一般应按照地面大小和设计要求进行分块切割,在硬质木纤维板块表面刨刻"V"形槽,使纤维板面层形成方格形或其他形式的图案,见图 8-43。房间四周边缘一般都有镶边。铺贴前,应根据事先计划的摊铺方案,按纤维板块尺寸弹线分格,定出板块拼铺接缝,纵横方向切实注意兜方,防止歪斜,四周镶边尺寸要一致。然后排放纤维板,个别部位进行拼裁。摊铺后检查高低、平整及对缝等方面的准确度,然后沿两个轴线方向用粉笔将板块顺序编号。墙边一般按实际或设计留出的宽度锯裁。

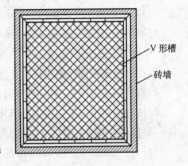

V 形槽

砖墙

硬质木纤维板在铺贴前必须浸水 24h 后晾干使用(如用温水浸泡,时间缩短),以防止铺贴后产生膨胀变形。

图 8-43　硬质纤维板地面图案示例

三、板材铺贴

1. 沥青胶泥铺贴操作

(1)刷冷底子油。基层必须干燥清洁,冷底子油不要有漏刷现象。一般干燥时间在 12h 以内。

(2)用热沥青胶泥进行铺贴。铺贴顺序一般从房间中心点开始,对准方位,按标记顺序向四周扩展。小房间可按所弹中线向两边铺贴,逐排铺贴退至走廊。

根据所铺板块面积,迅速将热沥青浇在地面基层上,薄薄匀开,使其自然流淌,然后稍事静停(不超过 1min),待气泡基本逸尽,即趁热铺放。若基层平整度较好,静停时间可短些;若基层平整度稍差,则静停时间应稍长。局部低洼处可用粘结层厚度来找平,粘结层的厚度一般不大于 2mm。

铺放时,应迅速而平稳地将硬质木纤维板按在已摊铺好胶泥的位置,并与相邻板边的接缝平直对齐,缝宽要均匀,以 1mm 为宜,边角要垂直。随即自中间向周边上人踩压,往复压平压实。待大面积基本踩实后,立即敲击检查全部板面,对发出空壳声的部位要再加压踩实,务使其结合良好,周边也应注意不得有漏贴。对拼缝及边角处外溢的沥青胶泥,应及时趁热刮除。对滴在板面上的污迹,可用棉纱加少量汽油擦拭。由于基层或铺贴等方面的影响,造成板间接缝局部出现高低差时,可用木工平刨刨平,此项工作一般是在沥青胶泥凝固后刨分格缝之前进行。

（3）刨缝分格。对于整张铺贴的纤维板地面，应根据整块尺寸定出方格尺寸后，在地面上划出方格（一般为 333×333mm 或 500×500mm），以增加地面的美感。在分格弹线之后，用特制的木工"V"型刨刀沿线靠直尺刨出宽 3mm、深 2～3mm 的"V"形槽缝。刨刀应锋利，刨出的槽缝应平滑，局部毛糙处，应以细砂纸打磨光洁。

2. 胶粘剂铺贴操作

（1）先从房间中央开始向四周进行，对于小房间也可从房间里口向门口铺贴。

（2）将胶粘剂用橡皮板条刷子或纤维板制成的刮板涂刮在木屑水泥砂浆找平层上，厚度控制在 1mm 左右。

1）在纤维板背面涂刷厚度为 0.5mm 的胶粘剂；

2）刷胶粘剂时不宜过多，否则会从板缝挤出；

3）待静停 5min 后（待挥发性气体挥发掉，用手摸不粘手为度）。

（3）按所弹线和编号依次铺贴，并擦净外溢的胶粘剂。

（4）用长 20mm、直径 1.8mm 的铁钉或鞋钉（钉帽预先敲扁）钉入板四边和"V"形槽内固定、加压，钉子的间距一般为 60～100mm。

（5）板与结合层之间粘结应牢靠，不得有空鼓现象，以敲击测定时以起壳声为准。为减少日后纤维板的胀缩对地面的影响，板的缝隙宽度应控制在 1～2mm 为宜。

四、表面处理

为了增强硬质木纤维板地面的防水性能及美观效果，在其面层粘贴后1～2d，胶粘剂已呈硬化，在干燥和洁净的条件下，进行表面处理。一般先用油灰批嵌钉眼，待嵌料干硬后，即可用 1 号或 1.5 号水砂纸打磨，并除去灰尘，用涂料罩面。

第五节　楼梯扶手安装

木制扶手一般用硬杂木加工成规格成品，其树种、规格、尺寸、形状按设计要求。木材质量均应纹理顺直，颜色一致，不得有腐朽、节疤、裂缝、扭曲等缺陷；含水率不得大于 12％。弯头料一般采用扶手料，以 45°角断面相接，断面特殊的木扶手按设计要求备弯头料。

一、木楼梯扶手的断面形状

木楼梯扶手一般用硬杂木制作，断面形状可根据需要设计成多种多样。图 8-44为常用的几种扶手断面。图 8-44 中①～⑥的高度各有 120mm、150mm、200mm 三种规格。

木扶手下面开有通长的凹槽，供嵌卡栏杆上的扁铁，上木螺丝固定之用。图8-44中除⑭下面的凹槽为 4mm×30mm 外，其他扶手下的凹槽均为 4mm×40mm。

为了装饰需要，图 8-44 中⑥和⑩两种扶手的上表面中央嵌入铜条。扶手⑥的铜条为 4mm×10mm，扶手⑩的铜条为 1.5mm×20mm。铜条同木扶手的结合多采用环氧树脂粘结。

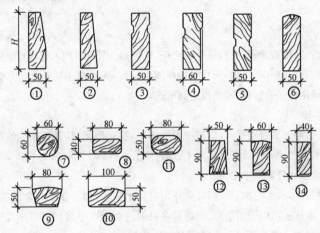

图 8-44　木楼梯扶手

二、楼梯扶手安装要点

1. 找位与画线

(1)安装扶手的固定件：位置、标高、坡度找位校正后，弹出扶手纵向中心线。

(2)按设计扶手构造，根据折弯位置、角度，画出折弯或割角线。

(3)楼梯栏板和栏杆顶面，画出扶手直线段与弯头、折弯段的起点和终点的位置。

2. 连接预装

预制木扶手须经预装，预装木扶手由下往上进行，先预装起步弯头及连接第一跑扶手的折弯弯头，再配上下折弯之间的直线扶手料，进行分段预装粘结，粘结时操作环境温度不得低于 5℃。

3. 弯头配制

(1)按栏板或栏杆顶面的斜度，配好起步弯头。一般木扶手，可用扶手料割配弯头，采用割角对缝粘接，在断块割配区段内最少要考虑三个螺钉与支承固定件连接固定。大于 70mm 断面的扶手接头配制时,除粘结外,还应在下面作暗榫或用铁件铆固。

(2)整体弯头制作。先做足尺大样的样板,并与现场画线核对后,在弯头料上按样板画线,制成雏形毛料(毛料尺寸一般大于设计尺寸约 10mm)。按画线位置预装,与纵向直线扶手端头粘结,制作的弯头下面刻槽,与栏杆扁钢或固定件紧贴结合。

4. 固定

分段预装检查无误,进行扶手与栏杆(栏板)上固定件,用木螺丝拧紧固定,固定间距控制在 400mm 以内,操作时应在固定点处,先将扶手料钻孔,再将木螺丝拧入,不得用锤子直接打入,螺帽达到平正。

5. 整修

扶手折弯处如有不平顺,应用细木锉锉平,找顺磨光,使其折角线清晰,坡角合适,弯曲自然、断面一致,最后用木砂纸打光。

三、金属栏杆木扶手安装

(1)栏杆木扶手的构造。栏杆立柱固定式木扶手,由木扶手和金属栏杆两部分组成。木扶手可以采用矩形、圆形和各种曲线截面。金属栏杆可用方钢管、钢筋和各种花饰。图 8-45 为一种金属栏杆木扶手。

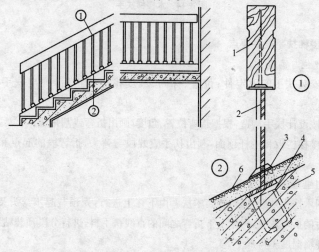

图 8-45　金属栏杆木扶手

1—木扶手;2—立柱;3—法兰;4—预埋铁件;5—楼梯混凝土;6—水磨石

立柱下端焊接于楼梯预埋铁件上,为了美观下端可套一法兰。立柱上端焊接4mm×30mm 或 4mm×40mm 的通长扁钢,在扁钢上钻木螺丝孔。

木扶手下面的槽口卡在扁铁上,从下面用木螺丝上紧。

(2)金属栏杆木楼梯扶手安装。金属栏杆木楼梯扶手的安装方法如下:按楼梯扶手倾斜角截好金属立柱的长度和上下斜面。先立两端立柱,将其和预埋铁件焊牢立直。从上面两立柱上端拉通线,焊立中间各立柱。并套上法兰。在立柱上端焊接扁钢,并钻上均匀的螺丝孔。将木扶手下的凹槽卡在扁铁上,从扁铁下拧入木螺丝固定。木扶手的连接采用暗燕尾榫连接。扶手弯头同直扶手暗燕尾榫结合后将接头修平磨光。待楼梯混凝土面层干后用环氧树脂将法兰粘牢。

四、靠墙楼梯木扶手安装

(1)靠墙楼梯木扶手的构造。靠墙楼梯木扶手的结构见图 8-46。

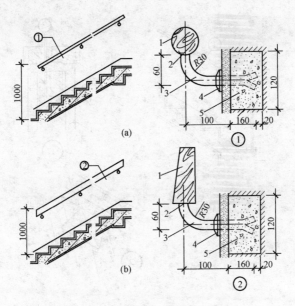

图 8-46 靠墙楼梯扶手

1—木扶手;2—弧形扁铁;3—φ20 或−25×6 铁件;

4—法兰;5—墙上预留洞,用碎石混凝土填充

木扶手固定在弯成 90°的铁件上,铁件塞入墙洞后用细石混凝土填实固定。铁件入墙部位用法兰封盖,铁件的另一端焊接 4mm×40mm 通长铁条,铁条上每

隔 150～300mm 钻一螺丝孔。

（2）靠墙楼梯扶手的安装。先将上下两个铁件塞入墙洞，调直后用碎石混凝土填实固定。在上下两铁件上拉通线，中间各铁件以此线为准放立和固定并套上法兰。在已固定好的铁件上焊接 4mm×40mm 通长铁条，并在铁条上按 150～300mm 的距离钻好木螺丝孔。将木扶手下的凹槽卡在扁铁上，从下面拧入木螺丝固定。待墙面抹灰干后将法兰盘用胶粘牢在墙面上。

五、混凝土栏板固定式木扶手安装

（1）混凝土栏板固定式木楼梯扶手的结构见图 8-47。

在浇注楼梯时，将混凝土栏板一起浇注成形，并在里面按设计要求预埋防腐梯形木砖。木扶手平放在栏板上，从上面将木螺丝拧入木砖固定，扶手表面的木螺丝孔用木块塞严补平。

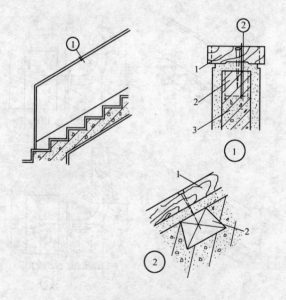

图 8-47 混凝土栏板固定式木扶手

1—木扶手；2—预埋梯形木砖；3—混凝土栏板

（2）混凝土栏板固定式木扶手的安装方法：将木扶手平放在栏杆上，对接好弯头后，对准预埋木砖钻孔，拧入木螺丝固定。将木扶手上的木螺丝孔塞入木块，胶粘后修平磨光即可。

六、质量检验标准

(1)扶手转角弧度应符合设计要求,接缝应严密,表面应光滑,色泽应一致,不得有裂缝、翘曲及损坏。

(2)扶手安装的允许偏差和检验方法应符合表 8-15 的规定。

表 8-15　　　　　　扶手安装的允许偏差和检验方法

项　次	项　　目	允许偏差(mm)	检验方法
1	扶手直线度	4	拉通线,用钢直尺检查
2	扶手高度	3	用钢尺检查

第九章 古木结构建筑

第一节 古木结构建筑基本形式

一、各种攒尖建筑基本构造

1. 四角攒尖建筑

四角攒尖建筑如图 9-1。

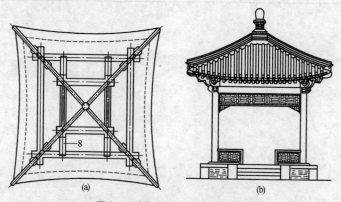

(a)　　　　　　　　　　(b)

图 9-1 单檐四角亭的基本构造图

(a)单檐四角亭构架平面(趴梁法);(b)单檐四角亭正立面

2. 六角攒尖建筑

单檐六角亭如图 9-2。

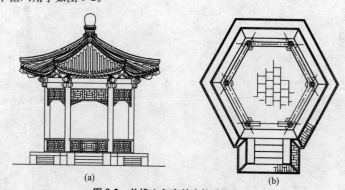

(a)　　　　　　　　　　(b)

图 9-2 单檐六角亭基本构造图(一)

(a)正立面图;(b)平面图(俯视)

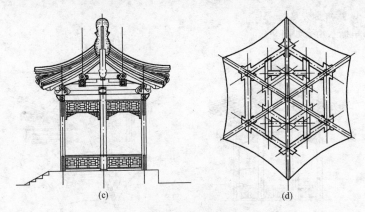

(c)   (d)

图 9-2 单檐六角亭基本构造图(二)

(c)剖面图;(d)构架平面图

3. 圆形攒尖建筑

六柱圆亭如图 9-3。

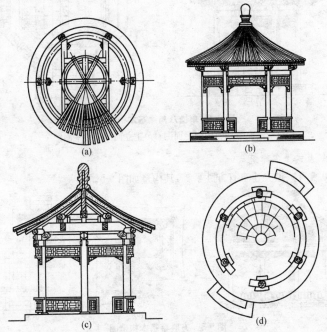

(a)   (b)

(c)   (d)

图 9-3 六柱圆亭基本构造图

(a)构架平面;(b)立面图;(c)剖面图;(d)平面图

4. 八角攒尖建筑

单檐八角亭如图 9-4。

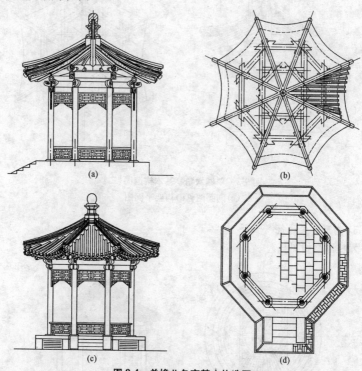

图 9-4　单檐八角亭基本构造图

(a)剖面图;(b)构架平面图;(c)正立面图;(d)平面图

5. 复合式攒尖建筑

常见复合式攒尖建筑有方胜亭等,其构造如图 9-5。

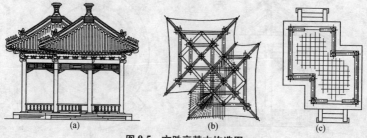

图 9-5　方胜亭基本构造图

(a)立面图;(b)构架平面;(c)平面图

二、常见硬山檩架分配

1. 特定和主要形式

硬山建筑以小式为最普遍，如七檩小式、六檩小式、五檩小式，七檩前后廊式建筑是小式民居中体量最大，地位最显赫的建筑，常用它来作主房，有时也用做过厅。六檩前出廊式建筑可用作带廊子的厢房、配房，也可用做前廊后无廊式的正房或后罩房。五檩无廊式建筑多用于无廊厢房、后罩房、倒座房等。

硬山建筑，如宫殿、寺庙中的附属用房或配房多取硬山形式。

2. 五檩无廊硬山

五檩无廊硬山如图 9-6。

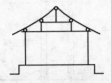

图 9-6　五檩无廊硬山

3. 六檩前出廊硬山

六檩前出廊硬山如图 9-7。

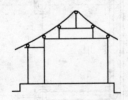

图 9-7　六檩前山廊硬山

4. 七檩前后廊硬山

七檩前后廊硬山如图 9-8。

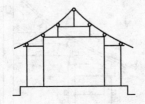

图 9-8　七檩前后廊硬山

三、七檩硬山构架与排梁架

七檩硬山构架与排山梁架见表 9-1。

表 9-1　　　　　　　　　七檩硬山构架与排山梁架

序号	项　　目	示　意　图
1	七檩硬山构架剖面图	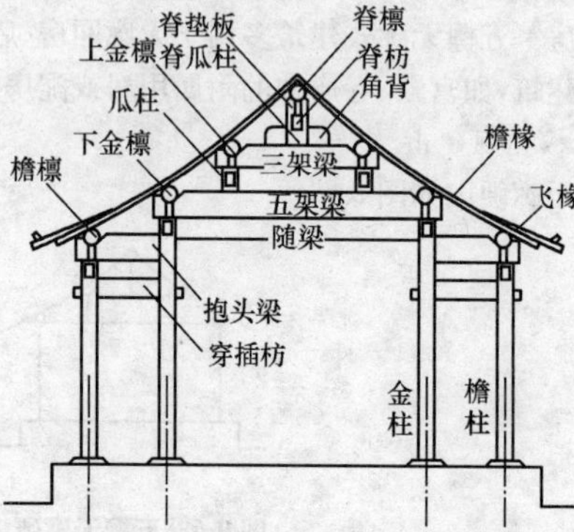 脊垫板　脊檩　上金檩　脊瓜柱　脊枋　瓜柱　角背　下金檩　三架梁　檐椽　檐檩　五架梁　飞椽　随梁　抱头梁　穿插枋　金柱　檐柱
2	七檩硬山构架平面图	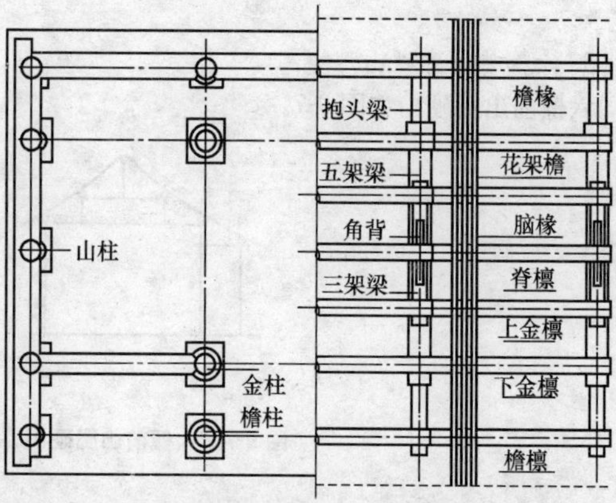 抱头梁　檐椽　五架梁　花架檐　角背　脑椽　三架梁　脊檩　山柱　上金檩　下金檩　金柱　檐柱　檐檩
3	七檩硬山的排山梁架	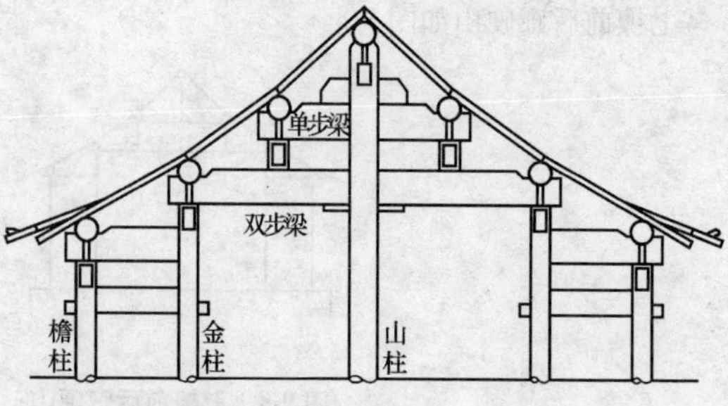 单步梁　双步梁　檐柱　金柱　山柱

四、悬山建筑的基本构造

悬山建筑的基本构造见表 9-2。

表 9-2　　　　　　　　　　　　　悬山建筑的基本构造

序号	项　　目	内　　　容
1	特征和主要形式	屋面有前后两坡,而且两山屋面悬出于山墙或山面屋架之外的建筑,称为悬山(亦称挑山)式建筑,悬山建筑稍间的檩木不是包砌在山墙之内,而是挑出山墙之外,挑出的部分称为"出梢",这是它区别于硬山建筑的主要之点。 　按建筑外形及屋面做法分,悬山建筑可分为大屋脊悬山和卷棚悬山
2	大屋脊悬山的几种形式	五檩悬山 七檩中柱式悬山 七檩大屋脊悬山 五檩中柱悬山

序号	项 目	内 容	
3	卷棚悬山的几种形式	六檩卷棚	
		一殿一卷悬山	
		四檩卷棚	

五、悬山式建筑的木构架特点及各部功能

(1)悬山檩木悬挑出梢,使屋面向两侧延伸,在山面形成出沿,这个出沿有防止雨水侵袭墙身的作用。但檩木出梢也带来了山面木构架暴露在外面的缺点,因此古人在挑出的檩木端头外面用一块厚木板挡起来,这块木板叫"博风板"。博风板的尺度是与檩子或椽子尺寸成比例的。博风板厚 0.7~1 倍椽径,宽 6~7 倍椽径(或 2 檩径),随屋面举折做成弯曲的形状(见图 9-9)。

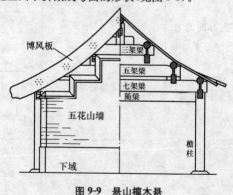

图 9-9 悬山檩木悬

(2)悬山稍檩向外挑出尺寸的多少,清代《营造则例》有两种规定,一种是由稍间山面柱中向外挑出四椽四当(图 9-10),另一种是由山面柱中向外挑出尺寸等于上檐出尺寸。

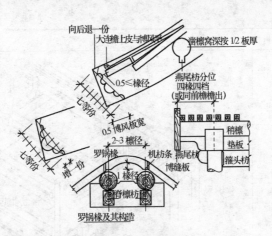

向后退一份

大连檐上皮与小蝎风平

凿檩窝深按1/2板厚

0.5≤椽径

燕尾枋分位
四椽四档
(或同前檐檐出)

七架份

0.5博风板宽

稍檩

垫板

籁头枋

七架份

2~3檩径

罗锅椽

机枋条 燕尾枋

博缝板

脊檩枋

1椽径

罗锅椽及其构造

图 9-10　悬山稍檩

六、歇山建筑山面的基本构造

歇山建筑山面的基本构造见表 9-3。

表 9-3　　　　　　　　　　歇山建筑山面的基本构造

序号	项 目	内　　　容
1	顺 梁 法（前后廊歇山）	<图>

1—檐柱；2—角檐柱；3—金柱；4—顺梁；5—抱头梁；6—交金墩；

7—踩步金；8—三架梁；9—踏脚木；10—穿；11—草架柱；12—爪架梁；

13—角梁；14—檐枋；15—檐垫板；16—槽檩；17—下金枋；18—下金垫板；

19—下金檩；20—上金枋；21—上金垫板；22—上金檩；23—脊枋；

24—脊垫板；25—脊檩；26—扶脊木

续表

序号	项 目	内　　容
2	趴梁法（前后廊歇山）	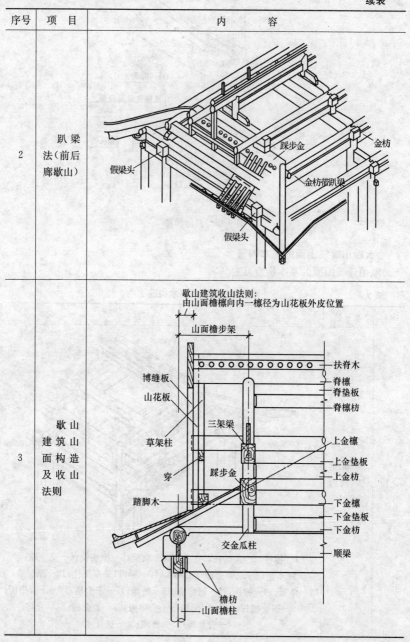
3	歇山建筑山面构造及收山法则	

七、引起歇山构架变化的柱网形式和歇山建筑山面构造

引起歇山构架变化的几种柱网形式和歇山建筑山面构造见表 9-4 和表 9-5。

表 9-4　　　　　　　　　引起歇山构架变化的几种柱网形式

序号	项目	示意图	序号	项目	示意图
1	周围廊柱网平面	后檐廊间　梢间　明间　梢间　前檐廊间　山面廊间　山面廊间	4	前廊后无廊歇山柱网	
2	前后廊柱网平面	后檐廊间　梢间　明间　梢间　前檐廊间	5	单开间无廊歇山柱网分布	
3	无廊歇山柱网	梢间　明间　梢间			

表 9-5　　　　　　　　　　　歇山建筑山面构造

序号	项　目	示　意　图
1	前后廊歇山的山面构造	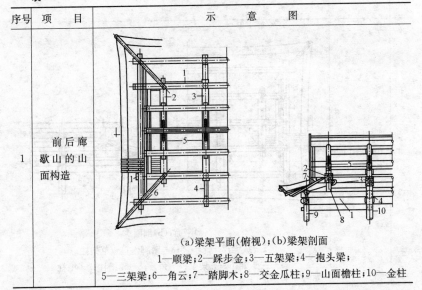

(a)梁架平面(俯视)；(b)梁架剖面

1—顺梁；2—踩步金；3—五架梁；4—抱头梁；

5—三架梁；6—角云；7—踏脚木；8—交金瓜柱；9—山面檐柱；10—金柱

序号	项　目	示　意　图
2	周围廊歇山的山面构造	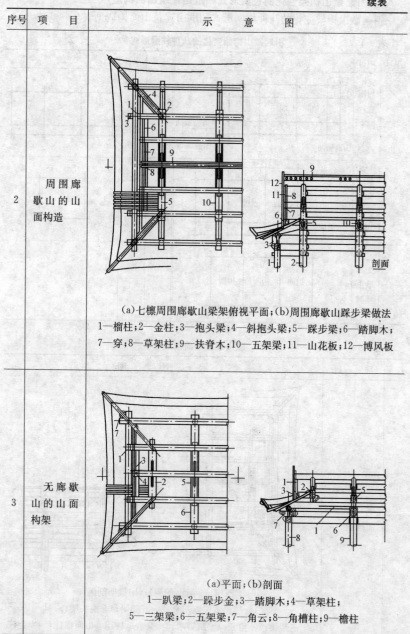

（a）七檩周围廊歇山梁架俯视平面；（b）周围廊歇山踩步梁做法

1—檐柱；2—金柱；3—抱头梁；4—斜抱头梁；5—踩步梁；6—踏脚木；

7—穿；8—草架柱；9—扶脊木；10—五架梁；11—山花板；12—博风板

| 3 | 无廊歇山的山面构架 | |

（a）平面；（b）剖面

1—趴梁；2—踩步金；3—踏脚木；4—草架柱；

5—三架梁；6—五架梁；7—角云；8—角槽柱；9—檐柱

序号	项　目	示　意　图

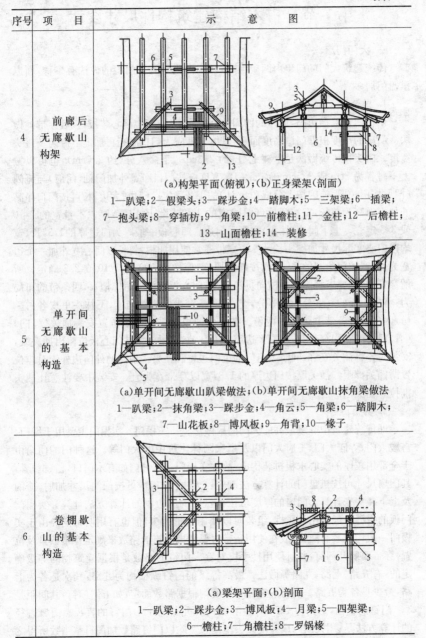

4　前廊后无廊歇山构架

(a)构架平面(俯视);(b)正身梁架(剖面)

1—趴梁;2—假梁头;3—踩步金;4—踏脚木;5—三架梁;6—插梁;
7—抱头梁;8—穿插枋;9—角梁;10—前檐柱;11—金柱;12—后檐柱;
13—山面檐柱;14—装修

5　单开间无廊歇山的基本构造

(a)单开间无廊歇山趴梁做法;(b)单开间无廊歇山抹角梁做法

1—趴梁;2—抹角梁;3—踩步金;4—角云;5—角梁;6—踏脚木;
7—山花板;8—博风板;9—角背;10—椽子

6　卷棚歇山的基本构造

(a)梁架平面;(b)剖面

1—趴梁;2—踩步金;3—博风板;4—月梁;5—四架梁;
6—檐柱;7—角檐柱;8—罗锅椽

第二节　古木结构建筑构件尺寸设计

一、大门门扇

传统建筑大门的门扇由两扇组成,两扇向内对开。门扇的做法有多种,而以棋盘门居多。

1. 棋盘门

棋盘门也称攒边门,即门的四周边框采取攒边,当中门心装板,板后穿带的做法。门扇的高度根据门口高度而定,具体高度应为门口净高再加上下掩闪及碰头宽度。碰头按传统做法是上碰七分(约 2.3cm)、下碰八分(约 2.7cm),也可以按上下碰各为 2cm 或 2.5cm 确定。门扇宽度应按门口净宽外加门轴(门肘)与掩闪(门肘按门边厚、掩闪按七分或 2cm 计)的 1/2 确定。门边(大边)长可按门口净高外加下槛高为总长,宽按门框(间柱)宽的 1/2 或 7/10 定宽,厚以本身宽的 7/10 或 3/5 定之。上下门边(抹头)宽厚同门边。门心板一般厚为门边厚的1/3,长、宽均以门心实际尺寸加榫头长计算。穿带通常使用四根,料长以门心宽外加一个边宽为长,宽按门边宽的 7/10 或按门边厚度,厚按本身宽的 7/10 或 2/3 确定。所谓穿带,就是要求将门心板横向贯穿起来(门心板背面剔凿榫槽)。四条带的布局为:将门心板的高度分为八等分,上、下两条穿带的中线与上、下抹头里皮各占一份,四条穿带各带中距各占两份。在上面两根穿带上居中位置安装插关(门闩)梁。插关梁宽同穿带宽,厚同大边厚。安装前,在梁中紧贴门心板位留出插关眼,安装时先将插关安好,同时本扇门的里门边也和在另一扇门的外门边外侧对应位置凿插关榫眼。插关厚按门边厚的 1/3,宽以穿带宽为宜。安装中要注意让插头推拉顺畅灵活。

2. 实榻门

即传统建筑中等级最高的大门门扇做法——实榻门。实榻门主要用于城门、宫殿大门、寺庙大门、王府大门以及皇家园林建筑中的大门等。这种门的门扇由于全部用较厚的实心木板拼装构成,故称实榻门。这种门如有木门口(槛、框)者,其门扇尺寸可按棋盘门的计算方法确定。无木门口者,可按门洞尺寸加肘、掩闪及上下碰头来计算。门扇的厚度可按棋盘门的门边厚的计算方法计算。实榻门门板的拼缝一般采用龙凤榫,组装时以使用暗带为多,但也有用明带的。由于实榻门一般均安装有门钉,故在使用暗带时要考虑门钉的路数来确定穿带数量及位置,穿带要躲开门钉,并且使用抄手楔对穿。门钉的路数是根据建筑物的等级确定的,有五路、七路、九路等做法。最高等级的门钉纵横均为九路,其次是各为七路,最少是各为五路。门钉的直径和高度则根据路数而定,如五路门钉,其间距是 3 个门钉的直径,七路为 1.5 个门径的直径,九路为 1 个门钉的直径。门钉直径的计算方法是:用大门门扇宽度减去里门边宽除以门钉路数加门钉空当数所得之商。门钉的高度与门钉直径相等。门钉可用铜制,也可用木制。除门钉外,门扇上还要安装兽面、门钹和门叶(页)。兽面又称铺首,每扇大门一副,其直径为门钉直径的2倍,兽面上带有仰月千年锦一份。门钹,每扇大门一副,直径随门边宽,带扭头圈子。兽面、门钹和面页均为金属制作,多为铜制。门页每扇4块,用在大门门扇正背面上下四角,其长为门扇大边宽的4倍,宽为0.8倍大边宽,厚一分(约0.3cm)。门叶正面镌雕大蟒龙,背面流云。

3. 包镶门

还有一种形似"实塌门"的做法,表面看上去很像是用实心厚木板制作而成,但实际上是空心的门,这种门采用的是有边框、有龙骨而两面钉贴薄板的包镶作法。包镶门的优点是节省材料,而且不易变形开裂。

4. 撒带门

所谓撒带门,是门扇一侧有门边(大边),而另一侧没有门边的门。这种门上由于所穿的带均撒着头,故称撒带门。撒带门一般用作街门或屋门。

撒带门的高、宽尺寸计算同棋盘门,只是门边设在有门肘的一侧。这种门的做法是:用穿带将门板及一侧的门边贯穿起来,上下不使用抹头。穿带使用明带作法,一端做成榫头(连接门边),一端做成撒头,可用一根纵向压带连接。其分带、穿带、掩闪、让肘、上下碰头等计算方法均同棋盘门。

二、古木结构建筑构件尺寸

古木结构建筑构件尺寸见表9-6～表9-14。

表9-6　　　　　　　　　　外檐隔扇、帘架、风门、槛窗各构件规格尺寸表

序号	构件名称	其他名称	安装部位	规格尺寸			附　注
				长	看面	进深	
1	下槛	门限、下枋、地伏	檐柱或金柱径紧贴地面	面阔减柱径加榫长	高为柱径的8/10	下槛本身高的1/2或柱径的4/10	以所安装的柱径为基准
2	中槛	挂空槛、跨空槛、中枋	门口上方	面阔减柱径加榫长	高为下槛高的2/3或4/5	厚同下槛	两端用倒退榫
3	上槛	替桩、提装、上枋、额、上串	垫枋下皮	同中槛	下槛高的8/10或2/3	厚同下槛	同中槛

序号	构件名称	其他名称	安装部位	规格尺寸			附注
				长	看面	进深	
4	长抱框	抱柱、贴柱、樽柱颊	贴柱、下槛与中槛之间	中槛下皮至下槛上皮高加榫长	高为下槛高的7/10、8/10、檐柱径的2/3或同中槛	厚同下槛	靠柱一侧剔凿抱豁
5	短抱框	同长抱框	贴柱、中槛与上槛之间、上槛与迎风槛之间	上槛下皮至中槛上皮高加榫长、上槛上皮至迎风槛下皮	宽同长抱框	厚同下槛	同长抱框
6	间柱		上槛与中槛之间、两根短抱框之内	上槛下皮至中槛上皮高加榫长	宽同短抱框	厚同下槛	每间安装2根或4根
7	边梃	门边、桯	隔扇门两侧立边	隔扇门高加门上下门肘或上下碰头	抱框宽的1/2或隔扇门宽的1/10、1/11	本身看面的1.1～1.4倍	内外安装楹条者，其进深大
8	横披	横披窗	上槛与中槛之间	横披边梃外皮至边梃外皮高	高为上槛下皮至中槛上皮高	厚为边梃、抹头厚	由边梃、抹头、楹条等组成，无间柱者称作楣子

序号	构件名称	其他名称	安装部位	规格尺寸			附注
				长	看面	进深	
9	抹头	冒头、桯	隔扇门上、下及横向木枋	隔扇门宽	同边梃	同边梃	有二抹（两根）、三抹（三根）、四抹（四根）、五抹（五根）、六抹（六根）之分
10	仔边	子边、子桯	隔心四周	隔心长、宽	边梃、抹头看面的3/5	根据作法定	有些隔扇不设此构件
11	棂条	棂子、心条、棂	隔心内纵横向小木枋	依不同纹样定	仔边看面的3/5～4/5	木身看面的4/5～5/4	盖面。里外双面棂条者其进深小
12	绦环板	腰花板、腰华板	两根上抹头之间、两根腰头之间或两根下抹头之间	两边梃里皮的距离加榫长	高（宽）为两根抹头的看面加上下榫头	半寸、1cm、1.5cm、2cm	有单面起凸、双面起凸、双面起凸雕花等作法
13	裙板	群板、障水板	腰抹头与下抹头之间	横向尺寸同绦环板		同绦环板	同绦环板
14	转轴		开启扇边梃内侧	隔扇门高加上、下门肘高	宽为边梃看面的1/2	厚为边梃看面的1/2	安风门者无此构件
15	连槛	门龙、鸡栖木	开启门扇上方、中槛内侧	面阔减一柱径或以门扇定长	厚同抹头看面	宽为本身厚的1.5倍	在门肘位置做门肘仓眼,安风门者无此构件

序号	构件名称	其他名称	安装部位	规格尺寸			附注
				长	看面	进深	
16	连二槛		开启门扇转轴下方、下槛内侧紧贴地面	为转轴直径的4倍	高为下槛高的7/10	厚为转轴看面的2倍	上做仓眼，安风门者无此构件
17	单槛		同连二槛	为转轴直径的2.5倍	同连二槛	同连二槛	上做单海窝，安风门者无此构件
18	帘架边梃	帘架边框、帘架大框、帘架大边、帘架梃	帘架两侧	隔扇门高加上、下槛高	同隔扇门边梃	同隔扇门边梃	上用莲花槛斗或兜绊、下用荷叶墩或兜绊固定
19	帘架抹头		帘架横向木枋	帘架宽（两扇隔扇门宽）	同隔扇抹头	同隔扇抹头	
20	帘架横披		帘架横向木枋	两根帘架边梃里皮的距离			
21	帘架横披		帘架抹头与抹头之间	帘架边梃里皮至帘架边梃里皮	高为隔扇门总高的1/10	同中槛与上槛之间横披	
22	帘架楣子		横披下抹头下皮、风门以上	同帘架横披			

序号	构件名称	其他名称	安装部位	规格尺寸			附注
				长	看面	进深	
23	风门		帘架横披下抹头以下，风门门槛以上	高为帘架横披下抹头至风门门槛上皮	宽约为风门高的4/10	厚同隔扇门	由边梃、抹头、绦环板、裙板及花心等构件组成，各构件断面尺寸与上述各相应构件相同。门开启使用或鹅颈、海窝、碰铁，亦可使用合页
24	余塞	腿子	风门两侧、帘架边梃之内	高同风门	宽为风门外皮至帘架边梃里皮	厚同隔扇门	由边梃、抹头、绦环板、裙板及花心等组成，各构件断面尺寸与上述各相应构件相同
25	风门门槛	哑巴槛	风门、余塞以下	风门加两侧余塞宽及榫长	高同隔扇下槛	厚同边梃厚	
26	荷叶墩		帘架边梃根部、紧贴地面	宽为边梃看面的2倍或3倍	高为下槛高的1/2或2/3	厚为边梃进深的1.5～2倍	安兜绊者无此构件
27	莲花栓斗		帘架边梃头部、紧贴中槛外皮	同荷叶墩	同荷叶墩	同荷叶墩	同荷叶墩
28	栓杆	立椮	隔扇关闭后，两扇隔扇内侧合缝处	转轴长加连楹高	同转轴	同转轴	上入连楹下入单楹内，关闭隔扇使用

表 9-7　　　　　　　　　　　支摘窗各构件规格尺寸表

序号	构件名称	其他名称	安装部位	规格尺寸			附注
				长	看面	进深	
1	支窗、摘窗、纱窗、玻璃窗边梃	窗边、桯	支窗、摘窗、纱窗、玻璃窗两侧立边	窗扇高	柱径的0.224、参照明间装修的边梃尺寸	柱径的0.133、参照明间装修的边梃尺寸	
2	支窗、摘窗、纱窗、玻璃窗抹头	冒头、桯	支窗、摘窗、纱窗、玻璃窗上下横向边框	窗扇长	柱径的0.224、参照明间装修中的抹头尺寸	柱径的0.133、参照明间装修中的抹头尺寸	
3	窗心仔边	子边、子桯	边梃内侧、窗心边框	窗扇长减两边梃宽,窗扇高减两抹头宽	宽为边梃、抹头看面的3/5	厚为边梃、抹头看面的2/5	
4	榻板	槛面板、窗台板	槛墙上皮	按面阔定	高为抱框宽的7/10	宽为槛墙厚加内外金边2分(约0.7cm)	

表 9-8　　　　　　　　　朝天栏杆及杂式栏杆主要构件尺寸表

序号	构件名称	其他名称	安装部位	规格尺寸			附注
				长	看面	进深	
1	地栿	下枋	望柱下面	栏杆总长	望柱看面的4/5或与看面相同	宽略大于望柱的进深尺寸	有些栏杆不设此构件
2	望柱(含柱头)			高4尺(1.33m)左右	4～5寸或10～17cm	同看面	

续表

序号	构件名称	其他名称	安装部位	规格尺寸			附注
				长	看面	进深	
3	横枋		望柱之间横向	望柱间净空加榫长	7~10cm	7~10cm	2~3根
4	立枋		横枋之间		7~10cm	7~10cm	有些栏杆不设此构件
5	心条	棂条	横枋与立枋之间		3~5cm	4~7cm	中距最大不得超过25cm

表 9-9　　　　　　　　寻杖栏杆各构件规格尺寸表

序号	构件名称	其他名称	安装部位	规格尺寸			附注
				长	看面	进深	
1	地伏	下枋	檐柱间、紧贴地面	面阔减柱径加榫长	厚（高）为望柱看面的4/5或与看面相同	宽略大于望柱的进深尺寸	两端与檐柱相交，下面做排水沟眼（每当1个）
2	望柱（含柱头）		檐柱侧面地伏上面	高约为檐柱柱高的2/5或4尺(1.33m)左右	柱径的3/10或4~5寸	柱径的3/10或4~5寸	与地伏用双榫交接
3	扶手	寻杖扶手、上枋、寻杖	栏杆最上面的横向木枋	面阔减柱径	圆径7~10cm		两端与望柱相交用透榫
4	中枋	上腰枋	扶手与地伏之间、横向木枋	同扶手	厚5~7cm	宽7~10cm	与望柱相交用透榫
5	下枋	下腰枋	中枋以下、地伏以上横向木枋	同中枋	同中枋	同中枋	与望柱连接用半榫

表9-10　　　　　　　　大门各构件规格尺寸表

序号	构件名称	其他名称	安装部位	规格尺寸			附注
				长	看面	进深	
1	下槛	门限、地伏、下枋	前檐柱、金柱或中柱柱间紧贴地面	面阔减柱径加榫长	柱径的8/10	看面的1/2	以所安装的柱为基准
2	中槛	挂空槛、跨空槛、中枋	门口上方	面阔减柱径外加榫长	下槛高的2/3或4/5	同下槛	两端用倒退榫
3	上槛	替桩、提装、上枋、额、上串	垫枋下皮	同中槛	下槛高的8/10或2/3	同下槛	有迎风板者可称迎风槛，亦可不用此槛
4	长抱框	贴柱、抱柱、槫柱	中槛与下槛之间	中槛下皮至上槛上皮外加上下榫长	下槛高的7/10、8/10、檐柱径的2/3或同中槛	同下槛	靠柱一侧剔凿抱豁
5	短抱框	同上	贴柱，中槛与上槛之间或中槛与檐枋之间	中槛上皮至上槛下皮外加榫长或中槛上皮至檐枋下皮外加榫长	同长抱框	同下槛	同上
6	门框	间柱	门口左右	同长抱框	同长、短抱框	同下槛	安装时提起中槛
7	间柱		中槛与上槛之间、竖向	同短抱框	同长、短抱框	同下槛	每间2根或4根

序号	构件名称	其他名称	安装部位	规格尺寸			附　注
				长	看面	进深	
8	腰枋	抹头	中槛与下槛、抱框与门框间	抱框至门框间外加榫长	同长、短抱框	同下槛	门口两侧、每一侧2根
9	余塞板	余梁板	中槛与上腰枋间	中槛下皮至上腰枋上皮外加榫长		柱径的1/10	
10	绦环板	腰华板	两腰枋之间	同余塞板宽		同余塞板	
11	裙板	余塞板、障水板	下腰枋与下槛间	下腰枋下皮至下槛上皮外加榫长		同余塞板	
12	走马板	迎风板	中槛以上、两短抱框间			0.5寸（约1.7cm）	使用板条竖向拼接
13	门枕		门肘下方、下槛内外	下槛高的2.5倍	高为下槛高的7/10,宽同下槛高		安装在下槛的卡槽下方
14	连楹	平面成曲线造型者曰门龙	中槛内侧、门肘上方	面阔减柱径或以门扇定长	本身宽的1/2	中槛高的2/3	
15	门簪		门口上方中槛上	门口高的1/10外加中槛厚及2倍连楹宽	直径为中槛高的4/5	即长	每门口安装2个或4个
16	门扇		门口内侧	按门口高加掩闪、上下碰头、门肘	门口高乘以门口宽的1/2外加掩闪、上下碰头、门肘	门边厚	有棋盘门、撒带门、实榻门等不同作法

表 9-11　　　　内檐隔扇(壁纱橱)、帘架各构件规格尺寸表

序号	构件名称	其他名称	安装部位	规格尺寸			附　注
				长	看面	进深	
1	下槛	门限、地伏、下枋	内檐柱间、紧贴地面	面阔或进深减柱径加榫长	高为柱径的3/5	厚按本身高的1/2或柱径的3/10	参照外檐作法
2	中槛	挂空槛、跨空槛、中枋	隔扇门上方	同下槛	下槛高的8/10	厚同下槛	参照外檐作法
3	上槛	替枋、提装、上枋、腰串	中槛上方横向木枋	同下槛	中槛高的8/10	厚同下槛	参照外檐作法
4	迎风槛		垫枋或梁下皮	同下槛	上槛高的8/10	厚同下槛	参照上槛作法
5	抱框	抱柱、贴柱、抱柱	贴柱、各槛之间	高按各槛间距加榫长	同中槛看面尺寸	厚同下槛	参照外檐作法
6	间柱	中槛至上槛之间	中槛上皮至上槛下皮高加榫长	同抱柱看面或中槛看面	同中槛看面尺寸	厚同下槛	
7	边梃	大边程	隔扇门两立边、横披窗两立边	按隔扇门高定。横披窗长	抱框宽的1/2、隔扇本身宽1/10或1/11	本身看面的1.4倍	
8	抹头	冒头、伏	隔扇门横向木枋横披窗横向木枋	隔扇门宽。横披窗宽	同边梃	同边梃	
9	仔边	子边、子伏	隔心或横披窗周围边框	隔心或横披窗心长、宽	边梃、抹头看面的3/5	根据作法定	

续表

序号	构件名称	其他名称	安装部位	规格尺寸			附　注
				长	看面	进深	
10	棂条	棂子、心条、楞、条子	隔心或横披窗心纵横向小木枋	依不同纹样定	仔边看面的 3/5 至 4/5(1.3～1.5cm)	本身看面的 4/5 或 2/5	看面做成圆弧凹面
11	帘架边梃	帘架梃	开启门扇外侧、竖向	门扇高加上下槛高	同隔扇门边梃	同隔扇门边梃	上、下用金属兜绊固定
12	帘架抹头		帘架边梃之间、横向	两扇隔扇门宽加榫长	同边梃看面	同边梃厚	
13	帘架横披		帘架两根抹头之间	两扇隔扇门宽	为隔扇门总高的 1/10		仔边、棂条断面尺寸及作法同隔扇及中槛以上横披
14	迎风板	走马板	上槛以上、抱框之间	面阔或进深减柱径及两侧抱框		板厚 5 分（约 1.7cm）	
15	引条	梗条	迎风板内侧或内外两侧	随迎风板长	随迎风板宽(高)	上槛之厚减滚楞及迎风板厚的 1/2 定宽、厚	
16	荷叶净瓶、间柱		扶手与地栿之间、竖向连接构件	扶手上皮至地栿下皮	完整荷叶宽为望柱看面的 2.5 倍。间柱宽同中枋厚	厚为望柱进深的 1/3	净瓶与间柱连做，净瓶上作单榫穿透荷叶、扶手。间柱下作双榫穿透地栿

序号	构件名称	其他名称	安装部位	规格尺寸			附注
				长	看面	进深	
17	绦环板	宋称腰华板、腰花板	间柱与间柱之间、中枋与下枋之间	长为间柱至间柱之间加榫长	高约为中枋高的3倍	板厚2～3cm	板心起凸或做空透花纹雕刻
18	牙子	壶瓶牙子	下枋下皮、间柱之间	同绦环板	高约为中枋高的1.5倍	厚同绦环板	下端作壶瓶牙子曲线

表 9-12   清式带头拱大式建筑木构件权衡表   （单位：斗口）

类别	构件名称	长	宽	高	厚	径	备注
柱类	檐柱			70（至挑檐桁下皮）		6	包含斗拱高在内
	金柱			檐柱加廊步五举		6.6	
	重檐金柱			按实计		7.2	
	中柱			按实计		7	
	山柱			按实计		7	
	童柱			按实计		5.2或6	
梁类	桃尖梁	廊步架加斗拱出踩加6斗口		正心桁中至耍头下皮	6		
	桃尖假梁头	平身科斗拱全长加3斗口		正心桁中至耍头下皮	6		
	桃尖顺梁	梢间面宽加斗拱出踩加6斗口		正心桁中至耍头下皮	6		
	随梁	4斗口＋1/100长	3.5斗口＋1/100长				

类别	构件名称	长	宽	高	厚	径	备　注
梁类	趴梁			6.5	5.2		
	踩步金			7斗口＋1/100长或同五、七架梁高	6		断面与对应正身梁相等
	踩步金枋（踩步随梁枋）			4	3.5		
	递角梁	对应正身梁加斜		同对应正身梁高	同对应正身梁厚		建筑转折处之斜梁
	递角随梁			4斗口＋1/100长	3.5斗口＋1/100长		递角梁下之辅助梁
	抹角梁			6.5斗口＋1/100长	5.2斗口＋1/100长		
	七架梁	六步架加2檩径		8.4或1.25倍厚	7斗口		六架梁同此宽厚
	五架梁	四步架加2檩径		7斗口或七架梁高的5/6	5.6斗口或4/5七架梁厚		四架梁同此宽厚
	三架梁	二步架加2檩径		5/6五架梁高	4/5五架梁厚		月梁同此宽厚
	三步梁	三步架加1檩径		同七架梁	同七架梁		
	双步梁	二步架加1檩径		同五架梁	同五架梁		
	单步梁	一步架加1檩径		同三架梁	同三架梁		
	顶梁（月梁）	顶步架加2檩径		同三架梁	同三架梁		
	太平梁	二步架加檩金盘一份		同三架梁	同三架梁		

类别	构件名称	长	宽	高	厚	径	备 注
梁类	踏脚木			4.5	3.6		用于歇山
	穿			2.3	1.8		用于歇山
	天花梁			6斗口＋2/100长	4/5高		
	承重梁			6斗口＋2寸	4.8斗口＋2寸		
	帽儿梁					4＋2/100长	天花骨干构件
	贴梁		2		1.5		天花边框
枋类	大额枋	按面宽		6.6	5.4		
	小额枋	按面宽		4.8	4		
	重檐上大额枋	按面宽		6.6	5.4		
	单额枋	按面宽		6	4.8		
	平板枋	按面宽	3.5	2			
	金、脊枋	按面宽		3.6	3		
	燕尾枋	按出稍		同垫板	1		
	承椽枋	按面宽		5~6	4~4.8		
	天花枋	按面宽		6	4.8		
	穿插枋			4	3.2		《清式营造则例》称随梁
	跨空枋			4	3.2		
	棋枋			4.8	4		
	间枋	同面宽		5.2	4.2		用于楼房
桁檩	挑檐桁					3	
	正心桁	按面宽				4~4.5	
	金桁	按面宽				4~4.5	
	脊桁	按面宽				4~4.5	
	扶脊木	按面宽				4	

类别	构件名称	长	宽	高	厚	径	备注
瓜柱	柁墩	2檩径	按上层梁厚收2寸		按实际		
	金瓜柱		厚加一寸	按实际	按上一层梁收二寸		
	脊瓜柱		同三架梁	按举架	三架梁厚收二寸		
	交金墩		4.5斗口		按上层柁厚收二寸		
	雷公柱		同三梁架厚		三架梁厚收二寸		庑殿用
	角背	一步架		1/2~1/3脊瓜柱高	1/3高		
垫板角梁	由额垫板	按面宽		2	1		
	金、脊垫板	按面宽	4		1		金脊垫板也可随梁高酌减
	燕尾枋		4		1		
	老角梁			4.5	3		
	仔角梁			4.5	3		
	由戗			4~4.5	3		
	凹角老角梁			3	3		
	凹角梁盖			3	3		
椽、飞、连檐、望板、瓦口、衬头木	方椽、飞椽		1.5		1.5		
	圆椽					1.5	
	大连檐		1.8	1.5			里口木同此
	小连檐		1		1.5望板厚		
	顺望板				0.5		
	横望板				0.3		
	瓦口				同望板		
	衬头木			3	1.5		

类别	构件名称	长	宽	高	厚	径	备注
歇山悬山楼房各部	踏脚木			4.5	3.6		
	穿			2.3	1.8		
	草架柱			2.3	1.8		
	燕尾枋			4	1		
	山花板				1		
	博缝板		8		1.2		
	挂落板				1		
	滴珠板				1		
	沿边木			同楞木或加一寸	同楞木		
	楼板				2寸		
	楞木	按面宽		1/2承重高	2/3自身高		
柱类	檐柱（小檐柱）			11D 或 8/10 明间面宽		D	
	金柱（老檐柱）			檐柱高加廊步五举		D+1寸	
	中柱			按实计		D+2寸	
	山柱			按实计		D+2寸	
	重檐金柱			按实计		D+2寸	
梁类	抱头梁	廊步架加柱径一份		$1.4D$	$1.1D$ 或 $D+1$ 寸		
	五架梁	四步架加 $2D$		$1.5D$	$1.2D$ 或金柱径+1寸		
	三架梁	二步架加 $2D$		$1.25D$	$0.95D$ 或 4/5 五架梁厚		
	递角梁	正身梁加斜		$1.5D$	$1.2D$		
	随梁			D	$0.8D$		
	双步梁	二步架加 D		$1.5D$	$1.2D$		
	单步梁	一步架加 D		$1.25D$	4/5 双步梁厚		

类别	构件名称	长	宽	高	厚	径	备注
梁类	架梁			1.5D	1.2D		
	四架梁			5/6 六架梁高或 1.4D	4/5 六架梁厚或 1.1D		
	月梁（顶梁）	顶步架加 2D		5/6 四架梁高	4/5 四架梁厚		
	长趴梁			1.5D	1.2D		
	短趴梁			1.2D	D		
	抹角梁			(1.2～1.4)D	(1～1.2)D		
	承重梁			D+2 寸	D		
	踩步梁			1.5D	1.2D		用于歇山
	踩步金			1.5D	1.2D		用于歇山
	太平梁			1.2D	D		
枋类	穿插枋	廊步架 +2D		D	0.8D		
	檐枋	随面宽		D	0.8D		
	金枋	随面宽		D 或 0.8D	0.8 或 0.65D		
	上金、脊枋	随面宽		0.8D	0.65D		
	燕尾枋	随檩出梢		同垫板	0.25D		
檩类	檐、金、脊檩					D 或 0.9D	
	扶脊木					0.8D	
垫板类 柱瓜类	檐垫板 老檐垫板			0.8D	0.25D		
	金、脊垫板			0.65D	0.25D		
	柁墩	2D	0.8 上架梁厚	按实计			
	金瓜柱		D	按实计	上架梁厚的 0.8		
	脊瓜柱		(1～0.8)D	按举架	0.8 三架梁厚		
	角背	一步架		1/2～1/3 脊瓜柱高	1/3 自身高		

类别	构件名称	长	宽	高	厚	径	备注
角梁类	老角梁			D	$2/3D$		
	仔角梁			D	$2/3D$		
	由 戗			D	$2/3D$		
	凹角老角梁			$2/3D$	$2/3D$		
	凹角梁盖			$2/3D$	$2/3D$		
椽望、连檐、瓦口、衬头木	圆 椽					$1/3D$	
	方、飞椽		$1/3D$		$1/3D$		
	花架椽		$1/3D$		$1/3D$		
	罗锅椽		$1/3D$		$1/3D$		
	大连椽		$0.4D$ 或 1.2 椽径		$1/3D$		
	小连椽		$1/3D$		1.5 望板厚		
	横望板				$1/15D$ 或 $1/5$ 椽径		
	顺望板				$1/9D$ 或 $1/3$ 椽径		
	瓦 口				同横望板		
	衬头木				$1/3D$		
歇山、悬山、楼房各部	踏脚木			D	$0.8D$		
	草架柱		$0.5D$		$0.5D$		
	穿		$0.5D$		$0.5D$		
	山花板				$(1/3\sim 1/4)D$		
	博缝板		$(2\sim 2.3)D$ 或 $6\sim7$ 椽径		$(1/3\sim 1/4)D$ 或 $0.8\sim 1$ 椽径		
	挂落板				0.8 椽径		
	沿边木				$0.5D+1$ 寸		
	楼 板				$1.5\sim2$ 寸		
	楞 木				$0.5D+1$ 寸		

注:D 为柱径。

表 9-13　　　　　清式瓦、石各件权衡尺寸表（D 为柱径）

序号	构件名称	高	宽	厚	备注
1	台基明高（台明）	1/5 柱高或 2D	2.4D		
2	挑山山出		2.4D 或 4/5 上出		指台明山出尺寸
3	硬山山出		1.8 倍山柱径		指台明山出尺寸
4	山墙			(2.2～2.4)D	指墙身部分
5	裙肩	3.2D、3D		上身加花碱尺寸	又名下碱
6	墀头		1.8D 减金边宽加咬中尺寸		
7	槛墙			1.5D	
8	陡板	1.5D			指台明陡板
9	阶条		(1.2～1.6)D	0.5D	
10	角柱	裙肩高减押砖板厚	同墀头下碱宽	0.5D	
11	押砖板		同墀头下碱宽	0.5D	
12	挑檐石	0.75D	同墀头上身宽	长＝廊深＋2.4D	
13	腰线石	0.5D	0.75D		
14	垂带		1.4D 或同阶条	0.5D	厚指斜厚尺寸
15	陡板土衬		0.2D		
16	砚窝石		10 寸左右	4～5 寸	
17	踏跺		10 寸左右	4～5 寸	
18	柱顶石		2D 见方	D	鼓镜 1/5D

表 9-14 垂花门部位、构件权衡表(无斗拱做法)(定一殿一卷垂花门柱径为 d)

面宽	$(14\sim15)d$					一般面宽为 3~3.3m
柱高	$(13\sim14)d$					柱高指由台明上皮至麻叶抱头梁底皮高度
进深	$(16\sim17)d$					在一殿一卷垂门中,指垂柱中一后檐柱中尺寸
	$(7\sim8)d$					在独立柱垂花门中指前后垂柱中一中尺寸
构件名称	长	宽	高	厚	径	备 注
独立柱(中柱)					$(1\sim1.3)d$(见方)	用于独立柱垂花门
前檐柱			按后檐柱高加举		d(见方)	用于一殿一卷或单卷棚垂花门
后檐柱					d(见方)	用于一殿一卷或单卷棚垂花门
钻金柱			按后檐柱高加举		d(见方)	用于单卷棚垂花门
担梁(麻叶抱头梁)	通进深加梁自身高 2 份		$1.4d$	$1.1d$		用于独立柱垂花门
麻叶抱头梁	通进深加前后出头		$1.4d$	$1.1d$		
随 梁	随进深		$0.75d$	$0.5d$		用于麻叶抱头梁之下
麻叶穿插枋	进深加两端出头		$0.8d$	$0.5d$		
连笼枋(檐枋)			$0.75d$	$0.4d$		
罩面枋			$0.75d$	$0.4d$		用于绦环板下,梁思成《算例》称帘笼枋
折 柱		$0.3d$	$0.75d$或酌定	$0.3d$		
绦环板(花板)			$0.75d$或酌定	$0.1d$		
雀替	1/4 净面宽		$0.75d$或酌定	$0.3d$		

面宽	(14～15)d					一般面宽为 3～3.3m
柱高	(13～14)d					柱高指由台明上皮至麻叶抱头梁底皮高度
进深	(16～17)d					在一殿一卷垂花门中,指垂柱中—后檐柱中尺寸
	(7～8)d					在独立柱垂花门中指前后垂柱中—中尺寸
构件名称	长	宽	高	厚	径	备　注
骑马雀替	净垂步长外加榫			0.3d		
垂莲柱	总长 (4.5～5)d 或 1/3 柱高	(3～3.25)d(柱上身长)			柱上身 0.7d	
		(1.5～1.75)d(柱头长)			柱头 1.1d	
檐、脊檩、天沟檩	面宽加出梢				0.9d	
脊枋、天沟枋	按面宽		0.4d	0.3d		
燕尾枋	按出梢		按平水	0.25d		
垫板	按面阔		0.8 或 0.64d	0.25d		
前檐随檩枋	按面阔		0.3 檩径	0.25檩径		
随檩枋下荷叶墩		0.8檩径	0.7檩径	0.3檩径		
月梁	顶步架加出头（2檩径）		0.8麻叶抱头梁高	0.8麻叶抱头梁厚		
角背	檐步架		梁背上皮至脊檩底平	0.4d		用于一殿一卷或独立式垂花门
椽、飞椽			0.35d	0.3d		

面宽	$(14\sim15)d$					一般面宽为 $3\sim3.3$m	
柱高	$(13\sim14)d$					柱高指由台明上皮至麻叶抱头梁底皮高度	
进深	$(16\sim17)d$					在一殿一卷垂花门中,指垂柱中—后檐柱中尺寸	
	$(7\sim8)d$					在独立柱垂花门中指前后垂柱中—中尺寸	
构件名称	长	宽	高	厚	径	备　　注	
博缝板		$6\sim7$椽径		$0.8\sim1$椽径			
滚墩石(抱鼓石)	5/6 进深	$(1.6\sim1.8)d$	1/3 门口净高			用于独立柱垂花门	
门枕石	2倍宽加下槛厚	自身高加二寸	0.7 下槛高				
下槛	按面阔		$(0.8\sim1)d$	$0.3d$			
中槛	按面阔		$0.7d$	$0.3d$			
上槛	按面阔		$0.5d$	$0.3d$			
抱框			$0.7d$	$0.3d$			
门簪	1/7 门口宽				$0.56d$	门簪长指簪头长,榫长不含	
壶瓶牙子		1/3 自身高	$(4\sim5)d$	$0.25d$			

第三节　古木结构建筑其他形式的木结构构造

一、垂花门的基本构造

1. 基本介绍

垂花门作为一种具有独特功能的建筑,在中国古建筑中占着重要位置,我国传统的住宅、府邸、园林、寺观以及宫殿建筑群中都有它的地位。

在府邸、宅院建筑群中,垂花门常作为二门,开在建筑群的内墙垣上,在二三进院落的中小型四合院中,它位于倒座与正房之间,两侧与看面墙相连接,将院子分隔为内宅和外宅。在前面有厅房的较大型四合院中,垂花门也可位于过厅与正房之间。在传统住宅建筑中,它是联系分隔内外宅的特殊的建筑物。

垂花门作为内宅的宅门,有很重要的地位,它是房宅主人社会地位、经济地位的标志,因而有很强的装饰性,在垂莲柱、角背等构件上,都有精美的雕刻,在正面的帘笼枋下,还常装有雕镂精美的花罩,枋檩之间安装花板、折柱、荷叶墩等构件、加上色彩绚丽的彩绘,显得富贵华丽,有极强的装饰效果。

在园林建筑中,垂花门除作为园中之园的入口外,还常常用于垣墙之间作为随墙门,设置于游廊通道口时又以廊罩形式出现,有划分景区、隔景、障景等作用。

垂花门种类很多,最常见者主要有独立柱担梁式,一殿一卷式、单卷棚式以及廊罩垂花门数种。

2. 独立柱担梁式垂花门

这是垂花门中构造最简洁的一种,它只有一排柱,梁与柱十字相交,挑出于柱的前后两侧,梁头两端各承担一根檐檩,梁头下端各悬一根垂莲柱。从侧立面看,整座垂花门似一个挑夫挑着一副担子,所以人们形象地称它为"二郎担山"式垂花门。

独立柱担梁式垂花门多见于园林之中,作为墙垣上的花门,在古典皇家园林及大型私家园林中不乏其例。它的构造特点是两面完全对称,柱子深埋。柱子与梁的构造方式有二种,一种是柱子直通脊部支承脊檩,为安装担梁,沿进深方向的柱中刻通口、在担梁中部做腰子榫与柱子形成十字形交在一起。另一种是柱子支顶担梁,柱头不通达脊部。两种构造各有利弊,第一种应用广泛,较为常见。在垂花门两柱间装槛框,安门扉。门开启时可联络景区,关闭时则可分隔空间,并有一定的防卫作用。

3. 一殿一卷式垂花门

一殿一卷式垂花门是垂花门中最普遍、最常见的形式,它既应用于宅院、寺观,也常见于园林建筑之中。这种垂花门是由一个大屋脊悬山和一个卷棚悬山屋面组合而成的,从垂花门的正面看为大屋脊悬山式,从背立面看则为卷棚悬山。一殿一卷垂花门平面有 4 棵落地柱,前排为前檐柱。后排为后檐柱,后檐柱支顶麻叶抱头梁的后端,前檐柱柱头刻通口,将梁的对应部位刻腰子榫,落在口子内,梁头挑出,挑出长度为一步架外加麻叶梁头尺寸。在麻叶抱头梁之下,有麻叶穿插枋,它是联系前后檐柱的辅助构件。麻叶穿插枋前端穿出于前檐柱之外,并向外挑出,挑出长度同麻叶抱头梁,有悬挑垂莲柱的作用。在麻叶抱头梁与麻叶穿插枋之间的空隙处,分别装象眼板和透雕花板。麻叶抱头梁之上有 6 根桁檩,分别为前檐檩、后檐檩、天沟檩、单双脊檩。在面宽方向,前檐檩之下为随檩枋、荷叶墩。垂莲柱间由帘笼枋,罩面枋相联系,二枋之间为折柱、花板。罩面枋下为花罩或雀替。后檐檐檩之下为垫板、檐枋。一殿一卷式垂花门,一般在前檐柱间安槛框装攒边门(又名棋盘门),在后檐柱间安屏门。屏门只起遮挡视线,分隔空间作用,平时不开启,遇有婚、丧、嫁、娶等大事时才打开。

　　一殿一卷式垂花门常与抄手游廊相连接,游廊的柱高、体量均小于垂花门,屋面延伸至垂花门稍檩博缝之下,二者屋面高低错落更显出游廊之轻巧,也突出了垂花门的显赫地位。

　　4. 五檩(或六檩)单卷棚垂花门

　　单卷棚垂花门在功能、适用范围方面与一殿一卷垂花门相同,仅建筑外形与内部构架不同。单卷棚垂花门在平面上也有4棵落地柱,前后檐柱支顶一组五檩或六檩梁架,构成一座独立式卷棚屋面。它的后檐柱直接支顶麻叶抱头梁后端,前檐柱柱头刻通口,麻叶抱头梁相应部位做腰子榫,落在口子内,柱头伸出梁背之上,直接支顶麻叶抱头梁上的三架(或四架)梁。这种直接通达于金檩的柱子,叫做"钻金柱",三架(或四架)梁的内一端落在麻叶梁梁背的瓜柱(或柁墩)上。三架梁之上为脊瓜柱、角背等构件,如为四架梁,其上还应有顶梁(月梁),顶梁上面承双脊檩,单卷棚垂花门麻叶抱头梁以下构造与一殿一卷垂花门相同,在麻叶抱头梁之下,有麻叶穿插枋贯穿于前后檐柱,起拉结联系前后檐柱的作用,前端穿出于前檐柱之外悬挑垂莲柱。垂花门的前檐和后檐面宽方向构件均与一殿一卷垂花门相同。前檐柱间安装攒边门供开启和出入;后檐柱间安装屏门以遮挡视线,划分空间。

　　5. 四檩廊罩式垂花门

　　这种垂花门多见于园林之中,常与游廊串联在一起,作为横穿游廊的通道口。其面宽按一般垂花门或根据实际需要而定,前后柱间距离与游廊进深相同。这种垂花门采取四檩卷棚的形式,它的基本构架是:由下自上,平面四棵柱,进深方向,在柱间安麻叶穿插枋,分别向前后两个方向挑出,挑出长度按实际情况酌定(一般为45～70cm)。柱头上支顶麻叶抱头梁,梁两端分别向外挑出,挑出长度同麻叶穿插枋。麻叶抱头梁下面可安装随梁,也可不加随梁。在麻叶抱头梁两端置檐檩,下面装垂莲柱,垂柱头多为方形,上雕刻四季花草等图案。麻叶抱头梁上置月梁,由瓜柱、角背等件承托,月梁上装双脊檩。在面宽方向,垂柱间安装檐枋,枋下装倒挂楣子。檐枋上安荷叶墩,托随檩枋,其上安檐檩。垂花门的脊檩之下一般只安装随檩枋,不安垫板,与游廊构件相一致。在面宽方向柱头间还应有跨空枋起联系拉结作用。由于两侧的游廊直接与垂花门相接,因而在确定廊罩式垂花门柱高时,要保证游廊的双脊檩能够交在麻叶抱头梁的侧面,并且保证游廊的屋面要能伸入垂花门稍檩博风板以下。

　　垂花门种类很多,除以上介绍的4种最常见的形式以外,还有不少特殊形式,各地区也有不少地方手法,很值得借鉴。清工部《工程做法则例》卷二十一所载的,是一座三开间独立柱担梁式垂花门,檐下置一斗三升斗拱。现存北京西黄寺垂花门,建于乾隆年间,基本是按清式《则例》的标准设计建造的,有很重要的参考价值。垂花门有带斗拱和无斗拱之区别。

二、游廊的构造

1. 基本

游廊是古建筑群中不可缺少的组成部分,无论在住宅、寺庙、园林建筑中都占有重要地位。尤其在园林建筑中,游廊更是主要的建筑内容之一。

游廊在平面上,有各种不同角度的转折,如 90°转折、120°、135°或任意角度的转折;两段游廊又有丁字形交叉、十字形交叉。在立面上,则有随地形变化而出现的各种不同形式的爬坡、转折。游廊作为联系各主要建筑物的辅助建筑,常串联于亭、堂、轩、榭之间,盘亘于峰峦沟壑之上,随山就埭,迂回曲折。这种建筑上空间的变化,给设计、施工带来许多问题。

2. 一般游廊的构造

一般游廊多为四檩卷棚。其基本构造由下自上为:梅花方柱,柱头之上在进深方向支顶四架梁。梁头安装檐檩,檩与枋之间装垫板,四架梁之上安装瓜柱或柁墩支顶梁(月梁),顶梁上承双脊檩,脊檩之下附脊檩枋。屋面木基层钉檐椽、飞椽,顶步架钉罗锅椽游廊常常数间,十数间乃至数十间连成一体,为增强游廊的稳定性,每隔三四间将柱子深埋地下,做法是将柱顶石中心打凿透眼,柱子下脚做出长榫(榫长约为柱高的 1/3～1/4,榫直径约为柱径的一半)。这种榫叫做套顶榫。榫下脚落于基础之上,周围用水泥白灰灌浆。套顶榫做法多用于间数较多的长廊,间数少或多拐角、多丁字接头的游廊不可采用。

3. 转角、丁字、十字廊的构架处理

(1)游廊转角处的构架。

1)90°转角。90°转角游廊,转角处单独成为一间,平面四棵柱,45°角方向施递角梁一根,两侧各施插梁一根,插梁一端搭置在柱头上,另一端做榫插在递角梁上,各梁上分别装置顶梁,安装檐檩、脊檩,廊子的外转角装置角梁,内转角装置凹角梁。

2)120°或 135°转角。120°转角又名六方转角,135°转角又名八方转角,这是游廊常见的转折角。这两种情况在转角处平面上只有两棵柱,不单独成一间。斜角方向施递角梁一根,上置顶梁,两侧檩木可作搭交榫相交,也可做合角榫相交。120°转角处可置角梁,钉翼角翘飞椽,135°转角处可置角梁,也可不置角梁,直接钉椽子。大于 135°角的转角均不置角梁。凡大于 90°的转角处的柱子,断面都应随转折角度做成异形柱。

(2)游廊丁字形衔接的构架。游廊成丁字形衔接部分,衔接处单独成一间,平面四棵柱,通常在丁字游廊主干道方向安置架梁,次道方向的檐檩,与主干道一侧的檐檩做合角榫相交。次道一侧的脊檩向前延伸与主道脊檩做插榫成丁字形相交。里转角部分安装凹角梁,两侧钉蚂蚁椽子。

(3)游廊十字形衔接处的构架。游廊十字形衔接,相当于两个丁字廊对接在一起。可沿任意方向置梁架,接点处单独成为一间,檩木交接方式与丁字廊完全相同。

三、爬山廊的构造处理

1. 迭落式爬山廊

迭落式爬山廊是爬山廊中最常见的一种，它的外形特点，是若干间游廊像楼梯踏步一样，形成等差级数或等比级数的阶梯形排列，使游廊步步升高。

迭落式爬山廊，在构造方面有许多不同于一般游廊的特点，这主要是：

（1）木构架由水平连续式变为阶梯连续式。一般游廊相邻两间的檩木共同搭置在一缝梁架上，若干间连接为一个整体。迭落廊则是以间为单位，按标高变化水平错开，使相邻两间的檩木构件产生一定的水平高差。低跨间靠近高跨一端的檐檩、垫板、枋子端头做榫插在高跨一间的柱子上。进深方向在高跨柱间安装插梁以代顶梁，低跨的脊檩搭置在插梁上，脊檩外皮与插梁外皮平，在外侧钉象眼板遮挡檩头和插梁，板上可做油饰彩绘。高跨间靠低跨一端的檩木，则搭置在四架梁、顶梁上并向外挑出，形成悬山式结构，外端挂博风板，檩子挑出部分下面附燕尾枋，檐枋外端做箍头枋。

（2）廊内地面及台明的变化。为便于游人登临，在游廊的构架变为以间为单位的阶梯连续式后，廊内地面仍需保持连续爬坡的形式。每一间的地面都按两端高差做成斜坡，各间斜坡地面联成一体。地面两侧的台明仍应保持与上架檩木相平行的关系，以求建筑立面的协调一致，各间台明连接起来也形成阶梯状（台明实际变成为遮挡地面的矮墙），在台明上面安装坐凳楣子，檐枋下面装倒挂楣子。

2. 斜坡爬山廊

斜坡爬山廊是一种沿斜坡地面建造的爬山廊，这种爬山廊每一间的木构件与斜坡地面是平行的，它是爬山廊的又一种基本形式。这种按一定坡度构成的梁架以及装修、台明等，也有许多与其他游廊不同的特点，主要有以下几方面：

（1）木构架断面形状和组合方式的改变。首先是柱根角度的变化，斜坡爬山廊的柱子与地面成一定的夹角，柱根须按地面斜度做成斜角，柱头也按同样角度做成斜角。置于柱头上面的四架梁、月梁等件，断面形状也由矩形变为菱形。檩、垫、枋、板诸件与柱梁的结合角度也随之改变。斜坡爬山廊柱子根部要做套顶榫，以增加构架的稳定性。

（2）台明、柱顶的变形处理。斜坡爬山廊的构架部分按地面爬坡的斜度改变组合角度后，台明、柱顶也随之变化，阶条石、埋头、陡板都要做同样处理，柱顶石的上面也要按台明的斜度做成斜面柱顶。

（3）木装修的变形处理。游廊的木装修，包括坐凳楣子、栏杆、倒挂楣子及花牙子等。安装在斜坡爬山廊上的木装修要随木构架组合角度的变化改变自身形态。楣子的边抹棂条都要按爬坡的角度改变组合角度，以保证横棂条与横构件枋、檩等平行，竖棂条与竖构件柱子平行。制作这种变形的装修要放实样。安装在不同位置的花牙子，也要随夹角变化作变形处理。

（4）屋面宽瓦。在宽瓦时，要保证底瓦、筒瓦的口面与斜坡屋面垂直，不能与水平面垂直,筒瓦两肋的睁眼大小要一致,不受斜坡屋面的影响。

3. 斜坡爬山廊的转角处理

斜坡爬山廊不仅在立面上逐渐改变高度,在平面上也有各种转折变化,这种转折也给设计施工带来许多问题。

在平面上,爬山廊的转折变化有90°角、120°角、135°角以及大于135°角的任意角,在立面上有平廊转折接斜廊、斜廊转折接平廊,斜廊转折接相同坡度的斜廊,以及斜廊转折接不同坡度的斜廊等各种情况。

平面成90°角的转折。爬山廊在平面上成90°角转折时,通常要将转角处一间做成水平廊,作为转折的过渡部分。无论是水平廊转折接爬山廊,爬山廊转折接水平廊,还是爬山廊转折接爬山廊,都需要有这个水平过渡部分。现以爬山廊90°转折接爬山廊为例,看看转角处的几个构造特点:

(1)转角处梁、柱的折角变化。它有这几个特殊之点:①廊子折角处的柱子,其柱头和柱脚即非直角也非斜角,而是以柱中线为界,一半为斜角,一半为直角的异形柱脚。搭置在柱头上的四架梁、月梁,断面也随柱头的形状做成折角,使梁的断面成为以中线为界,半边矩形半边菱形的折角断面。这是节点处构件交接所需要的。节点处柱梁两侧的檩、垫板、枋子诸件,是与柱、梁按不同角度结合在一起的。两侧的构件不论来自什么角度,都必须交到这一架梁的中轴线上,才能使节点处互相交圈,这正是所谓"大木不离中"的原则。这条原则是普遍适用的。除梁等构件以外,柱脚下面的柱顶石,也须做成折角形状以保证台明交圈。

(2)内转角的特殊构造及其技术处理。在90°转角连续爬山廊的内转角部分,由于转角两侧构件的空间高度变化,使本来很简单的构造变得很复杂。这种变化主要反映在凹角梁,以及内转角两侧的檐椽、飞椽等构件的空间关系上。爬山廊内转角角柱两侧的枋子、垫板、檩子不是按90°水平转角结合在一起。而是呈一种"斜坡向上→接90°转角→接斜坡向上"这样一种空间组合方式。两侧檩、枋各件在各个点的标高都不相同,尽管各构件或构件延长线的搭接点都交于柱子中轴线的同一点,但挑出的凹角梁及其两侧的蜈蚣椽的出头部分,就交不到一个共同点上了,这样就出现了内转角檐口不交圈的现象。

四、牌楼

1. 基本内容

牌楼是古建筑的一个特殊类别。在古代都市街衢的起点与中段,主要街道的交汇处,以及寺观、园囿、离宫、陵墓的前面,著名桥梁的两侧,都有牌楼矗立其间,作为建筑群体的标志。牌楼这种特殊建筑,兼有宫殿、坛庙建筑之辉煌,王宫府邸建筑之华丽,古典园林建筑之精巧,是装饰性很强的建筑。

牌楼亦名牌坊,其种类很多,按建筑材料划分,可分为木质、石质、琉璃、木石混合、木砖混合等数种;按建筑造型分,则可分为柱不出头和柱出头两大类。

据有关专家考证,牌楼的产生是与古代民居的出现以及街衢坊巷的形成相联系的。在古代随着民居院落的出现，产生了院门。人们在院墙或篱墙合拢处立两根木柱，木柱上端安装横木，叫做"衡门"。这种原始的"衡门"就是柱不出头式牌楼的前身。后来，人们在门头加板，架椽防雨防腐，进而再安装斗拱檐楼，即成为牌楼式大门（实例中单开间二柱一楼屏风式牌楼即是）。柱出头式牌楼也是由宅门发展而来的。《史记》有"正门阀阅一丈二尺，二柱相去一丈，柱端安瓦筒，墨染，号乌头染"的记述。这种柱子伸出并染成乌头的门，即后来载入宋《营造法式》的乌头门，逐渐演变为棂星门和柱出头式牌楼。

作为牌楼雏形的宅门（衡门和乌头门），最初只起分隔院落及供宅人出入的作用。后来又从宅门中分离出来，建于街巷入口，成了古时划分民居区域的坊巷标志。牌楼的规制和作用，是随时代的发展而不断变化的，最初它作为宅门出现时规制既小，构造也很简陋；发展为里坊门之后，规制根据需要增大，构造也较其前身复杂，建筑材料亦由木制一种而发展成为木、石或砖木混合等多种。一些重要街坊门或带纪念性的牌坊在木、瓦、石、彩画工艺上更加讲究，牌楼的间数，也依据需要由单间增至三间、五间等等。随着时间的推移，有的牌坊几乎完全丧失了它作为宅门、坊门的原始作用，成为一种纯装饰性或纯标志性建筑。

2. 柱出头式木牌楼

柱出头式木牌楼，有二柱单间一楼，二柱冲天带跨楼，四柱三间三楼，六柱五间五楼等数种。其中有代表性者为四柱三间三楼和二柱冲天带跨楼两种。

（1）四柱三间三楼柱出头牌楼。平面呈一字形，四根柱，中间两根中柱，两侧两根边柱。每棵柱根部均由夹杆石围护，夹杆石明高约为 1.8 倍自身宽（见方），夹杆石宽（见方）为柱径 2 倍。柱出头式牌楼，自夹杆石上皮至次间小额枋下皮为夹杆石明高一份至一份半，具体尺寸根据实际需要酌定。小额枋以上为折柱花板，再上为次间大额枋。大额枋之上为平板枋，上面安装斗拱檐楼。次间大额枋上皮与明间小额枋下皮平。明间小额枋下的雀替，系与次间大额枋由一木做成，沿面宽方向穿过中柱延伸至明间，作为明间与次间的联系拉扯构件，起着至关重要的作用。明间小额枋上面为折柱花板，再上为明间大额枋，大额枋以上为平板枋，其上安装斗拱檐楼。柱出头牌楼檐楼有悬山顶和庑殿顶两种。上复筒板瓦，调正脊、垂脊、安吻兽。柱子出头之长，应以云冠下皮与正脊吻兽上皮相平为准。（云冠自身高通常为柱径的 2～3 倍。）

柱出头牌楼所施斗拱的斗口，一般为一寸五分（或一寸六分）、最大不得超过二寸。明楼与次楼斗拱出踩相同或次楼减一踩。明、次楼面宽的比例通常为 1：0.8，或按斗拱攒数定。一般要求明楼斗拱用双数（空当居中），次楼不限。

（2）二柱带跨楼柱出头牌楼。这种牌楼平面呈一字形，两棵落地柱，明间自下向上依次为夹杆石、明柱、小额枋、折柱花板、大额板、斗拱、檐楼。小额枋两端做悬挑榫，挑出于明柱两侧，做法略同垂花门中的麻叶穿插榫。小额枋的挑出部分，做为跨楼的大额枋，其下面的折柱花板及小额枋，与明间雀替由一木做成，从明柱穿过与小额枋挑出的部分共同悬挑跨楼。为增加挑杆的悬挑能力,明间雀替要适当加长,达到明间净面阔的 1/3。跨楼外一端,安装悬空边柱,柱子上复云冠,下做垂莲柱头。在跨楼小额枋下面,安装骑马雀替。由于受悬挑杆件断面限制,夹楼面阔不宜过大,通常置两攒平身斗拱。跨楼斗拱出踩,可与明楼相同,也可减一踩。跨楼边柱柱径应小于中柱柱径,一般为中柱径的 2/3。

二柱冲天带跨牌楼,因有跨楼而使立面更加丰富,造型更加优美。跨楼作为正楼的陪衬点缀,在尺度上不能喧宾夺主,在造型上应轻巧精致,使整体主次分明。

3. 柱不出头式木牌楼

柱不出头式木牌楼,有二柱一间一楼、二柱一间三楼、四柱三间三楼、四柱三间七楼、四柱三间九楼等多种形式。其中四柱三间三楼、四柱三间七楼二种最有代表性。

(1)四柱三间三楼柱不出头牌楼。四柱三间三楼柱不出头牌楼,平面成一字形,四棵柱。斗拱斗口通常为 1.5 寸(4.8cm)。明楼斗拱一般取偶数,空当坐中,次楼不限。明、次间面宽比例约为 10∶8 或按斗拱攒数定。

四柱三间柱三楼不出头牌楼,次间构件由下向上,依次为:夹杆石、边柱、雀替、小额枋、折柱花板、大额枋、平板枋、斗拱、檐楼。明间构件与次间相同,明次间构件间的关系是:次间大额枋上皮与明间小额枋下皮平。明间小额枋下面的雀替,与次间大额枋是由一木做成,穿过中柱与明间小额枋叠交在一起,成为明次间的水平联系构件。明间小额枋之上为折柱花板、匾额,再上一层为明间大额枋。

牌楼斗拱多采用七踩、九踩或十一踩。明间正楼多采用庑殿顶,次楼外侧采用庑殿顶,内一侧采用歇山顶。这种牌楼屋顶也有采用歇山或悬山式的,但较为少见。

(2)四柱三间七楼柱不出头牌楼。这是柱不出头牌楼中最常见,造型也最优美的一种,很有代表性。这种牌楼平面呈一字形,四柱,檐楼斗拱斗口通常为 1.5～1.6 寸,明楼斗拱取偶数,空档居中,次楼减一攒。7 座檐楼的排列顺序为:明楼居于明间正中,次楼居于次间正中,明、次楼均由高拱柱、单额枋支承,高拱柱及单额枋空档内安装匾额及花板。明、次楼之间为横跨明、次间的夹楼,次楼外侧为边楼。

明间面宽由明楼,夹楼宽度定。通常明楼置平身科斗拱四攒(计五当)、夹楼置平身科斗拱三攒(计四当)。次楼置平身科斗拱三攒(计四当),边楼置平身科斗拱一攒(计二当),其中夹楼横跨明次两楼,各占 2 攒当。这样明间、次间面阔计算即为:

明间面阔=明楼五攒当+夹楼四攒当+高拱柱宽 1 份、坠山花博风板厚 2 份+1 斗口;

次间面阔=次楼四攒当+夹楼两攒当+边楼两攒当+高拱柱宽 1 份、坠山花博风板厚 2 份+1 斗口。(注:1 斗口为贴坠山花板斗拱所加的厚度。)

按照如上公式推算的结果,明间仅比次间宽一攒当(11 斗口),主次不太分明。如欲突出明间明楼,可适当调整各楼斗拱攒当尺寸。通常的做法是保持边、夹楼攒当尺寸不变,略减次楼攒当尺寸,将减掉的值加在明楼,使明楼攒当适当加大。或次、边、夹楼的攒当尺寸都不变,仅适当增大明楼的攒当尺寸。调整的结果,使明、次间比例大致为 1∶0.88 左右即可。

四柱三间七楼牌楼的木构架与前面所述牌楼有所不同。这种牌楼,四根柱等高,两根明柱上支顶龙门枋一根,龙门枋横跨明间,端头延伸至次间达高拱柱外皮,与次间大额枋内一端相迭。这根龙门枋是联系明、次间的主要构件,明楼、夹楼坐落其上。龙门枋之下为折柱花板,再下面为明间小额枋。次间大额枋与明间折柱花板等高,次间折柱花板与明间小额枋等高,次间小额枋上皮与明间小额枋下皮平,次间小额枋内一侧做透榫穿过中柱并做成雀替形状,迭于明间小额枋之下,作为明间雀替,下面托以拱子、云墩等构件。次间小额枋之下同样安装云墩雀替。

四柱三间七楼牌楼,由夹杆石上皮至次间小额枋下皮的高度,约为夹杆石明高的 1～1.2 份。明间小额枋比次间小额枋提高额枋自身高一份。明间面阔(柱子中至中尺寸)与净高之比,约为 10∶8 或 10∶8.5。由明间小额枋下皮至明楼正脊上皮和小额枋下皮至地面的高度比,约为 6/5 或 7/6。

4. 木牌楼构件

木牌楼构件权衡见表 9-15。

表 9-15　　　　　　　　　**木牌楼构件权衡表**　　　　　　　(单位:斗口)

序号	构件名称	长	宽	高	厚	径	备注
1	柱					10	适用于各种牌楼
2	跨楼垂柱					7	
3	小额枋			9	7		
4	大额枋			11	9		
5	龙门枋			12	9.5		
6	折柱		2.5	同大(或小)额枋	0.6 小额枋厚		
7	小花板			同折柱高	1/3 折柱厚		
8	明楼(正楼)		1/2 明间面阔,若为小数加若干凑整尺寸(以营造尺为单位)				《牌楼算例》定四柱七楼牌楼明间面阔为 17 尺

序号	构件名称	长	宽	高	厚	径	备注
9	次楼		1/2 次间面宽,若为小数减若干,凑整尺寸(以营造尺为单位)				《牌楼算例》定四柱七楼牌楼次间面阔为15尺
10	边楼		次间面宽减次楼一份,高栱柱见方一份,所余折半即是				
11	夹楼		明间面阔减明楼面阔一份,高栱柱一份,所余折半,加边楼一份即是				夹楼中应与明柱中线相对
12	高栱柱			次楼面阔八扣,加单额枋高一份,平板枋高一份、灯笼榫高一份,再加大额枋高一份,花板高一份,小额枋高0.5份,即是	6斗口(见方)		
13	单额枋			8	6		

序号	构件名称	长	宽	高	厚	径	备注
14	挑檐桁					3	
15	正心桁（脊桁）					4.5	
16	角梁			4.5	3		
17	椽子、飞椽					1.5	
18	坠山花板	斗栱拽架加两侧平出檐加椽径一份		自平板枋上皮至扶脊木上皮	1.5椽径		
19	飞头出檐	明楼六寸边夹楼5寸、次楼或随明楼或随边夹楼					斗栱斗口为1.6寸时按此出檐，飞檐加老檐平出之和不得超过斗栱出踩
20	雀替	净面阔的1/4	同小额枋		3/10柱径		
21	戗木					2/3柱径或酌减	
22	挺钩					按长度的3/100	径一般不超过1.5寸
23	平板枋		3	2			
24	灯笼榫					3斗口见方或酌增	

注：清式木牌楼斗栱斗口，通常为1.5～1.6寸。

五、木构榫卯的种类及其构造

1. 固定垂直构件的榫卯

（1）管脚榫。管脚榫即固定柱脚的榫，用于各种落地柱根部，童柱与梁架或墩斗相交处，也用管脚榫。它的作用是防止柱脚位移。在清《工程做法则例》中，规定"每柱径一尺，外加上下榫各长三寸"，将管脚榫的长度定为柱径的3/10。在实际施工中，常根据柱径大小适当调整管脚榫的长短径寸，一般控制在柱径的3/10～2/10之间。管脚榫截面或方或圆，榫的端部适当收溜（即头部缩小），榫的外端要倒楞，以便安装。较大规模的建筑，由于柱径粗大，且有槛墙围护，稳定性好，并为制作安装方便，常常不作管脚榫，柱根部做成平面，柱顶石亦不凿海眼。

（2）套顶榫。套顶榫是管脚榫的一种特殊形式，它是一种长短、径寸都远远超过管脚榫，并穿透柱顶石直接落脚于磉墩（基础）的长榫，其长短一般为柱子露明部分的1/3～1/5，榫径约为柱径的1/2～4/5不等，须酌情而定。套顶榫多用于长廊的柱子（一般每隔二三根用一根套顶柱），也常用于地势高、受风荷较大的建筑物，它的作用在于加强建筑物的稳定性。但由于套顶榫深埋地下，易于腐朽，所以埋入地下部分应作防腐处理。

（3）瓜柱柱脚半榫。与梁架垂直相交的瓜柱（包括金、脊瓜柱、交金瓜柱等），柱脚亦用管脚榫。但这种管脚榫常采用一般的半榫做法。为增强稳定性，瓜柱又常与角背结合起来使用。这时瓜柱根部的榫就必须做成双榫，以便同角背一起安装。瓜柱柱脚半榫的长度，可根据瓜柱本身大小作适当调整，但一般可控制在6～8cm。

2. 水平构件与垂直构件拉结相交使用的榫卯

（1）基本内容。在古建大木中，水平构件与垂直构件相交的节点很多，最常见的有柱与梁、柱与枋、山柱与排山梁架、抱头梁、桃尖梁、穿插枋及单、双步梁与金柱、中柱相交部位等。由于构件相交的部位与方式不同，榫卯的形状亦有很大区别。

（2）馒头榫。馒头榫是柱头与梁架垂直相交时所使用的榫子，与之相对应的是梁头底面的海眼。馒头榫用于各种直接与梁相交的柱头顶部，其长短径寸与管脚榫相同。它的作用在于使柱与梁垂直结合，避免水平移位。梁底海眼要根据馒头榫的长短径寸凿作，海眼的四周要铲出八字楞，以便安装。

（3）燕尾榫。这种榫多用于拉扯联系构件，如檐枋、额枋、随梁枋、金枋、脊枋等水平构件与柱头相交的部位。燕尾榫又称大头榫、银锭榫，它的形状是端部宽、根部窄，与之相应的卯口则里面大、外面小，安上之后，构件不会出现拔榫现象，是一种很好的结构榫卯。在大木构件中，凡是需要拉结，并且可以用上起下落的方法进行安装的部位，都应使用燕尾榫，以增强大木构架的稳固性。

燕尾榫的长度，《工程做法则例》规定为柱径的1/4，在实际施工中，也有大于1/4柱径的，但最长不超过柱径的3/10。而且，榫子的长短（即卯口的深浅）与同一柱头上卯口的多少有直接关系。如果一个柱头上仅有两个卯口,则口可稍深,以增强榫的结构功能;如有三个卯口,则口应稍浅,否则就会因剔凿部分过多而破坏柱头的整体性。

燕尾榫根部窄、端部宽,呈大头状,这种做法称为"乍"。乍的大小,如榫长10cm,每面乍1cm(两面共乍2cm)为度,不宜过大。燕尾榫上面大、下面小,称为"溜"。放乍,是为使榫卯有拉结力;收溜,则是为了在下落式安装时,愈落愈紧,以增强节点的稳定性。"溜"的收分不宜过大,如燕尾榫上面宽为10cm,下边每侧面收1cm即可。在制作时一定要保证榫卯松紧适度,既要便于安装,又要使结构严谨。

用于额枋、檐枋上的燕尾榫,又有带袖肩和不带袖肩两种做法,做袖肩,是为解决燕尾榫根部断面小、抗剪力性能差而采取的一种补救措施。做袖肩可以适当增大榫子根部的受剪面,增强榫卯的结构功能。袖肩长为柱径的1/8,宽与榫的大头相等。

(4)箍头榫。箍头榫是枋与柱在尽端或转角部相结合时采取的一种特殊结构榫卯。"箍头"二字,是"箍住柱头"的意思。它的做法,是将枋子由柱中位置向外加出一柱径长,将枋与柱头相交的部位做出榫和套碗。柱皮以外部分做成箍头,箍头常为霸王拳或三岔头形状。一般带斗拱的宫殿式大木采用霸王拳作法,而无斗拱的园林建筑或处于次要地位的配房则常做成三岔头形式。箍头的高低、薄厚均为枋子正身尺寸的8/10。箍头枋的应用,有一面和两面两种情况。一面使用箍头枋时,只需在柱头上沿面宽方向开单面卯口,如面宽和进深方向都使用箍头枋时,则要在柱头上开十字卯口,两箍头枋在卯口内十字相交。相交时要注意使山面一根在上,檐面一根在下,叫做山面压檐面。

使用箍头枋,对于边柱或角柱既有很强的拉结力,又有箍锁保护柱头的作用。而且箍头本身还是很好的装饰构件。所以,箍头枋在大木榫卯中,不论从哪个角度看,是运用榫卯结构技术非常成功和优秀的一例。

(5)透榫。透榫用于大木构件,常做成大进小出的形状,所以又称大进小出榫。所谓大进小出,是指榫的穿入部分,高按梁或枋本身高,而穿出部分,则按穿入部分减半。这样做,既美观又减小榫对柱子的伤害面。透榫穿出部分的净长,清《工程做法则例》规定为由柱外皮向外出半柱径或构件自身高的1/2。榫的厚度一般等于或略小于柱径的1/4,或等于枋(或梁)厚的1/3。透榫穿出部分,一般做成方头,也有时做成三岔头或麻叶头状。这要按建筑物的性质、用途而定。一般宫殿式建筑多用方头,以示庄严;而游廊或垂花门及园林建筑上则多加雕饰,以示纤美。

透榫适用于需要拉结、但又无法用上起下落的方法进行安装的部位,如穿插枋两端、抱头梁与金柱相交部位等处。

(6)半榫。半榫的使用部位与透榫大致相同。但除特殊的需要以外,使用半榫是在无法使用透榫的情况下，不得已而为之。最典型的要属排山梁架后尾与山柱相交处。在古建大木中，常使用山柱或中柱这样的构件。这两种柱子，均位于建筑物进深中线上，将梁架分为前后两段。由于两边的梁架都要与柱子相交，这时，就必须用半榫。一般的半榫做法与透榫的穿入部分相同，榫长至柱中。两端同时插入的半榫，则要分别做出等掌和压掌，以增加榫卯的接触面。方法是将柱径均分三份，将榫高均分为两份，如一端的榫上半部长占1/3柱径，下半部占2/3，则另一端的榫上半部占2/3，下半部占1/3。此外，也有两个半榫齐头碰的做法，但较为少见。半榫的结构作用是较差的，易于出现拔榫现象而导致结构松散。为解决这个问题，古人采取在下面安放替木或雀替的方法，增大梁架与柱子的搭接面，并且在替木或雀替的上面与梁迭交的地方栽做销子榫或钉铁钉，以防梁架向前后脱出。

半榫除用于上述梁与柱的交点外，在由戗与雷公柱、瓜柱与梁背相交处也常使用。

3. 水平构件互交部位常用的榫卯

(1)基本内容。水平构件互交，在古建大木中，常见于檩与檩、扶脊木与扶脊木、平板枋与平板枋之间的顺接延续或十字搭交。

(2)大头榫。亦即燕尾榫。做法与枋子上的燕尾榫基本相同，榫头作"乍"，且略作"溜"，以便安装，也有不作"溜"的。大头榫采用上起下落方法安装，它常用于正身部位的檐、金、脊檩以及扶脊木等的顺延相交接部位，起拉结作用。

(3)十字刻半榫。十字刻半榫主要用于方形构件的十字搭交，最多见于平板枋的十字相交。方法是按枋子本身宽度，在相交处，各在枋子的上、下面刻去薄厚的一半、刻掉上面一半的为等口，刻掉下面一半的为盖口。然后等口盖口十字扣搭。制作时亦应注意山面压檐面，刻口外侧要按枋宽的1/10做包掩。

(4)十字卡腰榫。俗称马蜂腰，主要用于圆形或带有线条的构件的十字相交。古建大木构件中的卡腰，主要用于搭交桁檩。方法是将桁檩沿宽窄面均分四等份，沿高低面分二等份，依所需角度刻去两边各一份，按山面压檐面的原则各刻去上面或下面一半，然后扣搭相交。

制作卡腰和刻半时，两根构件相交的角度应按建筑物要求而定，如果是90°转角的矩形或方形建筑，则按90°角相交；如果搭交榫用于六角或八角等建筑，则应按所需角度斜十字搭交。在多角形建筑中，檩、枋扣搭不存在山面压檐面的问题。在同一根构件上，卯口的方向应一致，即一根构件两端都做等口榫，相邻一根两端则都应做盖口榫。如六角亭的六根檩或枋应三根做等口、三根做盖口，以便扣搭安装，而不能在同一根构件上做等口又做盖口。

4. 水平或倾斜构件重叠稳固所用的榫卯

(1)基本内容。古建大木的上架(即柱头以上)构件，都是一层层叠起来的。这就不仅需要解决每层之中构件与构件的结合问题，而且需要解决上下两层构件之间的结合问题,这样才能使多层构件组成一个完整的结构体。

水平(或倾斜)构件迭交有两种情况,一种是两层或两层以上构件叠合,再就是两层或两层以上构件垂直(交角成90°)或按一定角度半叠交。

(2)栽销。栽销是在两层构件相叠面的对应位置凿眼,然后把木销栽入下层构件的销子眼内。安装时,将上层构件的销子眼与已栽好的销子榫对应入卯。销子眼的大小以及眼与眼之间的距离,没有明确规定,可视木件的大小和长短临时酌定,以保证上下两层构件结合稳固为度。在古建大木中,销子多用于额枋与平板枋之间、老角梁与仔角梁之间以及迭落在一起的梁与随梁之间、角背、隔架雀替与梁架相迭处等,古时也有在檩子、垫板、枋子之间使用销子以防止檩、垫、枋走形错动的,现在已很少采取。另外,在坐斗与平板枋之间、斗拱各层构件之间,也都用栽销的方法稳固。

(3)穿销。穿销与栽销的方法类似,不同之处是,栽销法销子不穿透构件;而穿销法则要穿透二层乃至多层构件。穿销常用于溜金斗拱后尾各层构件的锁合。用于古建大门门口上的门簪,也是一种比较典型的穿销。销子将构件穿住以后,在销子出头一端,还需要用簪子别住。用于大屋脊上的脊桩,兼有穿销和栽销两者的特点。为了保持脊筒子的稳固,它需要穿透扶脊木,并插入檩内 $1/3\sim1/4$,可看作是栽销的一种特例。牌楼高拱柱下榫也是穿销的一种例证,它穿透额枋(龙门枋),带做出折柱并插入小额枋内 $1/2\sim1/3$。使高拱柱牢牢地竖立在额枋(或龙门枋)上。

5.用于水平或倾斜构件叠交或半叠交的榫卯

(1)基本内容。水平或倾斜构件重叠稳固,需要用销子;而当构件按一定角度(90°或其他需要的角度)叠交或半叠交时,则需采用桁碗、刻榫或压掌等榫卯来稳固。

(2)桁碗。桁碗(小式称檩碗)在古建大木中用处很多,凡桁檩与柁梁、脊瓜柱相交处,都须使用桁碗。桁碗即放置桁檩的碗口,位置在柁梁头部或脊瓜柱顶部。碗子开口大小按桁檩直径定,碗口深浅最深不得超过半檩径,最浅不应少于 $1/3$ 檩径。为了防止桁檩沿面宽方向移动,在碗口中间常常做出"鼻子"。其方法是将梁头宽窄均分四等分,鼻子占中间两分,两边碗口各占一分。梁头留出鼻子后,要将檩子对应部分刻去,使檩下皮与碗口吻合。脊瓜柱柱头檩碗可不做鼻子或只作小鼻子。向山面出梢的檩子与排山梁相交时,梁头或脊瓜柱头只需做小鼻子。小鼻子的宽窄高低不应大于檩径的 $1/5$。桁檩在同角梁相交时,亦按需要作檩碗,有时也在角梁碗口处作鼻子(闸口)。搭交桁檩与斜梁、递角梁及角云等相交时,梁头做搭交桁碗,不留鼻子。

(3)趴梁阶梯榫。多用于趴梁、抹角梁与桁檩半叠交以及短趴梁与长趴梁相交的部位。趴梁与桁檩半叠交时,一般作阶梯榫。阶梯榫一般做成三层,底下一层深入檩半径的 $1/4$,为趴梁榫袖入檩内部分;第二层尺寸同第一层;第三层有的做成燕尾榫状,起拉接作用;也有做直榫的,榫长最长不得超过檩中。阶梯榫两侧各有1/4包掩部分。长短趴梁相交处榫做法与上略同,可不做包掩。抹角梁与桁檩相交,由于交角为45°,做榫时,需要在抹角梁头做直榫,在檩木上沿45°方向剔斜卯口。榫卯的具体做法与趴梁阶梯榫相同。

(4)压掌榫。它的形状与人字屋架上弦端点的双槽齿做法很相似。这种榫多用于角梁与由戗或由戗之间接续相交的节点压掌榫要求接触面充分、严实,不应有实有虚。除角梁由戗以外,在椽子的节点处也常用压掌做法。不过椽子采用钉子在檩木上故不应列入榫卯之列。

6. 用于板缝拼接的几种榫卯

(1)基本内容。制作古建大木和部分装修构件,常常需要很宽的木板,如制作博风板、山花板、挂落板以及榻板、实榻大门等。这就需要板缝拼接。为使木板拼接牢固,除使用胶膘粘合外,还采用榫卯来拼合。

(2)银锭扣。银锭扣,又名银锭榫,是两头大、中腰细的榫,因其形状似银锭而得名。将它镶入两板缝之间,可防止胶膘年久失效后拼板松散开裂。镶银锭扣是一种键结合作法。用于榻板,博风板等处。

(3)穿带。穿带是将拼粘好的板的反面刻剔出燕尾槽。槽一端略宽,另一端略窄。槽深约为板厚的1/3。然后将事先做好的燕尾带(一头略宽,一头略窄)打入槽内。它可锁住诸板不使开裂,并有防止板面凹凸变形的作用。每一块板一般穿带三道或三道以上,带应对头穿,不要朝一个方向穿,以便将板缝挤严。

(4)抄手带。这是穿带的另一种形式,但又不同于穿带。穿抄手带必须在木板小面居中打透眼。程序是将要拼粘的木板配好,拼缝(可采用平缝、裁口或企口缝),然后在需要穿入抄手带处弹出墨线,在板小面居中打出透眼,再把板粘合起来(要将眼对准),待胶膘干后将已备好的抄手带抹鱼膘对头打入。抄手带本身必须是强度很高的硬木、做成楔形。这种作法多用于实榻大门。

(5)裁口。是将木板小面用裁刨裁掉一半,裁去的宽与厚近似,木板两边交错裁做,然后搭接使用。这种做法常用于山花板。

(6)龙凤榫。亦称企口,将木板小面居中打槽,另一块与之结合的板面居中裁作凸榫,将两板互相咬合。

清式木构建筑的榫卯种类很多,除上述以外,还可举出一些。

榫卯的应用是由建筑物采用木结构架决定的。我们今天所见到的榫卯,是我国建筑工匠几千年创造实践的成果,是他们辛劳和智慧的结晶。但是由于木材本身的特点,在榫卯处理方面,也不可避免地存在一些弱点。如榫卯结合处的受剪面偏小,燕尾榫较短,有些节点只能使用半榫拉结等等,都对木构架的结构功能有一定影响。为了克服这些不足之处,清代在建筑物上大量使用铁件加固,如在拼接的柱、梁、枋外面缠铁箍,在柱头两侧的枋与枋之间、排山梁架与柱相交的节点处以及檩木接头处使用过河拉扯,在角梁与桁檩搭交处钉角梁钉,在板缝拼接处加铁锔等，便是这种措施。铁件的使用对于克服木制榫卯的某些弱点，增强构架的结构功能，是有帮助的。

六、各类榫卯的受力分析及质量要求

1. 管脚榫、馒头榫

用于柱根和柱头部位的这两种榫，它的作用主要在于固定垂直构件自身不使它水平移位，或固定梁架不使它水平移位。平时，它并不发挥作用，当水平外力（比如地震水平振动或大风）出现时，它才发挥作用。这种榫卯的规格《工程做法则例》定为：长、宽、高均为柱径的 3/10。我们在实际应用中，有时将它的规格略为减小，控制在柱径的 1/4～3/10 之间。遇到倾斜建筑（如爬山廊）时，榫子受力的情况就变了。不仅它的断面长度都要保证在 3/10 柱径。而且还需要加用套顶榫，榫卯根部不应有疵病，以保证榫的强度。

2. 燕尾榫

在古建筑中，凡是枋或随梁一类构件几乎都使用燕尾榫。这些构件既是连接柱头，形成下架围合结构的构件，又有辅助檩子（或梁）承受屋面荷载的作用。当屋面荷载过大，檩子（或梁）弯曲时，其下的枋或随梁也会随之弯曲。枋两端的榫子，此时受到两个方向的力，一是剪切力、一是拉力。这两种力都会作用在燕尾榫根部，这样，就要求榫子根部要保证足够的断面，才能符合受力要求。但是，木结构在满足这方面要求的是有困难的，枋（或随梁）与柱头相交的榫子大、过厚，会使柱头卯口过大过深，影响柱头的整体性，削弱柱头承受各种外力的能力。因此，在考虑燕尾榫断面大小时，还必须兼顾到柱头的整体性问题。我们通常定燕尾榫尺度时，一般使它的长度在柱头直径的 3/10～1/4 之间，榫宽等于长，榫子根部收乍不宜过大，以每面收榫厚的 1/10 为宜。榫子收溜也不宜大，也控制在榫厚的 1/10 即可。即使这样，燕尾榫根部断面还是偏小，为补救燕尾榫根部受剪面不够的缺陷，可采用做袖肩的方法。榫子带袖肩，可使榫根部的断面增加 30% 左右，这样就可大大增强榫子的抗剪能力。带袖肩的榫子制作起来比较费事。但在一些较大型的建筑物上还应努力推广应用。

3. 箍头榫

箍头榫受力情况与燕尾榫基本相同，既受剪切力、又受拉力。但它的构造却比燕尾榫要优越得多。箍头榫的厚度，一般控制在柱头径的 1/4～3/10 之间，榫子部分的木质不能有腐朽、劈裂等疵病。

4. 透榫（大进小出榫）

透榫多用于拉结构件，如穿插枋、跨空枋等，榫子主要承受拉力，但由于这些构件上面还有其他构件，如梁、随梁等，因此它所受拉力并不大。因此，大进小出透榫的断面可略小于燕尾榫、箍头榫等受力较大的榫卯。这样，可以使对应部位的柱子断面少受破坏。透榫的厚度一般不应超过檐柱径的 1/4。可控制在檐柱径的 1/4～1/5 之间，大式建筑则可控制在 1～1.5 斗口。

5. 半榫

半榫多用于中柱，山柱两侧插梁的后尾，它主要受剪切力和拉力，但是，它的构造却决定了，这种榫卯几乎没有拉结功能，如果要使它具有拉结功能，必须加辅助构件，这就是常伴随半榫节点而出现的雀替和替木。这两种构件，都是为增加半榫的拉结功能而产生的。雀替高 4 斗口、厚为 3/10 檐柱径。长为柱径 3 倍或更长一些。通过它把中柱（或山柱）前后的构件沟通连接起来，替木多用于小式建筑，长为中柱或山柱径的 3 倍、宽厚为 1/3 檐柱径（或同椽径）。大式建筑用雀替，小式仅用替木，这并非仅仅是建筑等级的需要，主要还是结构上的需要。大式建筑体量大，节点受外力也大，所以需要辅以雀替这样的较大的辅助构件。

6. 十字卡腰榫

十字卡腰榫用于搭交檐檩、搭交金檩、搭交挑檐檩等。各种搭交檩子，节点处所受的力主要是拉力。来自两个方向的檩木扣搭相交后，节点处的断面要损失 3/4 左右，仅剩下约 1/4。在一般情况下是没有大问题的。但当受到地震等较大的外力作用时，则有时出现节点榫子被拉断的现象。因此，我们在制作这类榫卯时，一定要注意在节点处不能有腐朽劈裂、节疤等疵病，而且榫卯的松紧要适度，既不可太松也不能太紧，以确保木构节点的质量。

7. 趴梁、抹角梁与檩子扣搭处的阶梯榫

趴梁与檩子的节点，各件的受力情况不同，就趴梁檩子来看，它只是起固定构件避免移位的作用，在平时，不起其他作用。当建筑物晃动时或杆件自身弯曲时，它会受到一定的拉力。就檩子来看。它受到趴梁（或抹角梁）传导下来的荷载，构件是受弯的。根据这个分析，可以看到，阶梯榫本身起固定构件勿使移位的作用，并有时受到一定的拉力。榫头要具备这两个方面功能。卯口部位构件受弯，断面必须有保障，制作卯口时断面损失不能过大。因此，对阶梯榫的要求是，卯口刻剔深度要严格控制，不能过深。一般情况下，因刻剔卯口损失的断面不得超过檩子截面面积的 1/5。趴梁阶梯榫端头应当做出大头榫。以具备抗拉功能。

8. 其他榫卯

（1）十字刻半搭交榫。大木中的十字刻半搭交榫，如无其他特殊要求外，都是将构件上下各按高（或厚）的 1/2 刻去，两侧分别按构件自身宽的 1/10 做出"袖榫"（即"包掩"）以保证榫卯的严谨，但袖榫不能过大。斗拱、平板枋等构件榫卯制作均按此要求。

（2）销子榫。销子榫所需数目，除坐斗等方形构件以外，其他构件叠交固定时构件间所栽销子榫至少两个或两个以上。所用销子多少要视构件长短而定，以满足结构要求。并以能防止构件自身扭曲凹凸变形为准。大木构件销子榫厚通常为 3cm，长 5～6cm，斗拱等小件榫宽 1～1.5cm，长 2～3cm。

（3）瓜柱管脚榫。瓜柱管脚榫（或单榫或双榫），只起固定柱脚作用，一般不受其他方向力的影响。因此，制作并无特殊要求。一般做到使构件稳定，不晃动，即可,榫厚可在 2.4～3.2cm。

　　在木作工程中,对榫卯的质量要求是很严格的。这些要求,是在对各种榫卯受力分析的基础上提出来的。但以上仅是对榫卯受力情况以及功能作大致分析,至于榫卯节点的结构分析,则需要另外深入研究并进行节点实验。

七、清式斗拱种类及各件权衡尺寸表

　　清式斗拱种类及各件权衡尺寸表见表 9-16 和表 9-17。

表 9-16　　　　　　　　　　　清式斗拱种类、功能一览表

种类	名　　称	使用部位及其功用	备　注
不出踩斗拱	一斗三升斗拱	(1)用于外檐、隔架作用。(2)用于内檐、檩、枋之间,有隔架作用	明代建筑或明式做法中,常在内檐檩、枋之间安装一斗三升襻间斗拱
	一斗二升交麻叶斗拱	用于外檐、隔架作用	
	单拱单翘交麻叶斗拱	用于外檐有隔架和装饰作用	常用于垂花门一类装饰性强的建筑
	重拱单翘交麻叶斗拱	(同上)	(同上)
	单拱(或重拱)荷叶雀替隔架斗拱	用于内檐上下梁架间,有隔架及装饰作用	
出踩斗拱	单昂三踩平身科斗拱	用于殿堂或亭阁柱间,有挑檐和隔架作用	属外檐斗拱
	单昂三踩柱头科斗拱	用于殿堂柱头与梁之间,有挑檐和承重作用	(同上)
	单昂三踩角科斗拱	用于殿堂亭阁转角部位柱头之上,有挑檐、承重作用	角科斗拱用于多角形建筑时,构件搭置方向角度随平面变化
	重昂五踩平身科斗拱	使用部位及功能同三踩平身科	属外檐斗拱
	重昂五踩柱头科斗拱	使用部位及功能同三踩柱头科	(同上)
	重昂五踩角科斗拱	使用部位及功能同三踩角科	同三踩角科斗拱
	单翘单昂五踩平身科斗拱	同重昂五踩斗拱	外檐斗拱
	单翘单昂五踩柱头科斗拱	(同上)	(同上)
	单翘单昂五踩角科斗拱	(同上)	

续表

种类	名　称	使用部位及其功用	备　注
出踩斗拱	单翘重昂七踩平身科斗拱	功用同上	外檐斗拱
	单翘重昂七踩柱头科斗拱	（同上）	
	单翘重昂七踩角科斗拱	（同上）	
	单翘三昂九踩平身科斗拱	用于主要殿堂柱间,有挑檐、隔架及装饰作用	
	单翘三昂九踩柱头科斗拱	用于主要殿堂柱间,有挑檐及承重作用	
	单翘三昂九踩角科斗拱	用于主要殿堂转角柱头之上,有承重挑檐作用	
	三滴水平座品字平身科斗拱	用于三滴水楼房平座之下柱间,有挑檐、承重隔架作用	平座斗拱以五踩为最常见
	三滴水平座品字柱头科斗拱	用于三滴水楼房平座之下柱头之上,有挑檐、承重作用	
	三滴水平座品字角科斗拱	用于三滴水楼房平座转角柱头之上,有挑檐、承重作用	
	三、五、七、九踩里转角角科斗拱	用于里转角(又称凹角)柱头之上,有承重作用	
	单翘单昂（或重昂）五踩牌楼品字平身科斗拱	常用于牌楼边楼或夹楼柱间,有承重挑檐作用	牌楼斗拱斗口通常为1.5寸左右
	单翘单昂（或重昂）五踩牌楼品字角科斗拱	常用于庑殿或歇山式牌楼边楼转角部位有挑檐承重作用	
	单翘重昂七踩牌楼品字平身科斗拱	常用于牌楼主、次楼或边楼柱间,作用同上	

种类	名 称	使用部位及其功用	备 注
出踩斗拱	单翘重昂七踩牌楼品字角科斗拱	用于庑殿或歇山式牌楼柱头,作用同上	
	单翘三昂九踩牌楼品字平身科斗拱	用于主、次楼	
	单翘三昂九踩牌楼品字角科斗拱	用于庑殿或歇山式牌楼主、次楼柱头	
	重翘三昂十一踩牌楼品字平身科斗拱	用于牌楼主楼	
	重翘三昂十一踩牌楼品字角科斗拱	用于庑殿或歇山式牌楼柱头之上	以上均属外檐斗拱
	重翘五踩牌楼品字平身科斗拱	用于夹楼	
	内檐五踩品字科斗拱	用于内檐梁枋之上与外檐斗拱后尾交圈有隔架与装饰作用	内檐品字科斗拱做法常见者有两种,一种头饰与外檐斗拱内侧头饰相对应,另一种每一层均做成翘头形状
	内檐七踩品字科斗拱	同上	同上
	内檐九踩品字科斗拱	同上	同上
溜金斗拱(出踩斗拱)	重昂或单翘单昂五踩溜金斗拱平身科	用于外檐需拉结或悬挑的部位,有承重、悬挑等功用,并有很强的装饰性	
	重昂或单翘单昂五踩溜金斗拱角科	用于转角柱头部位	溜金角科斗拱用于多角形建筑时其构件搭置角度随平面变化
	单翘重昂七踩溜金斗拱平身科	同上	
	单翘重昂七踩溜金斗拱角科	同上	
	单翘三昂九踩溜金斗拱平身科	同上	
	单翘三昂九踩溜金斗拱角科	同上	

注:1. 明清溜金斗拱柱头科同一般柱头科斗拱

2. 溜金斗拱通常有落金做法和挑金做法二种,落金做法主要以拉结功能为主;挑金做法以悬挑功能为主。

表 9-17　　　　　　　　　　清式斗拱各件权衡尺寸表　　　　　　　（单位:斗口）

斗拱类别	构件名称	长	宽	高	厚(进深)	备　注
平身科斗拱	大斗		3	2	3	
	单翘	7.1(7)	1	2		
	重翘	13.1(13)	1	2		用于重翘九踩斗拱
	正心瓜拱	6.2		2	1.24	
	正心万拱	9.2		2	1.24	
	斗昂	长度根据不同斗拱定	1	前3后2		
	二昂	同上	1	3后2		
	三昂	同上	1	前3后2		
	蚂蚱头(耍头)	同上	1	2		
	撑头木	同上	1	2		
	单才瓜拱	6.2		1.4	1	
	单才万拱	9.2		1.4	1	
	厢拱	7.2		1.4	1	
	桁碗	根据不同斗拱定	1	按拽架加举		
	十八斗	1.8		1	1.48(1.4)	
	三才升	1.3(1.4)		1	1.48(1.4)	
	槽升	1.3(1.4)		1	1.72	
柱头科斗拱	大斗		4	2	3	用于柱科斗拱,下同
	单翘	7.1(7.0)	2	2		
	重翘	13.1(13.0)	*	2		

斗拱类别	构件名称	长	宽	高	厚(进深)	备　注
柱头科斗拱	大斗		4	2	3	用于柱科斗拱，下同
	单翘	7.1(7.0)	2	2		*柱头科斗拱昂翘宽度的确定按如下公式：以挑尖梁头之宽减去柱科斗口之宽，所得之数，除以挑尖梁之下昂翘的层数（单翘单昂或重昂五踩者除2，单翘重昂七踩者除3，九踩者除4）所得为一份，除头翘（如无头翘即为头昂）按2斗口不加外，其上每层递加一份，所得即为各层昂翘宽度尺寸
	重翘	13.1(13.0)	*	2		
	头昂	长度根据不同斗拱定	*	前3后2		
	二昂	长度根据不同斗拱定	*	前3后2		
	筒子十八斗	按其上一层构件宽度再加0.8斗口为长		1	1.48(1.4)	
	正心瓜拱、正心万拱、单才瓜拱、单才万拱、厢拱、槽升、三才升诸件尺寸见平身科斗拱					
角科斗拱	大斗		3	2	3	计算斜昂翘实际长度之法：应按拽架尺寸加斜后再加自身宽度一份为实长
	斜头翘	按平身科头翘长度加斜	1.5	2		
	搭交正头翘后带正心瓜拱	翘 3.55	1	2		
		拱 3.1	1.24	2		

斗拱类别	构件名称	长	宽	高	厚(进深)	备 注
角科斗拱	斜二翘	按计算斜昂翘实际长度之法定	*	2		*确定各层斜昂翘宽度之法与确定柱头科斗拱各层翘昂宽度之法同,以老角梁之宽减去斜头翘之宽,按斜昂翘层数除之,每层递增一份即是
	搭交正二翘后带正心万拱	翘6.55	1	2		
		拱4.6	1.24	2		
	搭交闹二翘后带单才瓜拱	翘6.55	1	2		用于重翘重昂角科斗拱
		拱3.6	1	1.4		
	斜头昂	按对应正昂加斜,具体方法同前	宽度定法见斜二翘*		前3后2	
	搭交正头昂后带正心瓜拱或正心万拱或正心枋	根据不同斗拱定	昂1拱枋1.24		前3后2	搭交正头昂后带正心瓜拱用于单昂三踩或重昂五踩;搭交正头昂后带正心万拱用于单翘单昂五踩或单翘重昂七踩;搭交正头昂后带正心枋用于重翘重昂九踩
	搭交闹头昂后带单才瓜拱或万拱	根据不同斗拱定	昂1拱1		前3后2	
	斜二昂后带菊花头	根据不同斗拱定	宽度定法见斜二翘*		前3后2	

斗拱类别	构件名称	长	宽	高	厚（进深）	备　注
角科斗拱	搭交正二昂后带正心万拱或带正心枋	根据不同斗拱定	昂1拱、枋1.24	前3后2		正二昂后带正心万拱用于重昂五踩斗拱；后带正心枋用于单翘重昂七踩斗拱
	搭交闹二昂后带单才瓜拱或单才万拱	同上	昂1拱1	前3后2		
	由昂上带斜撑头木	同上	宽度定法见斜二翘*	前5后4		由昂与斜撑头木连做
	斜桁碗	同上	同由昂	按拽架加举		
	搭交正码蚌头后带正心万拱或正心枋	同上	蚂蚌头1拱或枋1.24	2		搭交正蚂蚌头后带正心枋用于三踩斗拱
	搭交正蚂蚌头后带单才万拱或拽枋	同上	1	2		
	搭交正撑头木后带正心枋	同上	前1后1.24	2		
	搭交闹撑头木后带拽枋	同上	1	2		

斗拱类别	构件名称	长	宽	高	厚(进深)	备　注
角科斗拱	里连头合角单才瓜拱	同上		1.4	1	用于正心内一侧
	里连头合角单才万拱	同上		1.4	1	同上
	里连头合角厢拱	同上		1.4	1	同上
	搭交把臂厢拱	同上		1.4	1	用于搭交挑檐枋之下
	盖斗板、斜盖斗板、斗槽板(垫拱板)				0.24	
	正心枋	根据开间定	1.24	2		
	拽枋、挑檐枋井口枋、机枋				2	
	宝瓶			3.5	径同由昂宽	
溜金斗拱	麻叶云拱	7.6		2	1	
	三幅云拱	8.0		3	1	
	伏莲销	头长1.6			见方1	溜金后尾各层之穿销
	菊花头				1	
	正心拱、单才拱、十八斗、三才升诸件					俱同平身科斗拱

斗拱类别	构件名称	长	宽	高	厚(进深)	备　注
一斗二升交麻叶、一斗三升斗拱	麻叶云	12	1	5.33		用于一斗二升交麻叶平身科斗拱
	正心瓜拱	6.2		2	1.24	
	柱头坐斗		5	2	3	用于柱头科斗拱
	翘头系抱头梁或与桄头连做	8（由正心枋中至梁头外皮）	4	同梁高		用于一斗二升交麻叶柱头科斗拱
	翘头系抱头梁或与桄头连做	6（由正心枋中至梁头外皮）	4	同梁高		用于一斗三升柱头科斗拱
	斜昂后带麻叶云子	16.8	1.5	6.3		
	搭交翘带正心瓜拱	6.7		2	1.24	
	槽升、三才升等					均同平身科
	攒挡		8			指大斗中一中尺寸
三滴水品字斗拱（平座斗拱）	大斗		3	2	3	用于平身科
	头翘	7.1(7.0)	1	2		同上
	二翘	13.1(13.0)	1	2		同上
	撑头木后带麻叶云	15	1	2		同上
	正心瓜拱	6.2		2	1.24	同上
	正心万拱	9.2		2	1.24	同上

斗拱类别	构件名称	长	宽	高	厚(进深)	备 注
三滴水品字斗拱(平座斗拱)	单才瓜拱	6.2		1.4	1	同上
	单才万拱	9.2		1.4	1	用于平身科
	厢拱	7.2		1.4	1	同上
	十八斗		1.8	1	1.48 (1.4)	同上
	槽升子		1.3 (1.4)	1	1.72 (1.64)	同上
	三才升		1.3 (1.4)	1	1.48 (1.4)	
	大斗		4	2	3	柱头科
	头翘	7.1(7.0)	2	2		柱头科
	二翘及撑头木(与采步梁连做)					
	角科大斗		3	2	3	用于角科
	斜头翘		1.5	2		用于角科
	搭交正头翘后带正心瓜拱	翘 3.55(3.5) 拱 3.1	1 1.24	2		同上
	斜二翘(与采步梁连做)					同上
	搭交正二翘后带正心万拱	翘 6.55(6.5) 拱 4.6	1 1.24	2		同上
	搭交闹二翘后带单才瓜拱	翘 6.55(6.5) 拱 3.1	1	2		同上

斗拱类别	构件名称	长	宽	高	厚（进深）	备 注
三滴水品字斗拱（平座斗拱）	里连头合角单才瓜拱	5.4		1.4	1	同上
	里连头合角厢拱			1.4	1	同上
内里棋盘板上安装品字科斗拱	大斗		3	2	1.5	系半面做法，下同
	头翘	3.55(3.5)	1	2		同上
	二翘	6.55(6.5)	1	2		同上
	撑头木带麻叶云	9.55(9.5)	1	2		同上
	正心瓜拱	6.2		2	0.62	同上
	正心万拱	9.2		2	0.62	同上
	麻叶云	8.2		2	1	
	槽升		1.3(1.4)	1	0.86	
	其余拱子					同平身科
隔架斗拱	隔架科荷叶	9		2	2	
	拱	6.2		2	2	按瓜拱
	雀替	20		4	2	
	贴大斗耳	3		2	0.88	
	贴槽升耳	1.3(1.4)	1	0.24		

表 9-18			木牌楼构件权衡表			（单位：斗口）

序号	构件名称	长	宽	高	厚	径	备注
1	柱					10	适用于各种牌楼
2	跨楼垂柱					7	
3	小额枋			9	7		
4	大额枋			11	9		
5	龙门枋			12	9.5		
6	折柱		2.5	同大（或小）额枋	0.6 小额枋厚		
7	小花板			同折柱高	1/3 折柱厚		
8	明楼（正楼）		1/2 明间面阔，若为小数加若干凑整尺寸（以营造尺为单位）				《牌楼算例》定四柱七楼牌楼明间面阔为17尺
9	次楼		1/2 次间面宽，若为小数减若干，凑整尺寸（以营造尺为单位）				《牌楼算例》定四柱七楼牌楼次间面阔为15尺
10	边楼		次间面宽减次楼一份，高栱柱见方一份，所余折半即是				
11	夹楼		明间面阔减明楼面阔一份，高栱柱一份，所余折半，加边楼一份即是				夹楼中应与明柱中线相对

序号	构件名称	长	宽	高	厚	径	备注
12	高栱柱			次楼面阔八扣,加单额枋高一份,平板枋高一份、灯笼榫高一份,再加大额枋高一份,花板高一份,小额枋高0.5份,即是	6斗口(见方)		
13	单额枋			8	、6		
14	挑檐桁					3	
15	正心桁(脊桁)					4.5	
16	角梁			4.5	3		
17	椽子、飞椽					1.5	
18	坠山花板	斗栱拽架加两侧平出檐加椽径一份		自平板枋上皮至扶脊木上皮	1.5椽径		
19	飞头出檐	明楼六寸边夹楼5寸、次楼或随明楼或随边夹楼					斗栱斗口为1.6寸时按此出檐,飞檐加老檐平出之和不得超过斗栱出踩
20	雀替	净面阔的1/4	同小额枋		3/10柱径		

续表

序号	构件名称	长	宽	高	厚	径	备注
21	戗木					2/3柱径或酌减	
22	挺钩					按长度的3/100	径一般不超过1.5寸
23	平板枋		3	2			
24	灯笼榫					3斗口见方或酌增	

注:清式木牌楼斗栱斗口,通常为1.5~1.6寸。

第十章 木结构防护

第一节 木结构防火

一、建筑构件的燃烧性能和耐火极限

（1）木结构建筑构件的燃烧性能和耐火极限不应低于表 10-1 的规定。

表 10-1　　　　木结构建筑中构件的燃烧性能和耐火极限

序号	构件名称	耐火极限/h
1	防火墙	不燃烧体 3.00
2	承重墙、分户墙、楼梯和电梯井墙体	难燃烧体 1.00
3	非承重外墙、疏散走道两侧的隔墙	难燃烧体 1.00
4	分室隔墙	难燃烧体 0.50
5	多层承重柱	难燃烧体 1.00
6	单层承重柱	难燃烧体 1.00
7	梁	难燃烧体 1.00
8	楼盖	难燃烧体 1.00
9	屋顶承重构件	难燃烧体 1.00
10	疏散楼梯	难燃烧体 0.50
11	室内吊顶	难燃烧体 0.25

注：1. 屋顶表层应采用不可燃材料。

　　2. 当同一座木结构建筑由不同高度组成，较低部分的屋顶承重构件必须是难燃烧体，耐火极限不应小于 1.00h。

（2）各类建筑构件的燃烧性能和耐火极限可按表 10-2 确定。

表 10-2　　　　各类建筑构件的燃烧性能和耐火极限

构件名称	构件组合描述（mm）	耐火极限（h）	燃烧性能
墙体	1. 墙骨柱间距：400～600；截面为 40×90 2. 墙体构造 （1）普通石膏板＋空心隔层＋普通石膏板＝15＋90＋15	0.50	难燃
	（2）防火石膏板＋空心隔层＋防火石膏板＝12＋90＋12	0.75	难燃
	（3）防火石膏板＋绝热材料＋防火石膏板＝12＋90＋12	0.75	难燃
	（4）防火石膏板＋空心隔层＋防火石膏板＝15＋90＋15	1.00	难燃
	（5）防火石膏板＋绝热材料＋防火石膏板＝15＋90＋15	1.00	难燃
	（6）普通石膏板＋空心隔层＋普通石膏板＝25＋90＋25	1.00	难燃
	（7）普通石膏板＋绝热材料＋普通石膏板＝25＋90＋25	1.00	难燃

构件 名称	构件组合描述 (mm)	耐火极限 (h)	燃烧 性能
楼盖 顶棚	楼盖顶棚采用规格材格栅或工字形格栅,格栅中心间距为 400～600,楼面板厚度为15的结构胶合板或定向木片板(OSB) 　(1)格栅底部有12厚的防火石膏板,格栅间空腔内填充绝热材料 　(2)格栅底部有两层12厚的防火石膏板,格栅间空腔内无绝热 材料	0.75 1.00	难燃 难燃
柱	1. 仅支撑屋顶的柱 　(1)由截面不小于140×190实心锯木制成 　(2)由截面不小于130×190胶合木制成 2. 支撑屋顶及地板的柱 　(1)由截面不小于190×190实心锯木制成 　(2)由截面不小于180×190胶合木制成	 0.75 0.75 0.75 0.75	 可燃 可燃 可燃 可燃
梁	1. 仅支撑屋顶的横梁 　(1)由截面不于90×140实心锯木制成 　(2)由截面不小于80×160胶合木制成 2. 支撑屋顶及地板的横梁 　(1)由截面不小于140×240实心锯木制成 　(2)由截面不小于190×190实心锯木制成 　(3)由截面不小于130×230胶合木制成 　(4)由截面不小于180×190胶合木制成	 0.75 0.75 0.75 0.75 0.75 0.75	 可燃 可燃 可燃 可燃 可燃 可燃

二、木结构防火间距

(1)木结构建筑之间、木结构建筑与其他耐火等级的建筑之间的防火间距不应小于表10-3的规定。

表 10-3　　　　　　　木结构建筑的防火间距　　　　　　(单位:m)

建筑种类	一、二级建筑	三级建筑	木结构建筑	四级建筑
木结构建筑	8.00	9.00	10.00	11.00

注:防火间距应按相邻建筑外墙的最近距离计算,当外墙有突出的可燃构件时,应从突出部分的外缘算起。

(2)两座木结构建筑之间、木结构建筑与其他结构建筑之间的外墙均无任何门窗洞口时,其防火间距不应小于4.00m。

(3)两座木结构之间、木结构建筑与其他耐火等级的建筑之间,外墙的门窗洞口面积之和不超过该外墙面积的10%时,其防火间距不应小于表10-4的规定。

表 10-4   外墙开口率小于 10%时的防火间距   （单位：m）

建筑种类	一、二、三级建筑	木结构建筑	四级建筑
木结构建筑	5.00	6.00	7.00

三、木结构建筑的层数、长度和面积防火限值

木结构建筑不应超过三层，不同层数建筑最大允许长度和防火分区面积不应超过表 10-5 的规定。

表 10-5   木结构建筑的层数、长度和面积

层数	最大允许长度(m)	每层最大允许面积(m²)
单层	100	1200
两层	80	900
三层	60	600

注：安装有自动喷水灭火系统的木结构建筑，每层楼最大允许长度、面积应允许在表 10-3 的基础上扩大一倍，局部设置时，应按局部面积计算。

第二节　木结构防火涂料与防火浸渍剂

一、木材防火浸渍剂的特性及适用范围

木材防火浸渍剂的特性及适用范围见表 10-6。

表 10-6   木材防火浸渍剂的特性及适用范围

序号	名　　称	配方组成(%)	特　　性	适用范围	处理方法
1	铵氟合剂	磷酸铵 27 硫酸铵 62 氟化钠 11	空气相对湿度超过 80%时，易吸湿，降低木材强度10%～15%	不受潮的木结构	加压浸渍
2	氨基树脂1384 型	甲醛 46 尿素 4 双氰胺 18 磷酸 32	空气相对湿度在 100%以下，温度为 25℃时，不吸湿，不降低木材强度	不受潮的细木制品	加压浸渍
3	氨基树脂OP144 型	甲醛 26 尿素 5 双氰胺 7 磷酸 28 氨水 34	空气相对湿度在 85%以下，温度为 20℃时，不吸湿，不降低木材强度	不受潮的细木制品	加压浸渍

注：木材防火浸渍等级的要求分为三级。
①一级浸渍——吸收量应达 80kg/m³，保证木材无可燃性。
②二级浸渍——吸收量应达 48kg/m³，保证木材缓燃。
③三级浸渍——吸收量应达 20kg/m³，在露天火源作用下，能延迟木材燃烧起火。

二、木结构防火涂料

(1)丙烯酸乳胶涂料。每平方米的用量不得少于 0.5kg。这种涂料无抗水性，可用于顶棚、木屋架及室内细木制品。

(2)聚乙烯涂料。每平方米的用量不得少于 0.6kg。这种涂料有抗水性，可用于露天构件上。

(3)酚醛防火漆。型号为 F60－1，能起延迟着火的作用，每平方米用量不少于 0.12kg，适用于公共建筑或纪念性建筑的木质或金属表面。

(4)过氯乙烯防火漆。其分为 G60－1 过氯乙烯防火漆与 G60－2 过氯乙烯防火底漆两种。漆膜内含有防火剂和耐温原料，在燃烧时漆膜内的防火剂会因受热产生烟气，起到熄灭和减弱火势的作用，适用于公共建筑或纪念性建筑的木质表面。一般涂防火漆两度，每度间隔 24h，等完全干后再涂防火漆 1～2 度。防火漆如黏度太大，可用二甲苯稀释，但不能与其他油漆品种混合，否则会影响质量。储存期为 6 个月。每平方米用量为 0.6～0.7kg。

(5)无机防火漆(水玻璃型)。其系以水玻璃及耐火原料等制成的糊状物，施工方便，干燥性能良好，漆膜坚硬，可防止燃烧并且抵抗瞬间火焰。多用于建筑物内的木质面、木屋架、木隔板等。但不耐水，故不能用在室外。

三、木材阻燃浸渍剂配方及使用方法

木材阻燃浸渍剂配方及使用方法见表 10-7。

表 10-7　　　　　　　木材阻燃浸渍剂配方及使用方法

序号	主要成分及配合比（重量比）	配制方法	浸渍量（kg/m²）	处理方法	应用范围
1	水溶 APP　　10～20 渗透剂　　0.3～0.5 水　　88～90	水溶 APP 加水搅拌半小时，静置 4h，过滤取清液，边加渗透剂边搅拌	5～6	常温常压浸渍或加压浸渍	室内木构件
2	(Ⅰ){二氰二铵 30～70 / 三聚磷酸钠 70～80} 20 (Ⅱ)水　　80	组分(Ⅰ)中两成分按比例混合，取混合物 20 份溶于 80 份水中	6～8	常温常压浸渍或加压浸渍	室内木构件
3	氟化物{氟化钠 / 氟硅酸钠 / 氟硅酸铵} 10～30 尿素　　30～60 多磷酸铵　　30～60	氟化物(取一种或 2～3 种的混合物均可)按比例与尿素、多磷酸铵混合，加水配成浓度为 20%的溶液	6～8	常温常压浸渍或加压浸渍	室内木构件

四、木材阻燃涂料配方及使用方法

木材阻燃涂料配方及使用方法见表10-8。

表 10-8　　　　　　　　　　木材阻燃涂料配方及使用方法

序号	涂料名称	主要成分及配合比（重量比）		用量（kg/m²）	阻燃指标	使用方法	应用范围
1	膨胀型过氯乙烯防火涂料	过氯乙烯 氰化橡胶 }5～10 磷酸铵 Ⅰ号阻燃成分 }16.5～26.5 钛白粉 1～3 复合助剂 3～6 轻溶剂油或二甲苯 74.5～54.5		0.5	氧指数:60 火燃传播值:10	先将涂料充分搅匀,若太干可用轻溶剂油或二甲苯稀释。喷、涂、刷均可。喷涂前应将木材表面打擦干净,每隔8h喷一次,一般喷涂3次即可达到要求,然后再刷一道清漆	室内外木构件。该涂料除有阻燃作用外,还可兼作装饰性涂料
2	改性氨基膨胀型防火涂料	氨基树脂 酚醛树脂 }30.4 Ⅱ号阻燃充分 38.1 钛白粉 5.0 液态助剂 2.85 复合固体助剂 1.42 磷钼酸铵 0.03 200号溶剂汽油 22.2		0.5	氧指数:38 火燃传播值:10	使用时充分搅拌,若太稠可用200号溶剂汽油稀释。每隔24h涂刷1次,一般涂3～5次即可达到要求	室内外木构件及纤维板等建筑材料

第三节　防　护　剂

一、使用范围

（1）下列情况,除从结构上采取通风防潮措施外,尚应进行药剂处理。

1）露天结构。

2）内排水桁架的支座节点处。

3）檩条、格栅、柱等木构件直接与砌体、混凝土接触部位。

4）白蚁容易繁殖的潮湿环境中所使用的木构件。

5）承重结构中使用马尾松、云南松、湿地松、桦木以及利用树种中易腐朽或易遭虫害的木材。

（2）防护剂应具有毒杀木腐菌和害虫的功能,而不致危害人畜和污染环境。因此对下述防护剂应限制其使用范围。

1）混合防腐油和五氯酚只用于与地（或土壤）接触的房屋构件防腐和防虫,应用两层可靠的包皮密封,不得用于居住建筑的内部和农用建筑的内部,以防与人畜直接接触；不得用于储存食品的房屋或能与饮用水接触的处所。

2)含砷的无机盐可用于居住、商业或工业房屋的室内，只需在构件处理完毕后将所有的浮尘清理干净，但不得用于储存食品的房屋或能与饮用水接触的处所。

二、锯材的防护剂最低保持量

用于锯材的防护剂及其在每级使用环境下最低的保持量见表 10-9。

表 10-9　　　　　　　　锯材的防护剂最低保持量　　　　　（单位：kg/m³）

防护剂		计量依据	保持量(kg/m³)			检测区段(mm)	
类型	名　称		使用环境			木材厚度	
			HJⅠ	HJⅡ	HJⅢ	<127	≥127
油类	混合防腐油　Creosote　101 102 103	溶液	128	160	192	0~15	0~25
油溶性	五氯酚　PentA　104 105	主要成分	6.4	8.0	8.0	0~15	0~25
			0.32	不推荐	不推荐		
	8-羟基喹啉铜　Cu8　106	金属铜	0.64	0.96	1.20	0~15	0~25
	环烷酸铜　CuN　107						
水溶性	铜铬砷合剂　CCA—B　201　—A —C	主要成分	4.0	6.4	9.6	0~15	0~25
	酸性铬酸铜　ACC　202		4.0	8.0	不推荐	0~15	0~25
	氨溶砷酸铜　ACA　203		4.0	6.4	9.6	0~15	0~25
	氨溶砷酸铜锌　ACZA　302		4.0	6.4	9.6	0~15	0~25
	氨溶季铵铜　ACQ—B　304		4.0	6.4	9.6	0~15	0~25
	柠檬酸铜　CC　306		4.0	6.4	不推荐	0~15	0~25
	氨溶季铵铜　ACQ—D　401		4.0	6.4	不推荐	0~15	0~25
	铜唑　CBA—A　403		3.2	不推荐	不推荐	0~15	0~25
	硼酸/硼砂*　SBX　501		2.7	不推荐	不推荐	0~15	0~25

注：* 硼酸/硼砂仅限用于无白蚁地区的室内木结构。

锯材防护剂透入度应符合表 10-10 的规定。

表 10-10　　　　　　锯材防护剂透入度检测规定与要求

木材特征	透入深度(mm)或边材吸收率		钻孔采样数量		试样合格率
	木材厚度		油类	其他防护剂	
	<127mm	≥127mm			
不刻痕	64 或 85%	64 或 85%	20	48	80%
刻　痕	10 或 90%	13 或 90%	20	48	80%

（1）刻痕。刻痕是对难于处理的树种木材保证防护剂更均匀透入的一项辅助措施。对于方木和原木每 $100cm^2$ 至少 80 个刻痕；对于规格材，刻痕深度为 5～10mm。当采用含氨的防护剂（301，302，304 和 306）时可适当减少。构件的所有表面都应刻痕，除非构件侧面有图饰时，只能在宽面刻痕。

（2）透入度的确定。当只规定透入深度或边材透入百分率时，应理解为两者之中较小者，例如要求 64mm 的透入深度除非 85% 的边材都已经透入防护剂；当透入深度和边材透入百分率都作规定时，则应取两者之中的较大者，例如要求 10mm 的透入深度和 90% 的边材透入百分率，应理解 10mm 为最低的透入深度，而超过 10mm 任何边材的 90% 必须透入。

一块锯材的最大透入度当从侧边（指窄面）钻取木心时不应大于构件宽度的一半，若从宽面钻取木心时，不应大于构件厚度的一半。

（3）当 20 个木心的平均透入度满足要求时，则这批构件应验收。

（4）在每一批量中，最少应从 20 个构件中各钻取一个有外层边材的木心。至少有 10 个木心必须最少有 13mm 的边材渗透防护剂。没有足够边材的木心在确定透入度的百分率时，必须具有边材处理的证据。

三、层板胶合木的防护剂最低保持量

用于层板胶合木的防护剂及其在每级使用环境下最低的保持量应符合表 10-11 和表 10-12 的规定。

用胶合前防护剂处理的木板制作的层板胶合梁在测定透入度时，可从每块层板的两侧采样。

表 10-11　　　　　　层板胶合木的防护剂最低保持量　　　　（单位：kg/m^3）

类型	防护剂				胶合前处理			
	名　称			计量依据	使用环境			检测区段(mm)
					HJ I	HJ II	HJ III	
油类	混合防腐油	Creosote	101 102 103	溶液	128	160	不推荐	13～26
油溶性	五氯酚	PentA	104 105	主要成分	4.8	9.6		13～26
	8—羟基喹啉铜	Cu8	106	金属铜	0.32	不推荐		13～26
	环烷酸铜	CuN	107		0.64	0.96		13～26
水溶性	铜铬砷合剂 CCA	—A —B —C	201	主要成分	4.0	6.4		13～26
	酸性铬酸铜	ACC	202		4.0	8.0		13～26
	氨溶砷酸铜	ACA	301		4.0	6.4		13～26
	氨溶砷酸铜锌	ACZA	302		4.0	6.4		13～26

表 10-12　　　　　　层板胶合木的防护剂最低保持量　　　　（单位：kg/m³）

防护剂			胶合后处理			
类型	名　　称	计量依据	使用环境			检测区段 (mm)
			HJ I	HJ II	HJ III	
油类	混合防腐油　Creosote	101	溶液	128	160	不推荐	0～15
		102					
		103		128	160		
油溶性	五氯酚　Penta	104	主要成分	4.8	9.6		0～15
		105					
	8—羟基喹啉铜　Cu8	106		0.32	不推荐		0～15
	环烷酸铜　CuN	107	金属铜	0.64	0.96		0～15

第四节　防潮与通风

(1)在桁架和大梁的支座下应设置防潮层。

(2)在木柱下应设置柱墩，严禁将木柱直接埋入土中。

(3)桁架、大梁的支座节点或其他承重木构件不得封闭在墙、保温层或通风不良的环境中，如图 10-1 和图 10-2 所示。

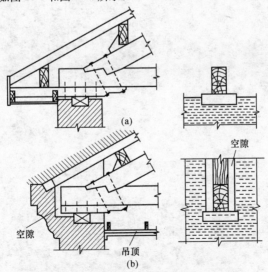

图 10-1　外排水屋盖支座节点通风构造示意图

(a)明檐通风构造；(b)暗檐通风构造

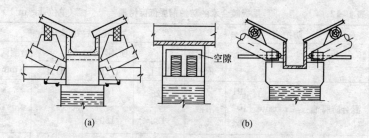

图 10-2　内排水屋盖支座节点通风构造示意图

(a)内排水人字架屋盖通风构造;(b)内排水檩椽木屋盖通风构造

(4)处于房屋隐蔽部分的木结构,应设通风孔洞。

(5)露天结构在构造上应避免任何部分有积水的可能,并应在构件之间留有空隙(连接部位除外)。

(6)当室内外温差很大时,房屋的围护结构(包括保温吊顶)应采取有效的保温和隔气措施。

参 考 文 献

［1］国家标准. GB 50300—2001 建筑工程施工质量验收统一标准［S］. 北京：中国建筑工业出版社,2001.

［2］国家标准. GB 50206—2002 木结构工程施工质量验收规范［S］. 北京：中国建筑工业出版社,2001.

［3］《建筑施工手册》(第四版)编写组. 建筑施工手册［M］. 4 版. 北京：中国建筑工业出版社,2003.

［4］姜学拯,武佩牛. 木工［M］. 北京：中国建筑工业出版社,1997.

［5］王寿华,王兆君. 木工手册［M］. 北京：中国建筑工业出版社,1999.

［6］许炳权. 装饰装修施工技术［M］. 北京：中国建材工业出版社,2003.